高职高专化工类系列教材

基础化学

JICHU HUAXUE

上册

主　　编　吴为亚　梁建军
副 主 编　崔执应　冯光峰
编写人员　（以姓氏笔画为序）
　　　　　方　星　冯光峰　刘义章
　　　　　吴为亚　高天铱　崔执应
　　　　　梁建军

中国科学技术大学出版社

内容简介

本书按照模块化、项目化、任务化的形式对教学内容加以整合，采取边学边做、由浅入深的模式进行编排，主要介绍了物质的组成、结构及其基本性质，化学反应基本概念、术语及其计算以及影响化学反应的因素，基本的化学反应类型，元素及其化合物性质，物质的物理化学性质等多方面的内容。对部分新的研究进展和成果以及相关基本知识以阅读材料的形式加以补充，既有一定的理论知识，又有较强的实用价值。

本书可供化学、化工、环境、生物、生命、材料、医药卫生等相关学科的高职高专院校师生，科研院所的研究和技术人员，科技企业和政府的管理人员及各阶层的化学爱好者参考学习。

图书在版编目(CIP)数据

基础化学. 上册/吴为亚，梁建军主编. —合肥：中国科学技术大学出版社，2012. 8(2015. 9 重印)

ISBN 978-7-312-03044-4

Ⅰ. 基… Ⅱ. ①吴… ②梁… Ⅲ. 化学—高等职业教育—教材 Ⅳ. O6

中国版本图书馆 CIP 数据核字(2012)第 163171 号

出版 中国科学技术大学出版社
安徽省合肥市金寨路 96 号，230026
http://press.ustc.edu.cn

印刷 合肥市宏基印刷有限公司

经销 全国新华书店

开本 787 mm×1092 mm 1/16

印张 19.75

字数 506 千

版次 2012 年 8 月第 1 版

印次 2015 年 9 月第 2 次印刷

定价 34.00 元

前　言

化学是一门实用性很强的学科，是化学、化工、材料、制药、环保、石油、冶金和食品等专业的一门重要的专业基础课。近年来，随着高职教育的蓬勃发展，如何将化学这一基础学科整体介绍给学生，从而构建一套高职高专化学及化工类各专业化学基础课的基本框架，迫切需要一些与之相适应的教材。为此，我们组织编写了《基础化学》教材，分上、下两册。本书为上册，主要介绍了物质的组成、结构及其基本性质，化学反应基本概念、术语及其计算以及影响化学反应的因素，基本的化学反应类型，元素及其化合物性质，物质的物理化学性质等多方面的内容。

本书根据高职高专技能型人才的培养目标、学生应具有的知识与能力结构以及素质要求编写，充分体现了高职高专的"应用特色，本位能力"，适应"实践的要求，岗位的需要"，构建了与高职高专化学及化工类各专业相适应的基础化学教材新体系。

本书具有以下特色：

(1) 在教材体系和教材内容的取舍上，改变了传统的化学学科体系，根据学生未来工作的实际需要组织教材体系和取舍内容，以适应时代的发展。注重基础，突出重点，加强学生创新思维、分析和解决问题能力及综合素质的培养。

(2) 突出高职高专教学特色，本着"实用为主，够用为度，应用为本"的原则，将属于四大化学的内容有机地结合起来。

(3) 考虑到高职高专的教学实际，对一些实用性不强的内容及过深的化学反应机理略去不讲或只做简单介绍，并对部分内容进行重组，降低了学习的难度。

参与本书编写工作的有芜湖职业技术学院吴为亚(项目一、项目二)；滁州职业技术学院梁建军(项目十一至项目十三)；安徽水利水电职业技术学院崔执应(项目九、项目十)；滁州职业技术学院刘义章(项目五至项目七)；芜湖职业技术学院冯光峰(项目十四、项目十五)；芜湖职业技术学院高天铱(项目四、项目八)；安徽职业技术学院方星(项目三)。全书由吴为亚统稿。

由于编写时间仓促，加之编者水平有限，书中难免存在错误和不当之处，恳请读者给予批评指正。

编　者

2012年5月

目　录

模块四 元素与化合物性质

模块五 物质的物理化学性质

模块一　物质结构基础

- 项目一　物质的组成
- 项目二　原子
- 项目三　分子
- 项目四　晶体

项目一　物质的组成

学习目标

(1) 了解元素的概念;
(2) 掌握物质的分类;
(3) 理解混合物和纯净物的概念;
(4) 掌握物质的聚集状态;
(5) 掌握理想气体状态方程;
(6) 掌握分压定律。

自古以来,人们对物质世界就充满了好奇:"物质是由什么构成的?"这个古老的问题激起了古代哲人无限的遐想。是无穷无尽的材质构成了千变万化的物质,还是世界万物仅由几种简单的元素(元素即要素,是物质最基本的构成单位)相互组合而成?哲学家和劳动人民不约而同地认同了后者。然而,构成物质的元素到底是什么呢?

任务　物质的组成及其聚集状态

一、物质的基本组成

在我国历史上,伟大的劳动人民根据他们对日常现象的精心观察和生活经验的积累,形成了五行学说:世界万物是由金、木、水、火、土这五种基本物质材料构成的。《国语·郑语》(西周后期,约公元前800年)曾记载:"故先王以土与金、木、水、火杂,以成万物。"并提出了五行之间相生相克的概念——五行相生:木生火,火生土,土生金,金生水,水生木;五行相克(相胜):水胜火,火胜金,金胜木,木胜土,土胜水。

古希腊的哲学家留基伯(公元前500~公元前440)和他的学生德谟克里特(公元前460~公元前370)认为:物质是由火、气、水、土等原子组成的;构成这些原子的材料并没有区别,仅有大小、形状和运动形式的区别;物质转变是原子的重组,而原子本身不变。

然而哲学家亚里士多德对此则持有不同的观点,他认为:物性重要于实体;热、冷、干、湿四种物性两两组合构成了元素(对立面不共存);这些元素按照各种比例组合,构成物质的实体微粒;元素可以嬗变。

尽管他们都提到火、气、水、土等元素,但两种观点却截然不同。前者认为物质由实实在在存在的微粒——"原子"构成;后者认为物质由虚无缥缈、捉摸不定的冷热、干湿等物性组合而成。相比之下,亚里士多德的思想成为了近两千年科学界独一无二的准则,一直持续到15、16世纪文艺复兴时期。

无论是中国的五行学说还是亚里士多德的观点，他们都相信元素是可以嬗变的，这便构成了炼丹的理论基础。炼丹家在元素嬗变理论的指导下，历经千年却也没有炼成黄金和长生不老的良药，这不仅证实了这一理论的失败，同时也形成了许多的实验方法、积累了大量的资料，从而促进了科学的发展。

现在我们知道空气中的氧气是由氧元素组成的，水是由氢、氧两种元素组成的，中老年人骨质疏松要补充钙元素，加碘食盐是在食盐中添加碘元素……

也就是说，世间万物都是由元素组成的。人类通过现代科学（化学）已经发现了几千万种物质，而这几千万种物质含有一百多种元素。所以，宏观上的物质是由元素组成的。

那么，在微观上物质是由什么构成的呢？通过研究，人们发现微观上的物质是由分子、原子或离子构成的。也就是说，分子、原子和离子等是构成物质的微观粒子。原子通过变化和组合可以形成离子和分子。

元素、物质及微粒间的关系如图 1.1 所示。

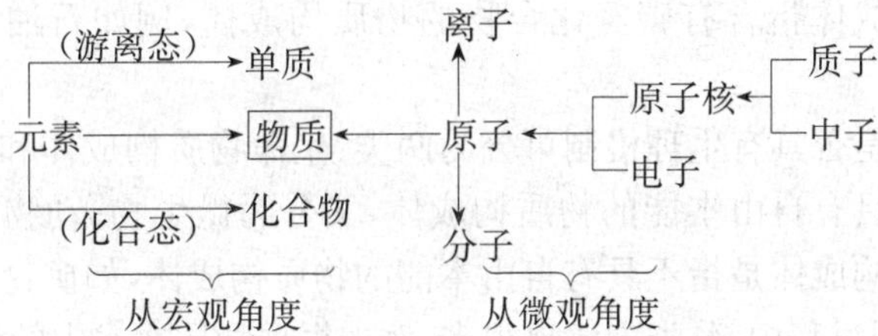

图 1.1　元素、物质及微粒间的关系

元素和原子之间又有什么样的关系？所谓元素，就是具有相同核电荷数的同一类原子的总称。核电荷数（质子数）相同的原子都属于同一种元素，即核电荷数（质子数）决定元素种类。

元素与原子之间的关系如表 1.1 所示。

表 1.1　元素与原子关系表

	元　素	原　子
区别	宏观概念，只分种类不计个数	微观概念，既分种类又分个数
适用范围	从宏观描述物质的组成。常用来表示物质由哪几种元素组成，如水由氢元素和氧元素组成	从微观描述物质的组成。常用来表示物质的分子由哪些及多少个原子构成，如水分子由两个氢原子和一个氧原子构成
联系	元素是同类原子的总称，原子是元素的基本单元	

每种元素都有相应的元素符号，例如氢元素用“H”表示、氦元素用“He”表示、碳元素用“C”表示、氯元素用“Cl”表示、钙元素用“Ca”表示。注意：元素符号用拉丁文名称中的 1 个或 2 个字母来表示，并且第一个字母一定大写，第二个字母必须小写。同时需注意：“O”既可以表示氧元素，也可以表示 1 个氧原子，即“O”宏观意义上是氧元素，微观意义上是 1 个氧原子。除此以外，用元素符号也可以表示离子，例如 Na^+、Cl^-；用元素符号还可以表示物质，例如 H_2O、CO_2、O_2、Fe 等。

二、物质的分类

对于几千万种物质，要了解它们必须对其加以分类。从不同角度对物质进行分类，可以得到不同的结果。

例如根据物质构成体的体积，物质成体可分为两类：宏观物质构成体和微观物质构成体。宏观物质构成体，即人的视觉能够直接感觉到或借助于“传感器”间接感觉到的远距离的物质构成体，例如山、水，以及借助于射电望远镜才能看到的远距离星体等；微观物质构成体，即人的视觉不能直接感觉到，只能借助于“传感器”间接感觉到的体积极小的物质构成体，例如原子、分子，以及借助于显微镜才能看到的微生物等。

根据物质构成体的性质可分为两类：无机物质构成体和有机物质构成体。无机物质构成体指不含有碳氢化合物的物质构成体，例如金矿、铜矿、铁矿等金属矿床以及花岗岩、石膏等矿石。有机物质构成体指含有碳氢化合物的物质构成体，例如石油、煤炭、葡萄糖、蛋白质、植物、动物等。

根据物质构成体是否具有生理机制可分为两类：生命物质构成体和非生命物质构成体。生命物质构成体是指具有自由本能的物质构成体，又分为微生物、动物、植物和人类等物质构成体。非生命物质构成体是指不具有自由本能的物质构成体，如矿物质等。

在普通化学的学习过程中，分类方法也很多，例如根据物质在水中的溶解性将物质分为易溶、微溶、难溶等类型。通常情况下，根据物质存在的主要状态可将物质分为气态物质（气体）、液态物质（液体）和固态物质（固体）；根据物质的组成和性质可将物质分为混合物和纯净物。

物质的简单分类如图 1.2 所示。

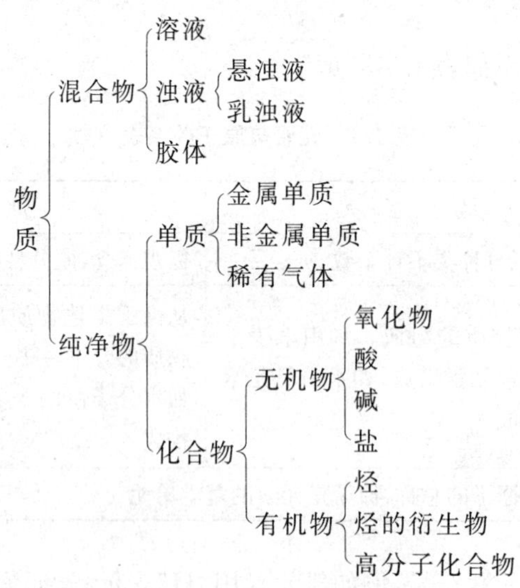

图 1.2 物质的分类

纯净物和混合物的区别与联系见表 1.2。

单质：由同一种元素组成的纯净物叫单质。例如，氧气（O_2）、铜（Cu）、铁（Fe）等物质的组成中只有一种元素。

化合物：由不同种元素组成的纯净物叫化合物。例如，二氧化碳（CO_2）、水（H_2O）、高锰酸钾（$KMnO_4$）等物质的组成元素有两种甚至更多。

通过单质和化合物的定义可以知道元素可以以单质和化合物两种形态存在。元素也可以分为：金属元素、非金属元素和稀有气体元素。

表 1.2　纯净物与混合物的比较

<table>
<tr><th colspan="2"></th><th>纯净物</th><th>混合物</th></tr>
<tr><td rowspan="2">区别</td><td>概念</td><td>由同一种物质组成</td><td>由两种或两种以上物质组成</td></tr>
<tr><td>组成</td><td>(1)宏观：同种物质组成
(2)微观：由构成同种物质的粒子构成，对于分子构成的物质而言由同种分子构成
(3)具有固定不变的组成</td><td>(1)宏观：两种或两种以上的物质
(2)微观：由构成不同种物质的粒子构成，对于分子构成的物质而言由不同种分子构成
(3)没有固定的组成</td></tr>
<tr><td colspan="2">转化</td><td colspan="2">纯净物 $\xrightleftharpoons[\text{提纯、分离}]{\text{两种或两种以上的物质简单混合}}$ 混合物</td></tr>
</table>

三、物质的聚集状态

自然界的各种物质都是由大量微观粒子构成的。当大量微观粒子在一定的压强和温度下相互聚集为一种稳定的状态时，就叫做“物质的一种状态”，简称为“物态”。在常温下，物质的聚集状态主要有气态、液态和固态三种，在不同的温度和压强下，可以呈现不同的状态，三种物态之间可随温度或压强的变化而互相转化，例如，在常温常压下，水呈现三种状态：固态（冰）、液态（水）和气态（水蒸气）。生活经验告诉我们：固体（冰）有一定的形状，液体（水）和气体（水蒸气）没有固定的形状；气体（水蒸气）容易被压缩，固体（冰）、液体（水）不易被压缩。那么，固态、液态和气态物质的宏观性质和微观结构特点有何不同呢？

1. 固态

粒子（包括离子、原子和分子）都是紧密排列，短程有序。粒子之间有很强的吸力，所以只能在原位振动。因而令固体拥有稳定、固定形状和固定容量的特性，只有施力而切断或打碎时才可改变它的形状。从宏观上讲，是指具有一定的体积和形状的物体；从微观上讲，是指组成物质的微观粒子按一定规则周期性、对称地排列，在晶体固体中，粒子（包括原子、分子和离子）都是以三维空间的结构排列，而同一种物质可以排列成不同形式的晶体结构。

2. 液态

在温度和气压是常数的情况下，液体的容量是固定的。内分子（内原子或者内离子）之间的力仍然不可忽略，但分子有足够的能量，因而可以有相对运动，结构亦是流动的。从宏观上讲，是指具有一定的体积，不容易被压缩，但没有一定的形状，能够流动的物体。从微观上讲，组成物质的微粒（以下简称为分子）相互间也有较强的作用力，分子的排列情况更接近于固体，只是它们的有规则排列局限于很小的区域内（约在 10^{-7} m 的范围内），而众多的这些小区域之间则是完全无序地聚合在一起。

3. 气态

分子拥有足够多的动能，因而内分子力的影响相对减少（对于理想气体会是 0），分子之间的距离亦较远，短程无序，长程也无序。从宏观上讲，是指既没有一定的形状，也没有一定的体积的物体，它总是充满整个容器，很容易被压缩；从微观上讲，气体分子间距很大，它们之间的相互作用力很小，除了相互发生碰撞或与器壁发生碰撞以外，气体分子的运动近似地可以看作是匀速直线运动，直到与其他分子或器壁发生碰撞为止，因此气体总是充满整个容器。

物质都是由大量原子、分子、离子等微观粒子聚集在一起构成的。请问：100 g 水中含有多少个水分子？如果 10 亿人日夜不停地数一滴水里的水分子，每人每分钟数 100 个，需要 3 万多年才能数清。这说明宏观的量用微观表示非常的巨大，使用不方便！在日常生活中，当某物质的质量很大时，一般不会用克表示，而用吨等更大的计量单位表示。如一辆汽车的质量为 3 吨，不会说是 3×10^6 克；再如做某事花去 10 分钟时间，我们不会说是用了 1.9×10^{-5} 年。人们倾向于选用一个合适的计量单位，把很大或很小的数值变为适中的数值，以便于计算、使用。能否在宏观（可测）量与微观量之间建立一个物理量和单位，用合适的数值表示很大数目的微观粒子？为此，人们提出了“物质的量”这个概念。通过“物质的量”将宏观的质量等物理量与微观的粒子数之间建立了联系。“物质的量”指的是许多固定数目的微粒（分子、原子、离子、质子、电子、中子以及它们的特定组合）组成的集体。

1971 年，第 14 届国际计量大会规定了七个基本物理量及其单位，其中“物质的量”为七个基本物理量之一，用 n 表示，单位是摩尔，符号为 mol，其度量对象是微观粒子。也就是说，摩尔是物质的量的单位。

规定：0.012 kg ^{12}C 所含的原子数目为 1 摩尔。即如果在一定量的粒子集体中所含粒子数目与 0.012 kg ^{12}C 的原子数目相同则为 1 摩尔。

已知：一个碳原子的质量为 1.993×10^{-26} kg。**求**：0.012 kg ^{12}C 所含的碳原子数。

解　碳原子数 $=\dfrac{0.012\ \text{kg}}{1.993\times10^{-26}\ \text{kg}}\approx6.02\times10^{23}$。

1 mol 任何粒子的数目约为 6.02×10^{23}，这就叫“阿伏伽德罗常数”，符号用 N_A 表示。

1 mol 物质的质量若以克为单位，在数值上等于构成该物质的粒子的相对原子（分子）质量。那么，1 mol 物质的体积有多大呢？

若已知物质的摩尔质量，即 1 mol 物质的质量和密度，就可以算出其体积。

由于气体的体积受温度和压强的影响较大，要比较 1 mol 不同物质的体积，我们需要规定同一温度和同一压强，化学上将 0 ℃，1.01×10^5 Pa (1 atm) 规定为标准状况。

表 1.3 为标准状况下 1 mol 不同物质的体积。

表 1.3　标准状况下 1 mol 不同物质的体积

物质	摩尔质量/$g\cdot mol^{-1}$	密度	1 mol 物质的体积
Al	26.98	$2.70\ g\cdot cm^{-3}$	$9.99\ cm^3$
Fe	55.85	$7.86\ g\cdot cm^{-3}$	$7.11\ cm^3$
H_2O	18.02	$0.998\ g\cdot cm^{-3}$	$18.06\ cm^3$
C_2H_5OH	46.07	$0.789\ g\cdot cm^{-3}$	$58.39\ cm^3$
H_2	2.016	$0.0899\ g\cdot L^{-1}$	22.42 L
N_2	28.02	$1.25\ g\cdot L^{-1}$	22.42 L
CO	28.01	$1.25\ g\cdot L^{-1}$	22.42 L

由表 1.3 可见：① 1 mol 不同的固态或液态物质，其体积也不同；② 在相同状况下，1 mol 气体的体积基本相同；③ 1 mol 固体和液体的体积较小，1 mol 气体的体积较大。

这是因为：① 物质体积的大小取决于物质粒子数的多少、粒子本身的大小和粒子之间的距离三个因素；② 由于固体、液体中微粒堆积紧密，间距很小，所以含一定数目粒子的固体和液体的体积主要取决于微粒的大小，不同物质的微粒大小不等，所以 1 mol 固体、液体体积不等；③ 气体分子间距离远远大于分子的直径，所以其体积主要取决于微粒的间距；④ 在固态和液态中，粒子本身的大小不同决定了其体积的不同，而不同气体在一定的温度和压强下，分子之间的距离是近似相同的，所以粒子数相同的气体有着近似相同的体积；⑤ 温度、压强的改变会引起气体分子间距离的变化，气体的体积受温度、压强的影响很大，因此，讨论气体的体积时，必须指明外界条件。

对于气体而言，测量其体积要比称量其质量方便得多。由于同温同压下，物质的量相同的任何气体具有相同的体积，这就给我们研究气体的性质带来了方便。我们把单位物质的量的气体所占的体积称为气体摩尔体积，符号用 V_m 表示，表达式为 $V_m=V/n$，单位是 $L \cdot mol^{-1}$，标准状况下，1 mol 任何气体的体积都约是 22.4 L(即气体在标准状况下的摩尔体积约是 $22.4\ L \cdot mol^{-1}$)。同温同压下，气体的体积只与气体物质的量有关，而与气体分子的种类无关。同温同压下，1 mol 任何气体的体积都相等，但未必等于 22.4 L。

在物质三态中，物质的气态是人们了解得比较多也比较容易处理的一种状态。气体具有一些共同的特性，因而它们能遵守一些共同的规律。

气体具有可扩散性、可压缩性、无固定形状、密度很小和可以以任何比例混合等特征。将气体引入任何大小的容器中，由于气体分子的能量大，分子间引力小，分子在做无规则运动，因而能自动扩散充满整个容器。又因气体分子间的空隙很大，如对气体施加压力，其体积就会缩小。气体的体积不仅受压力的影响，同时还与温度、气体的量有关。通常要用压力、体积、温度这些物理量来描述一定量气体所处的状态，我们把反映这四者之间关系的方程式，叫做气体的状态方程式。

1. 理想气体状态方程

气体的状态变量有：p(压力)，T(温度)，n(物质的量)，V(体积)。

从 17 世纪到 19 世纪初，许多科学家在较低压强下研究气体的体积、压强和温度间的关系，通过实验事实总结出一些经验规律：

(1) 波义耳定律：一定温度下，一定量气体的体积与压强成反比，即

$$pV=\text{常数}$$

(2) 盖·吕萨克定律：一定压力下，一定量气体的体积与绝对温度成正比，即

$$\frac{V}{T}=\text{常数}$$

(3) 阿伏伽德罗定律：一定温度与压力下，气体的体积和它的物质的量成正比，即

$$\frac{V}{n}=\text{常数}$$

把以上三个经验定律的表达式合并得

$$V \propto \frac{nT}{p}$$

实验测得上式的比例系数是 R，叫做摩尔气体常数(数值约为 8.314)，于是得到

$$pV=nRT$$

上式叫做理想气体状态方程，只有理想气体才完全遵守这个关系式。理想气体是一个抽象概念，它要求气体分子有质量但没有体积，气体分子间除了弹性碰撞外，无其他相互作用力。真正的理想气体是不存在的，但在高温低压条件下，实际气体接近于理想气体。当气体的压强比大气压高得不多，气体的温度比 0 ℃低得不多时，通常可用理想气体状态方程作有关计算。

例 1　30 ℃，1 atm 下，体积为 1.0×10^4 L 的氦气球上升至 0.60 atm，−20 ℃高空后，体积有多大？

解　上升前：p_1,V_1,T_1；上升后：p_2,V_2,T_2；n 不变。所以有

$$\frac{p_1V_1}{T_1}=\frac{p_2V_2}{T_2}$$

$$V_2=\frac{p_1V_1T_2}{T_1p_2}=\frac{1\times1.0\times10^4\times(273.15-20)}{0.60\times(273.15+30)}=1.4\times10^4(\mathrm{L})$$

例 2　实验测得 310 ℃，101.3 kPa 时，单质气态磷的密度为 $2.64\ \mathrm{g\cdot dm^{-3}}$，求该气体的分子量及气态磷的分子式 P_x。（已知 P 的原子量为 $30.96\ \mathrm{g\cdot mol^{-1}}$）。

解

$$pV=nRT=\frac{m}{M}RT,\quad \rho=\frac{m}{V}=\frac{pM}{RT}$$

$$M=\frac{\rho RT}{p}=\frac{2.64\times8.314\times(273.15+310)}{101.3}=126.4(\mathrm{g\cdot mol^{-1}})$$

$$x=\frac{126.4}{30.96}=4.08\approx4$$

2. 混合气体——道尔顿(Dolton)分压定律

我们知道，气体的特性之一是扩散性，能够均匀充满它所占有的全部空间。因此在任何容器内的气体混合物中，如果各组分之间不发生化学反应，则每一种气体都均匀地分布在整个容器内，它所产生的压力和它单独占有整个容器时所产生的压力相同，也就是说，组分气体在混合物中所产生的压力是不因其他气体的存在而改变的。

1801 年道尔顿通过总结得出下列结论：

某一气体在气体混合物中产生的分压等于它单独占有整个容器时所产生的压力；混合气体的总压等于各组分气体的分压强之和，这就是分压定律。

分压：一定温度下，混合气体中单个组分气体单独占有总体积时所表现的压强。分压不可以测量。

分压定律的数学表达式：

$$p_{总}=p_A+p_B+p_C+\cdots+p_i+\cdots$$

分压定律的其他表达形式：

$$p_A=\frac{n_ART}{V_{总}},\quad p_B=\frac{n_BRT}{V_{总}},\quad \cdots,\quad p_i=\frac{n_iRT}{V_{总}}$$

$$\begin{aligned}p_{总}&=\frac{n_ART}{V_{总}}+\frac{n_BRT}{V_{总}}+\cdots+\frac{n_iRT}{V_{总}}+\cdots\\&=\frac{(n_A+n_B+\cdots+n_i+\cdots)RT}{V_{总}}\\&=\frac{n_{总}RT}{V_{总}}\end{aligned}$$

又因为

$$\frac{p_i}{p_{总}}=\frac{\frac{n_iRT}{V_{总}}}{\frac{n_{总}RT}{V_{总}}}=\frac{n_i}{n_{总}}=x_i\quad（物质的量分数）$$

所以

$$p_i=p_{总}\,x_i\quad（分压定律的另一种表达方式）$$

通过分压定律，可以知道：

在温度和总压强恒定的条件下，混合气体的总体积等于各组分气体的分体积之和，即

$$V_{总}=V_A+V_B+V_C+\cdots+V_i+\cdots$$

分体积：指一定温度下，混合气体中单个组分气体在压强为 $p_{总}$ 时所占有的体积。分体积不可以测量。

$$p_{总}V_i=n_iRT$$

$$\frac{V_i}{V_{总}}=\frac{\frac{n_iRT}{p_{总}}}{\frac{n_{总}RT}{p_{总}}}=\frac{n_i}{n_{总}}=x_i$$

$$\frac{p_i}{p_{总}}=\frac{V_i}{V_{总}}=\frac{n_i}{n_{总}}=x_i$$

例 3　在 25 ℃，758 mm Hg 时从水面收集到饱和有水蒸气的氢气 152 mL。已知 25 ℃时水的饱和蒸气压为 23.76 mm Hg。

计算：(1) H_2 的分压；

(2) 收集到的 H_2 的物质的量；

(3) 干燥 H_2 的体积。

解　(1) $P_{H_2}=758-23.76=734.24$(mm Hg)

(2) 由 $P_{H_2}V_{总}=n_{H_2}RT$ 可得

$$n_{H_2}=\frac{p_{H_2}V_{总}}{RT}=\frac{\frac{734.24}{760}\times\frac{152}{1\,000}}{0.082\,06\times(273.15+25)}=6.00\times10^{-3}(\text{mol})$$

(3) 解法 1　由 $p_{总}V_{H_2}=n_{H_2}RT$ 得

$$V_{H_2}=\frac{n_{H_2}RT}{p_{总}}=\frac{6.00\times10^{-3}\times0.082\,06\times(273.15+25)}{\frac{758}{760}}=0.147(\text{L})$$

解法 2　由 $\frac{V_{H_2}}{V_{总}}=\frac{p_{H_2}}{p_{总}}$ 得

$$V_{H_2}=\frac{p_{H_2}}{p_{总}}V_{总}=\frac{734.24}{758}\times152$$

$$=147(\text{mL})$$

例 4　在 250 ℃时，PCl_5 全部气化并能部分转化为 PCl_3 和 Cl_2，现将 2.98 g PCl_5 置于 1.00 L的容器中，在 250 ℃全部气化后，测得其总压为 113 kPa。

计算容器中各气体的分压(已知 $M_{PCl_5}=208.5\ \text{g}\cdot\text{mol}^{-1}$)。

解　$V_{总}$，T 不变，物质的量之比等于分压之比，因此，物质的量的变化可以用分压的变化来表示，即

$$p_{PCl_5}^0=\frac{\frac{2.98}{208.5}\times 8.314\times(273.15+250)}{1.00}=62.2(kPa)$$

$$
\begin{array}{lllll}
 & PCl_5 & \longrightarrow & PCl_3 & + \quad Cl_2 \\
\text{初始：} & p_{PCl_5}^0 & & 0 & \quad 0 \\
\text{转化：} & x & & x & \quad x \\
\text{平衡：} & p_{PCl_5}^0-x & & x & \quad x
\end{array}
$$

因此有 $62.2-x+x+x=113$，解得 $x=50.8(kPa)$。

平衡时：

$$p_{PCl_5}=p_{PCl_5}^0-x=62.2-50.8=11.4(kPa)$$

$$p_{PCl_3}=p_{Cl_2}=x=50.8(kPa)$$

解法 2 $n_{PCl_5}^0=\frac{2.98}{208.5}=0.01429(mol)$

$$
\begin{array}{lllll}
 & PCl_5 & \longrightarrow & PCl_3 & + \quad Cl_2 \\
\text{初始：} & n_{PCl_5}^0 & & 0 & \quad 0 \\
\text{转化：} & x & & x & \quad x \\
\text{平衡：} & n_{PCl_5}^0-x & & x & \quad x
\end{array}
$$

$$p_{总}V_{总}=n_{总}RT$$

$$113\times 1=(0.01429+x)\times 8.314\times(273.15+250)$$

$$x=0.01169(mol)$$

平衡时：

$$p_{PCl_5}=p_{总}\times x_{PCl_5}=113\times\frac{0.01429-0.01169}{0.01429+0.01169}=11.3(kPa)$$

$$p_{PCl_3}=p_{Cl_2}=\frac{113-11.3}{2}=50.85(kPa)$$

思考与回答

1. 下列符号中，只具有微观意义而不具有宏观意义的是(　　)。

   A. Fe　　B. O_2　　C. 2N　　D. P_2O_5

2. 下列各组物质，按化合物、混合物顺序排列的是(　　)。

   A. 食盐、干冰　　B. 胆矾、石灰水　　C. 红磷、烧碱　　D. 水银、生理盐水

3. 下列说法正确的是(　　)。

   A. 常温、常压下，11.2 L 氯气所含的原子数为 N_A

   B. 常温、常压下，1 mol 氦气含有的核外电子数为 $4N_A$

   C. 17 g 氨气所含的电子数目为 $10N_A$

   D. 同温、同压下，相同体积的任何气体单质所含的原子数目相同

4. 标准状况下，下列物质体积最大的是(　　)。

   A. 2 g H_2　　B. 20 g SO_2　　C. 23 g Na　　D. 160 g Br_2

5. 在同温、同压下，A 容器中盛有 H_2，B 容器中盛有 NH_3，若使它们所含的原子总数相等，则两个容器的体积比是(　　)。

   A. 2∶1　　B. 1∶2　　C. 2∶3　　D. 1∶3

6. 标准状况下，某气体密度为 $1.25\ g \cdot L^{-1}$，则该气体的相对分子质量为(　　)。

A. 12.5　　B. 14　　C. 28　　D. 30

阅读材料

第四态：等离子体(Plasma)

当温度足够高时，外界提供的能量打破了气体分子中的原子核和电子的结合，气体就电离成由自由电子和正离子组成的电离气体，即等离子体。等离子体的意思是指其中粒子所带的正、负电量是相等的。

1. 定义：由大量带电微粒(离子和电子)和中性微粒(原子和分子)所组成的呈现准电中性的一类物质聚集体。

2. 特征：具有良好的导电性、极高的温度(能量)和流动性，故其用途十分广泛。

3. 产生方法：对气体进行高温、高能电磁波的照射等。

液体与固体之间的过渡状态：液晶(Liquid Crystal)

液晶既具有液体的性质(流动性)，也具有晶体的性质(光学和电学性质与液体不同，很像晶体，具有各向异性)。

1. 定义：指在一定范围内既有液体的流动性，又有晶体的各向异性特征的一类物质。

2. 种类：通常按液晶分子的中心桥键和环的特征进行分类。目前已合成了一万多种液晶材料，其中常用的液晶显示材料有上千种，主要有联苯液晶、苯基环己烷液晶及酯类液晶等。

3. 用途：主要用于制造显示器。

4. 液晶的特点：液晶分子的位置排列无序使它像液体，排列有序使它像晶体。

5. 液晶的光学性质：对外界条件的变化反应敏捷。液晶分子的排列是不稳定的，外界条件的微小变动都会引起液晶分子排列的变化，因而改变液晶的某些性质，例如温度、压力、摩擦、电磁作用、容器表面的差异等，都可以改变液晶的光学性质。

6. 液晶的外形特征：液晶物质都具有较大的分子，分子形状通常是棒状分子、碟状分子、平板状分子。

(来源：复旦大学岳斌老师《普通化学(A)》课件)

项目小结

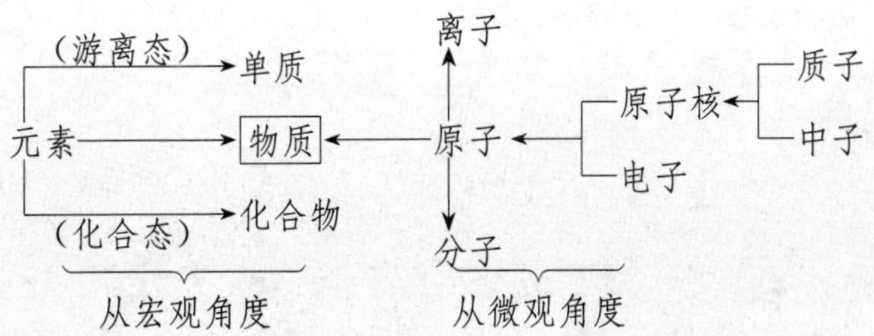

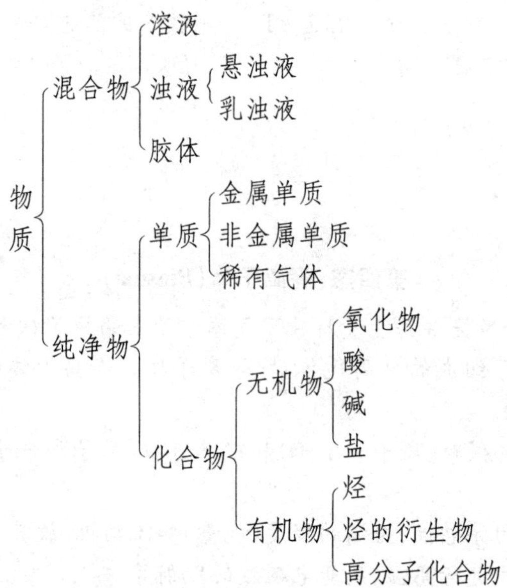

物质的聚集状态	微观结构	微粒的运动方式	宏观性质
固态	微粒排列紧密,微粒间的空隙很小	在固定的位置上振动	有固定的形状、固定的体积,几乎不能被压缩
液态	微粒排列较紧密,微粒间的空隙较小	可以自由移动	没有固定的形状,但有固定的体积,不易被压缩
气态	微粒间的距离较大	可以自由移动	没有固定的形状,没有固定的体积,容易被压缩

项目二　原　　子

学习目标

(1) 掌握原子的结构；
(2) 掌握原子轨道能级概念；
(3) 掌握原子中电子分布原理；
(4) 掌握原子性质的周期性；
(5) 了解波粒二象性。

在前一项目中，我们学习了物质的组成、分类，知道微观物质是由微粒构成的，构成物质的微粒主要是原子、分子和离子等，那么原子到底具有何种结构呢？

任务　原子的结构和基本性质

一、原子与元素

(一) 原子的组成和元素

自 1897 年英国物理学家汤姆逊(J. J. Thomson)发现电子以来，经过几十年的研究，人们已经意识到原子是一种电中性的微粒，是由一个带 z 个单位正电荷的原子核和 z 个带负电荷的电子组成的；原子核是由带 z 个单位正电荷的质子(p)和若干个中子(n)组成的紧密结合体，其直径不及原子的万分之一；电子的直径更小。可见，原子核和电子只占原子的极小部分，原子内部绝大部分是“空着的”。

同一元素的原子核含有相同数目的质子，但可以含有数目不同的中子。电子、质子、中子、光子以及在宇宙射线和高能原子核物理实验中发现的一系列粒子，统称为基本粒子。

元素是具有相同质子数的一类原子的总称。根据原子中质子数目的不同，可以区别为不同的元素。不同的元素在元素周期表中各占据不同的位置。不同元素的原子、质子数目由小到大排列的顺序数，称为原子序数。

因此，对每一种原子来说：原子序数(Z)＝核内质子数＝核电荷数＝核外电子数。

质子数相同而中子数不同的同一种元素的原子，有着基本相同的化学性质，且在元素周期表中处于同一位置，故互称为同位素。具有确定中子数和质子数的单核粒子称为核素，例如氢有三种核素，如表 2.1 所示。除少数几种元素外，绝大多数元素都有两种或两种以上的核素，其中锡的核素多达 10 种。

根据来源和稳定性，可将核素分为稳定核素(如${}^{35}_{17}Cl$、${}^{37}_{17}Cl$、${}^{12}_{6}C$、${}^{13}_{6}C$)和放射性核素。放射

性核素的原子核不稳定，能放出射线而蜕变成别的元素。目前已发现的 118 种元素的核素已达 2 000 种。

质量数相同而原子序数不同的元素，互称为异序同量素，简称同量素。例如$^{40}_{18}Ar$、$^{40}_{19}K$和$^{40}_{20}Ca$互为同量数。

表 2.1　氢的同位素

核素名称	核素符号	原子的组成		质量数	在自然界中的氢所占的质量分数
		质子数	中子数		
氢或氕	$^{1}_{1}H$ 或 H	1	0	1	≈99.98%
重氢或重氘	$^{2}_{1}H$ 或 D	1	1	2	0.016%
超重氢或氚	$^{3}_{1}H$ 或 T	1	2	3	0.004%

（二）原子轨道能级

1913 年，玻尔在前人工作的基础上提出了玻尔原子模型，其要点如下：

1. 定态轨道概念

氢原子中的电子在氢原子核的势能场中运动，其运动轨道不是任意的，电子只能在以原子核为中心的某些能量（E_n）确定的圆形轨道上运动。这些轨道的能量状态不随时间而改变，因此被称为定态轨道。电子在定态轨道上运动时，既不吸收也不释放能量。

2. 轨道能级的概念

不同的定态轨道能量是不同的。离核越近的轨道，能量越低，电子被原子核束缚得越牢；离核越远的轨道，能量越高。轨道的这些能量状态，称为能级。氢原子轨道能级如图 2.1 所示。

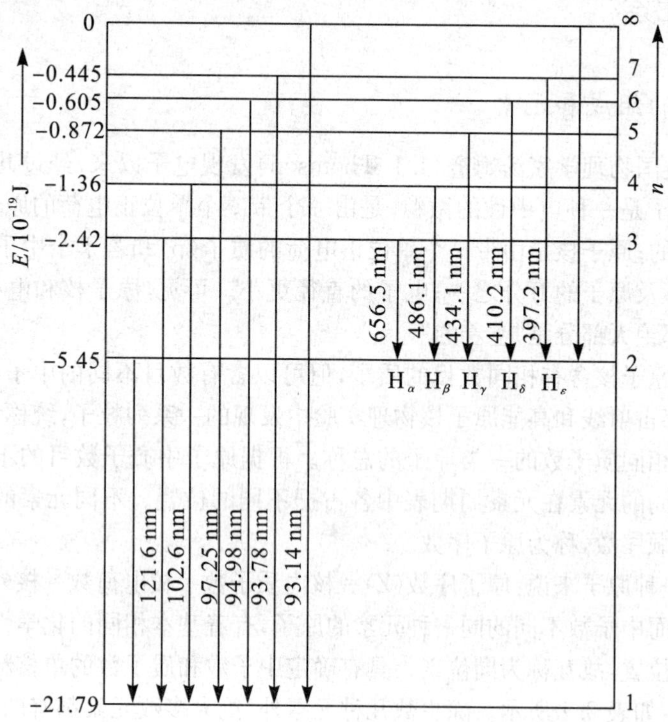

图 2.1　氢原子轨道能级示意图

在正常状态下，电子尽可能处于离核较近、能量较低的轨道上，这时原子所处的状态称为基态。在高温火焰、电火花或电弧作用下，基态原子中的电子因获得能量，能跃迁到离核较远、能量较高的空轨道上去运动，这时原子所处的状态称为激发态。当$n\to\infty$时，电子所处的轨道能量定为零，意味着电子被激发到这样的能级时，由于获得足够大的能量，可以完全摆脱核势能场的束缚而电离。因此，离核越近的轨道，能级越低、势能值负得越多。

3. 玻尔原子模型的应用范围与局限性

玻尔原子模型成功地解释了氢原子和类氢原子（如He^{+}、Li^{2+}、Be^{3+}）的光谱现象。时至今日，玻尔提出的关于原子中轨道能级的概念仍然有用。但是玻尔理论有着严重的局限性，它只能解释单电子原子（或离子）光谱的一般现象，不能解释多电子原子光谱，其根本原因在于玻尔的原子模型是建立在牛顿的经典力学理论基础上的。它把原子假设成一个太阳系，认为电子在核外运动就犹如行星围绕着太阳转一样，会遵循经典力学的运动规律，但实际上电子这样微小、运动速度又极快的粒子在极小的原子体积内运动，是根本不遵循经典力学的运动规律的。玻尔理论的缺陷，促使人们去研究和建立能描述电子内运动规律的量子力学原子模型。

二、原子结构的近代概念

1926 年，奥地利科学家薛定谔（E. Schrodinger）建立起描述微观粒子（如原子、电子等）运动规律的量子力学理论。人们利用量子力学理论研究原子结构，逐步形成了原子结构的近代概念。

（一）电子的波粒二象性

20 世纪初，人们已经发现光不仅有微粒的性质，而且有波动的性质，即具有波粒二象性。前面已经提及，原子中的电子是一种有确定体积（直径一般为 10^{-15} m）和质量（$9.109\ 1\times10^{-31}$ kg）的粒子。因此，电子具有粒子性在此无需论证，而且这一点也早为玻尔等人所认识。问题是电子运动是否也像光子一样，表现出波动的性质。

1927 年，美国物理学家戴维逊（D. J. Davisson）等通过电子衍射实验证明了电子运动确实具有波动性，当高速运动的电子束穿过晶体光栅投射到感光底片上时，得到的不是一个感光点，而是明暗相间的衍射环纹，与光的衍射图相似。

后来，还相继发现质子、中子等粒子均能产生衍射现象，具有宏观物体难以表现出来的波动性，而这一特点恰是经典力学所没有认识到的。

（二）概率

若用慢射电子枪（可控制射出电子数的电子发射装置）取代电子束进行类似图 2.2 所示的实验，结果发现，每个电子在感光底片上弹着的位置是无法预料的，说明电子运动是没有固定轨道的；但是当单个的电子不断地发射以后，在感光底片上仍然可以得到明暗相间的衍射环纹，这说明电子运动是有规律的。亮环纹处无疑衍射强度大，说明电子出现的机会多，即概率大；暗环纹处则正好相反。

量子力学认为，原子中个别电子运动的轨迹是无法确定的，即没有确定的轨道，这一点是与经典力学有原则性的差别的。但是原子中电子在原子核外的分布还是有规律的：核外空间某些区域电子出现的概率较大，而另一些区域电子出现的概率较小。电子在原子核外空间某处单位体积内出现的概率称为概率密度。

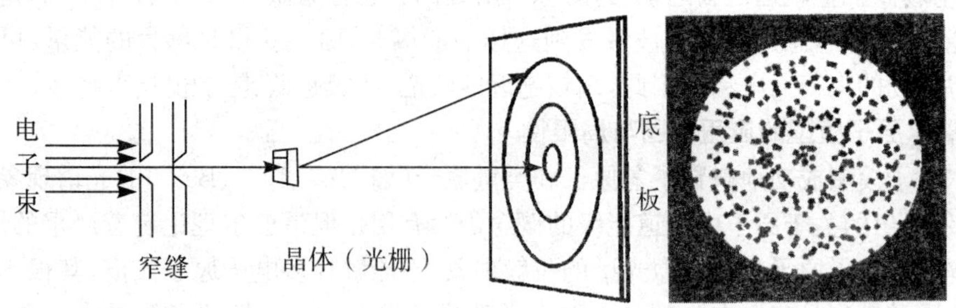

图 2.2 电子衍射实验示意图

（三）原子轨道

1926 年，薛定谔根据波粒二象性的概念提出了一个描述微观粒子运动的基本方程——薛定谔波动方程。这个方程是一个二阶偏微分方程，它的形式如下：

$$\left(\frac{\partial^2\psi}{\partial x^2}+\frac{\partial^2\psi}{\partial y^2}+\frac{\partial^2\psi}{\partial z^2}\right)+\frac{8\pi^2 m}{h^2}(E-V)\psi=0$$

式中，ψ 叫做波函数，h 为普朗克常数，m 为微粒的质量，x,y,z 为微粒的空间坐标。

在量子力学中是用波函数和与其对应的能量来描述微观粒子运动状态的。

原子中电子的波函数 ψ 是描述电子运动的数学表示式，而且又是空间坐标的函数，其空间图像可以形象地理解为电子运动的空间范围，俗称“原子轨道”。

（四）电子云

在光的波动方程中，ψ 代表电磁波的电磁场强度。由于

$$\text{光的强度}\propto\frac{\text{光子数目}}{\text{体积}}=\text{光子密度}$$

而光的强度又与电磁场强度（ψ）的绝对值平方成正比，即

$$\text{光的强度}\propto|\psi|^2$$

所以，光子密度是与 $|\psi|^2$ 成正比的。同理，在原子核外某处空间，电子出现的概率密度（ρ）也是和电子波在该处的强度（ψ）的绝对值平方成正比，即

$$\rho\propto|\psi|^2$$

但在研究 ρ 时，有实际意义的只是它在空间各处的相对密度，而不是其绝对值本身，故作图时可不考虑 ρ 与 $|\psi|^2$ 之间的比例常数，因而电子在原子核外空间某点出现的概率密度可直接用 $|\psi|^2$ 来表示。

为了形象地表示核外电子运动的概率分布情况，化学上惯用小黑点分布的疏密表示电子出现的概率密度的相对大小。小黑点较密的地方，表示概率密度较大，单位体积内电子出现的机会较多。用这种方法来描述电子在核外出现的概率密度分布所得的空间图像称为电子云。

既然以小黑点的疏密来表示概率密度大小所得的图像称为电子云，概率密度又可以直接用 $|\psi|^2$ 来表示，那么若以 $|\psi|^2$ 作图，就应得到电子云的近似图像。将 $|\psi|^2$ 的角度分布部

分($|Y|^2$)作图,所得的图像就称为电子云角度分布图。s、p、d 轨道的电子云角度分布图如图 2.3 所示。

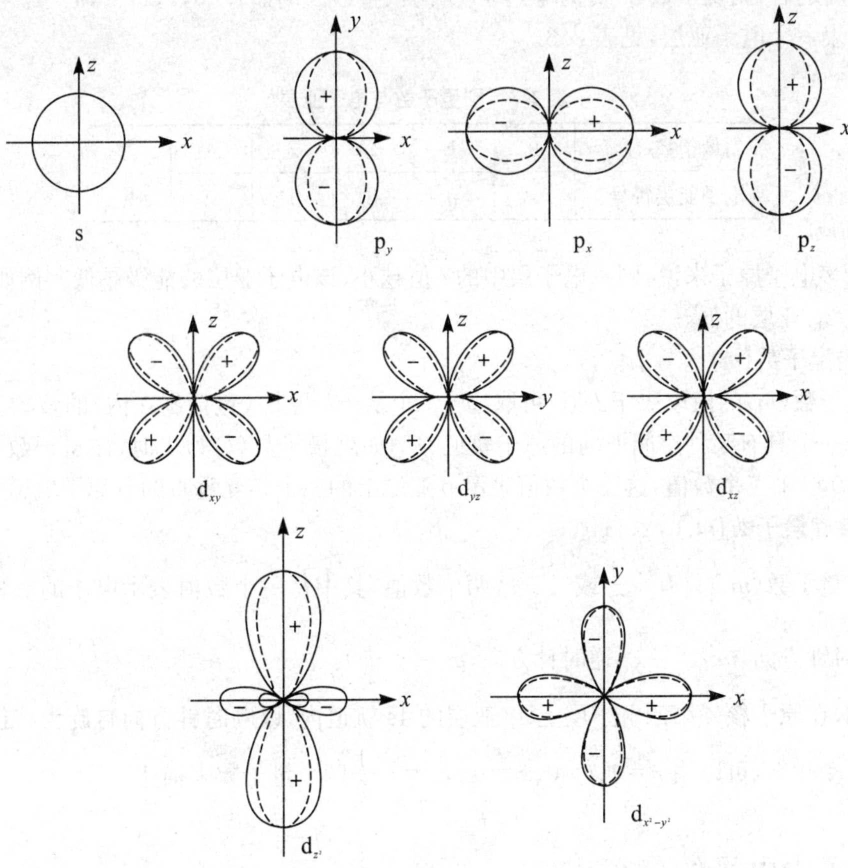

图 2.3　s、p、d 原子轨道(实线部分)、电子云(虚线部分)角度分布剖面图

从以上介绍可以看出:原子轨道和电子云的空间图像既不是通过实验,更不是直接观察得到的,而是根据量子力学计算出的数据绘制出来的。

(五) 量子数

欲描述某海轮在茫茫大海中的位置,只要知道该海轮的经度和纬度就足够了。但是,描述原子中各电子的状态(指电子所在的电子层和原子轨道的能级、形状、伸展方向,以及电子的自旋方向等)则需要四个参数(主量子数、副量子数、磁量子数和自旋量子数)才行。

1. 主量子数(n)

主量子数(n)可为除零以外的正整数。例如 $n=1,2,3,4,\cdots$。其中每一个 n 值代表一个电子层,见表 2.2。

表 2.2　主量子数与电子层

主量子数(n)	1	2	3	4	5	…
电子层	第一层	第二层	第三层	第四层	第五层	
电子层符号	K	L	M	N	O	

n 值越小，各电子层离核越近，其能级越低。

2. 副量子数(l)

n 值确定后，副量子数(l)可为零到 $n-1$ 的正整数。例如 $l=0,1,2,\cdots,n-1$。其中每一个 l 值代表一个电子亚层，见表 2.3。

表 2.3 副量子数与电子亚层

副量子数(l)	0	1	2	3	4	5
电子亚层符号	s	p	d	f	g	h

对于多电子原子来说，同一电子层中的 l 值越小，该电子亚层的能级越低。例如 2s 亚层的能级比 2p 亚层的低。

3. 磁量子数(m)

磁量子数(m)的值取决于 l 值；可取 $2l+1$ 个从 $-l$ 到 $+l$(包括零在内)的整数。每一个 m 值代表一个具有某种空间取向的原子轨道。例如副量子数(l)为 1 时，磁量子数(m)值只能取 $-1,0,+1$ 三个数值，这三个数值表示 p 亚层上的三个相互垂直的 p 原子轨道。

4. 自旋量子数(m_s)

自旋量子数(m_s)只有 $+\frac{1}{2}$ 或 $-\frac{1}{2}$ 这两个数值，其中每一个数值表示电子的一种自旋方向(如顺时针方向，$m_s=+\frac{1}{2}$；逆时针方向，$m_s=-\frac{1}{2}$)。

例如，在原子核外第四电子层上 4s 亚层的 4s 轨道内，以顺时针方向自旋为特征的那个电子的运动状态，可以用 $n=4$、$l=0$、$m=0$、$m_s=+\frac{1}{2}$ 四个量子数来描述。

三、原子中电子的分布

(一) 基态原子中电子分布原理

根据原子光谱实验的结果和对元素周期系的分析、归纳，总结出核外电子分布的基本原理。

1. 泡利(Pauli)不相容原理

在同一原子中，不可能有四个量子数完全相同的电子存在。每一个轨道内最多只能容纳两个自旋方向相反的电子。

2. 能量最低原理

多电子原子处在基态时，核外电子的分布在不违反泡利原理的前提下，总是尽量先分布在能量较低的轨道，以使原子处于能量最低的状态。

3. 洪特(Hund)规则

当原子在同一亚层的等价轨道上分布电子时，将尽可能单独分布在不同的轨道上，而且自旋方向相同(或称自旋平行)。这样分布时，原子的能量较低，体系较稳定。例如 N 原子($1s^2 2s^2 2p^3$)的轨道表示式为：

那么，哪些轨道能量较高，哪些轨道能量较低呢？这就需要进一步了解原子的能级。

（二）多电子原子轨道的能级

原子轨道的能量主要与主量子数(n)有关。对多电子原子(除 H 外其他元素原子的统称)来说，原子轨道的能量还与副量子数(l)和原子序数有关。

原子中各原子轨道能级的高低主要根据光谱实验确定，但也可从理论上去推算。原子轨道能级的相对高低情况，若用图示法近似表示，就是所谓近似能级图。在无机化学中比较实用的是鲍林(Pauling)近似能级图。

某元素只要根据其在原子光谱中的谱线所对应的能量，就可以作出该元素原子的原子轨道能级图。1939年，鲍林对周期系中各元素原子的原子轨道能级图进行分析、归纳，总结出多电子原子中原子轨道能级图，以表示各原子轨道之间能量的高低顺序(见图2.4)。

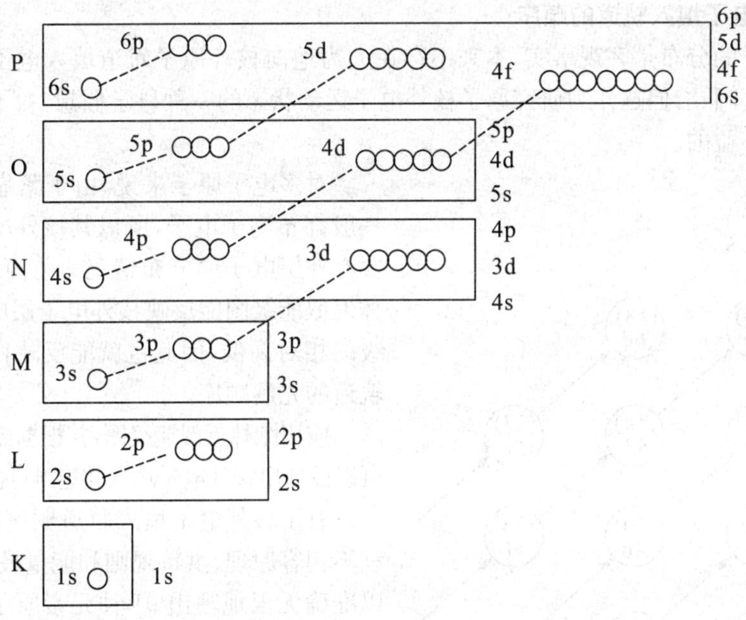

图 2.4　近似能级图

在图 2.4 中，每一个小圆圈代表一个原子轨道，每个小圆圈所在的位置的高低表示这个轨道能量的高低(但并未按真实比例绘出)。图中还根据各轨道能量大小的相互接近情况，把原子轨道划分为若干个能级组(图中实线方框内各原子轨道的能量较接近，构成一个能级组)。我们将会了解："能级组"与元素周期表的周期是相对应的。

从图 2.4 中可以看出：

(1) 各电子层按能级相对高低从小到大排列为 K，L，M，N，O，…；

(2) 同一原子同一电子层内，对多电子原子来说，电子间的相互作用造成同层能级的分裂，各亚层能级的相对高低为 $E_{ns}<E_{np}<E_{nd}<E_{nf}<\cdots$；

(3) 同一电子亚层内，各原子轨道能级相同；

(4) 同一原子内，不同类型的亚层之间有能级交错现象，例如 $E_{4s}<E_{3d}<E_{4p}$，$E_{5s}<E_{4d}<E_{5p}$，$E_{6s}<E_{4f}<E_{5d}<E_{6p}$。

关于鲍林近似能级图，需要明确以下几点：

(1) 如前所述，它是从周期系中各元素原子轨道能级图中归纳出来的一般规律，不可能完全反映出每个元素的原子轨道能级的相对高低，所以只有近似意义；

(2) 它原意是要反映同一原子内各原子轨道能级之间的相对高低，所以不能用鲍林近似能级图来比较不同元素原子轨道能级的相对高低；

(3) 经进一步研究发现，鲍林近似能级图实际上只反映同一原子外电子层中原子轨道能级的相对高低，而不一定能完全反映内电子层中原子轨道能级的相对高低；

(4) 电子在某一轨道上的能量，实际上与原子序数(更本质地说，与核电荷数)有关，核电荷数越多，对电子的吸引力越大，电子离核越近的结果使其所在轨道能量降得越低，轨道能级之间的相对高低情况，与鲍林近似能级图会有所不同。

(三) 基态原子中电子的分布

1. 核外电子填入轨道的顺序

核外电子的分布是客观事实，本来不存在人为地向核外原子轨道填入电子以及填充电子的先后次序问题，但这作为研究原子核外电子运动状态的一种科学假想，对了解原子电子层的结构是有益的。

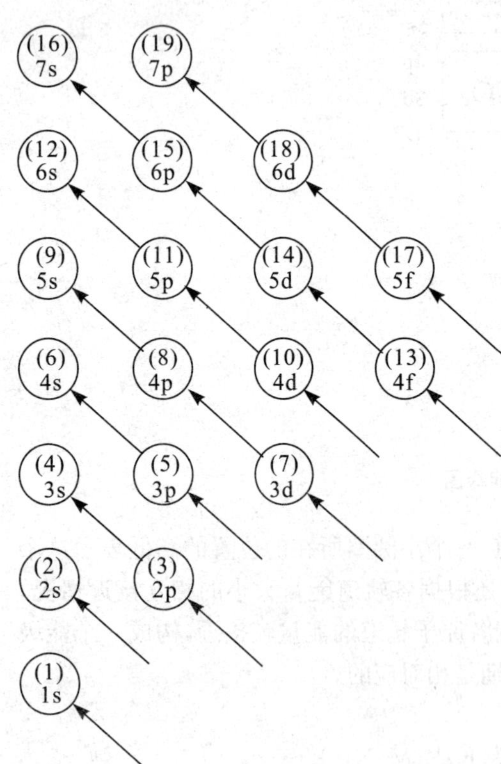

图 2.5　电子填入轨道顺序图

对多电子原子来说，由于紧靠核的电子层一般都布满了电子，所以其核外电子的分布主要看外层电子的分布情况。前面已经提到，鲍林近似能级图能反映核外电子层中原子轨道能级的相对高低，因此也就能反映核外电子填入轨道的先后顺序。

应用鲍林近似能级图，并根据能量最低原理，可以设计出核外电子填入轨道顺序图(见图 2.5)。

有了核外电子填入轨道顺序图，再根据泡利不相容原理、洪特规则和能量最低原理，就可以准确无误地写出 91 种元素原子的核外电子分布式来。例如$_{21}$Sc 原子的电子分布式为：

$$1s^2 2s^2 2p^6 3s^2 3p^6 3d^1 4s^2$$

在 112 种元素当中，只有 19 种元素($_{24}$Cr，$_{29}$Cu，$_{41}$Nb，$_{42}$Mo，$_{44}$Ru，$_{45}$Rh，$_{46}$Pd，$_{47}$Ag，$_{57}$La，$_{58}$Ce，$_{64}$Gd，$_{78}$Pt，$_{79}$Au，$_{89}$Ac，$_{90}$Th，$_{91}$Pa，$_{92}$U，$_{93}$Np，$_{96}$Cm)原子外层电子的分布情况稍有例外。根据原子核外电子分布情况，又可以归纳出一条特殊规律，就是对于同一电子亚层，当电子分布为全充满(p^6 或 d^{10} 或 f^{14})、半充满

(p^3 或 d^5 或 f^7)和全空(p^0 或 d^0 或 f^0)时,电子云分布呈球状,原子结构较稳定。亚层全充满分布的例子如$_{29}$Cu,它的电子式分布为 $3d^{10}4s^1$,而不是 $3d^9 4s^2$,此外$_{46}$Pd,$_{47}$Ag,$_{79}$Au 也有类似情况;亚层半充满的例子如$_{24}$Cr,它的电子分布式为 $3d^5 4s^1$,而不是 $3d^4 4s^2$,此外,$_{42}$Mo,$_{64}$Gd,$_{96}$Cm 也有类似情况。

2. 基态原子的价层电子构型

价电子所在的亚层统称价层。原子的价层电子构型是指价层的电子分布式,它能反映出该元素原子电子层结构的特征。但价层中的电子并非一定全是价电子,例如 Ag 的价层电子构型为 $4d^{10}5s^1$,而其氧化值只有+1,+2,+3。在书写原子核外电子分布式时,为简便起见,可用该元素前一周期的稀有气体的元素符号作为原子实,代替相应电子分布部分。

(四) 简单基态阳离子的电子分布

根据鲍林能级图,基态原子外层轨道能级高低顺序为:$ns<(n-2)f<(n-1)d<np$。若按此顺序,Fe^{2+} 电子分布式应为[Ar]$3d^4 4s^2$,但根据实验证实,Fe^{2+} 的电子分布式实为[Ar]$3d^6 4s^0$。造成此现象的原因是阳离子的有效核电荷比原子的多,造成基态阳离子的轨道能级与基态原子的轨道能级有所不同。

通过对基态原子和离子内轨道能级的研究,从大量光谱数据中归纳出以下两条规律:

① 基态原子外层电子填充顺序:$ns \rightarrow (n-2)f \rightarrow (n-1)d \rightarrow np$;

② 价电子电离顺序:$np \rightarrow ns \rightarrow (n-1)d \rightarrow (n-2)f$。

(五) 元素周期系与核外电子分布的关系

1. 区

根据元素原子价层电子构型的不同,可以把周期表中的元素所在位置分成 s、p、d、ds 和 f 五个区(见图 2.6)。

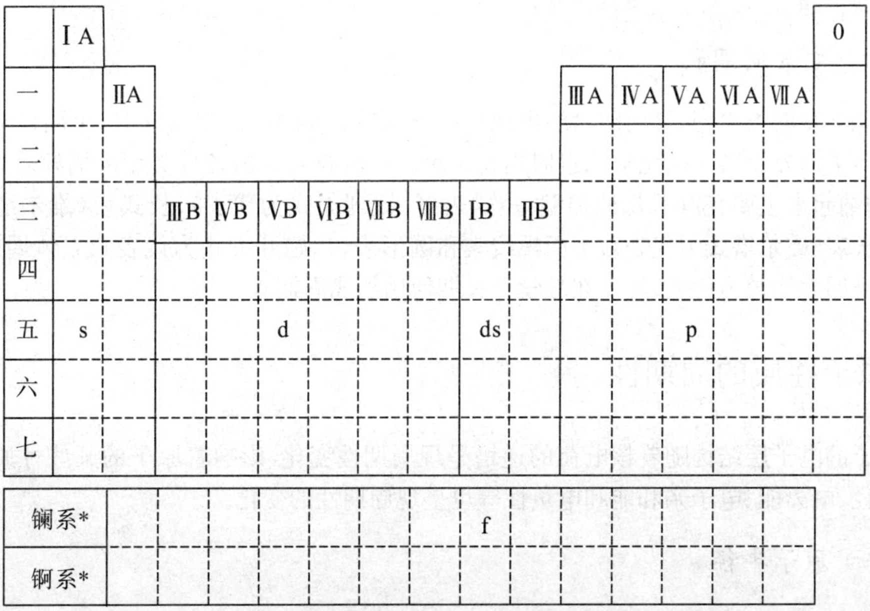

	ⅠA	ⅡA	ⅢB	ⅣB	ⅤB	ⅥB	ⅦB	ⅧB	ⅠB	ⅡB	ⅢA	ⅣA	ⅤA	ⅥA	ⅦA	0
一																
二																
三																
四																
五	s				d				ds				p			
六																
七																

镧系*							f							
锕系*														

图 2.6　长式周期表元素分区示意图

各区元素原子核外电子层分布的特点如表 2.4 所示。

表 2.4 各区元素原子核外电子分布特点

区	原子价层电子构型	最后填入电子的亚层	包括的元素
s	$ns^{1\to2}$	最外层的 s 亚层	ⅠA 族，ⅡA 族
p	$ns^2np^{1\to6}$	最外层的 p 亚层	Ⅲ～ⅦA 族，零族
d	$(n-1)d^{1\to9}ns^{1\to2}$	一般为次外层的 d 亚层	ⅢB～ⅦB 族，Ⅷ族(过渡元素)
ds	$(n-1)d^{10}ns^{1\to2}$	同上	ⅠB，ⅡB 族
f	$(n-2)f^{0\to14}(n-1)d^{0\to2}ns^2$	一般为外数第三层的 f 亚层(有个别例外)	镧系元素和锕系元素(内过渡元素)

2. 族

如表 2.2 所示，如果元素原子最后填入电子的亚层为 s 或 p 亚层，该元素就属于主族元素；如果最后填入电子的亚层为 d 或 f 亚层，该元素就属副族元素，又称过渡元素(其中填入 f 亚层的又称内过渡元素)。书写时，以 A 表示主族元素，以 B 表示副族元素。例如ⅡA表示第二主族元素，ⅢB 表示第三副族元素。元素与族数的关系如表 2.5 所示。

表 2.5 元素与族数的关系

元 素	族 数
s、p、ds 区	等于最外层电子数
d 区(其中Ⅷ族只适用于 Os、Fe、Ru)	等于最外层电子数＋次外层的 d 电子数
f 区	都属ⅢB 族

由此可见，元素在周期表中的位置(周期、区、族)，是由该元素原子核外电子的分布所决定的。

(六) 元素周期表

在化学发展史中，元素周期表的出现是一个重要里程碑。1869 年 2 月，俄国科学家门捷列夫公布了世界上第一张化学元素周期表。此后不断有人提出各种类型的周期表，共有 70 余种，归纳起来主要有以下几种类型：短式表(门捷列夫式为代表)、长式表(维尔纳式为代表)、特长表(玻尔塔式为代表)、平面螺线表和圆形表(达姆开夫式为代表)、立体周期表(某西的圆锥助立体表为代表)等。在教学上长期使用长式周期表。

四、原子性质的周期性

原子的电子层结构随着核电荷的递增呈现周期性变化，影响着原子的某些性质，例如，原子半径、电离能、电子亲和能和电负性等也呈现周期性的变化。

(一) 原子半径

量子力学的原子模型认为，核外电子的运动是按概率分布的，由于原子本身没有鲜明的界面，因此原子核到最外电子层的距离实际上是难以确定的。通常所说的原子半径是根据该原子存在的不同形式来定义的。常用的有以下三种：

1. 共价半径

当两个相同原子形成共价键时，其核间距离的一半称为原子的共价半径。如果没有特别注明，通常指的是形成共价单键时的共价半径。例如把 Cl—Cl 分子的核间距的一半(99 pm)定为 Cl 原子的共价半径。

2. 金属半径

在金属单质的晶体中，两个相邻金属原子核间距离的一半称为该金属原子的金属半径。例如把金属铜中两个相邻 Cu 原子核间距的一半(128 pm)定为 Cu 原子的半径。

3. 范德华半径

在分子晶体中，分子之间是以范德华力(即分子间力)结合的。例如稀有气体晶体，相邻分子核间距的一半称为该原子的范德华半径。例如 Ne 的范德华半径为 160 pm。

表 2.6 列出了元素周期表中各元素原子半径，其中对非金属列出共价半径，对金属列出金属半径(配位数为 12)，对稀有气体列出范德华半径。

表 2.6　原子半径

H																	He
37																	122
Li	Be											B	C	N	O	F	Ne
152	111											88	77	70	66	64	160
Na	Mg											Al	Si	P	S	Cl	Ar
186	160											143	117	110	104	99	191
K	Ca	Sc	Ti	V	Cr	Mn	Fe	Co	Ni	Cu	Zn	Ga	Ge	As	Se	Br	Kr
227	197	161	145	132	125	124	124	125	125	128	133	122	122	121	117	114	198
Rb	Sr	Y	Zr	Nb	Mo	Tc	Ru	Rh	Pd	Ag	Cd	In	Sn	Sb	Te	I	Xe
248	215	181	160	143	136	136	133	135	138	144	149	163	141	141	137	133	217
Cs	Ba	Lu	Hf	Ta	W	Re	Os	Ir	Pt	Au	Hg	Tl	Pb	Bi	Po	At	Rn
265	217	173	159	143	137	137	134	136	136	144	160	170	175	155	153		

同一周期的主族元素，自左向右，随着核电荷的增加，原子共价半径的总趋势是逐渐减小的。

同一周期的 d 区过渡元素，自左向右过渡时，随着核电荷的增加，原子半径只是略有减小；而且，从 ⅠB 族元素起，由于次外层的$(n-1)$d 轨道已经充满，较为显著地抵消核电荷对外层 ns 电子的引力，因此原子半径反而有所增大。

同一周期的 f 区内过渡元素，自左向右过渡时，由于新增加的电子填入外数第三层的$(n-2)$f 轨道上，其结果与 d 区元素基本相似，只是原子半径减小的平均幅度更小。例如镧系元素从镧(La)到镥(Lu)，中间经历了 13 种元素，原子半径只收缩了约 12 pm。镧系收缩的幅度虽然很小，但它收缩的影响却很大，使镧系后面的过渡元素铪(Hf)、钽(Ta)、钨(W)的原子半径与其同族相应的锆(Zr)、铌(Nb)、钼(Mo)的原子半径极为接近，造成 Zr 与 Hf，Nb 与 Ta，Mo 与 W 的性质十分相似，在自然界往往共生，比较难分离。

原子半径在族中的变化：主族元素从上往下过渡，原子半径显著增大。但是副族元素除钪分族外，从上往下过渡时原子半径一般略有增大，但第五周期和第六周期的同族元素之间，原子半径非常接近。

原子半径越大，核对外层电子的引力越弱，原子就越易失去电子；反之，原子半径越小，核对外层电子的引力越强，原子就越易得到电子。但必须注意，难失去电子的原子不一定就容易得到电子。例如，稀有气体原子得、失电子都不容易。

（二）电离能和电子亲和能

原子失去电子的难易可用电离能（I）来衡量，结合电子的难易可用电子亲和能（E_A）来定性地比较。

1. 电离能（I）

气态原子要失去电子变为气态阳离子（即电离），必须克服核电荷对电子的引力而消耗能量，这种能量称为电离能（I），其单位 $kJ \cdot mol^{-1}$。

从基态（能量最低的状态）的中性气态原子失去一个电子形成气态阳离子所需要的能量，称为原子的第一电离能（I_1）；由氧化数为+1 的气态阳离子再失去一个电子形成氧化数为+2 的气态阳离子所需要的能量，称为原子的第二电离能（I_2）；其余以此类推。例如：

$$Mg(g) - e^- \rightarrow Mg^+(g); \quad I_1 = \Delta H_1 = 738\ kJ \cdot mol^{-1}$$

$$Mg^+(g) - e^- \rightarrow Mg^{2+}(g); \quad I_2 = \Delta H_2 = 1\ 451\ kJ \cdot mol^{-1}$$

……

显然，元素原子的电离能越小，原子就越易失去电子；反之，元素原子的电离能越大，原子越难失去电子。这样，我们就可以根据原子的电离能来衡量原子失去电子的难易程度。一般情况下，只要应用第一电离能数据即可。

元素原子的电离能，可以通过实验测出。

同一周期主族元素，自左向右过渡时，电离能逐渐增大。副族元素自左向右过渡时，电离能变化不十分规律。

同一主族元素自上往下过渡时，原子的电离能逐渐减小。副族元素自上往下过渡时原子半径只是略微增大，而且第五、第六周期元素的原子半径又非常接近，核电荷数增多的因素起了作用，电离能变化没有较好的规律。

值得注意的是，电离能的大小只能衡量气态原子失去电子变为气态离子的难易程度，至于金属在溶液中发生化学反应形成阳离子的倾向，还是应该根据金属的电极电势来进行估量。

2. 电子亲和能（E_A）

与电离能恰好相反，元素原子的第一电子亲和能是指一个基态的气态原子得到一个电子形成气态阴离子所释放出的能量。例如：

$$O(g) + e^- \rightarrow O^-(g); \quad E_{A,1} = -141\ kJ \cdot mol^{-1}$$

元素原子的第一电子亲和能一般都为负值，因为电子落入中性原子的核场里势能降低，体系能量减少。唯稀有气体原子（ns^2np^6）和ⅡA 族原子（ns^2）最外电子亚层已全充满，要加合一个电子，环境必须对体系作功，即吸收能量才能实现，所以第一电子亲和能为负值。所有元素原子的第二电子亲和能都为正值，因为阴离子本身是个负电场，对外加电子有排斥作用，要再加合电子时，环境也必须对体系作功。例如：

$$O^-(g) + e^- \rightarrow O^{2-}(g); \quad E_{A,2} = 780\ kJ \cdot mol^{-1}$$

显然，元素原子的第一电子亲和能代数值越小，原子就越容易得到电子；反之，元素原子的第一电子亲和能代数值越大，原子就越难得到电子。

由于电子亲和能的测定比较困难，所以目前测得的数据较少，尤其是副族元素尚无完整数据，准确性也较差，有些数据还只是计算值。

无论是在周期还是族中，主族元素电子亲和能的代数值一般都是随着原子半径的减小而减小。因为半径减小，核电荷对电子的引力增大，故电子亲和能在周期中自左向右过渡时，总的变化趋势是减小的。主族元素自上往下过渡时，总的变化趋势是增大的。值得注意的是：电子亲和能、电离能只能表征孤立气态原子或离子得、失电子的能力。

3. 电负性(χ)

某原子难失去电子，不一定就容易得到电子；反之，某原子难得到电子，也不一定就容易失去电子。为了能比较全面地描述不同元素原子在分子中对成键电子吸引的能力，鲍林提出了电负性的概念。所谓电负性，是指分子中元素原子吸引电子的能力。他指定最活泼的非金属元素原子(F)的电负性为 4.0，然后通过计算得到其他元素原子的电负性值(见表 2.7)。

从表 2.7 中可见，元素原子的电负性呈周期性变化。同一周期自左向右电负性逐渐增大。同一主族，自上往下电负性逐渐减小；至于副族元素原子，ⅢB～ⅤB 族变小，ⅥB～ⅡB 族自上往下电负性变大。某元素的电负性越大，表示它的原子在分子中吸引成键电子(即习惯说的共用电子)的能力越强。

表 2.7 元素的电负性

s区		d区								ds区		p区				
H 2.1																
Li 1.0	Be 1.5											B 2.0	C 2.5	N 3.0	O 3.5	F 4.0
Na 0.9	Mg 1.2											Al 1.5	Si 1.8	P 2.1	S 2.5	Cl 3.0
K 0.8	Ca 1.0	Sc 1.3	Ti 1.5	V 1.6	Cr 1.6	Mn 1.5	Fe 1.8	Co 1.9	Ni 1.9	Cu 1.9	Zn 1.6	Ga 1.6	Ge 1.8	As 2.0	Se 2.4	Br 2.8
Rb 0.8	Sr 1.0	Y 1.2	Zr 1.4	Nb 1.6	Mo 1.8	Tc 1.9	Ru 2.2	Rh 2.2	Pd 2.2	Ag 1.9	Cd 1.7	In 1.7	Sn 1.8	Sb 1.9	Te 2.1	I 2.5
Cs 0.7	Ba 0.9	Lu 1.2	Hf 1.3	Ta 1.5	W 1.7	Re 1.9	Os 2.2	Ir 2.2	Pt 2.2	Au 2.4	Hg 1.8	Tl 1.8	Pb 1.9	Bi 1.9	Po 2.0	At 2.2

(三) 元素的氧化数

元素的氧化数与原子的价电子数直接相关。

1. 主族元素的氧化数

由于主族元素原子只有最外层的电子为价电子，能参与成键，因此，主族元素(除 F、O 外)的最高氧化数等于该原子的价电子总数(即族数)。如表 2.8 所示，随着原子核电荷数的递增，主族元素的氧化数呈现周期性的变化。

表 2.8 主族元素的氧化数与价电子数的对应关系

族数	ⅠA	ⅡA	ⅢA	ⅣA	VA	ⅥA	ⅦA
价层电子构型	ns^1	ns^2	ns^2np^1	ns^2np^2	ns^2np^3	ns^2np^4	ns^2np^5
价电子总数	1	2	3	4	5	6	7
主要氧化数	+1	+2	+3 (Tl还有+1)	+4 +2 (C有−4)	+5 +3 (N、P有−3,N还有+1,+2,+4)	+6 +4 −2 (O一般呈−1,−2)	+7 +5 +3 +1 −1 (F一般只呈−1)
最高氧化数	+1	+2	+3	+4	+5	+6	+7

2. 副族元素的氧化数

ⅢB～ⅦB族元素原子最外层的s亚层和次外层d亚层的电子均为价电子,因此,元素的最高氧化数也等于价电子总数,如表2.9所示。

表 2.9 ⅢB～ⅦB族元素最高氧化数与价电子数的对应关系

族数	ⅢB	ⅣB	ⅤB	ⅥB	ⅦB
第四周期元素	Sc	Ti	V	Cr	Mn
价层电子构型	$3d^14s^2$	$3d^24s^2$	$3d^34s^2$	$3d^54s^1$	$3d^54s^2$
最高氧化数	+3	+4	+5	+6	+7
价电子数	3	4	5	6	7

但是,ⅠB和Ⅷ族元素的氧化数变化没有规律;ⅡB族的最高氧化数为+2。

(四)元素的金属性和非金属性

在已经发现和合成的元素中,金属元素约占4/5。凡是金属都不同程度地具有不透明、金属光泽、导电传热和延展性等特点。从化学角度说,金属性最突出的特性是指它在化学反应中容易失去电子。因此,在化学反应中,某元素原子如果容易失去电子变为阳离子,就表示它的金属性强;反之,若容易得到电子变为阴离子,就表示它的非金属性强。

元素金属性和非金属性的相对强弱,可以应用原子参数进行比较。元素原子的电离能越小或电负性越小,元素的金属性越强;元素原子的电子亲和能的代数值越小或电负性越大,元素的非金属性越强。

同一周期的元素,自左向右过渡,元素原子的电负性逐渐增大,元素的金属性逐渐减弱,元素的非金属性逐渐增强。

同一主族的元素自上往下过渡，元素原子的电负性逐渐减小，元素的金属性逐渐增强，元素的非金属性逐渐减弱。副族元素ⅢB～ⅤB族电负性变小，金属性增强，ⅣB～ⅡB族电负性变大，金属性减弱。

思考与回答

1. 下列各组量子数哪些是不合理的？为什么？

	n	l	m
(1)	2	1	0
(2)	2	2	−1
(3)	3	0	+1

2. 为什么任何原子的最外层最多只能有8个电子，次外层最多只能有18个电子？

3. 量子数 $n=3, l=1$ 的原子轨道的符号是怎样的？该类原子轨道的形状如何？有几种空间取向？共有几个轨道？可容纳多少个电子？

4. 在下列各组电子分布中，哪种属于原子的基态？哪种属于原子的激发态？哪种是完全错误的？

(1) $1s^2 2s^1$；(2) $1s^2 2s^2 2d^1$；(3) $1s^2 2s^2 2p^4 3d^1$；(4) $1s^2 2s^4 2p^2$。

5. 已知某副族元素的A原子，电子最后填入3d，最高氧化数为+4；元素B的原子，电子最后填入4p，最高氧化数为+5。回答下列问题：

(1) 写出A、B元素原子的电子排布式；

(2) 根据电子排布，指出它们在周期表中的位置(周期、区、族)。

阅 读 材 料

原子简介

原子是化学变化中的最小单位。一个原子包含有一个致密的原子核及若干围绕在原子核周围带负电的电子。原子核由带正电的质子和电中性的中子组成。当质子数与电子数相同时，这个原子就是电中性的；否则，就是带有正电荷或者负电荷的离子。根据质子和中子数量的不同，原子的类型也不同：质子数决定了该原子属于哪一种元素，而中子数则确定了该原子是此元素的哪一个同位素。

原子的英文名是从希腊语转化而来，原意为不可切分的。很早以前，古印度和古希腊的哲学家就提出了原子的不可切分的概念。在17世纪和18世纪，化学家发现了物理学的根据：对于某些物质，不能通过化学手段将其继续分解。在19世纪末20世纪初，物理学家发现了亚原子粒子以及原子的内部结构，由此证明原子并不是不能进一步切分的。量子力学原理能够为原子提供很好的模型。

与常见物体相比，原子是一个极小的物体，其质量也很微小，以至于只能通过一些特殊的仪器才能观测到单个的原子，例如扫描隧道显微镜。

原子的99.9%的质量集中在原子核，其中的质子和中子有着相近的质量。每一种元素至少有一种不稳定的同位素，可以进行放射性衰变，即原子核中的中子数或质子数发生变化。电子占据一组稳定的能级,或者称为轨道。当它们吸收和放出光子的时候,电子也可以在不同能级之间跳跃,此时吸收或放出光子的能量与能级之间的能量差相等。电子决定了一个元素的化学属性,并且对原子的磁性有着很大的影响。

一、历史

1. 早期历史(公元前6世纪～公元前450年)

关于物质是由离散单元组成且能够被任意分割的概念流传了上千年,但这些想法只是基于抽象的、哲学的推理,而非实验和实证观察。随着时间的推移以及文化及学派的转变,哲学上原子的性质也有着很大的改变,而这种改变往往还带有一些精神因素。尽管如此,对于原子的基本概念在数千年后仍然被化学家采用,因为它能够很简洁地阐述一些化学界的新发现。

现存最早关于原子概念的阐述可以追溯到公元前6世纪的古印度。正理派和胜论派发展了一种完备的理论来描述原子如何组成更加复杂的物体(首先成对,然后三对再结合)。西方的文献则要晚一个世纪,是由留基伯提出的,他的学生德谟克利特总结了他的观点。大约在公元前450年,德谟克利特创造了原子这个词语,意思就是不可切割。尽管古印度和古希腊的原子观仅仅是基于哲学上的理解,但现代科学界仍然沿用了由德谟克利特所创造的名称。公元前4世纪左右,中国哲学家墨翟在其著作《墨经》中也独立提出了物质有限可分的概念,并将最小的可分单位称为“端”。

2. 近代史(1661年至今)

直到化学作为一门科学开始发展的时候,人们对原子才有了更进一步的理解。1661年,自然哲学家罗伯特·波义耳出版了《怀疑的化学家》(《The Sceptical Chemist》)一书,他认为物质是由不同的“微粒”或原子自由组合构成的,而并不是由诸如气、土、火、水等基本元素构成。1789年,法国贵族拉瓦锡定义了原子一词,从此,原子就用来表示化学变化中的最小单位。

1803年,英语教师及自然哲学家约翰·道尔顿(John Dalton)用原子的概念解释了为什么不同元素总是呈整数倍反应,即倍比定律(Law of Multiple Proportions);也解释了为什么某些气体比另外一些更易溶于水。他提出每一种元素只包含唯一一种原子,而这些原子相互结合起来就形成了化合物。

1827年,英国植物学家罗伯特·布朗(Robert Brown)在使用显微镜观察水面上的灰尘时,发现它们进行着不规则运动,进一步证明了微粒学说。后来,这一现象被称为布朗运动。

1877年,德绍尔克思(J. Desaulx)提出布朗运动是由于水分子的热运动而导致的。

1897年,在关于阴极射线的工作中,物理学家约瑟夫·汤姆生(J. J. Thomsom)发现了电子以及它的亚原子特性,粉碎了一直以来认为原子不可再分的设想。汤姆生认为电子是平均地分布在整个原子上的,就如同散布在一个均匀的正电荷的海洋之中,它们的负电荷与那些正电荷相互抵消。这也叫做原子的葡萄干布丁模型。

1909年,在物理学家卢瑟福(Ernest Rutherford)的指导下,研究者们用氦离子轰击金箔。他们意外地发现有很小一部分离子的偏转角度远远大于使用汤姆生假设所预测的值。卢瑟福根据这个金箔实验的结果提出原子中大部分质量和正电荷都集中位于原子中心的原子核当中,电子则像行星围绕太阳一样围绕着原子核。带正电的氦离子在穿越原子核附近时,就会被大角度地反射。

1913年,在进行有关放射性衰变产物的实验中,放射化学家弗雷德里克·索迪发现对于元素周期表中的每个位置,不仅仅只有一种原子。玛格丽特·陶德创造了“同位素”一词,来表示同一种元素中不同种类的原子。在进行关于离子气体的研究过程中,汤姆生发明了一种新技术,可以用来分离不同的同位素,最终导致了稳定同位素的发现。

与此同时,物理学家玻尔(Niels Bohr)重新审视了卢瑟福的模型,他认为电子应该位于确定的轨道之中,并且能够在不同轨道之间跳跃,而不是像先前认为的那样可以自由地向内或向外移动。电子在这些固定轨道间跳跃时,必须吸收或者释放特定的能量。当热源产生的一束光穿过棱镜时,能够产生一个多彩的光谱。应用轨道跃迁的理论就能够很好地解释光谱中存在的位置不变的线条。

1916年,吉尔伯特·路易斯(Gilbert Newton Lewis)发现化学键的本质就是两个原子间电子的相互作用。众所周知,元素的化学性质按照周期律反复循环。1919年,美国化学家朗缪尔(Irving Langmuir)提出原子中的电子以某种性质相互连接或者说相互聚集。一组电子占有一个特定的电子层。

1926年,薛定谔使用路易斯·德布罗意(Louisde Broglie)于1924年提出的波粒二象性的假说,建立了一个原子的数学模型,用来将电子描述为一个三维波形,但是在数学上不能够同时得到位置和动量的精确值。1926年,海森伯(Werner Heisenberg)建立了相关的方程,这也就是后来著名的测不准原理。这个概念描述的是,对于测量的某个位置,只能得到一个不确定的动量范围,反之亦然。尽管这个模型很难想象,但它能够解释一些以前可观测到却不能解释的原子的性质,如比氢更大的原子的谱线。因此,人们不再使用原子的行星模型,而更倾向于将原子轨道视为电子存在概率的区域。

质谱的发明使得科学家可以直接测量原子的准确质量。质谱仪通过使用一个磁体来弯曲一束离子,而偏转量取决于原子的核质比。弗朗西斯·阿斯顿(Francis William Aston)使用质谱证实了同位素有着不同的质量,并且同位素间的质量差都为一个整数,这被称为整数规则。1932年,詹姆斯·查得威克(James Chadwick)发现了中子,解释了这一个问题。中子是一种中性的粒子,质量与质子相仿。同位素则被重新定义为有着相同质子数与不同中子数的元素。

1950年,随着粒子加速器及粒子探测器的发展,科学家可以研究高能粒子间的碰撞。他们发现中子和质子是强子的一种,由更小的夸克微粒构成。核物理的标准模型也随之发展,能够成功地在亚原子水平解释整个原子核以及亚原子粒子之间的相互作用。

1985年,朱棣文及其同事在贝尔实验室开发了一种新技术,能够使用激光来冷却原子。威廉·丹尼尔·菲利普斯团队设法将钠原子置于一个磁阱中。这两项技术加上由克洛德·科昂-唐努德日团队基于多普勒效应开发的一种方法,可以将少量的原子冷却至微开尔文的温度范围,这样就可以对原子进行很高精度的研究,为玻色-爱因斯坦凝聚的发现奠定了基础。

历史上,因为单个原子过于微小,被认为不能够进行科学研究。最近,科学家已经成功使用单个金属原子与一个有机配体连接形成一个单电子晶体管。在一些实验中,通过激光冷却的方法将原子减速并捕获,这些实验能够带来对于物质更好的理解。

二、结构理论模型发展史

1. 道尔顿的原子模型

英国自然科学家约翰·道尔顿将古希腊思辨的原子论改造成定量的化学理论,提出了世界上第一个原子的理论模型。他的理论主要有以下三点:

(1) 所有物质都是由非常微小的、不可再分的物质微粒(即原子)组成;

(2) 同种元素的原子的各种性质和质量都相同,不同元素的原子主要表现为质量的不同;

(3) 原子是微小的、不可再分的实心球体;

(4) 原子是参加化学变化的最小单位,在化学反应中,原子仅仅是重新排列,而不会被创造或者消失。

虽然，经过后人证实，这是一个失败的理论模型，但是，道尔顿第一次将原子从哲学带入化学研究中，明确了今后化学家努力的方向，使化学真正从古老的炼金术中摆脱出来，道尔顿也因此被后人誉为“近代化学之父”。

2. 汤姆生的葡萄干布丁模型

汤姆生在发现电子的基础上提出了原子的葡萄干布丁模型，是第一个存在着亚原子结构的原子模型。汤姆生认为：

(1) 正电荷像流体一样均匀分布在原子中，电子就像葡萄干一样散布在正电荷中，它们的负电荷与那些正电荷相互抵消；

(2) 在受到激发时，电子会离开原子，产生阴极射线。

但是汤姆生的学生卢瑟福完成的 α 粒子轰击金箔实验(散射实验)，否认了葡萄干布丁模型的正确性。

3. 长冈半太郎的土星模型

在汤姆生提出葡萄干布丁模型的同一年，日本科学家长冈半太郎提出了土星模型，认为电子并不是均匀分布的，而是集中分布在原子核外围的一个固定轨道上。

4. 卢瑟福的行星模型

行星模型由卢瑟福提出，以经典电磁学为理论基础，其主要内容有：

(1) 原子的大部分体积是空的；

(2) 在原子的中心有一个体积很小、密度极大的原子核；

(3) 原子的全部正电荷在原子核内，且几乎全部质量均集中在原子核内部，带负电的电子在核空间进行高速的绕核运动。

随着科学的进步，氢原子线状光谱的事实表明行星模型是不正确的。

5. 玻尔的原子模型

为了解释氢原子线状光谱这一事实，卢瑟福的学生玻尔接受了普朗克的量子论和爱因斯坦的光子概念，在行星模型的基础上提出了核外电子分层排布的原子结构模型。玻尔的原子结构模型的基本观点是：

(1) 原子中的电子在具有确定半径的圆周轨道(Orbit)上绕原子核运动，不辐射能量；

(2) 在不同轨道上运动的电子具有不同的能量(E)，且能量是量子化的，轨道能量值依 n (1,2,3,…)的增大而升高，n 称为量子数，而不同的轨道则分别被命名为 K (n=1)、L(n=2)、N(n=3)、O(n=4)、P(n=5)；

(3) 当且仅当电子从一个轨道跃迁到另一个轨道时，才会辐射或吸收能量，如果辐射或吸收的能量以光的形式表现并被记录下来，就形成了光谱。

玻尔的原子模型很好地解释了氢原子的线状光谱，但对于更加复杂的光谱现象却无能为力。

6. 现代量子力学模型

物理学家德布罗意、薛定谔和海森伯等人，经过 13 年的艰苦论证，在现代量子力学模型和玻尔原子模型的基础上很好地解释了许多复杂的光谱现象，其核心是波动力学。在玻尔原子模型里，轨道只有一个量子数(主量子数)，现代量子力学模型则引入了更多的量子数(Quantum Number)。

(1) 主量子数(Principal Quantum Number)，决定不同的电子层，命名为 K、L、M、N、O、P、Q。

(2) 角量子数(Angular Quantum Number)，决定不同的能级，符号为“l”，共 n 个值(0,

1,2,3,…,$n-1$),符号用 s、p、d、f 表示。对多电子原子来说,电子的运动状态与 l 有关。

(3) 磁量子数(Magnetic Quantum Number),决定不同能级的轨道,符号为"m"(见下文的磁矩),仅在外加磁场时有用。"n"、"l"、"m"三个量共同确定一个原子的运动状态。

(4)自旋磁量子数(Spin m. q. n.),处于同一轨道的电子有两种自旋,即"↑""↓"。目前,自旋现象的实质还在探讨当中。

三、组成

尽管原子的英文名称(Atom)本意是不能被进一步分割的最小粒子,但是,随着科学的发展,原子被认为是由电子、质子、中子组成的,它们被统称为亚原子粒子。几乎所有原子都含有上述三种亚原子粒子,但氕没有中子,其离子(失去电子后)只是一个质子。

亚原子粒子具有量子化特征和波粒二象性,公式表述为 $\lambda=h/p=h/(mv)$,式中 λ 为波长,p 为动量,h 为普朗克常数。

1. 电子

将一个内部接近真空、两端封有金属电极的玻璃管通上高压直流电,阴极一端便会发出阴极射线。荧光屏可以显示这种射线的方向,如果外加一个匀强电场,阴极射线会偏向阳极;若在玻璃管内装上转轮,射线可以使转轮转动。后经证实,阴极射线是一群带有负电荷的高速粒子,即电子流。电子由此被发现。

电子是最早被发现的亚原子粒子,到目前为止,电子是所有粒子中最轻的,只有 9.11×10^{-31} kg,为氢原子的 1/1 837。电子带有一个单位的负电荷,即 4.8×10^{-19} 静电单位或 1.6×10^{-19} 库仑,其体积因为过于微小,现有的技术已经无法测量。

现代物理学认为,电子属于轻子的一种,是构成物质的基本单位之一(另一种为夸克)。

2. 电子云

电子具有波粒二象性,不能像描述普通物体运动那样,确定它在某一瞬间处于空间的某一点,而只能指出它在原子核外某处出现的可能性(即概率)的大小。电子在原子核各处出现的概率是不同的,有些地方出现的概率大,有些地方出现的概率很小,如果将电子在核外各处出现的概率用小黑点描绘出来(出现的概率越大,小黑点越密),那么便得到一种略具直观性的图像。这些图像中,原子核仿佛被带负电荷的电子云雾所笼罩,故称电子云。

把核外电子出现概率相等的地方连接起来,作为电子云的界面,界面内电子云出现的总概率很大(例如 90%或 95%),在界面外的概率很小,这个界面所包括的空间范围,叫做原子轨道,这里的原子轨道与宏观的轨道具有不同的含义。

原子轨道是薛定谔方程的合理解,薛定谔方程为一个二阶偏微方程:

$$\left(\frac{\partial^2\psi}{\partial x^2}+\frac{\partial^2\psi}{\partial y^2}+\frac{\partial^2\psi}{\partial z^2}\right)+\frac{8\pi^2 m}{h^2}(E-V)\psi=0$$

该方程的解 ψ 是 x、y、z 的函数,写成 $\psi(x,y,z)$。为了更形象地描述波函数的意义,通常用球坐标来描述波函数,即 $\psi(r,\theta,\varphi)=R(r)\cdot Y(\theta,\varphi)$,这里 $R(r)$ 函数是与径向分布有关的函数,称为径向分布函数;$Y(\theta,\varphi)$是与角度分布有关的,称为角度分布波函数。

3. 原子核

在 α 粒子散射实验中,人们发现,原子的质量集中于一个很小且带正电的物质中,这就是原子核。

原子核也称作核子,由原子中所有的质子和中子组成,原子核的半径约等于 $1.07\times A^{\frac{1}{3}}$ fm (A 是核子的总数)。原子半径的数量级大约是 105 fm,因此原子核的半径远远小于原子的半径。

原子核由质子与中子组成，中子和质子都是费米子的一种，根据量子力学中的泡利不相容原理，不可能有完全相同的两个费米子同时拥有一样的量子物理态。因此，原子核中的每一个质子都占用不同的能级，中子的情况也与此相同。不过泡利不相容原理并没有禁止一个质子和一个中子拥有相同的量子态。

(1) 质子(Proton)。质子由两个上夸克和一个下夸克组成，带一个单位正电荷，质量是电子质量的1 837倍，为$1.672\,6\times10^{-27}$ kg，然而部分质量可以转化为原子结合能。

拥有相同质子数的原子是同一种元素，原子序数=质子数=核电荷数=核外电子数。

(2) 中子(Neutron)。中子是原子中质量最大的亚原子粒子，自由中子的质量是电子质量的1 839倍，为$1.692\,9\times10^{-27}$ kg。中子和质子的尺寸相仿，均在2.5×10^{-15} m这一数量级，但它们的表面并没能精确定义。

中子由一个上夸克和两个下夸克组成，两种夸克的电荷相互抵消，所以中子不显电性，但是认为“中子不带电”的观点是错误的。

而对于某种特定的元素，中子数是可以变化的，拥有不同中子数的同种元素被称为同位素。中子数决定了一个原子的稳定程度，一些元素的同位素能够自发进行放射性衰变。

(3) 核力(Nuclear Force)。原子核被一种强力束缚在线度为10^{-15}m的区域内。由于质子带正电，根据库仑定律，质子间的排斥作用本会使原子核爆裂，但是原子核中有一种力可把质子和中子紧紧束缚在一起，这种力就是核力。在一定距离内，核力远远大于静电力，克服了带正电的质子间的相互排斥。

核力的作用范围被称作力程，作用范围在2.5 fm左右，最多不超过3 fm，即不能从一个原子核延伸到另一个原子核，因此，核力属于短程力。

(4) 核素(Unclide)。具有相同质子数和中子数的原子核称为核素，而用x轴表示质子数、用y轴表示中子数所得到的图像就被称为核素图。由图可以发现，在$x\in\{0,1,2,3,\cdots,20\}$时，核素图上的函数近似于$y=x$，但随着质子数的增加，质子间的库仑斥力明显增强，原子核需要比往常更多的中子数维持原子核的稳定；在$x\in\{21,22,23,\cdots,112\}$时，函数近似为$y=1.5x$，中子数大于质子数。

(5) 结合能(Energy of the Nucleus)。在原子核中，将核子从原子核中分离作功消耗的能量，被称为结合能。实验发现，任一原子核的质量总是小于其组成核子的质量和(这一差值被称为质量亏损)，因此，结合能可以由爱因斯坦质能方程推算：

结合能=(原子核内所有质子、中子的静止质量和－原子核静止质量)×光速^2

(6) 平均结合能(Binding e. o. t. n)。一个原子核中每个核子结合能的平均值被称作平均结合能，计算公式为：

$$每个核子的平均结合能=总结合能\div核子数$$

平均结合能越大，原子核越难被分解成单个的核子。

① 重核的平均结合能比中核小，因此，它们容易发生裂变并放出能量；

② 轻核的平均结合能比稍重的核的平均结合能小，因此，当轻核发生聚变时会放出能量。

原子的范德华半径是指在分子晶体中，分子间以范德华力结合，如稀有气体的范德华半径为相邻两原子核间距的一半。

四、性质

1. 质量

(1) 质量数(Mass Number)。由于质子与中子的质量相近且远大于电子，所以用原子的质子和中子数量的总和定义原子质量，称为质量数。

(2) 相对原子质量。原子的静止质量通常用统一原子质量单位(u)来表示，也被称作道尔顿(Da)。这个单位被定义为电中性的^{12}C质量的1/12，约为1.66×10^{-27} kg。氢最轻的一个同位素氕是最轻的原子，质量约为1.007 825 u。一个原子的质量约是质量数与原子质量单位的乘积。最重的稳定原子是$^{208}P_b$，质量为207.976 652 1u。

(3) 摩尔(mol)。就算是最重的原子，化学家也很难直接对其进行操作，所以它们通常使用另外一个单位——摩尔。摩尔的定义是对于任意一种元素，1摩尔总是含有同样数量的原子，约为6.022×10^{23}个。因此，如果一个元素的原子质量为1 u，1摩尔该原子的质量就为0.001 kg，也就是1 g。例如，^{12}C的原子质量是12 u，1摩尔碳的质量则是0.012 kg。

(4) 原子半径。原子没有一个精确定义的最外层，通常所说的原子半径是根据相邻原子的平均核间距测定的。

(5) 共价半径。我们测得氯气分子中两个氯原子的核间距为1.988Å，就把此核间距的一半，即0.994Å定义为氯原子的半径，此半径称为共价半径。共价半径为该元素单质键长的一半。

(6) 金属半径。我们也可以测得金属单质如铜中相邻两个铜原子的核间距，其值的一半称为金属半径。

(7) 范德华半径。指在分子晶体中，分子间以范德华力结合，如稀有气体的范德华半径为相邻两原子核间距的一半。

五、鉴定方法

1. 扫描隧道显微镜

扫描隧道显微镜(STM)可以识别并鉴定单个原子。当STM工作时，探针将充分接近样品产生一高度空间限制的电子束，因此在成像工作时，STM具有极高的空间分辨率，可以进行科学观测。在操作中，电子能够穿隧于两个平面金属电极之间的真空区域。每一个电极表面吸附有一个原子，使得穿隧电流密度大到可以测量。保持电流恒定，随着扫描的进行，可以得到一个探针末端的上下位移与横向位移之间的关系图。计算证明扫描隧道显微镜所得到的显微图像能够分辨出单个原子。在低偏差的情况下，显微图像显示的是对相近能级的电子轨道的一种空间平均后的尺寸，这些相近的能级也就是费米能中的局部态密度。

2. 质谱

当原子失去一个电子时，该原子就被电离了。这一个多余的电荷就使其在磁场中运行的轨迹发生偏折。这个偏转角度是由原子的质量所决定的。质谱仪就是利用这个原理来测定离子的质荷比。如果一个样品里面有多种同位素，质谱仪可以通过测量不同离子束的强度来推导每一种同位素的比例。使原子气化的技术包括电感耦合等离子体发射光谱以及电感耦合等离子体质谱。这两种技术都使用了气态或等离子态的样品。

3. 电子能量损失谱

另外一个有局限性的方法是电子能量损失谱，它是通过测量透射电子显微镜中电子束穿越一个样品后所损失的能量。原子探针显像具有三维亚纳米级的分辨率，也可以通过飞行时间质谱仪来鉴定单个的原子。

4. 激发态光谱

激发态光谱可以用来研究远距离恒星的元素组成。通过观测到的来自恒星的光谱中一些特殊的波长，可以得到气体状态下原子的量子转变。使用同种元素的气体放电灯，可以得到相同的颜色。氦元素就是通过这种手段在太阳的光谱中被发现的，比它在地球上被发现早了 23 年。

（来源：http://www.qqywf.com/view/b_256047.html）

项目小结

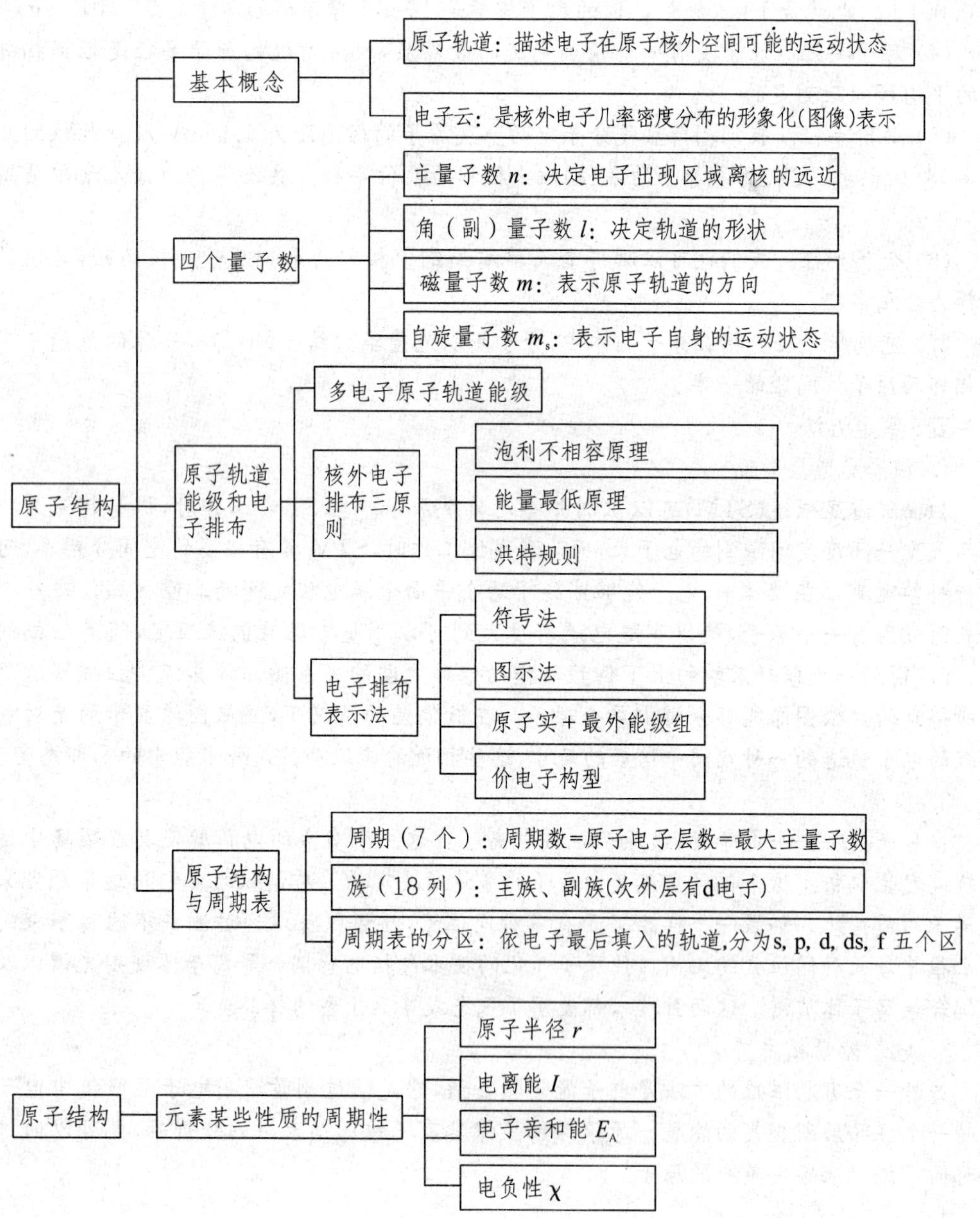

项目三　分　　子

学习目标

(1) 了解键参数；
(2) 掌握共价键的形成、特征和类型；
(3) 了解配位键的概念；
(4) 了解杂化轨道理论；
(5) 掌握分子间力和氢键。

分子是组成物质的另外一种基本粒子，分子是由原子结合而成的，原子是如何结合而成为分子的呢？分子与分子之间又是如何相互作用的呢？

任务　分子的结构和基本性质

一、价键理论

(一) 键参数

1. 键能(E)与键解离能(D)

(1) 键能(E)：是指在标准状态下气态分子每断裂1摩尔某键时的焓变。它是衡量原子之间形成的化学键强度(键牢固程度)的键参数。例如，在298.15 K，标准态下，H—Cl键的键能$E^{\ominus}$(H—Cl)为431 $kJ \cdot mol^{-1}$。

(2) 键解离能(D)：是解离气态分子中1摩尔某特定键所需的能量。

对分子(如HCl)而言其键能数值等于该键的解离能(D)。例如：

$$HCl(g) \longrightarrow H(g) + Cl(g); \quad E^{\ominus} = D^{\ominus} = 431\ kJ \cdot mol^{-1}$$

分子中若有多个相同的键，则该键的键能为同种键逐级解离能的平均值。

例如NH_3分子中三个N—H键的键能(E)是相同的，而三级解离能(D_i)不同：

$$NH_3(g) \longrightarrow NH_2(g) + H(g); \quad D^{\ominus}_{1,N-H} = 435\ kJ \cdot mol^{-1}$$

$$NH_2(g) \longrightarrow NH(g) + H(g); \quad D^{\ominus}_{2,N-H} = 398\ kJ \cdot mol^{-1}$$

$$NH(g) \longrightarrow N(g) + H(g); \quad D^{\ominus}_{3,N-H} = 339\ kJ \cdot mol^{-1}$$

$$E^{\ominus}_{N-H} = \frac{D^{\ominus}_{1,N-H} + D^{\ominus}_{2,N-H} + D^{\ominus}_{3,N-H}}{3} = \frac{435 + 398 + 339}{3} = 391\ (kJ \cdot mol^{-1})$$

2. 键长

键长(L_b)：分子内成键两原子核间的平衡距离。同一种键在不同分子中的键长数值基本上是个定值。例如，氢氧键(H—O)的键长 L_{O-H}在不同分子中的数值几乎相等，如表 3.1 所示。

表 3.1　氢氧键(H—O)的键长 L_{O-H}在不同分子中的数值

物　质	H_2O	H_2O_2	CH_3OH	HCOOH
L_{O-H}/pm	96	97	96	96

表 3.2 列出了一些双原子分子的键长。

表 3.2　一些双原子分子的键长

键	L_b/pm	键	L_b/pm
H—H	74.0	H—F	91.3
Cl—Cl	198.8	H—Cl	127.4
Br—Br	228.4	H—Br	140.8
I—I	266.6	H—I	160.8

对于两个确定的原子之间形成的不同的化学键，其键长值越小，键能就越大，键就越牢固，如表 3.3 所示。

表 3.3　若干化学键的键长和键能

化学键	C—C	C=C	C≡C	N—N	N=N	N≡N	C—N	C=N	C≡N
L_b/pm	154	134	120	146	125	109.8	147	132	116
$E^{\ominus}$/kJ·mol^{-1}	356	598	813	160	418	946	285	616	866

3. 键角

键角：分子中两个相邻化学键之间的夹角。键长和键角是描述分子几何结构的两个要素，图 3.1 所示为 H_2O、NH_3、CH_4、CO_2 分子的几何构型。

(二) 共价键

1. 共价键的形成

海特勒(Heitler)和伦敦(London)应用量子力学处理两个 H 原子形成 H_2 分子的过程，得到 H_2 分子的能量与核间距离的关系曲线。H_2 分子基态时的核间距离 $d=74$ pm，小于两个 H 原子半径之和(53 pm×2=106 pm)。这表明，在 H_2 分子中，两个 H 原子的 1s 轨道之间发生了重叠。成键电子轨道重叠的结果，使两核间形成了一个电子出现的概率密度较大的区域。这样，不仅削弱了两核间的正电排斥力，而且还增强了核间电子云对两氢核的吸引力，使体系能量得以降低，从而形成共价键，如图 3.2 所示。

2. 价键理论要点

价键理论(俗称电子配对法)的基本要点是：

① 两原子接近时，自旋方向相反的未成对的价电子可以配对，形成共价键；

② 成键电子的原子轨道重叠越多，所形成的共价键就越牢固(最大重叠原理)。

3. 共价键的特征

根据价键理论要点，可以推知共价键具有饱和性和方向性。

饱和性：按要点①可推知，原子有几个未成对的价电子，一般就只能和几个自旋方向相反的电子配对成键。例如，N 原子因为含有三个未成对的价电子，因此两个 N 原子间最多只能形成叁键，即形成 N≡N 分子。说明一个原子形成共价键的能力是有限的，这决定了共价键具有饱和性。

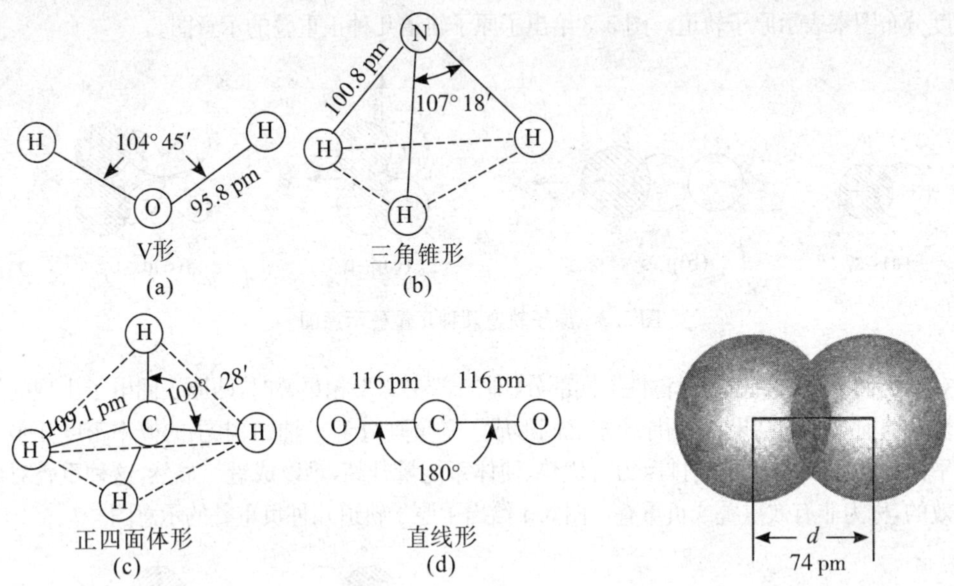

图 3.1　H_2O、NH_3、CH_4、CO_2 分子的几何构型　　**图 3.2　H_2 分子的核间距**

稀有气体，由于原子没有未成对电子，原子间不成键，因此以单原子分子的形式存在。但是，原子中有些本来成对的价电子，在特定条件下也有可能被拆为单电子而参与成键。例如，硫原子($1s^2 2s^2 2p^6 3s^2 3p^4$)的价层中原来只有两个未成对电子：

当遇电负性大的 F 原子时，价电子对可以拆开，使未成对电子数增至 6 个：

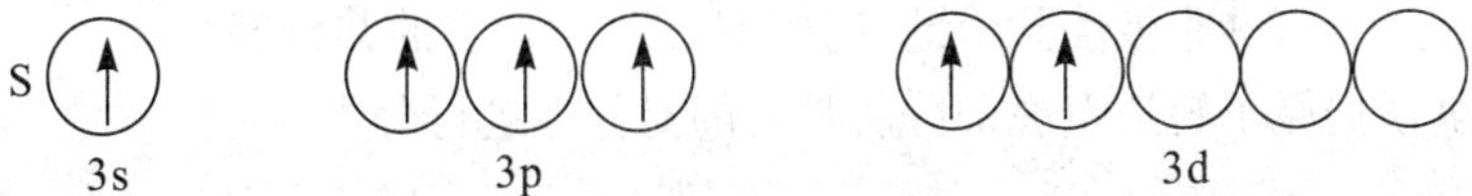

从而可与 6 个 F 原子的未成对电子配对成键，形成 SF_6 分子：

$$[\cdot\ddot{\underset{\cdot\cdot}{S}}\cdot] + 6[\cdot\ddot{\underset{\cdot\cdot}{F}}:] \longrightarrow SF_6$$

（产物结构式：S 居中，与 6 个 F 相连。）

方向性：按要点②可推知，形成共价键时，成键电子的原子轨道只有沿着轨道伸展的方向进行重叠(s 轨道与 s 轨道重叠例外)，才能实现最大限度的重叠，这就决定了共价键具有方向性。

4. 原子轨道的重叠

只有当原子轨道对称性相同的部分重叠，两原子间电子出现的概率密度才会增大，才能形成化学键(称为对称性原则)。以 A、B 原子的两个原子轨道沿着 x 轴方向重叠为例，具体说明如下：

(1) 当两个原子轨道以对称性相同的部分(即“＋”与“＋”，“－”与“－”)相重叠时，原子间电子出现的概率密度比重叠前增大的结果，使两个原子间的结合力大于两核间的排斥力，导致体系能量降低，从而可能形成共价键。显然，这种重叠对成键是有效的，称为有效重叠或正重叠。由于原子轨道角度分布突出处往往是有利于实现最大重叠的地方，所以讨论问题时，常常借用原子轨道角度分布图来表示原子轨道。图 3.3 给出了原子轨道几种正重叠的示意图。

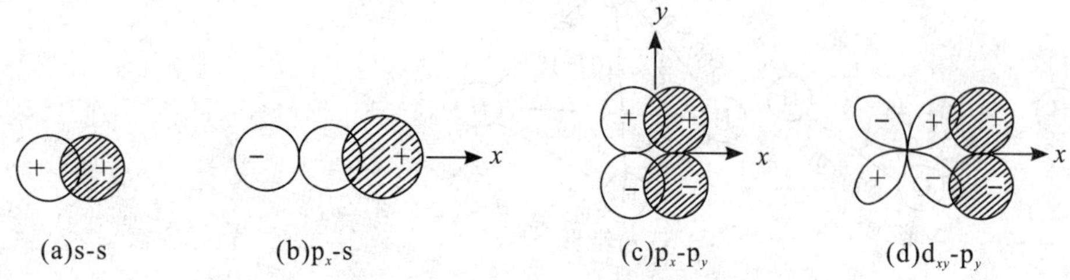

图 3.3　原子轨道几种正重叠示意图

(2) 当两个原子轨道以对称性不同部分(即“+”与“−”)相重叠时，两原子间电子出现的概率密度比重叠前减小的结果，在两原子核之间形成了一个垂直于 x 轴的、电子的概率密度几乎等于零的平面(称节面)，由于核间排斥力占优势，使体系能量升高，难以成键。显然，这种重叠对成键是无效的，称为非有效重叠或负重叠。图 3.4 给出了原子轨道几种负重叠的示意图。

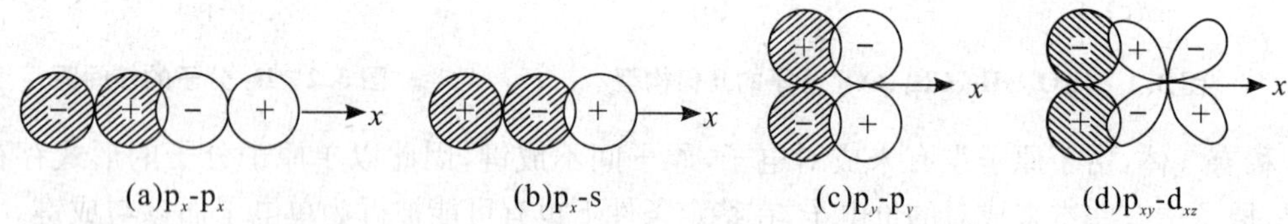

图 3.4　原子轨道几种负重叠示意图

5. 共价键的类型

共价键若按是否有极性，可分为非极性共价键和极性共价键两大类型。

共价键
- 极性共价键
  - 强极性键：例如 H_2O、HCl 中的共价键
  - 弱极性键：例如 H_2S、HI 中的共价键
- 非极性共价键：例如 H_2、Cl_2、N_2 中的共价键

在此，着重根据原子轨道重叠部分所具有的对称性进行分类。

(1) σ 键。

若原子轨道的重叠部分，对键轴(两原子的核间连线)具有圆柱型对称性的，所成的键就称为 σ 键。

例如，p_x 轨道与 p_x 轨道对称性相同的部分，若以“头碰头”的方式，沿着 x 轴的方向靠近、重叠，其重叠部分绕 x 轴无论旋转任何角度，形状和符号都不会改变，即对键轴(这里指 x 轴)具有圆柱型对称性。这样重叠所成的键，即为 σ 键。例如卤素分子中的键就属于这种(p_x-p_x)σ 键。形成 σ 键的电子叫 σ 电子。图 3.5 给出了几种不同组合形成的 σ 键示意图。

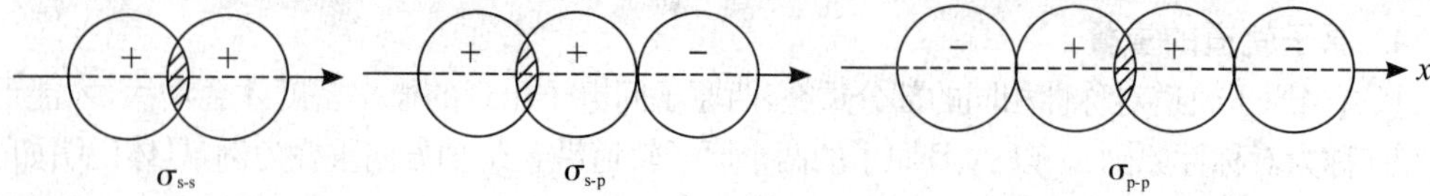

图 3.5　σ 键示意图

(2) π 键。

若原子轨道的重叠部分,对键轴所在的某一特定平面具有反对称性,所成的键就称为 π 键。

例如,p_x 轨道与 p_x 轨道对称性相同的部分,若以"肩并肩"的方式,沿着 x 轴的方向靠近、重叠(见图 3.6),其重叠部分对等地处在包含键轴(这里指 x 轴)的 xy 平面的上、下两侧,形状相同而符号相反,即对 xy 平面具有反对称性,这样的重叠所成的键,即为 π 键。形成 π 键的电子叫 π 电子。

在具有双键或叁键的两原子之间,常常既有 σ 键又有 π 键。例如,N_2 分子内 N 原子之间就有一个 σ 键和两个 π 键。N 原子的价层电子构型是 $2s^2 2p^3$,形成 N_2 分子时用的是 2p 轨道上的三个单电子。这三个 2p 电子分别分布在三个相互垂直的 $2p_x$、$2p_y$、$2p_z$ 轨道内。当两个 N 原子的 p_x 轨道沿着 x 轴方向以"头碰头"的方式重叠时,随着 σ 键的形成,两个 N 原子将进一步靠近,这时垂直于键轴(这里指 x 轴)的 $2p_y$ 和 $2p_z$ 轨道也分别以"肩并肩"的方式两两重叠,形成两个 π 键。图 3.7 即为 N_2 分子中化学键示意图。

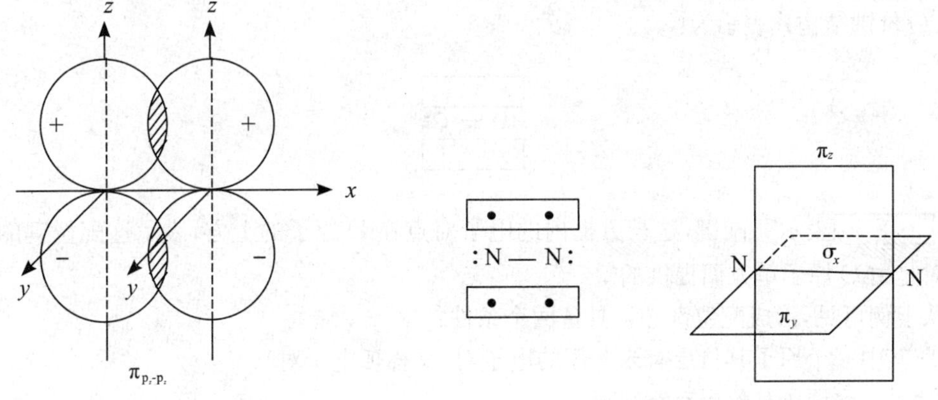

图 3.6　π 键示意图　　**图 3.7　N_2 分子中化学键示意图**

(3) δ 键。

凡是一个原子的 d 轨道与另一个原子相匹配的 d 轨道(例如 d_{xy} 与 d_{xy})以"面对面"的方式重叠(通过键轴有两个节面),所成的键就称为 δ 键,如图 3.8 所示((b)图为叠加后的轨道轮廓图,实线代表正值,虚线代表负值)。

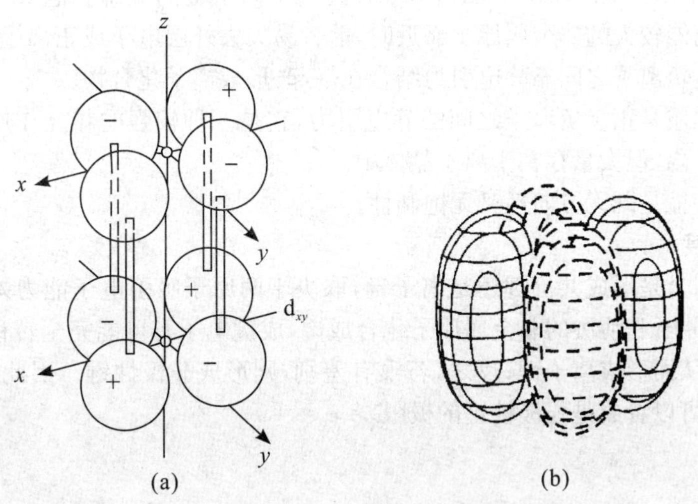

图 3.8　由两个 d_{xy} 轨道重叠而成的 δ 轨道

6. 配位共价键

凡共用电子对由一个原子单方面提供而形成的共价键称为配位共价键，简称配位键。下面以CO分子为例，说明配位键的形成。

C原子价层内有一对s电子，还有两个未成对的p电子和一个空的p轨道；O原子价层内也有一对s电子，还有两个未成对的p电子和一对p电子。化合时，除C原子两个未成对的p电子和O原子两个未成对的p电子形成一个σ键和一个π键外，O原子的p电子对还可以和C原子空的p轨道形成一个π配键。

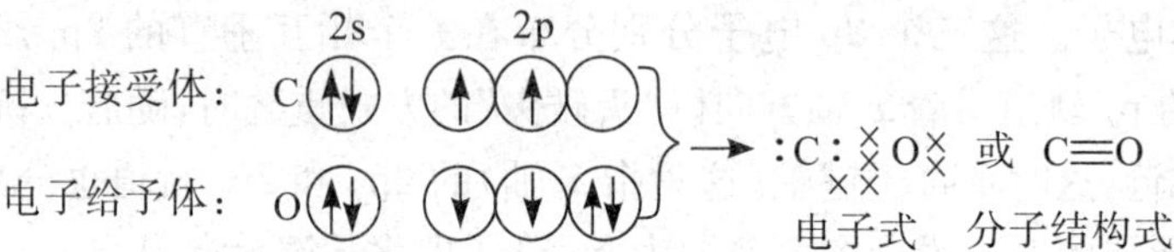

CO价键结构式表示为：

[··]
:O — C:
[· ·]

式中，[··]表示π配键，这长方框内的电子对点在O原子的上方，表示这配位键的共用电子对是由O原子单方面提供的。

从上例可见，形成配位键必须具备两个条件：

① 其中一个原子其价层有未共用的电子对（又称孤电子对）；

② 另一个原子其价层有空轨道。

只要具备条件，分子内、分子间、离子间以及分子与离子间均有可能形成配位键。

（三）离子键

1. 离子键

1916年，德国化学家柯塞尔（W. Kossel）提出了离子键的概念。他认为电离能较小的金属原子和电离能较大的非金属原子靠近时，前者易失去外层电子成正离子，后者易获得电子成负离子。正负离子之间靠静电引力结合在一起，形成离子化合物。

离子键的本质是正、负离子之间的静电引力，它是一种较强的相互作用力。离子键可存在于气体分子内，但大量存在于离子晶体中。

离子键的特征是既无方向性又无饱和性。

2. 键型过渡

两原子的结合是形成共价键还是离子键，取决于两原子吸引电子能力差别的大小。例如，活泼的金属原子和活泼的非金属原子化合成键，成键电子有可能完全转移到吸电子能力强的原子上去，从而形成离子键；反之，若没有差别，则形成非极性键。因此，从键的极性角度来说，离子键可以看成是强极性键的极限。

如果把离子键看成是强极性键的极限，把非极性共价键看成是弱极性键的极限，那么如图 3.9 所示，极性键可以说是介于非极性键与离子键之间的一种过渡键型。

从表 3.4 可看出，成键两元素的电负性差值(Δx)越大，键的极性越强。

若把非极性键看作 100%的共价键，把理想中的纯粹的离子键看作 100%的离子键，那么，从键型过渡的角度来说，极性共价键又可以看作含有小部分离子键成分和大部分共价键成分的中间类型的化学键。当极性键向离子键过渡时，共价键成分(又称共价性)逐渐减少，而离子键成分(又称离子性)逐渐增加。因此，从这个意义上来说，绝大多数的离子键都不是典型的，只是离子性占优势而已。

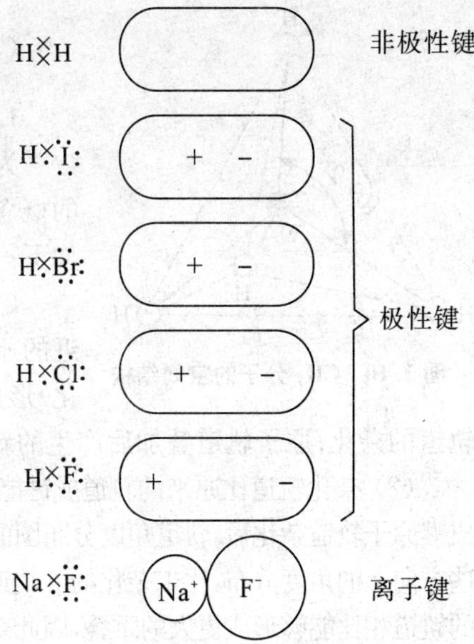

图 3.9　键型过渡示意图

表 3.4　键的极性与电负性的关系

键	电负性差值 $x_A - x_B = \Delta x$	键型过渡
H—H	2.1−2.1=0	非极性键
H—I	2.5−2.1=0.4	极性键（键极性强↓）
H—Br	2.8−2.1=0.7	
H—Cl	3.0−2.1=0.9	
H—F	4.0−2.1=1.9	
Na^+F^-	4.0−0.9=3.1	离子键

思考与回答

1. 化学键有哪几种类型？
2. 共价键有哪几种类型？

二、分子的几何构型

(一) 价键理论的局限性

按照价键理论，C 原子最多只能形成四个键，且用 s 轨道与用 p 轨道形成的键应有不同。但是，经实验测知，CH_4 分子的空间结构如图 3.10 所示，图中 4 个 C—H 键是等同的。

显然，轨道重叠、电子配对的价键理论不足以解释一般多原子分子的价键形成和几何构型问题。

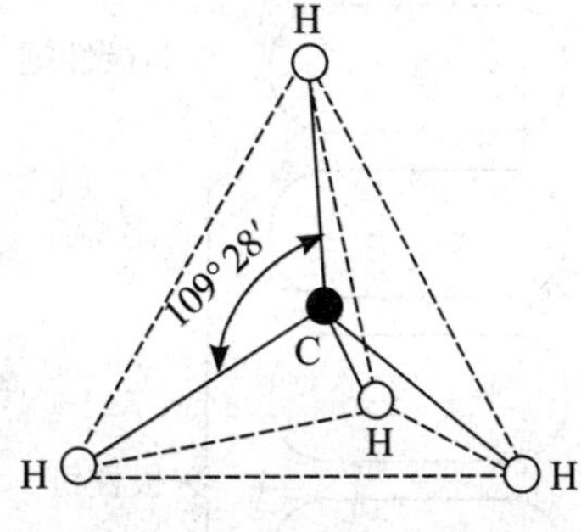

图 3.10 CH_4 分子的空间结构

(二) 杂化轨道理论

1. 杂化轨道理论的要点

为了解决上述矛盾，鲍林在价键理论中引进了杂化轨道的概念，并发展为杂化轨道理论。杂化轨道理论的要点如下：

(1) 在形成分子(主要是化合物)时，同一原子中能量相近的原子轨道(一般为同一能级组的原子轨道)相互叠加(杂化)形成一组新的原子轨道。轨道的相互叠加过程叫做原子轨道的杂化；原子轨道叠加后产生的新的原子轨道叫杂化轨道。

(2) 杂化轨道比原来的轨道成键能力强，形成的化学键键能大，使生成的分子更稳定。由于成键原子轨道杂化后，轨道角度分布图的形状发生了变化(形状是一头大，一头小)，杂化轨道在某些方向上的角度分布，比未杂化的 p 轨道和 s 轨道的角度分布大得多，它的大头在成键时与原来的轨道相比能够形成更大的重叠，因此杂化轨道比原有的原子轨道成键能力更强。

(3) 形成的杂化轨道之间应尽可能地满足最小排斥原理(即化学键间排斥力越小，体系越稳定)。为满足最小排斥原理，杂化轨道之间的夹角应达到最大。例如 sp，sp^2，sp^3 杂化轨道。

(4) 分子的空间构型主要取决于分子中 σ 键形成的骨架，杂化轨道形成的键为 σ 键，所以，杂化轨道的类型与分子的空间构型相关。

2. 杂化类型与分子几何构型

(1) sp 杂化。

同一原子内由一个 *n*s 轨道和一个 *n*p 轨道发生的杂化，称为 sp 杂化。杂化后组成的轨道称为 sp 杂化轨道。sp 杂化可以而且只能得到两个 sp 杂化轨道。

实验测知，气态 $BeCl_2$ 是一个直线型的共价分子。Be 原子位于两个 Cl 原子的中间，键角为 180°，两个 Be—Cl 键的键长和键能都相等：Cl—Be—Cl。

基态 Be 原子的价层电子构型为 $2s^2$。从表面上看似乎是不能形成共价键的，但杂化理论认为，成键时 Be 原子中的一个 2s 电子可以被激发到 2p 空轨道上去，使基态 Be 原子转变为激发态 Be 原子($2s^1 2p^1$)：

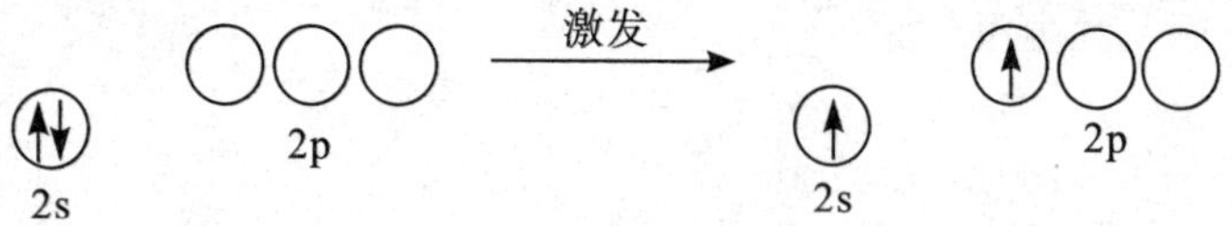

与此同时，Be 原子的 2s 轨道和一个刚跃进的电子的 2p 轨道发生 sp 杂化，形成两个能量等同的 sp 杂化轨道：

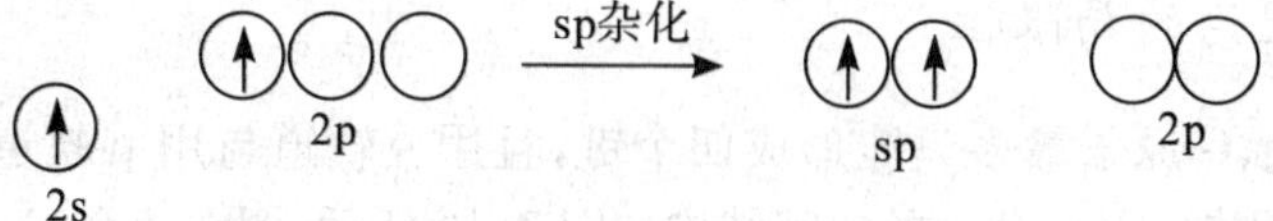

其中每一个 sp 杂化轨道都含有$\frac{1}{2}$s 轨道和$\frac{1}{2}$p 轨道的成分。如图 3.11 所示，每个 sp 轨道的形状都是一头大，一头小。成键时，都是以杂化轨道大的一头与 Cl 原子的成键轨道重叠而

形成两个 σ 键。根据理论推算，这两个 sp 杂化轨道正好互成 180°，即在同一条直线上。这样，推断的结果与实验事实相符。

此外，周期表ⅡB族 Zn、Cd、Hg 元素的某些共价化合物，其中心原子也多采取 sp 杂化。

图 3.11　两个 sp 杂化轨道

(2) sp^2 杂化。

同一原子内由一个 ns 轨道和两个 np 轨道发生的杂化，称为 sp^2 杂化。杂化后组成的轨道称为 sp^2 杂化轨道。sp^2 杂化可以而且只能得到三个 sp^2 杂化轨道。

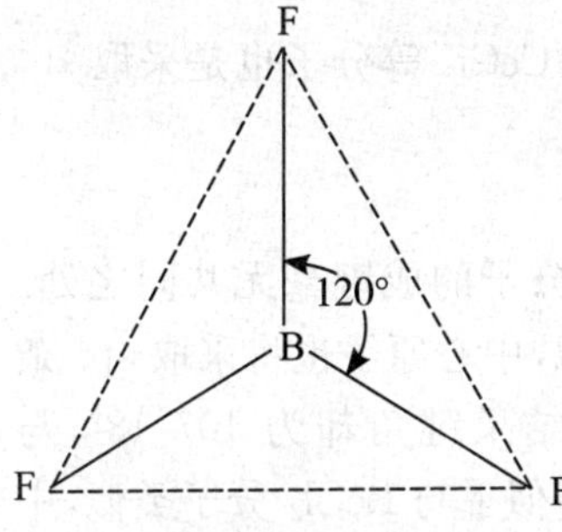

图 3.12　BF_3 分子的空间构型

实验测知，气态氟化硼(BF_3)具有平面三角形的结构。B 原子位于三角形的中心，三个 B—F 键是等同的，键角为 120°，如图 3.12 所示。

基态 B 原子的价层电子构型为 $2s^2 2p^1$，从表面上看似乎只能形成一个共价键。但杂化轨道理论认为，成键时 B 原子中的一个 2s 电子可以被激发到一个空的 2p 轨道上去，使基态的 B 原子转变为激发态的 B 原子($2s^1 2p^2$)；与此同时，B 原子的 2s 轨道与各填有一个电子的两个 2p 轨道发生 sp^2 杂化，形成三个能量等同的 sp^2 杂化轨道：

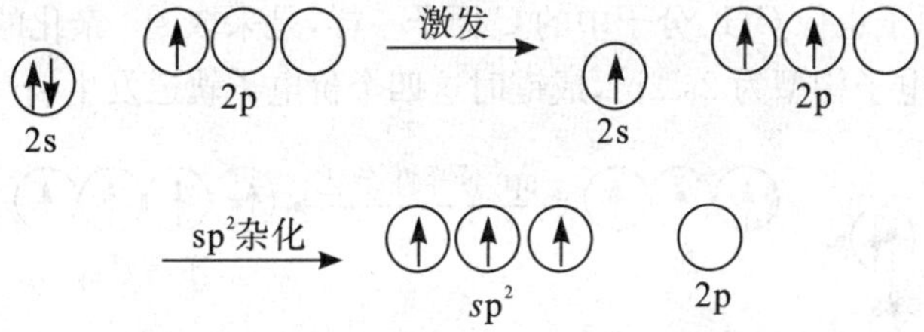

其中每一个 sp^2 杂化轨道都含有 $\frac{1}{3}$ s 轨道和 $\frac{2}{3}$ p 轨道的成分。sp^2 杂化轨道的形状和 sp 杂化轨道的形状类似，如图 3.13 所示。只是由于所含的 s 轨道和 p 轨道成分不同，在形状的"肥瘦"上有所差异。成键时以杂化轨道大的一头与 F 原子的成键轨道重叠而形成三个 σ 键。根据理论推算，键角为 120°，BF_3 分子中的四个原子都在同一平面上。这样，推断结果与实验事实相符。

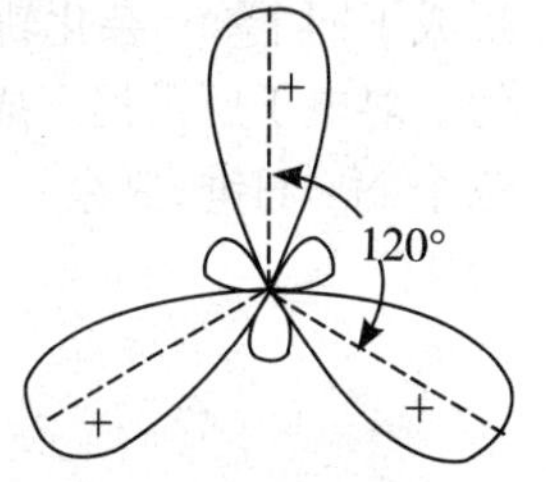

图 3.13　sp^2 杂化

除 BF_3 气态分子外，其他气态卤化硼分子内，B 原子也是采取 sp^2 杂化的方式成键的。

(3) sp^3 杂化。

同一原子内由一个 ns 轨道和三个 np 轨道发生的杂化，称为 sp^3 杂化，杂化后组成的轨道称为 sp^3 杂化轨道。sp^3 杂化可以而且只能得到四个 sp^3 杂化轨道。

CH_4 分子的结构经实验测知为正四面体结构，四个 C—H 键均等同，键角为109°28′。这样的实验结果是电子配对法难以解释的，但杂化轨道理论认为，激发态 C 原子($2s^1 2p^3$)的 2s 轨道与三个 2p 轨道可以发生 sp^3 杂化，从而形成四个能量等同的 sp^3 杂化轨道：

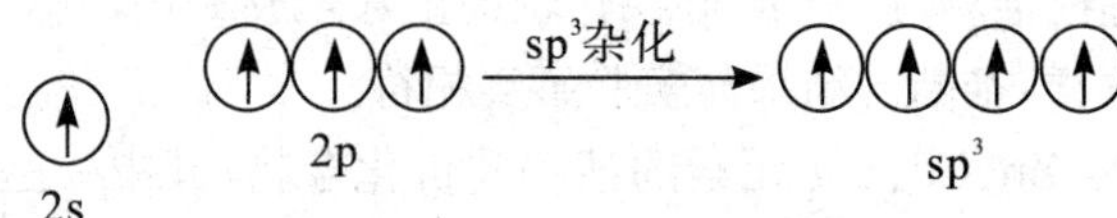

其中每一个 sp^3 杂化轨道都含 $\frac{1}{4}$ s 轨道和 $\frac{3}{4}$ p 轨道的成分。如图 3.14 所示，sp^3 杂化轨道的形状也和 sp 杂化轨道类似。成键时，以杂化轨道大的一头与 H 原子的成键轨道重叠而形成四个 σ 键。根据理论推算，键角为 109°28′，表明 CH_4 分子为正四面体结构，与实验测得的事实完全相符。

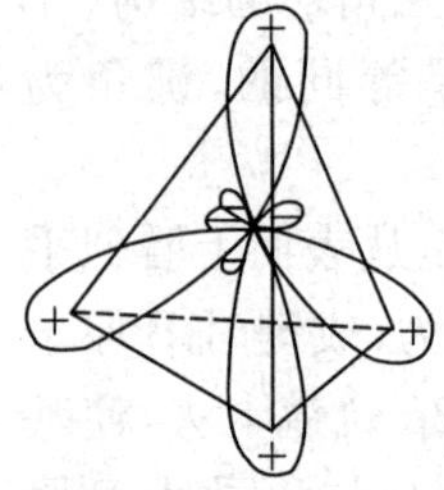

图 3.14　sp^3 杂化

除 CH_4 分子外，CCl_4、CF_4、SiH_4、$SiCl_4$、$CeCl_4$ 等分子也是采取 sp^3 杂化的方式成键的。

(4) 不等性 sp^3 杂化。

有些分子的成键，从表面上看与 CH_4 分子的成键毫无共同之处。例如，NH_3 分子的成键似乎与 BF_3 分子类似，中心原子也将采取 sp^2 杂化的方式成键，键角也应为 120°，但实测结果键角却为 107°18′，与 109°28′更为接近。又例如，H_2O 分子的成键似乎与 $BeCl_2$ 分子类似，中心原子也将采取 sp 杂化的方式成键，键角也应为 180°，但实测结果键角却为104°45′，与 109°28′也更为接近。人们经过深入研究认为，在 NH_3 分子和 H_2O 分子的成键过程中，中心原子也像 CH_4 分子中的 C 原子一样，是采取 sp^3 杂化的方式成键的。

N 原子的价层电子构型为 $2s^2 2p^3$，成键时这四个价电子轨道发生 sp^3 杂化：

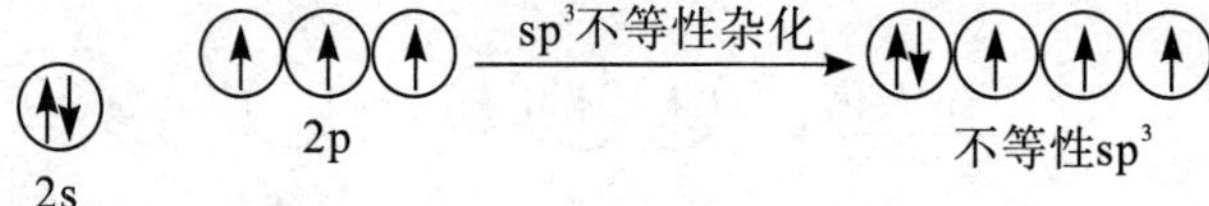

形成了四个 sp^3 杂化轨道。其中三个 sp^3 杂化轨道各有一个未成对电子，一个 sp^3 杂化轨道为一对电子所占据。成键时有三个 sp^3 杂化轨道分别与三个 H 原子的 1s 轨道重叠，形成三个 N—H键；其余一个sp^3杂化轨道上的电子对没有参加成键，如图3.15(a)所示。这一对

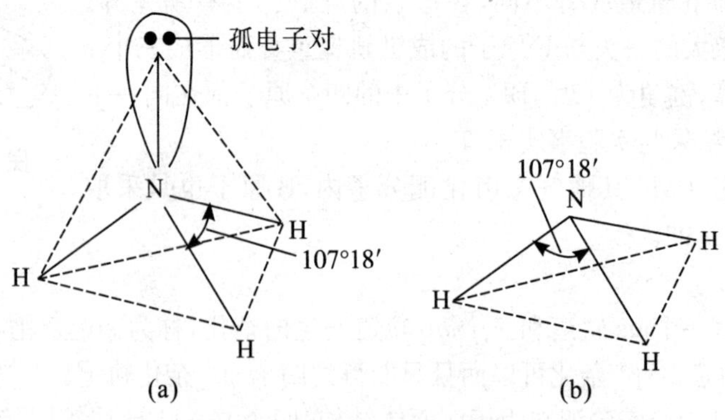

图 3.15　NH_3 分子的空间构型

孤电子对因靠近 N 原子，其电子云在 N 原子外占据着较大的空间，对三个 N—H 键的电子云有较大的静电排斥力，使键角从 109°28′被压缩到 107°18′，以至 NH_3 分子呈三角锥形，如图 3.15(b)所示。由于孤电子对的电子云比较集中于 N 原子的附近，因而其所在的杂化轨

道含有较多的 s 轨道成分，其余三个杂化轨道则含有较多的 p 轨道成分，使这四个 sp^3 杂化轨道不完全等同。这种产生不完全等同轨道的杂化称为不等性杂化。

至于 H_2O 分子，O 原子的价层电子构型为 $2s^22p^4$，成键时这四个价电子轨道也是发生 sp^3 不等性杂化：

(↑↓) 2s　(↑↓)(↑)(↑) 2p　—— sp^3不等性杂化 ——→　(↑↓)(↑↓)(↑)(↑) 不等性sp^3

形成了四个不完全等同的 sp^3 杂化轨道，其中两个 sp^3 杂化轨道各有一个未成对电子，其电子分别与两个 H 原子的 1s 电子形成两个 O—H 键；其余两个 sp^3 杂化轨道各为一对孤电子对所占据，如图 3.16(a)所示。这两对孤电子对因靠近 O 原子，其电子云在 O 原子外占据着更大的空间，对两个 O—H 键的电子云有更大的静电排斥力，使键角从 109°28′被压缩到 104°45′，以至 H_2O 分子的空间结构如图 3.16(b)所示。

以上介绍了 s 轨道和 p 轨道的三种杂化形式，现简要归纳于表 3.5 中。

表 3.5　s-p 杂化与分子几何构型

杂化类型	sp	sp^2	sp^3		
杂化轨道几何构型	直线形	三角形	四面体		
杂化轨道中孤电子对数	0	0	0	1	2
分子几何构型	直线形	正三角形	正四面体	三角锥	折线(V)形
实例	$BeCl_2$，CO_2	BF_3，SO_3	CH_4，CCl_4，SiH_4	NH_3	H_2O
键角	180°	120°	109°28′	107°18′	104°45′
分子极性	无	无	无	有	有

第三周期及其后的元素原子，价层中有 d 轨道，若(n−1)d 或 nd 轨道与 ns，np 轨道能级比较接近，成键时有可能发生 s-p-d(或 d-s-p)型杂化。例如，SF_6 分子中的 S 采取 sp^3d^2 杂化成键，如图 3.17 所示。

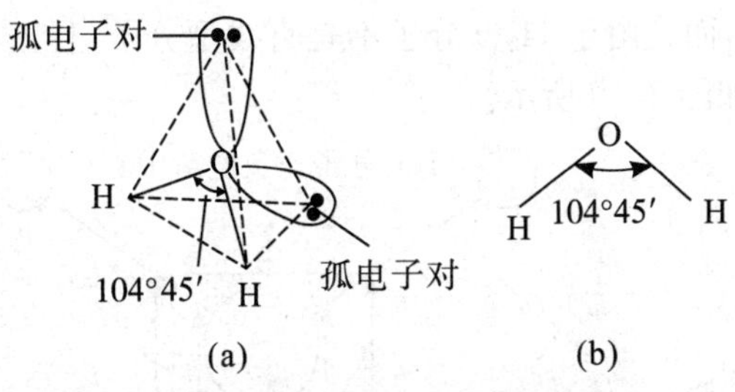

图 3.16　H_2O 分子的空间构型

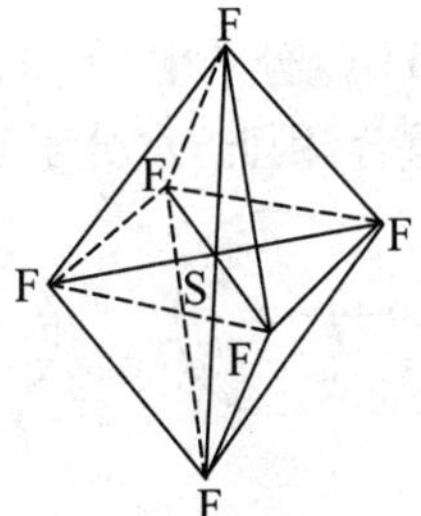

图 3.17　SF_6 分子的空间构型

第六周期及其后的元素原子，价层中有 f 轨道，成键时还可能发生 f-d-s-p 型杂化。我国科学家唐敖庆教授对此作了卓有成效的研究，使杂化理论更臻完善，由此可阐明更复杂的化合物的结构。

思考与回答

1. 杂化轨道理论的要点有哪些？
2. 杂化类型有哪几种？各自对应怎样的几何构型？
3. 什么叫轨道的杂化？什么叫杂化轨道？
4. 根据杂化轨道理论，请预测下列分子或离子的几何构型：

(1) CO_2；(2) CO_3^{2-}；(3) H_2S；(4) PH_3。

三、分子间力和氢键

(一) 分子的极性和变形性

1. 分子的极性

每个分子都有带正电荷的原子核和带负电荷的电子，由于正、负电荷数量相等，整个分子是电中性的。但是对每一种电荷(正电荷或负电荷)量来说，都可以设想各集中于某点上，就像任何物体的质量可被认为集中在其重心上一样，把电荷的这种集中点叫做"电荷中心"。在分子中如果正、负电荷中心不重合在同一点上，那么这两个中心又可称作分子的两个极(正极和负极)，这样的分子就具有极性。

(1) 非极性分子。分子的正、负电荷中心重合于一点。整个分子不存在正、负两极，即分子不具有极性，这种分子叫做非极性分子，如 H_2、O_2、N_2、BF_3、CH_4 等分子。

(2) 极性分子。分子的正、负电荷中心不重合在同一点上。分子中就有正、负两极，分子具有极性，这种分子叫做极性分子，例如 HCl、H_2O 等分子。

① 对于双原子分子来说，分子的极性与键的极性一致。对双原子分子来说，分子是否具有极性，决定于所形成的键是否具有极性。有极性键的分子一定是极性分子，极性分子内一定含有极性键。例如，相同原子的双原子分子(如 H_2 分子)，不同原子的双原子分子(如 HCl 分子)，它们的电荷分布如图 3.18 所示。

② 对于多原子分子来说，情况稍微复杂些。分子是否有极性，不能单从键的极性来判断。因为含有极性键的多原子分子可能是极性分子，也可能是非极性分子，要视分子的组成和分子的几何构型而定。

例如，H_2O 分子中 O—H 键为极性键，而且由于 H_2O 分子不是直线型分子，且正、负电荷中心不重合，因此，水分子是极性分子，如图 3.19 所示。

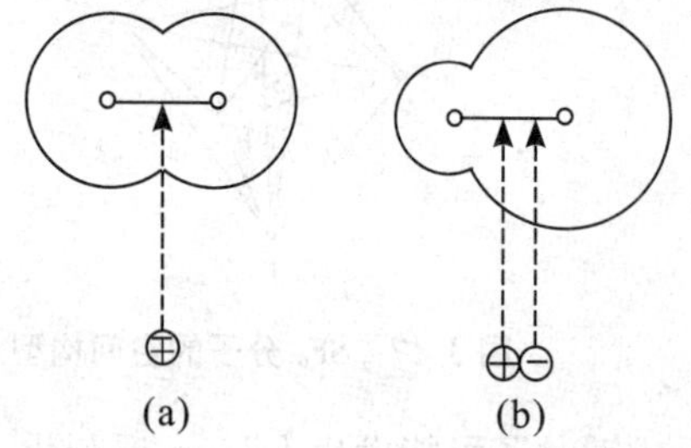

图 3.18 H_2 和 HCl 分子电荷分布示意图

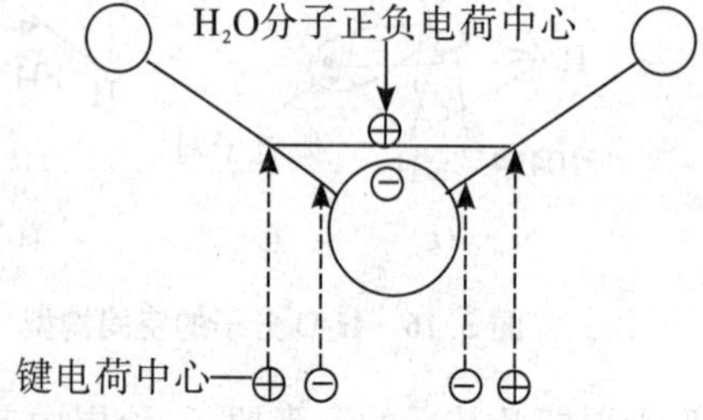

图 3.19 H_2O 分子中的电荷分布示意图

又如，在 CO_2(O═C═O)分子中，虽然 C═O 键为极性键，但是由于 CO_2 是一个直线型分子，两个 C═O 键的极性互相抵消，整个 CO_2 分子中正、负电荷中心重合，所以 CO_2 分子是非极性分子。

共价键是否有极性,决定于相邻两原子间共用电子对是否偏移;而分子是否有极性,决定于整个分子中正、负电荷中心是否重合。

按照极性强弱,分子可以分为三种类型:离子型分子、极性分了、非极性分子,如图 3.20 所示。

(3) 分子的偶极矩。分子中电荷中心(正电荷中心或负电荷中心)上的电荷量(q)与正、负电荷中心间距离(d)的乘积,称为分子的偶极矩(μ),如图 3.21 所示,其计算公式为 $\mu=q\cdot d$。

分子偶极矩是一个描述分子极性的物理量,用来衡量分子极性的大小。分子偶极矩的具体数值可以通过实验测出,它的单位是 C・m。

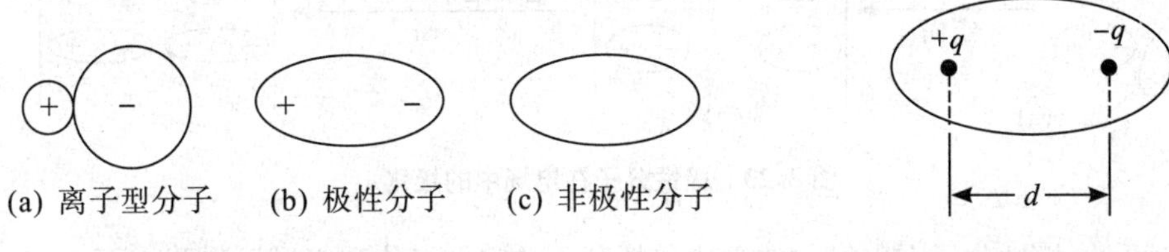

图 3.20　分子的类型图　　　图 3.21　分子的偶极矩

如何应用偶极矩判断分子的极性呢?某种分子如果经实验测知其偶极矩等于 0,那么这种分子即为非极性分子;反之,偶极矩不等于 0 的分子,就是极性分子。偶极矩越大,分子的极性越强。因而可以根据偶极矩数值的大小比较分子极性的相对强弱。

应用偶极矩数值还可以验证和推断某些分子的几何构型。例如,通过实验测知 CS_2 分子的偶极矩为 0,说明 CS_2 分子中的正、负电荷中心是重合的,由此可以推断 CS_2 分子应为直线形分子。

2. 分子的变形性

在讨论分子的极性时,只是考虑孤立分子中电荷的分布情况。如果把分子置于外加电场(E)中,则其中电荷分布还可能发生某些变化。

(1) 非极性分子在电场作用下分子内电荷分布的变化情况。

如果把一非极性分子置于电容器的两个极板之间(如图 3.22 所示),分子中带正电荷的原子核被引向负电极,而电子云被引向正电极,其结果是电子云与核发生相对位移,造成分子的形变(此过程称为分子变形极化),使原来重合的正、负电荷中心彼此分离,分子出现了偶极,这种偶极称为诱导偶极。

电场越强,分子的变形越显著,诱导偶极越大。当外电场撤除后,诱导偶极自行消失,分子重新复原为非极性分子。

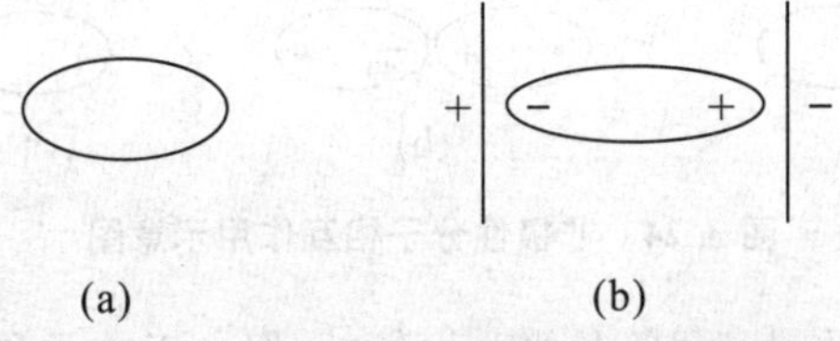

图 3.22　非极性分子在电场中的变形极化

由上述可得:μ(诱导偶极矩)$\propto E$(电场强度)。引入比例常数 α,使 $\mu=\alpha\cdot E$,显然 α 可作

为衡量分子在电场作用下变形性大小的标度，叫做分子的诱导极化率，简称极化率。在一定强度的电场作用下，α 越大的分子，μ 越大，分子的变形性也就越大。

(2) 极性分子在电场作用下分子内电荷分布的变化情况。

极性分子本身就存在着偶极，这种偶极叫做固有偶极或永久偶极。在气态及液态时，如果没有外电场的作用，它们一般都做不规则的热运动。但在外电场作用下，极性分子的正极一端将转向负电极，负极一端则转向正电极，即都顺着电场的方向整齐地排列，这一过程叫做分子的定向极化。而且在电场的进一步作用下，产生诱导偶极。这时，分子的偶极为固有偶极和诱导偶极之和，分子的极性有所增强(如图 3.23 所示)。

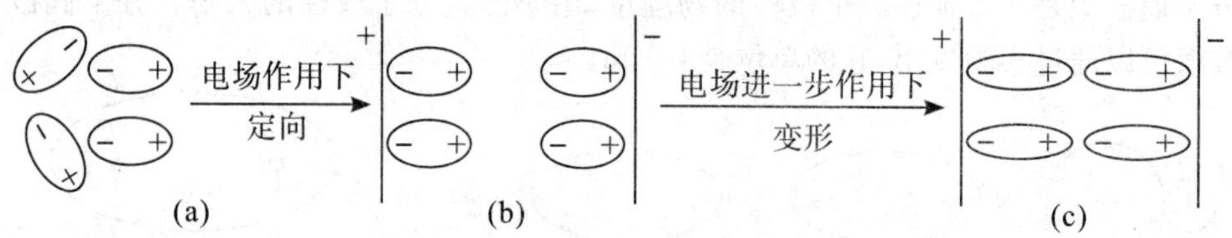

图 3.23 极性分子在电场中的极化

由此可见，极性分子在电场中的极化包括分子的定向极化和变形极化两方面。

另外，分子的极化不仅能在电容器的极板间发生，而且由于极性分子自身就存在着正、负两极，作为一个微电场，极性分子与极性分子之间、极性分子与非极性分子之间，同样也会发生极化作用。这种极化作用对分子间力的产生有重要影响。

(二) 分子间力

1. 分子之间的相互吸引作用

我们在假定分子间不发生化学反应的前提下进行如下讨论。

(1) 非极性分子和非极性分子之间的作用力。

室温下，溴是液体，碘、萘是固体；H_2、O_2、N_2 等非极性气体分子在低温下也会被液化甚至固化。这些物质能维持某种聚集状态，说明在非极性分子之间存在着一种相互作用力。

非极性分子之间的这种作用力是怎样产生的呢?

在非极性分子例如氩分子中，在一段时间内，总的来说，其电荷是对称分布的，所以其正、负电荷中心是重合的，分子没有极性(如图 3.24(a)所示)。但是，由于每个分子中的电子都在不断地运动，原子核都在不停地振动，使电子云与原子核之间经常发生瞬时的相对位移，使分子的正、负电荷中心暂时不重合，产生瞬时偶极。

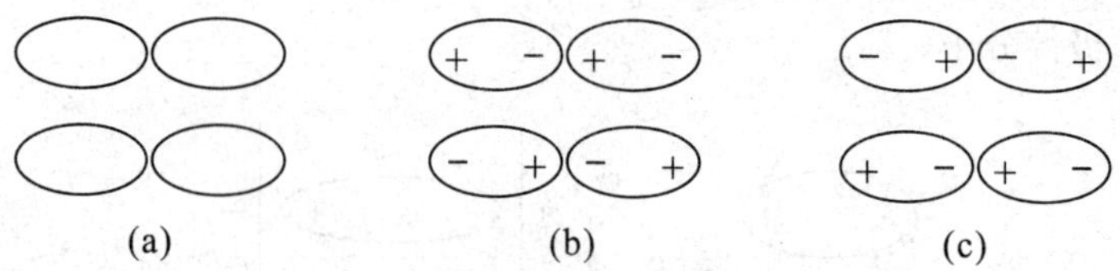

图 3.24 非极性分子相互作用示意图

每一个瞬时偶极存在的时间尽管是极为短暂的，但由于电子和原子核时刻都在运动，瞬时偶极不断地出现，异极相邻的状态不断地重现(如图 3.24(b)、(c)所示)，使非极性分子之间只要接近到一定距离，就始终存在着一种持续不断的相互吸引作用。分子之间由于瞬时偶极而产生的作用力称为色散力，非极性物质分子之间正是由于色散力的作用才能凝聚为液体或固体的。

(2) 非极性分子和极性分子之间的作用力。

由于电子与原子核的相对运动，不仅非极性分子内部会出现瞬时偶极，而且极性分子内部也会出现瞬时偶极，因此非极性分子和极性分子之间也同样存在着色散力。除此之外，还应该注意到非极性分子在极性分子固有偶极作用下会发生变形极化，产生诱导偶极（如图 3.25 所示），使非极性分子与极性分子之间还产生一种相互吸引作用，这种诱导偶极与固有偶极之间的作用力称为诱导力。

图 3.25　极性分子和非极性分子相互作用示意图

(3) 极性分子与极性分子之间的作用力。

极性分子由于有固有偶极，当极性分子相互靠近时，如前所述，会发生定向极化，由于固有偶极的取向而产生的作用力称为取向力。另外，极性分子定向排列后还会进一步发生变形极化，产生诱导偶极。因此，极性分子之间还存在着诱导力。最后，应该特别提到的是极性分子之间也存在着色散力。

总之，在非极性分子之间只有色散力；在非极性分子和极性分子之间有色散力和诱导力；在极性分子之间有色散力、取向力和诱导力。由此可见，色散力存在于一切分子之间。

2. 分子间力的特点和影响因素

(1) 分子间力的特点。

① 它是存在于分子间的一种电性作用力；

② 它是短程力，作用范围仅为几百皮米(pm)。当分子间距离为分子本身直径的 4～5 倍时，作用力就减弱到几乎可以忽略不计；

③ 它的作用能一般是几到几十千焦/摩($kJ \cdot mol^{-1}$)，虽然比化学键键能小 1～2 个数量级，但对由共价型分子所组成的物质的一些物理性质影响很大；

④ 它一般没有方向性和饱和性；

⑤ 在三种作用力中，如表 3.6 所示，除了极性很大而且分子间存有氢键的分子（例如 H_2O）之外，对大多数分子来说，色散力是分子间主要的作用力，三种力的相对大小一般为：色散力≫取向力＞诱导力。

表 3.6　一些物质的分子间作用能（分子间距为 500 pm，温度为 298.15 K）

分子	$E_{取向}$/kJ·mol^{-1}	$E_{诱导}$/kJ·mol^{-1}	$E_{色散}$/kJ·mol^{-1}	$E_{总}$/kJ·mol^{-1}
Ar	0.000	0.000	8.49	8.49
CO	0.003	0.008	8.74	8.75
HI	0.025	0.113	25.8	25.9
HBr	0.686	0.502	21.9	23.1
HCl	3.30	1.00	16.8	21.1
NH_3	13.3	1.55	14.9	29.8
H_2O	36.3	1.92	8.99	47.2

(2) 影响分子间力的因素。

① 无论是取向力、诱导力还是色散力,都与分子间的距离有关。随着分子间距离的增大,作用力迅速减弱。

② 取向力还与温度和分子的极性强弱(或偶极矩大小)有关。温度越高,分子取向越困难,取向力越弱;分子的偶极矩越大,取向力越强。

③ 诱导力与极性分子的极性强弱和非极性分子的变形性大小有关。极性分子的偶极矩越大,非极性分子的极化率越大,诱导力也越强。

④ 色散力主要与分子的变形性有关。分子的极化率越大,色散力也就越强。

3. 分子间力对物质物理性质的影响

分子间力对物质物理性质的影响是多方面的。

(1) 对物质的沸点、熔点的影响。

液态物质分子间力越大,汽化热就越大,沸点就越高;固态物质分子间力越大,熔化热就越大,熔点就越高。

一般来说,结构相似的同系列物质相对分子质量越大,分子变形性也越大,分子间力越强,物质的沸点、熔点也就越高。

例如,稀有气体、卤素等,其沸点和熔点就是随着相对分子质量的增大而升高的。相对分子质量相等或相似而体积大的分子,电子位移可能性大,有较大的变形性,此类物质有较高的沸点、熔点。

(2) 对物质的溶解度的影响。

分子间力对液体的互溶度以及固、气态非电解质在液体中的溶解度也有一定影响。溶质或溶剂(指同系物)的极化率越大,分子变形性和分子间力越大,溶解度也越大,如表 3.7 所示。

(3) 对物质的硬度的影响。

分子极性小的聚乙烯、聚异丁烯等物质,分子间力较小,因而硬度不大;含有极性基团的有机玻璃等物质,分子间引力较大,具有一定的硬度。

表 3.7 稀有气体的熔点、沸点、溶解度与极化率的关系

稀有气体	$\alpha/10^{-40}$ C·m^2·V^{-1}	熔点/℃	沸点/℃	溶解度(溶质物质的量分数)		
				H_2O	乙醇(0 ℃)	丙酮(0 ℃)
He	0.225	−268.2	−268.9	0.137	0.599	0.684
Ne	0.436	−248.67	−245.9	0.174	0.857	1.15
Ar	1.813	−189.2	−185.7	0.414	6.54	8.09
Kr	2.737	−156.0	−152.3	0.888	—	—
Xe	4.451	−111.9	−107	1.94	—	—
Rn	6.029	−71	−61.8	4.14	211.2	254.9
$\alpha/10^{-40}$ C·m^2·V^{-1}				1.65	5.89	7.33

(三) 氢键

前面已提及,结构相似的同系列物质的熔、沸点一般随着分子量的增大而升高。但在氢化物中唯有 NH_3,H_2O,HF 的熔、沸点明显偏高,原因是这些分子之间除有分子间力外,还有氢键。

1. 氢键的形成

现以 HF 为例说明氢键的形成。在 HF 分子中，由于 F 的电负性(4.0)很大，共用电子对强烈偏向 F 原子一边，而 H 原子核外只有一个电子，其电子云向 F 原子偏移的结果，使得它几乎要呈质子状态。这个半径很小、无内层电子的带部分正电荷的氢原子，使附近另一个 HF 分子中含有孤电子对并带部分负电荷的 F 原子有可能充分靠近它，从而产生静电吸引作用。这个静电吸引作用力就是所谓的氢键。例如 HF 与 HF 之间的氢键：

F—H---F—H---F—H---F　(140°，163 pm，255 pm)

不仅同种分子之间可以存在氢键，某些不同种分子之间也可能形成氢键。例如 NH_3 与 H_2O 之间的氢键：

```
    H     H             H         H
    |     |             |         |
H—N---H—O    或    H—N—H---O—H
    |
    H
```

氢键结合的情况如果写成通式，可用 X—H---Y 表示。式中，X 和 Y 代表 F，O，N 等电负性大而原子半径较小的非金属原子。X 和 Y 可以是两种相同的元素，也可以是两种不同的元素。

2. 氢键的强度

氢键的牢固程度——键强度也可以用键能来表示。粗略而言，氢键键能是指每拆开单位物质的量的 H---Y 键所需的能量。氢键的键能一般在 42 $kJ \cdot mol^{-1}$ 以下，比共价键的键能小得多，而与分子间力更为接近些。例如水分子中共价键与氢键的键能是不同的。

而且，氢键的形成和破坏所需的活化能也小，加之其形成的空间条件较易出现，所以在物质不断运动的情况下，氢键可以不断形成和断裂。

3. 分子内氢键

某些分子内，例如 HNO_3、邻硝基苯酚分子可以形成分子内氢键。分子内氢键由于受环状结构的限制，X—H---Y 往往不能在同一直线上，如图 3.26 所示。

4. 氢键形成对物质性质的影响

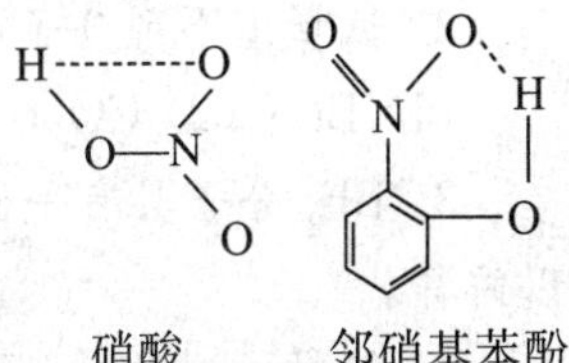

图 3.26　分子内氢键示意

氢键通常是物质在液态时形成的，但形成后有时也能继续存在于某些晶态甚至气态物质之中。例如在气态、液态和固态的 HF 中都有氢键存在。能够形成氢键的物质有很多，例如水、水合物、氨合物、无机酸和某些有机化合物。氢键的存在，影响着物质的某些性质。

(1) 熔点、沸点。

分子间有氢键的物质熔化或气化时，除了要克服纯粹的分子间力外，还必须提高温度，额外地供应一份能量来破坏分子间的氢键，所以这些物质的熔点、沸点比同系列氢化物的熔点、沸点高。而分子内生成氢键，熔、沸点常降低，例如有分子内氢键的邻硝基苯酚的熔点(45 ℃)比有分子间氢键的间位硝基苯酚的熔点(96 ℃)和对位硝基苯酚的熔点(114 ℃)都低。

(2) 溶解度。

在极性溶剂中，如果溶质分子与溶剂分子之间可以形成氢键，则溶质的溶解度增大。HF 和 NH_3 在水中的溶解度比较大，就是这个缘故。

(3) 粘度。

分子间有氢键的液体，一般粘度较大。例如甘油、磷酸、浓硫酸等多羟基化合物，由于分子间可形成众多的氢键，这些物质通常为黏稠状液体。

(4) 密度。

液体分子间若形成氢键，有可能发生缔合现象，例如液态 HF，在通常条件下，除了正常简单的 HF 分子外，还有通过氢键联系在一起的复杂分子$(HF)_n$。

$$n\mathrm{HF} \rightleftharpoons (\mathrm{HF})_n \text{（缔合）}$$

其中 n 可以是 2,3,4,…。这种由若干个简单分子组成复杂分子而又不会改变原物质化学性质的现象，称为分子缔合。分子缔合的结果会影响液体的密度。

H_2O 分子之间也有缔合现象。

$$n\mathrm{H_2O} \rightleftharpoons (\mathrm{H_2O})_n \text{（缔合）}$$

常温下液态水中除了简单 H_2O 分子外，还有$(H_2O)_2$，$(H_2O)_3$，…，$(H_2O)_n$等缔合分子存在。降低温度将有利于水分子的缔合。温度降至 0℃时，全部水分子结成巨大的缔合物——冰。

思考与回答

1. 下列说法中哪些是不正确的？并说明理由。

(1) 键能越大，键越牢固，分子也越稳定。

(2) 共价键的键长等于成键原子共价半径之和。

(3) sp^2 杂化轨道是由某个原子的 1s 轨道和 2p 轨道混合形成的。

(4) 中心原子中的几个原子轨道杂化时，必形成数目相同的杂化轨道。

(5) 在 CCl_4、$CHCl_3$ 和 CH_2Cl_2 分子中，碳原子都采用 sp^3 杂化，因此这些分子都呈正四面体形。

(6) 原子在基态时没有未成对电子，就一定不能形成共价键。

(7) 杂化轨道的几何构型决定了分子的几何构型。

2. 试指出下列分子中哪些含有极性键？

(1) Br_2；(2) CO_2；(3) H_2O；(4) H_2S；(5) CH_4。

3. BF_3 分子具有平面三角形构型，而 NF_3 分子却是三角锥构型，试用杂化轨道理论加以解释。

4. 解释下列各对分子极性为什么不同？括号内为偶极矩数据(单位是 10^{-30} C·m)。

(1) CH_4(0)与 $CHCl_3$(3.50)；(2) HCl(6.23)与 H_2S(3.67)。

5. 用分子间力说明以下事实。

(1) 常温下，F_2、Cl_2 是气体，Br_2 是液体，I_2 是固体；

(2) HCl、HBr、HI 的熔点、沸点随相对分子量的增大而升高；

(3) 稀有气体 He、Ne、Ar、Kr、Xe 的沸点随相对分子量的增大而升高。

6. 判断下列物质的熔点、沸点的相对高低。

(1) C_6H_6(偶极矩等于 0)和 C_2H_5Cl(偶极矩等于 6.84×10^{-30} C·m);

(2) 乙醇和乙醚。

阅读材料

如何判断杂化轨道类型

原子在化合成分子的过程中,根据原子的成键要求,在周围原子的影响下,将原有的原子轨道进一步线性组合成新的原子轨道。这种在一个原子中不同原子轨道的线性组合,称为原子轨道的杂化。杂化后的原子轨道称为杂化轨道,是一个原子中的几个原子轨道经过再分配而组成的互相等同的轨道。杂化时,轨道的数目不变,轨道在空间的分布方向和分布情况发生改变。组合所得的杂化轨道一般均和其他原子形成较强的 σ 键或安排孤对电子,而不会以空的杂化轨道的形式存在。在某个原子的几个杂化轨道中,全部由成单电子的轨道参与的杂化,称为等性杂化轨道;有孤对电子参与的杂化,称为不等性杂化轨道。

杂化轨道具有和 s,p 等原子轨道相同的性质,必须满足正交归一性。

价键理论对共价键的本质和特点做了有力的论证,但它把讨论的基础放在共用一对电子形成一个共价键上,在解释许多分子、原子的价键数目及分子空间结构时却遇到了困难。例如 C 原子的价电子是 $2s^22p^2$,按电子排布规律,2 个 s 电子是已配对的,只有 2 个 p 电子未成对,而许多含碳化合物中 C 都呈 4 价而不是 2 价,可以设想有 1 个 s 电子激发到 p 轨道去了。那么,1 个 s 轨道和 3 个 p 轨道都有不成对电子,可以形成 4 个共价键,但 s 和 p 的成键方向和能量应该是不同的。而实验证明:CH_4 分子中,4 个 C—H 共价键是完全等同的,键长为 114 pm,键角为 109.5°。BCl_3,$BeCl_2$,PCl_3 等许多分子也都有类似的情况。为了解释这些矛盾,1928 年 Pauling 提出了杂化轨道概念,丰富和发展了价键理论。他根据量子力学的观点提出:在同一个原子中,能量相近的不同类型的几个原子轨道在成键时,可以互相叠加重组,成为相同数目、能量相等的新轨道,这种新轨道叫杂化轨道。C 原子中 1 个 2s 电子激发到 2p 后,1 个 2s 轨道和 3 个 2p 轨道重新组合成 4 个 sp^3 杂化轨道,它们再和 4 个 H 原子形成 4 个相同的 C—H 键,C 位于正四面体中心,4 个 H 位于 4 个顶角。

杂化轨道种类很多,例如三氯化硼(BCl_3)分子中 B 有 sp^2 杂化轨道,即由 1 个 s 轨道和 2 个 p 轨道组合成 3 个 sp^2 杂化轨道,在氯化铍($BeCl_2$)中有 sp 杂化轨道,在过渡金属化合物中还有 d 轨道参与的 sp^3d 和 sp^3d^2 杂化轨道等。以上几例都是阐明了共价单键的性质,至于乙烯和乙炔分子中的双键和叁键的形成,又提出了 σ 键和 π 键的概念。如把两个成键原子核间联线叫键轴,把原子轨道沿键轴方向“头碰头”的方式重叠成键,称为 σ 键。把原子轨道沿键轴方向“肩并肩”的方式重叠,称为 π 键。例如在乙烯($H_2C=CH_2$)分子中有碳碳双键(C=C),碳原子的激发态中 $2p_x$,$2p_y$ 和 2s 形成 sp^2 杂化轨道,这 3 个轨道能量相等,位于同一平面并互成 120 ℃夹角,另外一个 $2p_z$ 轨道未参与杂化,位于与平面垂直的方向上。

这 3 个 sp^2 杂化轨道中有 2 个轨道分别与 2 个 H 原子形成 σ 单键,还有 1 个 sp^2 轨道则与另一个 C 的 sp^2 轨道形成头对头的 σ 键,同时位于垂直方向的 p_z 轨道则以肩并肩的方式形成了 π 键。也就是说碳碳双键是由一个 σ 键和一个 π 键组成,即双键中两个键是不等同的。π 键原子轨道的重叠程度小于 σ 键,π 键不稳定,容易断裂,所以含有双键的烯烃很容易发生加成反应，如乙烯($H_2C{=}CH_2$)和氯(Cl_2)反应生成氯乙烯($Cl{-}CH_2{-}CH_2{-}Cl$)。

乙炔分子(C_2H_2)中有碳碳叁键($HC{\equiv}CH$)，激发态的C原子中2s和$2p_x$轨道形成sp杂化轨道。这两个能量相等的sp杂化轨道在同一直线上，其中之一与H原子形成σ单键，另外一个sp杂化轨道形成C原子之间的σ键，而未参与杂化的p_y与p_z则垂直于x轴并互相垂直，它们以肩并肩的方式与另一个C的p_y，p_z形成π键。即碳碳叁键是由一个σ键和两个π键组成。这两个π键不同于σ键，轨道重叠也较少并不稳定，因而容易断开，所以含叁键的炔烃也容易发生加成反应。

VSEPR(价电子层互斥模型)

通过成键电子对数与孤电子对数可判断中心原子杂化模型，成键电子对数：AB_n中n的值；孤电子对数：(A价电子数－A成键电子数)/2。

价电子对总数即两者之和，例如价电子对总数为2时为sp杂化(直线形)，为3时为sp^2杂化(平面三角形)，为4时为sp^3杂化(四面体)，为5时为sp^3d(三角双锥)，为6时为sp^3d^2(八面体)。而成键电子对数与孤电子对数的不同使得分子的几何构型不同。

(来源：http://zhidao.baidu.com/question/226901156.html)

项目小结

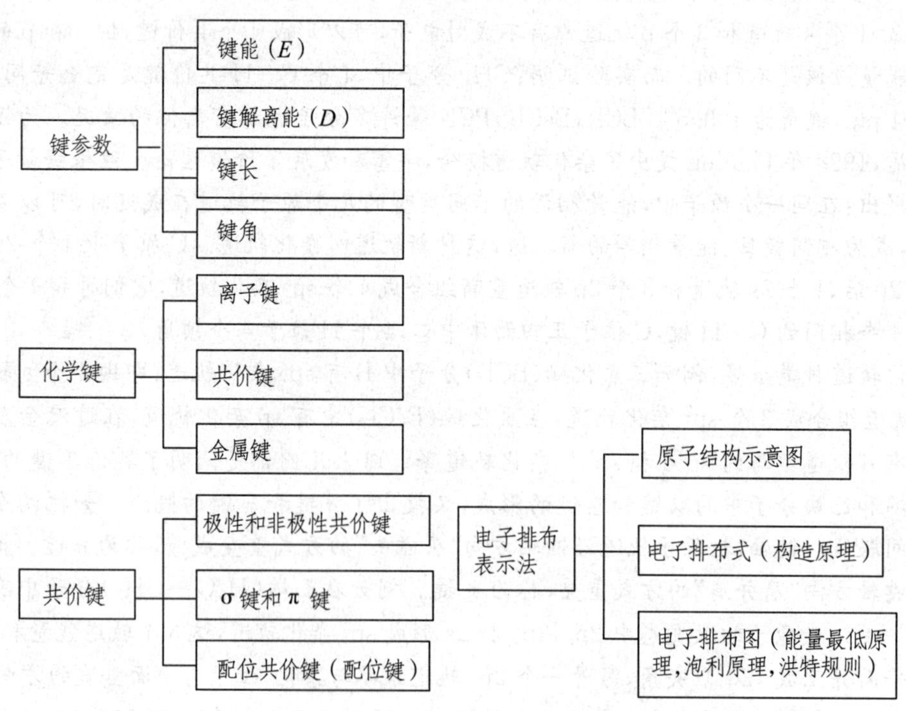

项目四 晶　　体

学习目标

(1) 掌握晶体和非晶体的概念,知道晶格和晶胞的概念;
(2) 掌握离子晶体的概念并了解离子晶体中最简单的结构类型;
(3) 掌握金属晶体的概念并了解金属键的能带理论;
(4) 了解原子晶体和分子晶体的概念。

任务　晶体及其分类

一、晶体和非晶体

(一) 晶体的基本概念

根据组成物质的粒子在不同温度和压力下的能量大小不同和粒子排列有无规则,物质可以呈现气态、液态和固态三种聚集状态。固态物质又可分为晶体和无定形体。无定形体是内部质点排列不规则,没有一定结晶外形的固体。晶体具有整齐规则的几何外形,具有一定的熔点,具有各向异性特征,而无定形体则无上述特征。晶体的这些特征是由其内部结构决定的。图 4.1 是几种常见晶体的外形。

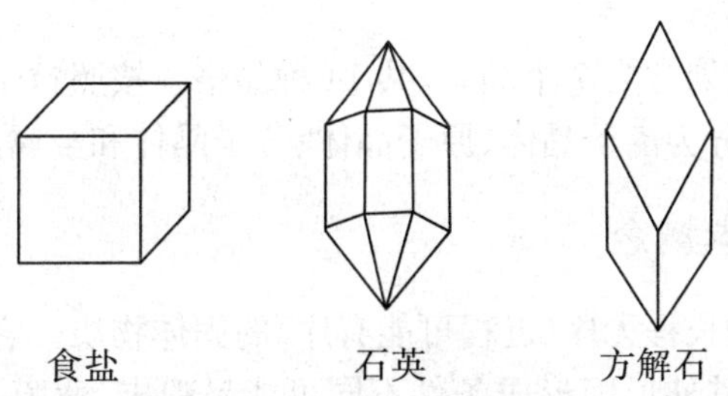

图 4.1　几种晶体的外形

(二) 晶体的内部结构

应用X射线衍射研究晶体结构表明,组成晶体的质点(离子、原子、分子等)是有规则地、周期性地排列在空间的一定点上,这些点重复出现的空间构型称为晶格(或点阵)。排有质点的那些点阵为晶格的结点。晶格是晶体物质所特有的,因此可以把晶体认为是组成物质的质点在空间按一定晶格排列的、以多面体出现的固体物质(如图 4.2 所示)。

按照晶格结点在空间的位置,晶格可有各种形状。其中立方晶格具有最简单的结构,它可分为三种类型,如图 4.3 所示。

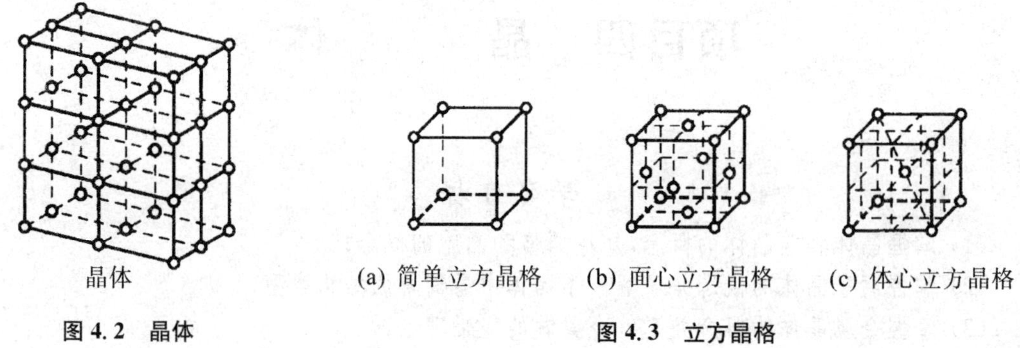

图 4.2　晶体　　**图 4.3　立方晶格**

在晶格中含有晶体结构的最小重复单位称为单元晶胞,简称晶胞。整个晶体就是按晶胞的组成、结构在三维空间重复排列。晶胞可看作为晶体的缩影。作为晶胞它必须是:(1) 晶体的基本重复单位;(2) 能代表晶体的化学组成;(3) 必然为平行六面体。图 4.4 是 NaCl 晶体的晶胞。

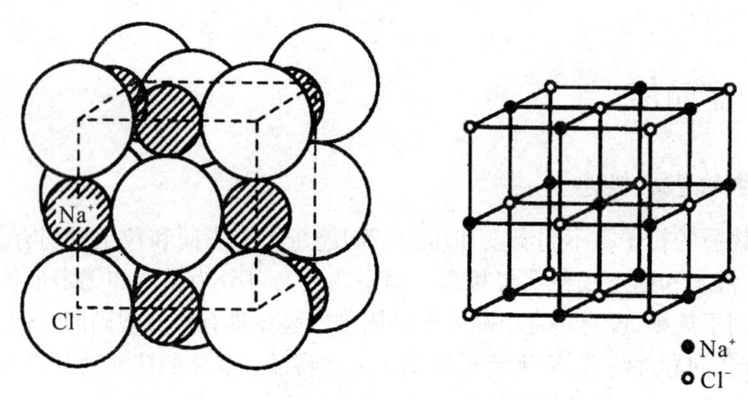

图 4.4　氯化钠的晶体结构

根据晶胞的特征可以划分为 7 个晶系,共 14 种晶格。按照粒子的种类或粒子间的作用力性质的不同,晶体可以分为离子晶体、原子晶体、分子晶体和金属晶体四种基本类型。

(三) 非晶体的基本概念

非晶体物质是指结构长程无序(近程可能有序)的固体物质。它是由不呈周期性排列的原子或分子凝聚而成的,其外形因形成条件不同可能呈粉末、薄膜、凝胶或块状。玻璃体是典型的非晶固体,所以非晶固态又称玻璃态。重要的玻璃体物质有四大类:氧化物玻璃(简称玻璃)、金属玻璃、非晶半导体和高分子化合物。

晶体与非晶体之间并不存在不可逾越的鸿沟。在一定条件下,晶体与非晶体之间可以相互转化。例如,把石英晶体熔化并迅速冷却,可以得到石英玻璃。又如,涤纶熔体若迅速冷却,可得无定形体;若慢慢冷却,则可得晶体。由此可见,晶态和非晶态是物质在不同条件下形成的两种不同的固体状态。从热力学角度来说,晶态比非晶态稳定,非晶态物质有自发转变为晶态物质的倾向。玻璃长时间放置而变得混浊,就是这一倾向的表现。

目前人们的注意力更多地放在寻找价格低、某些性能(如导电性、可塑性、光学性、化学活性等)优于晶态物质的非晶态物质，而价格昂贵、制备困难的晶态物质一般只限于必须使用单晶体的场合。

二、离子晶体及其性质

由离子键结合形成的晶体，称为离子晶体。在离子晶格结点上是正、负离子，离子之间的作用力是静电作用力。由于正、负离子的静电作用力强，所以离子晶体具有较高的熔点、沸点和硬度。离子的电荷愈高，离子半径愈小，静电引力愈强，晶体的熔点、沸点愈高，硬度也愈大。在离子晶体中不存在单个分子，而是一个巨大的分子，如 NaCl 只表示晶体的最简式。

离子晶体中，正、负离子在空间的排布情况不同，离子晶体的空间结构也不同。对于最简单的 AB 型离子晶体，主要有 CsCl 型、NaCl 型和立方 ZnS 型三种典型的结构类型。

1. CsCl 型晶体

如图 4.5(a)所示，CsCl 型晶体的晶胞形状是正立方体，属简单立方体心晶格。晶胞的大小完全由一个边长来确定，组成晶体的质点(离子)被分布在正方体的 8 个顶点和中心上。在这种结构中，每个正离子被 8 个负离子包围，同时每个负离于也被 8 个正离子包围。每个离子周围包围的异号离子数，称为该离子的配位数，所以 CsCl 型晶体的配位数为 8。此外，CsBr、CsI 等晶体也属于 CsCl 型晶体。

2. NaCl 型晶体

如图 4.5(b)所示，NaCl 型晶体的晶胞形状也是立方体，属立方面心晶格。每个离子被 6 个异号电荷离子包围，配位数为 6。此外，LiF、CsF 等晶体都属于立方 NaCl 型晶体。

3. 立方 ZnS 型(闪锌矿型)

如图 4.5(c)所示，立方 ZnS 型的晶胞也是立方体，属立方面心晶格，但质点的分布更复杂。负离子是按中心立方密堆积排布，而 Zn^{2+} 离子均匀地填充在一半四面体的空隙中，正、负离子的配位数都是 4。此外，ZnO、HgS 等晶体也都属立方 ZnS 型晶体。

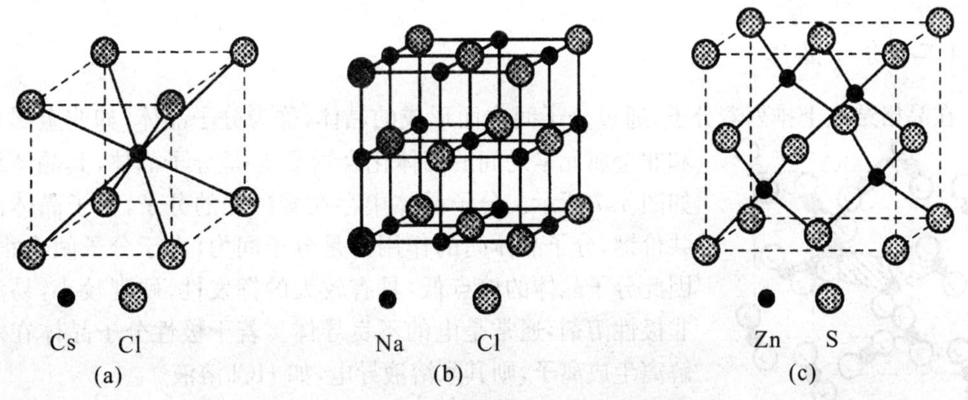

图 4.5　NaCl 型、CsCl 型和 ZnS 型晶体结构

三、原子晶体、分子晶体和金属晶体

（一）原子晶体

在晶格结点上排列的微粒为原子，原子之间以共价键结合构成的晶体称为原子晶体，如碳（金刚石）、硅（单晶硅）、锗（半导体单晶）及第ⅣA族元素的单质都属于原子晶体，化合物中的碳化硅（SiC）、砷化镓（GaAs）、方石英（SiO_2）等也属于原子晶体。

在原子晶体中，不存在独立的小分子，而只能把整个晶体看成是一个大分子，没有确定的相对分子质量。由于共价键具有饱和性和方向性，所以原子晶体的配位数一般不高。以典型的金刚石原子晶体为例，每一个碳原子在成键时以 sp^3 等性杂化形成 4 个 sp^3 共价键，构成正四面体，所以碳原子的配位数为 4。无数的碳原子相互连接构成，如图 4.6 所示的晶体结构。原子晶体中，原子间以共价键相连，所以有较高的硬度和较高的熔点（金刚石硬度最大，熔点为 3 849 K）。通常这类晶体不导电、不导热，熔化时也不导电，但硅、碳化硅等具有半导体性质，可以有条件地导电。

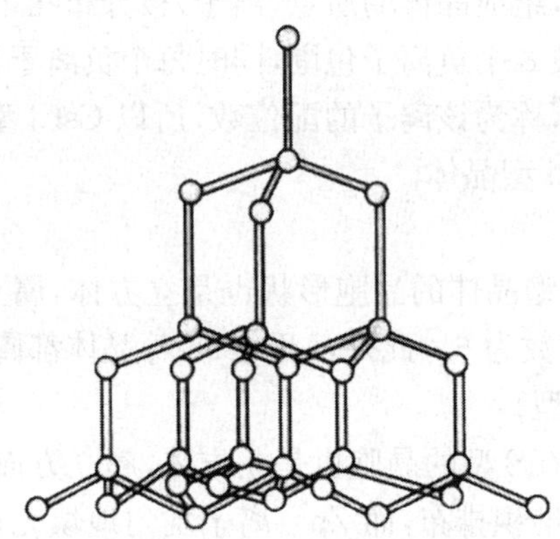

图 4.6 金刚石原子晶体示意图

（二）分子晶体

在晶格结点上排列着分子，通过分子间力而形成的晶体，称为分子晶体，如非金属单质和非金属元素之间的固体化合物 CO_2 是分子晶体，其晶体结构如图 4.7 所示。分子晶体中存在着独立的分子，分子晶体内是共价键，分子晶体间的作用力是分子间力，由于分子间力很弱，因此分子晶体的熔点低，具有较大的挥发性，硬度较小，易溶于非极性溶剂，通常是电的不良导体。若干极性分子晶体在水中解离生成离子，则其水溶液导电，如 HCl 溶液。

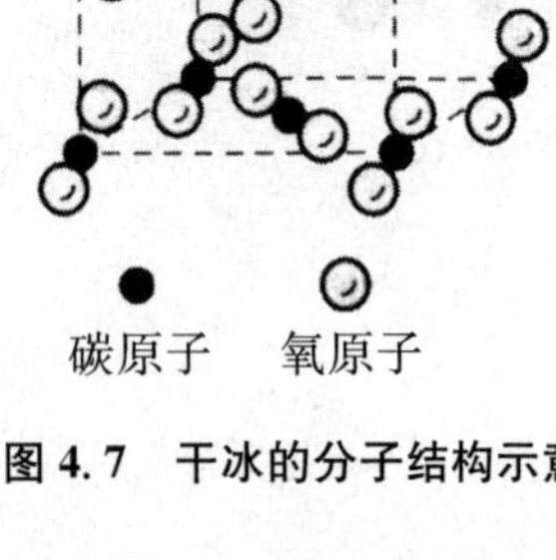

碳原子 氧原子

图 4.7 干冰的分子结构示意图

（三）金属晶体

1. 金属键和金属晶体的内部结构

在固体金属内部构成其晶格结点上的粒子，是金属原子或金属阳离子。由于金属原子的价电子的电离能较低,受外界环境的影响(包括热效应等),价电子可脱离原子,且不固定在某一离子附近,而可在晶格中自由运动,常称它们为自由电子。正是这些自由电子将金属原子及离子联系在一起,形成了金属整体。这种作用力称为金属键。由金属键形成的晶体称为金属晶体。

在金属晶体的晶格结点上排列着同种金属原子或正离子,同时还存在为所有原子或离子共享的自由电子,依靠自由电子把它们"胶合"起来。与离子晶体和原子晶体一样,金属晶体中不存在孤立的原子或分子,而形成一个巨大的分子。由于自由电子的胶合作用,使每一个金属原子或正离子紧密堆积,只要空间允许,每一个原子周围都尽可能多地拥有相邻原子,以使能量降低。金属晶体有体心立方密堆积、六方密堆积和面心立方密堆积三种最常见的晶格形式。

(1) 体心立方密堆积晶格。这类晶体采用配位数为 8 的形式紧密堆积(类似于 CsCl 型离子晶体),空间利用率(金属原子的体积占整个晶体体积的百分率)为 68.02%,如图 4.8(a)所示。属于这类堆积的金属晶体有第ⅠA 族元素的金属晶体和部分过渡元素的金属晶体,例如 K、Rb、Cs、Li、Na、Cr、Mo、W、Fe 等。Ga、Sr、Y、La、Ti、Zr、Hf、Mn 等在高温下也能形成稳定的体心立方密堆积的金属晶体。

(2) 六方密堆积晶格。这类晶体采用配位数为 12 的形式紧密堆积,空间利用率为 74.02%,堆积方式如图 4.8(b)所示,每个金属原子与同一层内的 6 个同种原子的圆球相切,这 6 个圆球的中心连线呈正六边形。属于这类堆积方式的金属有 La、Y、Zn、Cd、Co、Ti、Mg、Zr、Lu 等。

(3) 面心立方密堆积晶格。这类晶体的配位数也为 12,其堆积方式的第一层 A、第二层 B 与六方密堆积晶格相同,而第三层 C 排列与第二层相同,只是位置正好错开了,重复 ABCABC 的排列方式而形成面心立方密堆积,如图 4.8(c)所示,其空间利用率也为 74.02%。属于这类晶格的金属晶体有 Al、In、Pb、Ni、Pd、Pt、Ag、Au、Cu、Hg、Mn 等。

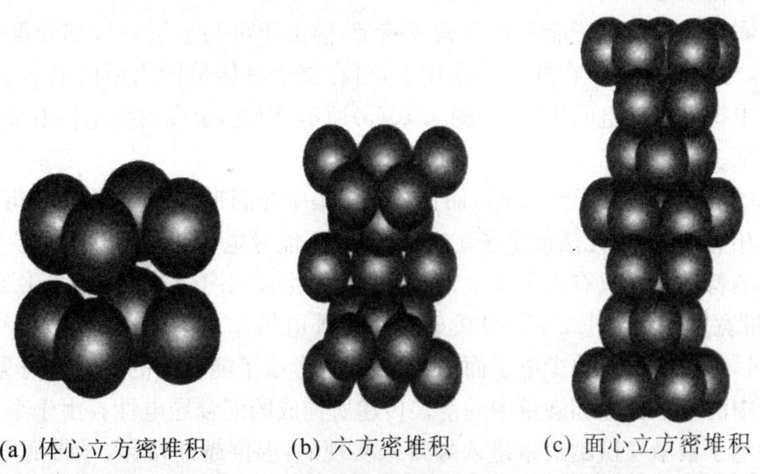

(a) 体心立方密堆积　　(b) 六方密堆积　　(c) 面心立方密堆积

图 4.8　金属晶体晶格示意图

2. 金属键的能带理论

能带理论是在分子轨道理论的基础上发展起来的,它用量子力学理论解释金属键的本质。在金属晶体中,原子之间靠得很近,呈紧密堆积型,原子的原子轨道可以通过组合形成整个晶体共有的若干分子轨道。这些轨道数目巨大，间距极小，各相邻分子轨道的能级非常接近，实际上连成一片，形成了众多分子轨道的集合体，使之具有一定的宽度，这个分子轨道的集合体称为能带。能带的下半部充满电子，上半部则没有填充电子。

按原子轨道能级的不同，金属晶体可以形成不同的能带。充满电子的能带称为满带，满带中的电子无法自由流动和跃迁；满带之上，能量较高的分子轨道形成能量较高的未充满电子的能带，称为导带，全空的导带又称为空带。在导带中，由于有空的分子轨道，电子可以在其中运动，使金属导电和导热。满带和导带之间由于能量差异会出现一个使电子不易逾越的能量间隔，称为禁带。禁带的宽度随金属的不同而异。禁带较窄时，电子较易获得能量从满带越过它而进入导带；如果禁带较宽，电子跃迁就很困难。例如，金属锂中锂原子的电子结构为 $1s^2 2s^1$。1 mol 锂有 6.02×10^{23}个锂原子，可得到 6.02×10^{23}个分子轨道(其中一半成键轨道，一半反键轨道)，金属锂中有多少摩尔锂原子，其能带就有多少摩尔锂原子的分子轨道，这是一个巨大的数目。图 4.9 是金属锂的能带示意图，其中 1s 是满带，2s 及其以上是导带，1s 和 2s 之间是禁带。

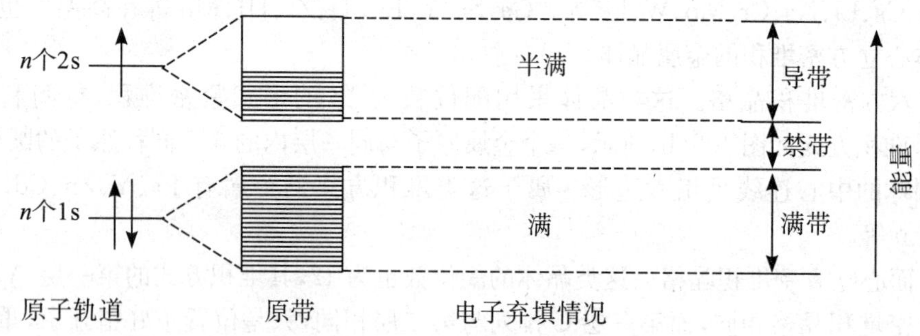

图 4.9　Li 金属晶体内能带示意图

能带的存在性已经被 X 光谱所证实。

一般金属导体的价电子能带是半满或满带，但由于可与上层空带部分重叠而形成部分填充的导带，导带中的电子在外电场作用下，可在整个晶体范围内形成电子定向流动，这些电子在导体中担负了导电的作用，如图 4.10(a)所示，因此，金属的导电性取决于它具有的导带的结构特征。

绝缘体的禁带很宽(大于 5 eV)，而且电子都集中在满带中，电子很难获得足够的能量越过禁带进入相邻的空带，无法使电子定向流动，故不能导电，见图 4.10(b)。

半导体的特征也是只有满带和空带，禁带宽度很窄(小于 3 eV)，如图 4.10(c)所示。Si 和 Ge 的禁带宽度分别为 1.2 eV 和 0.6 eV。在外电场作用下，部分电子跃入空带，使之变为导带；同时，满带中由于缺少电子而留下空穴，也形成了能导电的导带。可见，半导体的导电性是导带中的电子传递和满带中的空穴传递所构成的混合导电性。由于半导体导电是以使满带中的电子被激发逾越禁带进入导带来实现的，温度越高，跃入导带的电子越多，满带中空穴也越多，因此半导体的导电能力随温度的升高而增强，这与导体正好相反。在足够的高温下，半导体的导电性能与金属相似；而在足够的低温下，其导电性能又类似于绝缘体。

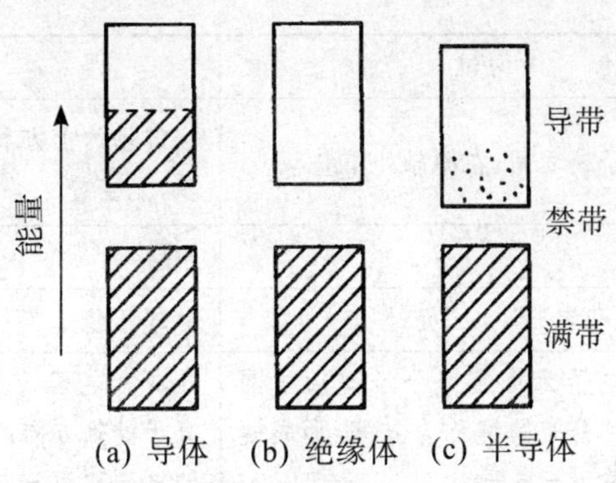

图 4.10　导体、绝缘体和半导体的能带

思考与回答

1. 名词解释:晶格和晶胞。
2. 试说明为什么金刚石的硬度大且不导电,而石墨软却导电。
3. 用能带理论说明金属导体、半导体和绝缘体的导电性能。

项目小结

1. 物质从宏观上说是由元素组成,从微观上说是由原子、分子、离子等微观粒子组成。
2. 物质分为混合物和纯净物两种。纯净物又可分为化合物和单质。
3. 原子是组成物质的基本微粒之一,由原子核和核外电子组成,原子核由质子和中子组成。
4. 核外电子运动具有量子化特征,呈现波粒二象性。
5. 核外电子运动状态可用波函数、电子云及其图像等表示。波函数、原子轨道和电子云之间既有区别又有联系。核外电子排布遵循能量最低原理、泡利原理和洪特规则;多电子原子的能级可用屏蔽效应、钻穿效应、近似能级图来解释;元素性质(原子半径,电离能,电子亲和能,电负性)呈周期性变化,根据电子层结构对周期、族进行划分并对元素分区。
6. 离子键无方向性和饱和性,其本质是静电引力,晶格能 U 值愈大,离子键强度愈大。
7. 对于价键理论遵循电子配对原理与轨道最大重叠原理。
8. 共价键的类型如表 4.1 所示。

表 4.1　共价键的类型

	σ键	π键
重叠方式	沿键轴方向相对重叠(即"头碰头"重叠)	沿键轴方向平行重叠(即"肩并肩"重叠)

续表

	σ键	π键
重叠部位	在两原子核之间,在键轴处重叠	在键轴的上方和下方,而在键轴处为零,无重叠
重叠程度	大	小
键的强度	键牢固,稳定	键较不稳定
定义	凡成键电子云重叠部分沿键轴呈圆柱形对称分布的键称为σ键,形成键的电子称为σ电子	凡成键电子云重叠部分反对称地垂直于键轴方向的键称为π键,形成键的电子称为π电子

9. 键参数有键能、键长、键角、键的极性等。

10. 杂化轨道理论的要点为:某原子成键时,在成键原子作用下,能级相近的原子轨道重新组合成一组新的原子轨道,此过程称为杂化;同一原子中能级相近的 n 个原子轨道,只能组合得到 n 个杂化轨道,即杂化轨道数目等于参与组合的原子轨道数目;杂化轨道的电子云分布集中(一头大,一头小)有利于取得电子云最大重叠,因而杂化轨道较未杂化的原子轨道成键能力强,成键的键能大。

11. sp 型杂化有三种:sp 杂化轨道、sp^2 杂化轨道、sp^3 杂化轨道。其中,等性 sp^3:109.28°;不等性 sp^3:小于 109.28°。

12. 分子的极性。

对于双原子分子,若键有极性,则分子定有极性。键的极性越大,则分子极性也越大。

对于多原子分子,分子极性取决于键的极性和分子结构是否对称:① 分子结构不对称,键有极性,分子有极性;② 分子构型对称,键有极性,分子非极性;③ 对称结构与不对称结构。常见的对称结构为:直线型、平面正三角型、正四面体型;常见的不对称结构为:三角锥型(或四面体型)、V 型、角型等。

13. 分子间力的种类有:色散力、诱导力、取向力。分子间力对于非极性分子间:仅色散力;对于极性分子间:色散力、诱导力与取向力;对于非极性与极性分子间:色散力和诱导力。

14. 氢键的本质基本上为静电引力。氢键的类型有:分子间氢键——使物质的熔沸点显著升高;分子内氢键——使物质的熔沸点低于同类化合物。氢键与共价键相似,也具有方向性和饱和性。

15. 晶体和非晶体。

(1) 组成晶体的质点(离子、原子和分子)是有规律地、周期地排列在空间的一定点上,也就是晶体的结构长程有序。

(2) 非晶体物质是指结构长程无序的固体物质。

16. 离子晶体、原子晶体和分子晶体。

(1) 离子晶体是指靠离子间引力结合而成的晶体。

(2) 原子晶体是指晶体的晶格结点上排列的是原子,原子间是通过共价键而结合的一类晶体。

(3) 分子晶体是指在晶体的晶格结点上排列的是分子,分子通过分子间引力结合而成的晶体。

17. 金属键能带理论。

能带理论是在分子轨道理论的基础上发展起来的,它用量子力学理论解释金属键的本质。在金属晶体中,原子之间靠得很近,呈紧密堆积型,原子的原子轨道可以通过组合形成整个晶体共有的若干分子轨道。这些轨道数目巨大,间距极小,各相邻分子轨道的能级非常接近,实际上连成一片,形成了众多分子轨道的集合体,使之具有一定宽度,这个分子轨道的集合体称为能带。

能带的种类有满带、导带和禁带三种。

模块二　化学反应基础

- 项目五　化学反应基本概念、术语及其计算
- 项目六　化学反应速率
- 项目七　化学平衡

项目五　化学反应基本概念、术语及其计算

学习目标

(1) 了解热力学基本概念、可逆反应和不可逆反应的含义；
(2) 了解化学计量数与反应进度的作用；
(3) 熟悉化学反应焓、熵和吉布斯自由能的意义、作用；
(4) 掌握化学反应速率和化学平衡常数的表示方法和化学平衡的移动。

作为化学工作者，在研究一个理论上能够发生的化学反应时，要解决的问题有：(1) 化学反应有无热量放出或吸收，及放出或吸收多少热量(化学反应热和反应焓变)？(2) 化学反应进行的快慢如何(化学反应速率)，哪些因素能影响反应的快慢？(3) 化学反应进行的程度(化学反应的限度)，化学反应的方向判断(吉布斯自由能)。这些问题对于研究化学反应是非常重要的。本单元通过三个项目学习有关化学反应的基础知识。

任务一　化学计量数与反应进度

物质发生化学反应时，常伴随着质量和能量的变化。在进行有关化学反应计算中，我们需要知道各种物质之间的变化规律和反应进行的程度；而能量的计算也需要这种变化规律。为此，我们首先学习化学计量关系和反应进度。

一、化学计量数

某化学反应方程式：

$$c\mathrm{C}+d\mathrm{D}=y\mathrm{Y}+z\mathrm{Z}$$

上式可移项表示：

$$0=-c\mathrm{C}-d\mathrm{D}+y\mathrm{Y}+z\mathrm{Z}$$

随着反应的进行，反应物 C、D 不断减少，产物 Y、Z 不断增加，若令：

$$-c=\nu_{\mathrm{C}},\quad -d=\nu_{\mathrm{D}},\quad y=\nu_{\mathrm{Y}}\quad z=\nu_{\mathrm{Z}}$$

代入上式得：

$$0=\nu_{\mathrm{C}}\mathrm{C}+\nu_{\mathrm{D}}\mathrm{D}+\nu_{\mathrm{Y}}\mathrm{Y}+\nu_{\mathrm{Z}}\mathrm{Z}$$

可简化写出化学计量式的通式：

$$0=\sum_{\mathrm{B}}\nu_B\mathrm{B}\tag{5.1}$$

通式中，B 表示包含在反应中的分子、原子或离子，而 ν_{B} 为数字或简分数，称为物质 B 的化学计量数。根据规定，反应物的化学计量数为负，而产物的化学计量数为正。这样，ν_{C}、ν_{D}、ν_{Y}、

ν_Z分别为物质 C、D、Y、Z 的化学计量数。例如合成氨反应：

$$N_2+3H_2=2NH_3$$

移项得：

$$0=-N_2-3H_2+2NH_3\equiv\nu_{(N_2)}N_2+\nu_{(H_2)}H_2+\nu_{(NH_3)}NH_3$$

$\nu_{(N_2)}=-1$，$\nu_{(H_2)}=-3$，$\nu_{(NH_3)}=2$，分别为对应于该反应方程式中物质 N_2、H_2、NH_3 的化学计量数，表明反应中每消耗 1 mol N_2 和 3 mol H_2 必生成 2 mol NH_3。

二、反应进度

在讨论化学反应时，为了表示化学反应进行的程度，我国国标规定了一个重要的物理量——反应进度，用符号 ξ 表示。这个物理量最早是由比利时热化学家德唐德（T de Donder）引入的，后来经 IUPAC（国际纯粹和应用化学联合会）推荐在反应速率、化学平衡和反应热计算的表示式中被普遍使用。

对于任意一个的化学反应：$\nu_C C \quad + \quad \nu_D D \quad + \cdots = \nu_Y Y \quad + \quad \nu_Z Z \quad + \cdots$

当 $t=0,\xi=0$　　n_C^0　　n_D^0　　n_Y^0　　n_Z^0

当 $t=t_0,\xi=\xi$　　n_C　　n_D　　n_Y　　n_Z

定义反应进度

$$\xi=\frac{n_B-n_B^0}{\nu_B} \tag{5.2}$$

或

$$d\xi=\nu_B^{-1}dn_B$$

式中，n_B 为任意组分的物质的量，ν_B 为 B 的化学计量数，ξ 的单位为 mol。

引入反应进度的最大优点是在反应进行到任意时刻时，可用任一反应物或任一生成物来表示反应进行的程度，所得值总是相等的，即

$$\xi=\frac{\Delta n_Y}{\nu_Y}=\frac{\Delta n_Z}{\nu_Z}=\frac{\Delta n_C}{\nu_C}=\frac{\Delta n_D}{\nu_D}=\cdots$$

或

$$d\xi=\frac{dn_Y}{\nu_Y}=\frac{dn_Z}{\nu_Z}=\frac{dn_C}{\nu_C}=\frac{dn_D}{\nu_D}=\cdots$$

若将上式从反应开始时 $\xi_0=0$ 的 $n_B(\xi_0)$ 积分到 ξ 时的 $n_B(\xi)$，可得：

$$n_B(\xi)-n_B(\xi_0)=\nu_B(\xi-\xi_0)$$

则 $\Delta n_B=\nu_B\xi$。

可见，随着反应的进行，任一化学反应各反应物及产物的改变量（Δn_B）均与反应进度（ξ）及各自的计量系数（ν_B）有关。

对产物 B 而言，若 $\xi_0=0$，$n_B(\xi_0)=0$，则更有 $n_B=\nu_B\xi$。

例如，对于合成氨反应 $N_2+3H_2=2NH_3$，$\nu_{(N_2)}=-1$，$\nu_{(H_2)}=-3$，$\nu_{(NH_3)}=2$，当 $\xi_0=0$ 时，若有足够量的 N_2 和 H_2 而 $n(NH_3)=0$，根据 $\Delta n_B=\nu_B\xi$，$\xi=\Delta n_B/\nu_B$，Δn_B 与 ξ 的对应关系如下：

$\Delta n_{(N_2)}$/mol	$\Delta n_{(H_2)}$/mol	$\Delta n_{(NH_3)}$/mol	ξ/mol
0	0	0	0
−1/2	−3/2	1	1/2
−1	−3	2	1
−2	−6	4	2

对同一化学反应方程式来说，反应进度(ξ)的值与选用反应式中何种物质的量的变化进行计算无关。但是，同一化学反应如果化学反应方程式的写法不同(即 ν_B 不同)，则相同反应进度时对应各物质的量的变化会有区别。例如，当 $\xi=1$ mol 时：

化学反应方程式	$\Delta n_{(N_2)}$/mol	$\Delta n_{(H_2)}$/mol	$\Delta n_{(NH_3)}$/mol
$1/2N_2+3/2H_2=NH_3$	−1/2	−3/2	1
$N_2+3H_2=2NH_3$	−1	−3	2

反应进度是计算化学反应中质量和能量变化以及反应速率时常用到的物理量。

思考与回答

求下列反应中反应进度(ξ)的值。

		$N_2(g)$	+	$3H_2(g)$	=	$2NH_3(g)$	ξ
起始时	n_B/mol	3.0		10.0		0	0
t 时	n_B/mol	2.0		7.0		2.0	ξ

任务二 热力学基本概念和术语

化学反应是反应物分子中旧键的削弱、断裂和产物分子新键形成的过程。前者需要吸收能量，后者则会释放能量。因此，化学反应过程不仅有质量的变化，而且往往伴随有能量的吸收或释放。例如，煤燃烧时要放热，碳酸钙分解要吸热；原电池反应可产生电能，电解食盐水要消耗电能；镁条燃烧时会放出耀眼的光，叶绿素在光作用下使二氧化碳和水转化为糖类。热力学是专门研究能量相互转换规律的一门科学。利用热力学的基本原理研究化学反应的学科称为化学热力学。本节首先介绍一些常用的基本概念，进而运用热力学理论研究化学反应中的能量变化关系。

一、热力学基本概念

(一) 热力学系统和状态函数

1. 系统、环境和过程

在热力学中，把一部分物质根据研究的需要人为地与其余部分划分开来，作为研究的对象，这种被划定的研究对象称为系统，也称为物系或体系。系统以外并且与系统密切相关的部分称为环境。图 5.1 为环境与体系的示意图。系统是多种多样的，而我们所要研究的是系统中的能量变化及所发生的化学反应的方向等问题，都属于热力学的范畴，因此称为热力学系统，简称系统。

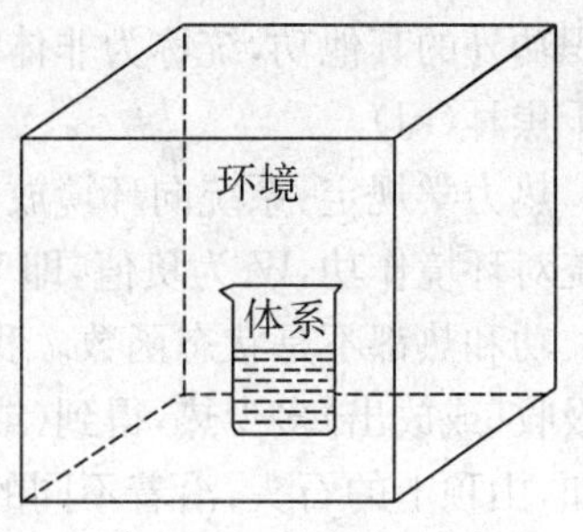

图 5.1　环境与体系

根据系统与环境之间的关系，把系统分为三类：如果系统与环境之间既有物质交换，又有能量交换，此类系统称为敞开系统；如果系统与环境之间无物质交换，但有能量交换，此类系统称为封闭系统；如果系统与环境之间既无物质交换，又无能量交换，此类系统称为孤立系统，又称为隔离系统。有时把封闭系统和系统影响所及的环境一起作为孤立系统来考虑。实际上，绝对孤立的系统是不存在的。

在热力学系统中发生的一切变化都称为热力学过程。例如，气体的压缩与膨胀，液体的蒸发，化学反应等都是热力学过程，因为它们都使系统的状态发生了变化。如果系统的变化是在等温条件下进行的，此变化称为等温过程；如果系统的变化是在压强恒定的条件下进行的，此变化称为等压过程；如果系统的变化是在体积恒定的条件下进行的，此变化称为等容过程；如果系统的变化是在绝热的条件下进行的，此变化称为绝热过程；如果系统从某状态 A 出发，经过一系列变化后又回到状态 A，这种变化称为循环过程。

2. 状态函数

系统的状态是由系统所有的物理性质和化学性质所决定的，这些性质都是宏观的物理量，例如温度(T)、压力(p)、体积(V)、物质的量(n)、密度(ρ)、粘度(μ)，等等。当系统的这些性质都有确定的数值且不随时间而变化时，系统就处在一定的状态。也可以说，系统的这些宏观性质与系统的状态间有一一对应的函数关系。描述系统状态的这些物理量被称为状态函数。前面提到的物理量 T、p、V、n 等都是状态函数。本项目还将介绍一些新的状态函数。

状态函数可分为两类：一类为具有广度性质的物理量，例如，体积、物质的量、质量及后面将介绍的热力学能、焓等，这类性质具有加和性(例如，50 mL 水与 50 mL 水相混合其总体积为 100 mL)；另一类为具有强度性质的物理量，如温度、压力、密度等，这些性质没有加和性(例如，50 ℃水与 50 ℃水相混合其温度仍为 50 ℃)，它的数值取决于体系自身的特点，与体系的数量无关。

应该指出，描述一个系统所处的状态时不必要把所有的状态函数都一一列出，因为这些状态函数间往往有一定的联系。例如，要描述一理想气体所处的状态，只要知道温度、压力、体积就足够了，因为根据理想气体的状态方程 $pV=nRT$，此理想气体的物质的量也就确定了。通常选择所研究的系统中易于测定的几个相互独立的状态函数来描述系统的状态。

最后要特别强调的是，状态函数有一个基本性质：系统的状态发生变化，状态函数值就可能改变，但状态函数的变化值只取决于始态和终态，而与中间变化过程无关。例如 50 g 50 ℃的水(始态)加热变为 50 g 80 ℃的水(终态)，其状态函数温度的变化量 $\Delta T=T$(终态)$-T$(始态)$=30$ ℃。如果这 50 g 50 ℃的水先降温后升温，或经历其他一些更为复杂的中间过程，只要终态是 50 g 80 ℃的水，其 ΔT 总是 30 ℃，即状态函数的变化与过程无关。

(二) 功和热

在热力学中，热是系统与环境之间由于温度差而引起的能量传递形式，以符号 Q 表示。系统与环境之间除了热以外的一切能量传递形式称之为功；功有多种形式。化学反应涉及较广的是那种由于体系体积变化反抗外力作用而与环境交换的功，这种功称为体积功。除体积功外的其他功,统称为非体积功(如电功等),以符号 W 表示。热和功的单位是焦耳(J)或千焦耳(kJ)。

热力学规定:系统向环境放热,Q 为负值,即 $Q<0$;系统从环境吸热,Q 为正值,即 $Q>0$;系统对环境作功,W 为负值,即 $W<0$;环境对系统作功,W 为正值,即 $W>0$。

功和热都不是状态函数。我们不能说系统有多少热和多少功,而只能说系统发生变化时吸收(或放出)多少热,得到(或给出)多少功。其数值与系统所经历的变化过程密切相关。例如,山顶上的石头,沿着不同的路径滚到山下,所作的功和因摩擦所产生的热都是不同的。

功有体积功和非体积功两类,我们主要研究体积功(膨胀作功)$W_{体}=-p_{外}\cdot\Delta V$。

思考与回答

举几个生活中属于敞开系统、封闭系统、孤立系统的例子。

任务三 反应热和反应焓变

一、化学反应热

(一) 热力学能

热力学能(内能)是体系内部一切能量形式的总和,用符号 U 表示。它包括平均动能、分子间吸引和排斥产生的势能、分子内部的振动能、电子运动能、核能等,但不包括系统整体的动能和整体的位能。由于微观粒子运动的复杂性,至今我们仍无法确定一个系统内能的绝对值。内能是状态函数,而我们研究的是系统从一个状态变化到另一状态时热力学能的变化值 ΔU,所以并不需要知道某状态下系统热力学能的绝对值。

(二) 热力学第一定律

热力学第一定律就是能量守恒定律。它可表述为:自然界的一切物质都具有能量,能量有各种不同的形式,它能从一种形式转化为另一种形式,从一个物体传递给另一个物体,在转化中,能量的总值不变。对于封闭系统,系统和环境之间只有热和功的交换。其热力学第一定律的数学表达式为:

$$\Delta U = Q + W \tag{5.3}$$

若系统的状态仅发生微小变化,则上式写成:

$$dU = \delta Q + \delta W \tag{5.4}$$

式(5.3)与(5.4)表明了热力学能、热和功相互转化时的数量关系。因为热力学能是状态函数,数学上具有全微分性质,微小变化可用 dU 表示;Q 和 W 不是状态函数,微小变化用 δ 表示,以示区别。

(三) 等容反应热和系统内能的变化

许多化学反应是在等容的条件下进行的。按热力学第一定律有:

$$\Delta U = Q_V + W = Q_V + p\Delta V$$

式中，Q_V 表示等容反应热。由于系统体积变化 $\Delta V = 0$，所以有

$$\Delta U = Q_V \tag{5.5}$$

即等容反应热等于系统的内能变化。

二、焓和等压反应热

如果在等压、不做非体积功的条件下系统状态发生变化，按热力学第一定律有：

$$\Delta U = U_2 - U_1 = Q_p + W$$

式中，Q_p 表示等压反应热，U_1 和 U_2 分别表示系统始态和终态的热力学能。如果系统膨胀对外作功，则功为负值，即 $W = -p_{外}\Delta V$，上式改写为：

$$U_2 - U_1 = Q_p - p_{外}\Delta V = Q_p - p_{外}(V_2 - V_1)$$

又因为是等压过程，$p_1 = p_2 = p_{外}$，可得

$$Q_p = (U_2 + p_2 V_2) - (U_1 + p_1 V_1)$$

令

$$H = U + pV \tag{5.6}$$

则有

$$Q_p = H_2 - H_1$$

即

$$\Delta H = Q_p \tag{5.7}$$

在这里我们引入了一个新的热力学函数 H，称为焓。由于 $H = U + pV$，而 U、p 和 V 都是状态函数，所以 H 也是状态函数。H 具有能量的量纲，但它没有直观的物理意义。引入这个新的状态函数仅仅是为热力学计算中的方便。

大多数化学反应都是在等压、不作非体积功的条件下进行的，其化学反应热 $Q_P = \Delta H$，因此，在化学热力学中，常常用 ΔH 来表示等压反应热而很少用 Q_P。

热力学中规定：吸热反应 $\Delta H > 0$；放热反应 $\Delta H < 0$。理想气体的焓只是温度的函数。

三、热化学方程式

在讨论热化学方程式之前必须对化学反应热作一明确的定义。化学反应热是当生成物与反应物的温度相同时，化学反应过程中吸收或放出的热量。在这个定义中规定生成物的温度与反应物的温度相同是必要的，因为生成物的温度升高或降低都将引起热量的改变，而这种改变不是化学反应本身引起的。

表示化学反应及其反应热（标准摩尔焓变）关系的化学反应方程式称为热化学方程式。如：

(1) $H_2(g) + \frac{1}{2}O_2(g) = H_2O(l)$　　$\Delta_r H^{\ominus}_{m,298.15} = -285.8\ kJ \cdot mol^{-1}$

(2) $2H_2(g) + O_2(g) = 2H_2O(l)$　　$\Delta_r H^{\ominus}_{m,298.15} = -571.6\ kJ \cdot mol^{-1}$

对于热化学方程式中反应热符号 $\Delta_r H^{\ominus}_{m,298.15}$ 的意义需作如下说明：ΔH 表示等压反应热，吸热反应 $\Delta H > 0$，放热反应 $\Delta H < 0$；“r”表示反应；“m”表示 1 mol 的反应热，对于同样的

反应,按(2)式完成 1 mol 的反应所放出的热量是按(1)式完成 1 mol 的反应所放出的 2 倍;“298.15”是反应温度,以后温度为298.15 K时可省略;“$\ominus$”表示标准态。

由于物质或反应系统所处的状态不同,它们自身的能量或在反应中发生的能量变化也不相同,例如,同样物质的量,在高压下 $H_2(g)$ 与 $O_2(g)$ 反应生成高压下的 $H_2O(l)$ 放出的能量与低压下反应放出的能量不同。为了比较不同反应热的大小,需要规定共同的比较标准。根据国家标准,热力学标准态是指温度 T 和标准压力 $p^{\ominus}$(100 kPa)下该物质的状态。

标准态不仅用于气体,也用于液体、固体或溶液。同一种物质,所处的状态不同,标准态的含义也不同。

气体:温度为 T,压力为 $p^{\ominus}$ 下并表现出理想气体特性的气体纯物质(假想)状态。

液态(或固态):温度为 T,压力为 $p^{\ominus}$ 下液体(或固体)纯物质的状态。

溶液中溶质:温度为 T、压力为 $p^{\ominus}$ 下,溶质浓度为 1 $mol \cdot kg^{-1}$ 或 1 $mol \cdot L^{-1}$,并表现出无限稀释溶液特性时溶质的(假想)状态。

标准状态对热力学温度 T 未作具体规定。但是,许多热力学数据都是在 $T=298.15$ K 下得到的,所以若未加特殊提示,本课程中涉及到的热力学函数均以 298.15 K 为参考温度。

在明确了标准态的各种规定之后,为了写出正确的热化学方程式,还需要注意如下几点:

(1) 因反应热与方程式的写法有关,必须写出完整的化学反应计量方程式。

(2) 要标明参与反应的各物质的聚集状态,用 g、l 和 s 分别表示气态、液态和固态,用 aq 表示水溶液。如果固体有不同晶型,还要指明是什么晶型的固体。例如:

$$C(石墨)+O_2(g)=CO_2(g) \qquad \Delta_r H^{\ominus}_{m,298.15}=-393.5\ kJ \cdot mol^{-1}$$

(3) 要标明温度和压力。

思考与回答

完成下列选择题:

1. 某系统由 A 态沿途径Ⅰ到 B 态放热 100 J,同时得到 50 J 的功;当系统由 A 态沿途径Ⅱ到 B 态作功 80 J 时,Q 为(　　)。

   A. 70 J　　B. 30 J　　C. −30 J　　D. −70 J

2. 环境对系统作 10 kJ 的功,而系统失去 5 kJ 的热量给环境,则系统的内能变化为(　　)。

   A. −15 kJ　　B. 5 kJ　　C. −5 kJ　　D. 15 kJ

3. 表示 CO_2 生成热的反应是(　　)。

   A. $CO(g)+1/2O_2(g)=CO_2(g)$　　$\Delta_r H^{\ominus}_m=-238.0\ kJ \cdot mol^{-1}$

   B. $C(金刚石)+O_2(g)=CO_2(g)$　　$\Delta_r H^{\ominus}_m=-395.4\ kJ \cdot mol^{-1}$

   C. $2C(金刚石)+2O_2(g)=2CO_2(g)$　　$\Delta_r H^{\ominus}_m=-787.0\ kJ \cdot mol^{-1}$

   D. $C(石墨)+O_2(g)=CO_2(g)$　　$\Delta_r H^{\ominus}_m=-393.5\ kJ \cdot mol^{-1}$

四、热化学定律

(一) 盖斯定律

反应热一般可以通过实验测出。但是,有些复杂反应的某步反应若难以控制,该步反应的反应热就不易准确测定。1840 年，俄籍瑞士人盖斯(G. H. Hess)在大量实验的基础上总结出："一个化学反应不管是一步完成或是分几步完成，它的反应热都是相同的。"

由于总反应的反应热只与反应的始态和终态(包括温度、反应物和生成物的量及聚集状态等)有关，而与变化的途径无关；此定律适用于定压或定容条件下。据此，可计算一些很难直接用或尚未用实验方法测定的反应热效应。

例 1　已知 298.15 K 下，反应：

① $C(s)+O_2(g) \rightarrow CO_2(g)$　　$\Delta_r H_m^{\ominus}(1)=-393.51\ kJ \cdot mol^{-1}$

② $CO(g)+O_2(g) \rightarrow CO_2(g)$　　$\Delta_r H_m^{\ominus}(2)=-282.98\ kJ \cdot mol^{-1}$

计算反应③ $C(s)+1/2O_2(g) \rightarrow CO(g)$ 的 $\Delta_r H_m^{\ominus}(3)$。

解　反应①可以通过两种途径来实现：

$$C(s)+O_2(g) \xrightarrow{\Delta_r H_m^{\ominus}(3)} \frac{1}{2}O_2(g)+CO$$

途径 2　$\Delta_r H_m^{\ominus}(1) \longrightarrow CO_2(g) \longleftarrow$ 途径 1　$\Delta_r H_m^{\ominus}(2)$

分析　由①，②，③三个方程的关系可知方程①减去方程②得到方程③，根据盖斯定律：

$$\Delta_r H_m^{\ominus}(1)=\Delta_r H_m^{\ominus}(3)+\Delta_r H_m^{\ominus}(2)$$

$$\begin{aligned}\Delta_r H_m^{\ominus}(3)&=\Delta_r H_m^{\ominus}(1)-\Delta_r H_m^{\ominus}(2)\\&=-393.51-(-282.98)\\&=-110.53(kJ \cdot mol^{-1})\end{aligned}$$

任务四　标准摩尔反应焓变的计算

一、标准摩尔生成焓

应用盖斯定律，由已知的反应热计算出另一反应热是很方便的。人们从多种反应中找出某些类型的反应作为基本反应，知道了一些基本反应的反应热数据，应用盖斯定律就可以计算其他反应的反应热，常用的基本反应热数据是标准摩尔生成焓。

与内能(U)相似，各物质的焓(H)的绝对值也是难以确定的。但在实际应用中人们关心的是反应或过程中系统的焓变(ΔH)。为此人们采用了相对值的办法，即规定了物质的相对焓值。

由于焓的数值会随具体条件的不同而有所改变，所以在化学热力学中规定压力为标准压力 $p^{\ominus}$(在气体混合物中，是指各气态物质的分压均为标准压力 $p^{\ominus}$)或溶液中溶质(如水合离子或分子)的浓度(确切地说应为有效浓度或活度)均为标准浓度 $c^{\ominus}$ 的条件为标准条件。若某物质或溶质是在标准条件下，就称之为处于标准状态。

在标准态下，由最稳定的纯态单质生成单位物质的量的某物质焓变(即恒压反应热)称为该物质的标准摩尔生成焓。标准摩尔生成焓用符号 $\Delta_f H_m^\ominus$ 表示，上标"$\ominus$"表示标准态，下标"f(Formation 的词头)"表示生成反应。$\Delta_f H_m^\ominus$ 的单位为 $kJ \cdot mol^{-1}$，通常选定温度为 298.15 K，作为该物质在此条件下的相对焓值，以 $\Delta_f H_{m,298.15}^\ominus$ 表示。

关于单质和化合物的相对焓值(见附录一)，规定在标准条件下由最稳定的单质生成单位物质的量的纯物质时反应的焓变叫做该物质的标准摩尔生成焓。注意：碳的稳定单质是石墨而不是金刚石，磷的稳定单质是白磷。

在此条件下，以氢气和氧气作用生成液态 H_2O 的反应为例：

$$H_2(g)+\frac{1}{2}O_2(g)=H_2O(l) \qquad \Delta_f H_{m,298.15}^\ominus=-285.8\ kJ \cdot mol^{-1}$$

$H_2O(l)$ 的标准摩尔生成焓 $\Delta_f H_{m,298.15}^\ominus=-285.8\ kJ \cdot mol^{-1}$。而任何指定的单质的标准摩尔生成焓为零，实际上也就是把在此条件下指定的单质的相对焓值作为零。

关于水合离子的相对焓值，规定以水合氢离子的标准摩尔生成焓为零；通常选定温度为 298.15 K，称之为水合 H^+ 离子在 298.15 K 时的标准摩尔生成焓，以 $\Delta_f H_m^\ominus(H^+,aq,298.15\ K)$ 表示，从而可以获得其他水合离子在 298.15 K 时的标准摩尔生成焓。

二、标准摩尔反应焓变的计算

一般的化学反应及其反应热可以通过实验直接测定，也可以通过热力学数据计算得出。根据标准摩尔生成焓的定义，应用盖斯定律可以导出：化学反应物的标准摩尔反应焓变等于生成物的标准摩尔生成焓的总和减去反应物的标准摩尔生成焓的总和。

对于在指定温度和标准态下进行的任意化学反应：

$$dD+eE \rightarrow gG+hH$$

只要已知各物质在此温度的 $\Delta_f H_m^\ominus$，就可以根据 $\Delta_f H_m^\ominus$ 数据计算出该反应的 $\Delta_r H_m^\ominus$，这可由盖斯定律加以证明。现以最稳定的单质为始态，以 $gG+hH$ 为终态，则由最稳定的单质生成 $gG+hH$ 的反应可以一步完成，也可以分两步完成，如图 5.2 所示。

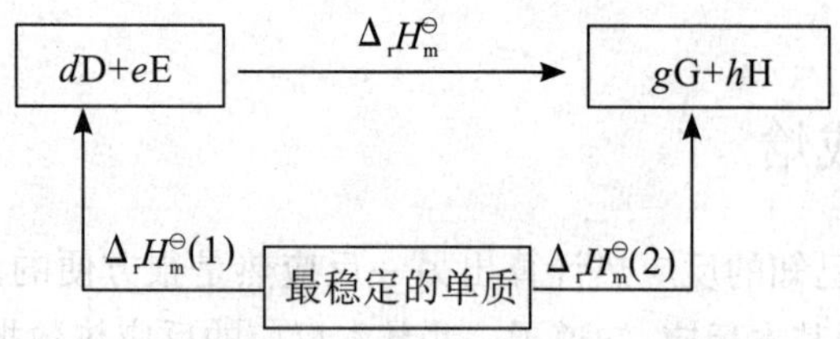

图 5.2 最稳定的单质生成 $gG+hH$ 的反应

根据盖斯定律有：

$$\Delta_r H_m^\ominus=\Delta_r H_m^\ominus(2)-\Delta_r H_m^\ominus(1)$$

而

$$\Delta_r H_m^\ominus(1)=d\Delta_f H_m^\ominus(D)+e\Delta_f H_m^\ominus(E)$$

$$\Delta_r H_m^\ominus(2)=g\Delta_f H_m^\ominus(G)+h\Delta_f H_m^\ominus(H)$$

所以

$$\Delta_r H_m^\ominus=[g\Delta_f H_m^\ominus(G)+h\Delta_f H_m^\ominus(H)]-[d\Delta_f H_m^\ominus(D)+e\Delta_f H_m^\ominus(E)]$$

例 2　查表计算如下反应在 298.15 K,100 kPa 下进行时的反应热。

$$Fe_2O_3(s)+3CO(g)=2Fe(s)+3CO_2(g)$$

分析　应注意两个问题,一是单质的 $\Delta_f H_m^\ominus$ 为零,二是求反应热时各物质的 $\Delta_f H_m^\ominus$ 要乘以相应的化学计量数。

解　查表得到各物质的 $\Delta_f H_m^\ominus$ 数据:

	$Fe_2O_3(s)$	CO(g)	Fe(s)	$CO_2(g)$
$\Delta_f H_m^\ominus/kJ\cdot mol^{-1}$	−822.2	−110.5	0	−393.5

$$\begin{aligned}\Delta_f H_m^\ominus &=[g\Delta_f H_m^\ominus(G)+h\Delta_f H_m^\ominus(H)]-[d\Delta_f H_m^\ominus(D)+e\Delta_f H_m^\ominus(E)]\\ &=[2\times0+3\times(-393.5)]-[1\times(-822.2)+3\times(-110.5)]\\ &=-26.8(kJ\cdot mol^{-1})\end{aligned}$$

阅读材料

经典热力学的发展简史

一、热科学早期发展的概况

人们对热的本质及热现象的认识,经历了一个漫长的、曲折的探索过程。

在古代,人们就知道热与冷的差别,能够利用摩擦生热、燃烧、传热、爆炸等热现象,来达到一定的目的。例如,中国古代燧人氏的钻木取火,炼丹术和炼金术,火药的发明,以及早期的爆竹、走马灯等。又如,在古希腊就有“火、土、水、气组成世界”的四元素学说,这与我国战国时期(公元前 300 多年)提出的“水、火、金、木、土为万物之本”的五行学说是类似的。人类对热现象的重视由来已久,但因当时生产力水平低下,不可能对这些热现象有任何实质性的解释。

热科学的历史可以追溯到 17 世纪。在 1592～1600 年间,伽利略(1564～1642)制作了人类第一个空气温度计,开始了对物体的冷热程度(温度)进行定量测定的研究,可作为“测温学”的开端。

1620 年,培根(1561～1626)首先注意到两个物体之间的摩擦所产生的热效应与物体的冷热程度(温度)是有区别的,他认为“热是运动”。这可看作是人们对“热量”的本质进行科学研究的开端。

热的“运动学说”在 17 世纪是一种比较流行的、被很多著名科学家所接受的学说。例如,波义耳(1627～1691)、牛顿(1642～1727)、虎克(1635～1695)、惠更斯(1629～1695)及洛克(1632～1704)等著名学者都持这种观点。

1747 年,罗蒙诺索夫(1711～1765)指出:“热是由于物质内部的运动”,“这一运动愈快,它的作用也愈大;因此,当热运动增快时,热量应增大,而当热运动减慢时,热量减少”,“当热的物体与冷的物体接触时,热的物体应当被冷却,因为后者减缓了质点的热运动的速度;反之,由于运动的加快,冷的物体应当变热”。

温度的定量测定,对于热现象的研究是至关重要的。在 17 世纪,虽然有些科学家对温度的测定及温标的建立作出不同程度的贡献,提供了有益的经验和教训。但是,由于没有共同的测温基准,没有一致的分度规则,缺乏测温物质的测温特性的资料,以及没有正确的理论指导,因此,在整个17世纪,并没有制作出复现性好的、可供正确测量的温度计及温标。在18世纪中,“测温学”有较大的突破。其中最有价值的是1714年法伦海脱(1686~1736)所建立的华氏温标,以及1742年摄尔修斯(1701~1744)所建立的摄氏温标(即百分温标)。华氏温标是以盐水和冰的混合物作为基准点(0 ℉),而以水的冰点(32 ℉)及水的沸点(212 ℉)作为固定参考点;摄氏温标是以水的冰点(0 ℃)及水的沸点(100 ℃)作为固定参考点及基准点,并把它们之间分作100等分,每个间隔定义为一度,故称之为百分温标。1749年,该温标的基准点及固定参考点,被摄尔修斯的助手斯托墨颠倒过来,这就是后来常用的摄氏温标。

零压气体温标的研究,促进了人们对气体热力性质的研究。人们发现,当压力足够低时,压力与比容的乘积仅与温度有关,即当压力趋近于零时,所有实际气体具有相同的热力性质。在此基础上,建立了理想气体状态方程。对理想气体状态方程的建立,多位科学家曾作出重要贡献。1662年,波义耳指出:定量理想气体在温度一定时,压力与容积的乘积为一常数。1679年,马略特也独立地得出相同结论,因此这被称为波义耳-马略特定律。1786年查利(1746~1823)、1801年道尔顿(1766~1844)、1802年盖·吕萨克(1778~1850),先后发现,等压下理想气体的容积与温度成正比,以及等容下理想气体的压力与温度成正比。理想气体的上述性质,称为查利定律或称为盖·吕萨克定律。1811年,阿伏伽德罗定律指出:理想气体在等温等压条件下,相同容积的各种气体含有相同数目的分子,这就是阿伏伽德罗常数。1834年克拉贝龙(1799~1864)、1874年门德列也夫,他们在上述的理想气体定律的基础上,给出了理想气体状态方程及通用气体常数的值。因此,现在常用的理想气体状态方程称为克拉贝龙-门德列也夫状态方程。

二、CJKCP理论体系的形成

1760~1830年间的工业革命,有力地推动了生产力的发展及社会的进步,在科技方面的成就也是空前辉煌的。力学、热学、电磁学、光学及数学都取得了丰硕的成果,特别是蒸汽机的发明和应用,直接促进了热机理论的研究。所有这些,都为CJKCP经典热力学体系的形成创造了条件。下面所列举的重要历史事件,都是与CJKCP理论体系的形成有密切关系的。

早在17世纪,牛顿的经典力学三大定律已被广泛应用。在此基础上所建立的功能原理,使功的定义及功的能量属性得到公认。1693年,莱布尼兹提出了机械能守恒原理,指出“在保守力场中动能与势能的总量保持不变”。同时,惠更斯通过对单摆简谐运动的研究,指出“在纯机械系统中,没有任何补偿的永恒运动是不可能的”。1773年,伯努利(1700~1782)把机械能守恒原理应用到流体力学,建立了著名的伯努利方程,对于水力机械的发展起了重要的指导作用。在18世纪与19世纪初,电学与磁学都有了很大的发展。库仑定律、盖斯定律、伏特定律、欧姆定律、安培定律、奥斯塔定律以及楞次定律等都相继建立。人们认识了电场与磁场,电能与磁能,以及它们与功量之间的转换关系,充实和发展了能量守恒及转换原理,并对电机的发展起了重要的指导作用。与此同时,数学的发展也起了重要的作用。在1807~1822年间,傅里叶(1768~1830)发表了一系列关于“热的数学理论”方面的论文,对于数学及理论物理的发展有深远的影响。此外,1732年达伦贝尔、1761年欧拉、1777年拉格朗日、1782年拉普拉斯、1813年泊松、1827年纳维尔、1828年格林以及麦克斯韦和贝塞尔等人,在连续函数理论、偏微分方程、积分变换、超越函数、矢量运算、场论等方面的成就,在热传导理论、流体力学、应用力学以及电磁场理论的研究中起了非常重要的作用。

下列事件对热科学的发展,是有直接影响的。1783 年,拉瓦锡(1743～1794)正确地解释了“呼吸”和“燃烧”的本质,用“氧化学说”替代了“燃素说”。1798 年,伦福特(1753～1814)的著名的炮筒镗孔摩擦生热的实验,以及 1799 年戴维(1778～1829)的冰块摩擦融化实验,有力地批驳了“热质说”,指出“热是一种运动的方式,而绝不是一种神秘的、到处存在的物质。”1712 年纽可美、1766 波尔松诺夫、1769 年瓦特、1804 年爱文司及 1829 年史蒂文森等人,对早期的蒸汽动力机械作了重大的改进,并使蒸汽机逐步推广到煤矿开采、纺织、冶金、交通运输等部门,明显地促进了生产力的发展。随着蒸汽机的广泛应用,促使人们对水蒸气热力性质的研究及对改善蒸汽机性能的研究,从而推动了热科学的发展。

1824 年,卡诺(1796～1832)发表了他一生中唯一的一篇不朽的论文“关于热动力的见解”。尽管他的论证依据(用“热质”守恒的观点)是错误的,但他所提出的原理(即卡诺原理)是正确的。卡诺原理指出了热功转换的条件及热效率的最高理论限度,为热力学第二定律的建立奠定了基础。卡诺原理的发表,是一个重要的里程碑,标志着热科学的发展进入一个新的历史时期。

在 1840～1850 年间,焦耳(1818～1889)在大量实验研究的基础上,发现并提出了热功当量;焦耳-楞次定律,则进一步把这种当量关系扩展到电热现象。1847 年,亥姆霍茨(1821～1894)采用不同的方法,证实了各种不同形式的能量,如热量、电能、化学能与功量之间的转换关系。虽然,在采用统一的国际单位制之后,这些当量关系的实用价值已经不大。但是,热功当量的发现,彻底摆脱了“热质说”的束缚,为热力学的形成和发展扫清了障碍;使“热量”的能量属性及“热的机械论”得到公认,为热力学第一定律的建立奠定了可靠的基础。热功当量的建立,在热力学发展史上的重要作用和地位是不可低估的。

1848 年,开尔文(1824～1907)根据卡诺原理,建立了与工质性质无关的热力学温标,并提出采用一个定义点的建议。开尔文温标的建立,使“测温学”与热力学基本定律之间建立了联系,是“测温学”的一个重要进展。1851 年,开尔文在卡诺原理的基础上,提出了如下的热力学第二定律说法:“不可能从单一热源吸热使之完全转变为功而不产生其他的影响”。

1850 年,克劳修斯(1822～1888)首先阐明了卡诺原理与焦耳原理之间的差别,指出它们是互相独立的两条定律。后来,他又在研究热力循环的基础上,得出了循环的净功等于循环的净热的正确结论。并提出了内能的概念,有 $dU=\delta Q-\delta W$ 或 $\Delta U=Q-W$。克劳修斯不仅证实了系统存在内能这样一个状态参数,而且,这个关于内能变化的定义表达式,成为传统的热力学第一定律表达式。

克劳修斯根据热量总是从高温物体传向低温物体这一客观事实,提出了如下的热力学第二定律说法:“不可能使热量从低温物体传到高温物体而不引起其他变化”。克劳修斯应用上述说法重新证明了卡诺原理,并把卡诺原理推广到任意循环,提出了著名的克劳修斯不等式,并于 1865 年正式命名为熵。

1897 年普朗克(1858～1947)的《热力学专论》,以及 1908 年波因卡(1854～1912)的《热力学》,这两本书的出版,标志着 CJKCP 经典热力学体系的形成。可见,CJKCP 体系是在热力循环的基础上形成的,它只是从热量与功量相互转换这样一个侧面,来揭示热功转换规律的。

CJKCP 理论体系的逻辑结构是自然形成的,它与客观实物发展的历史顺序是一致的,其正确性毋庸置疑。CJKCP 体系的建立,不仅推动了热机理论的发展,也为热力学本身的发展奠定了基础。

三、热力学第零定律及热力学第三定律的建立

对于不同的理论体系来说，热力学第零定律及热力学第三定律有相对的独立性，下面介绍它们的发展情况。

1. 热力学第零定律

早在1690年，洛克(1632～1704)根据人们对物体冷热程度的感觉，提出了"热接触"和"热平衡"的概念。虽然这些概念是凭人的感觉建立的，并不可靠，但它们对"测温学"的早期发展还是有指导意义的。直到1868年，麦克斯韦(1831～1879)提出了温度的定性定律。他指出："温度是表征一个物体与其他物体交换热量能力的热状态参数"，"如果两个物体处于热接触，其中一个失去热量，而另一个物体得到热量，则失去热量的物体比得到热量的物体，具有更高的温度"，"与同一物体具有相同温度的其他物体，它们的温度都相等"。麦克斯韦的观点为热力学第零定律奠定了基础。1931年，福勒正式提出了热力学第零定律，可以表述为："两个系统与第三个系统处于热平衡，则这两个系统也处于热平衡。"

福勒的表述比麦克斯韦的表述精练得多，因当时人们已经对"热平衡"的概念有了认识，而"热平衡"这个概念，包容了"温度"及"温度相等"的概念。热力学第零定律证实了存在"温度"这样一个状态参数，指出了所有处于热平衡的系统，它们的温度数值都相等。由于当时热力学第一、第二及第三定律都已经先后建立，若按定律建立的时间顺序，应称它为第四定律；但从学科的逻辑结构来看，温度、热平衡等概念应首先阐明，因此命名为热力学第零定律。

2. 热力学第三定律

1906年，能斯特(1864～1941)提出了一个热定理："当温度趋近绝对零度时，化学均匀的凝聚物(有限密度的固体或液体)，在两个不同的状态之间的熵的变化等于零。"这条热定律是最早的热力学第三定律的表述形式。1910年，普朗克在他的《热力学专论》第三版中，增加了最后一章"熵的绝对值"，对能斯特定理作了重要的拓宽。他指出："当温度趋近绝对零度时，化学均匀的凝聚物的熵值趋近于零"。普朗克建立了"绝对熵"的概念，为编制各种物质"绝对熵"的数值表格，提供了最简便的方法。1912年，德拜提出了更为实际的表述，他指出："如果绝对零度时元素的熵值为零，则它们的化合物在绝对零度时熵值亦为零。"1949年，古根亥姆提出了温度的绝对零度不可达原理。他指出："不可用任何有限的步骤使一个系统的温度降低到绝对零度。"1951年，捷门斯基提出了比较明确的热力学第三定律的表达形式，他指出："当温度趋近于绝对零度时，任何可逆的等温过程中的熵变趋近于零。"他还论证了这种说法与绝对零度不可达原理之间的等效性。

热力学基本定律的表述是人们对客观规律认识程度的反映，概念是科学的最高成果。热力学第零定律的建立，证实了"温度"这个状态参数的存在，建成了"热平衡"的概念。热力学第一定律揭示了能量转换过程中能量在数量上守恒的客观规律，证实了状态参数"内能"的存在，建立了"热量"的正确概念。热力学第二定律揭示了能量转换过程中能量贬值的客观规律，证实了状态参数"熵"的存在。热力学第三定律揭示了在温度趋近绝对零度时物质的极限性质，建立了"绝对熵"的概念。按一定的逻辑结构，把热力学中一系列互相联系、互相隶属包容的基本概念和范畴有机地联系起来，就构建成一种理论体系。

经典热力学的发展历史，反映了人类对热能的本质及能量转换规律的认识、掌握和运用的历史，它是随着生产力提高、科技进步及社会发展而发展的，其中有曲折和反复。这个历

史还远没有完结，它将随着人类文明、社会进步而不断地延伸下去。

（来源：http://wenku.baidu.com/view/67046b0590c69ec3d5bb75bf.html）

项 目 小 结

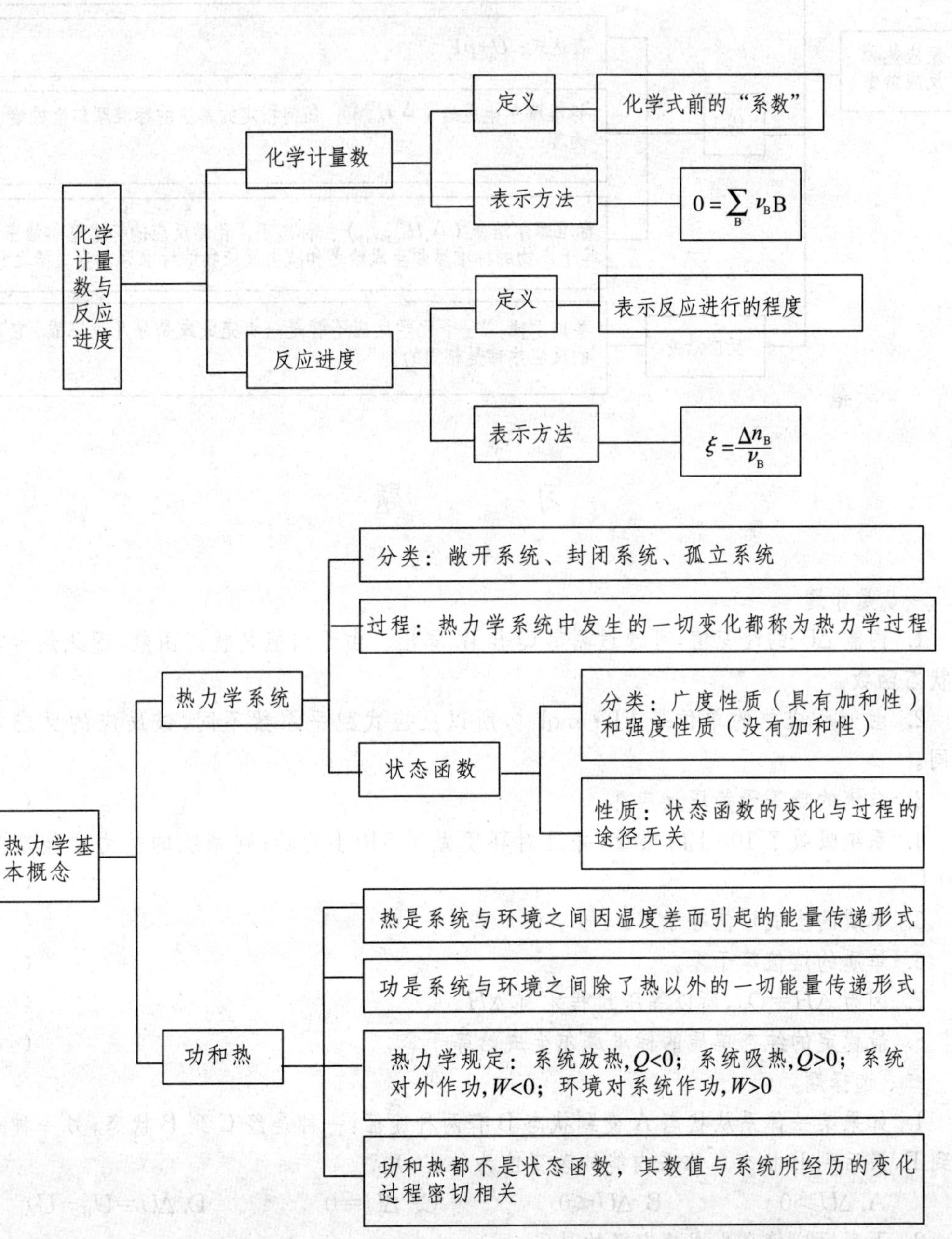

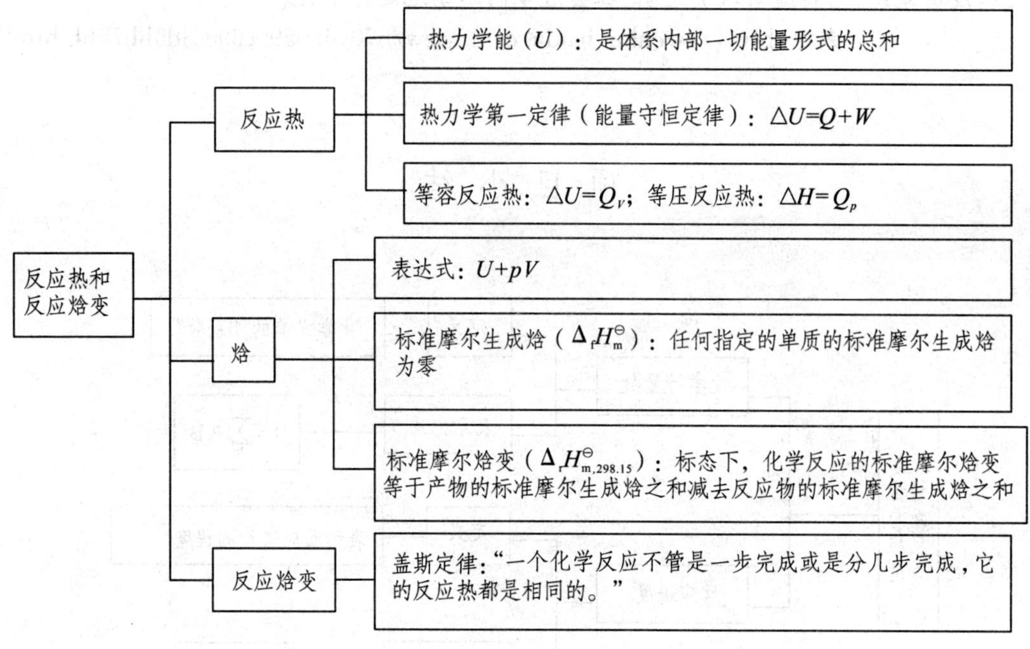

习　　题

一、是非题

1. 内能 ΔU 的改变值，可通过测定 Q 和 W 算出。由于内能是状态函数，因此热和功也是状态函数。（　　）

2. 由于反应热的单位是 $kJ \cdot mol^{-1}$，所以反应式配平系数不同，该反应的反应热也不同。（　　）

3. 系统的焓等于等压反应热。（　　）

4. 系统吸收了 100 J 的热量，并且对环境做了 540 J 的功；则系统的热力学能增加了 640 J。（　　）

5. 单质的生成焓值等于零。（　　）

6. 单质的焓值等于零。（　　）

7. 因为 $\Delta H = Q_P$，所以等压过程才有 ΔH。（　　）

8. 最稳定的纯态单质的标准摩尔生成焓等于零。（　　）

二、选择题

1. 如果某一体系从状态 A 变到状态 B 有两种途径：一种是经 C 到 B 状态；另一种是经 D 到 E，最后到 B 状态。体系内能的改变值为（　　）。

A. $\Delta U > 0$　　B. $\Delta U < 0$　　C. $\Delta U = 0$　　D. $\Delta U = U_B - U_A$

2. 下列反应符合生成热定义的是（　　）。

A. $S(g) + O_2(g) = SO_2(g)$　　B. $S(s) + 3/2O_2(g) = SO_3(g)$

C. $S(g) + 3/2O_2(g) = SO_2(g)$　　D. $S(s) + 3/2O_2(g) = SO_2(s)$

3. 下列有关热效应的正确说法是（　　）。

A. 石墨始终在 298 K 温度下燃烧放出的热量

B. 石墨燃烧后，使 CO_2 的温度恢复到石墨燃烧时的起始温度，并只做体积功

C. 石墨与 CO_2 在燃烧温度时的热效应

D. 其焓变值是人为规定的

4. LiH(s)的溶解热为 $-132.9\ kJ \cdot mol^{-1}$，Li 与过量水反应的焓变为 $-222.17\ kJ \cdot mol^{-1}$，则 $\Delta_f H^{\ominus}(LiH)$ 的值为(　　)。

A. $47.8\ kJ \cdot mol^{-1}$　B. $-89.3\ kJ \cdot mol^{-1}$　C. $89.3\ kJ \cdot mol^{-1}$　D. $-47.8\ kJ \cdot mol^{-1}$

5. 由下列数据确定 $CH_4(g)$ 的 $\Delta_f H_m^{\ominus}$ 的值为(　　)。

C(石墨) $+ O_2(g) = CO_2(g)$　　$\Delta_r H_m^{\ominus} = -393.5\ kJ \cdot mol^{-1}$

$H_2(g) + \frac{1}{2}O_2(g) = H_2O(l)$　　$\Delta_r H_m^{\ominus} = -285.8\ kJ \cdot mol^{-1}$

$CH_4(g) + 2O_2(g) = CO_2(g) + 2H_2O(l)$　　$\Delta_r H_m^{\ominus} = -890.3\ kJ \cdot mol^{-1}$

A. $211\ kJ \cdot mol^{-1}$　　B. $-74.8\ kJ \cdot mol^{-1}$

C. $890.3\ kJ \cdot mol^{-1}$　　D. 缺少条件，无法计算

6. 如果体系经过一系列变化最后又回到初始状态，则体系的(　　)。

A. $Q=0$　$W=0$　$\Delta U=0$　$\Delta H=0$　　B. $Q\neq 0$　$W\neq 0$　$\Delta U=0$　$\Delta H=Q$

C. $Q=-W$　$\Delta U=Q+W$　$\Delta H=0$　　D. $Q\neq W$　$\Delta U=Q+W$　$\Delta H=0$

7. 如果 X 是原子，X_2 是实际存在的分子，反应 $X_2(g) = 2X(g)$ 的 $\Delta_r H_m^{\ominus}$ 应该是(　　)。

A. 负值　　B. 正值　　C. 零　　D. 不一定

8. 下列各反应的 $\Delta_r H_m^{\ominus}$(298 K)值中，恰为化合物标准摩尔生成焓的是(　　)。

A. $2H(g) + \frac{1}{2}O_2(g) \rightarrow H_2O(l)$　　B. $2H_2(g) + O_2(g) \rightarrow 2H_2O(l)$

C. $N_2(g) + 3H_2(g) \rightarrow 2NH_3(g)$　　D. $\frac{1}{2}N_2(g) + \frac{3}{2}H_2(g) \rightarrow NH_3(g)$

项目六　化学反应速率

学习目标

(1) 掌握化学反应速率、反应速率常数、反应级数及基元反应的概念；

(2) 了解简单级次(零级，一级，二级)反应速率方程的动力学特征及其相关计算和应用；

(3) 了解反应理论：单分子反应机理，碰撞理论，过渡状态理论；

(4) 掌握影响化学反应速率的因素。

任务一　化学反应的速率方程

一、化学反应速率

各种化学反应进行的速率差别很大。有些反应进行得很快，例如炸药的爆炸在瞬间即可完成；许多有机反应则需要几小时，甚至几天才能完成；煤和石油的形成甚至要亿万年才能实现。即使同一反应，在不同条件下，反应的快慢程度也可能不相同。例如，H_2 和 O_2 的混合物在点燃条件下立即生成 H_2O，而在常温下几十年甚至几百年都觉察不到 H_2O 的生成。为了比较化学反应进行的快慢，需要引入化学反应速率的概念。

化学反应速率即化学反应进行的快慢。化学反应一旦开始发生，各反应物和生成物的浓度随时间变化而不断改变。反应物的浓度不断减少，生成物的浓度不断增加。化学反应速率通常以单位时间内任何一种反应物或生成物浓度变化的正值来表示。浓度的单位采用 $mol \cdot L^{-1}$(或 $mol \cdot dm^{-3}$)，时间的单位根据具体的反应用 s(秒)、min(分)或 h(小时)表示，则反应速率的单位为 $mol \cdot L^{-1} \cdot s^{-1}$、$mol \cdot L^{-1} \cdot min^{-1}$ 或 $mol \cdot L^{-1} \cdot h^{-1}$。

对于一般的恒容反应：

$$aA + bB \rightarrow dD + eE$$

以 Δc 表示浓度变化，Δt 表示时间间隔，反应速率 v 的表达式可写为：

$$v_A = -\frac{\Delta c(A)}{\Delta t} \tag{6.1}$$

由于反应物的浓度随时间的变化不断减少，为了使反应速率为正值，在表达式中应加负号。此外，也可以用生成物浓度变化来表示，则反应速率为：

$$v_D = \frac{\Delta c(D)}{\Delta t}$$

例如，在一定条件下，于一恒容容器中 N_2 与 H_2 反应合成 NH_3，各物质浓度变化如下：

$$N_2(g)+3\ H_2(g) \rightleftharpoons 2\ NH_3(g)$$

起始浓度/mol·L^{-1}　　1.0　　3.0　　0

第 2 秒末浓度/mol·L^{-1}　0.6　　1.8　　0.8

反应开始后 2 秒内的平均速率 v 以不同物质浓度变化表示为：

$$v_{(N_2)}=-\frac{(0.6-1.0)\text{mol}\cdot L^{-1}}{2\ s}=-0.2\ \text{mol}\cdot L^{-1}\cdot s^{-1}$$

$$v_{(H_2)}=-\frac{(1.8-3.0)\text{mol}\cdot L^{-1}}{2\ s}=0.6\ \text{mol}\cdot L^{-1}\cdot s^{-1}$$

$$v_{(NH_3)}=\frac{(0.8-0)\text{mol}\cdot L^{-1}}{2\ s}=0.4\ \text{mol}\cdot L^{-1}\cdot s^{-1}$$

可见，以反应物 N_2，H_2 和生成物 NH_3 的浓度变化的大小来表示的反应速率之间的关系为：$v(N_2):v(H_2):v(NH_3)=1:3:2$。

上例说明，对于同一反应，以不同物质的浓度的变化所表示的反应速率，其数值是不同的。但是，它们的比值恰好等于反应方程式中各物质的计量系数之比。因此，在表示反应速率时必须指明具体物质，以免混淆。

在化学反应开始后，各物质的浓度每时每刻都在变化着，即化学反应速率是随时间不断变化的，在某一时间间隔内的平均速率并不能真实地反映这种变化。只有用某一时刻的瞬时速率才能确切地表示出反应速率随时间的变化关系。瞬时速率就是某一时刻的实际速率，也就是当时间间隔趋于无限小时的速率。

瞬时速率的计算方法，一般是根据实验数据以浓度为纵坐标和以时间为横坐标作图，画出浓度随时间变化的曲线。在曲线上某一点的斜率即是该时刻反应的瞬时速率。

例如，在 298 K 时，N_2O_5 在 CCl_4 溶液中分解成 NO_2 和 O_2：

$$2N_2O_5 \longrightarrow 4NO_2+O_2$$

分解反应的实验数据如表 6.1 所示。

表 6.1　在 CCl_4 溶液中 N_2O_5 的分解速率

t/s	Δt/s	$c(N_2O_5)$/mol·L^{-1}	$\Delta c(N_2O_5)$/mol·L^{-1}	$v(N_2O_5)$/mol·L^{-1}·s^{-1}
0	0	2.10	—	—
100	100	1.95	−0.15	1.5×10^{-3}
300	200	1.70	−0.25	1.3×10^{-3}
700	400	1.31	−0.39	9.9×10^{-4}
1 000	300	1.08	−0.23	7.7×10^{-4}
1 700	700	0.76	−0.32	4.5×10^{-4}
2 100	400	0.56	−0.20	3.5×10^{-4}
2 800	700	0.37	−0.19	2.7×10^{-4}

在 0～100 s 的时间间隔内，平均速率 $v(N_2O_5)$ 的计算如下：

$$v(N_2O_5)=-\frac{(1.95-2.10)\text{mol}\cdot L^{-1}}{100\ s}=1.5\times10^{-3}(\text{mol}\cdot L^{-1}\cdot s^{-1})$$

根据实验数据画出 N_2O_5 的浓度—时间曲线，如图 6.1。

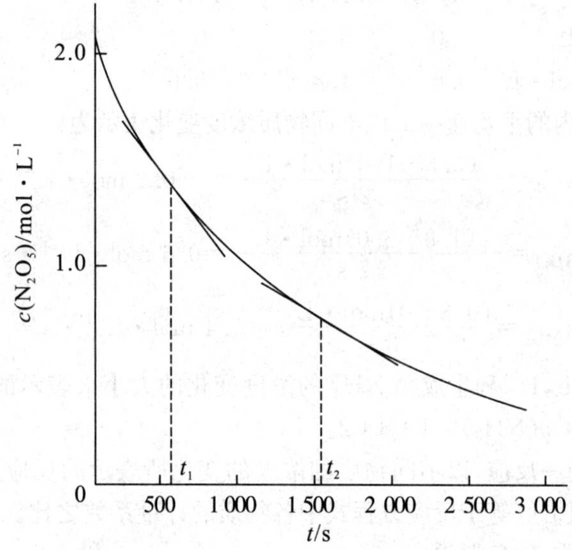

图 6.1　在 CCl_4 溶液中 N_2O_5 浓度随时间的变化

从图 6.1 可以看出，随着反应的进行，反应物 N_2O_5 的浓度在不断减小，各时间段内的反应的平均速率也在不断减小。若将时间间隔取无限小，则平均速率的极限值就是在某一反应时刻的瞬时速率，也就是图 6.1 中曲线上的某一点的斜率。例如求得 550 s 时曲线的斜率为 -0.009，即在 550 s 时，N_2O_5 的瞬时速率为 $9\times10^{-3}\ mol \cdot L^{-1} \cdot s^{-1}$；而 N_2O_5 在 700 s 内的平均速率为 $1.1\times10^{-3}\ mol \cdot L^{-1} \cdot s^{-1}$。

由图中可以看出，随着反应的进行，瞬时速率也在不断变小。

思考与回答

根据 N_2O_5 在 700 s 内的平均速率能否计算出 NO_2 在 700 s 时的瞬时速率？若能，其数值为多少？

二、化学反应速率理论

为了阐述化学反应的快慢及其影响因素，历史上提出了两种化学反应速率理论：碰撞理论和过渡状态理论。

（一）碰撞理论

1918 年，路易斯(W. C. M. Lewis)首先提出气相双分子反应的碰撞理论，后来进一步发展为有效碰撞理论(Effective Collision Theory)。其基本论点如下：

(1) 化学反应发生的先决条件是反应物分子之间必须相互碰撞，碰撞频率的大小决定反应速率的大小，但并非所有的碰撞都能发生反应。

反应物的分子、原子或离子之间要发生化学反应，必须相互碰撞，但不是每次碰撞都发生反应。实验表明，在无数次的碰撞中，大多数的碰撞是无效的，因此大多数反应的速率很慢。只有少数粒子间的碰撞才是有效的，能发生反应。这种能导致反应发生的碰撞叫做有效碰撞。

(2) 分子间只有有效碰撞才能发生反应。

有效碰撞的两个条件：首先，分子必须有足够大的动能克服分子相互接近时电子云之间和原子核之间的排斥力；其次，分子的碰撞要选择一定的方向才能发生反应。

一定温度下，体系中反应物分子具有一定的平均能量(E)，活化分子具有的最低能量(E^*)与反应物分子的平均能量(E)之差称为反应的活化能：

$$E_a = E^* - E$$

每一个反应都有其特定的活化能。E_a 可以通过实验测出，称经验活化能。大多数反应的活化能约在 60～250 $kJ \cdot mol^{-1}$。活化能小于 42 $kJ \cdot mol^{-1}$ 的反应，反应速率很大，可瞬间完成，如酸碱中和等；活化能大于 420 $kJ \cdot mol^{-1}$ 的反应，反应速率则很小。

温度升高，活化分子数增多，反应速率增大；浓度增大，单位时间内的有效碰撞增多，速率也增大。

有效碰撞理论为人们深入研究化学反应速率与活化能的关系提供了理论依据，对于气相反应的解释相当成功，但它并未从分子内部的原子重新组合的角度来揭示活化能的物理意义，不能说明反应过程及其能量的变化，对于液相反应和多相复杂反应的解释也不够完美。

(二) 过渡状态理论

过渡状态理论又称为活化配合物理论，它由埃林(H. Eying)、佩尔采(H. Pelzer)等人于1930年在量子力学和统计学的基础上提出。该理论认为：化学反应不是只通过分子之间的简单碰撞就能完成的，当反应物分子相互接近时要经过化学键的重排，形成一个高势能垒的中间过渡状态——活化配合物，然后再转化为产物。在反应物的活化分子相互碰撞的过程中，分子所具有的动能转化为分子间相互作用的势能。中间过渡态配合物的势能高、稳定性低，易分解成产物，也能重新分解成反应物。

例如，反应 $NO_2 + CO \rightarrow NO + CO_2$，开始时，反应物的分子所具有的平均势能为 E_A，见图 6.2。反应开始后，一些具有足够能量的反应物分子相互靠近并发生碰撞，分子所具有的动能转化为分子间相互作用的势能。同时分子间相互作用的结果使 CO 的键长增长，键削弱，而 NO_2 与 CO 之间开始产生联系，吸引作用增强，新键开始形成。此时形成活化配合物(又称过渡状态)O—N···O···C—O，其势能为 E_B。这种活化配合物极其不稳定，很快分解为生成物 NO 和 CO_2(即旧键断裂，新键完全生成；当然也可能仍分解为原来的反应物)，同时，生成物分子释放能量，其势能降为 E_C，见图 6.2。

可见，在化学反应中，活化分子必须具有足够的最低能量，才能使分子在有效碰撞中克服活化配合物形成的能峰，使旧键断裂、新键形成，即由反应物转化为生成物。

过渡状态理论中活化能 E_a 的含义与碰撞理论中活化能的含义不同，是指活化配合物的平均能量 E_B 与反应物平均能量 E_A 之差，见图 6.2。

对于一般反应，反应的热效应正好等于正、逆向反应的活化能之差，即

$$\Delta H = E_a - E'_a$$

$\Delta H < 0$，正反应为放热反应；反之，为吸热反应。从这个意义上讲，任何反应都是可逆反应。

显然，反应的活化能越大，活化配合物的能峰越高，能翻越该能峰的反应物分子百分数越少，反应速率越慢；反之，反应的活化能越小，活化配合物的能峰越低，能翻越该能峰的反应物分子百分数越多，反应速率越快。

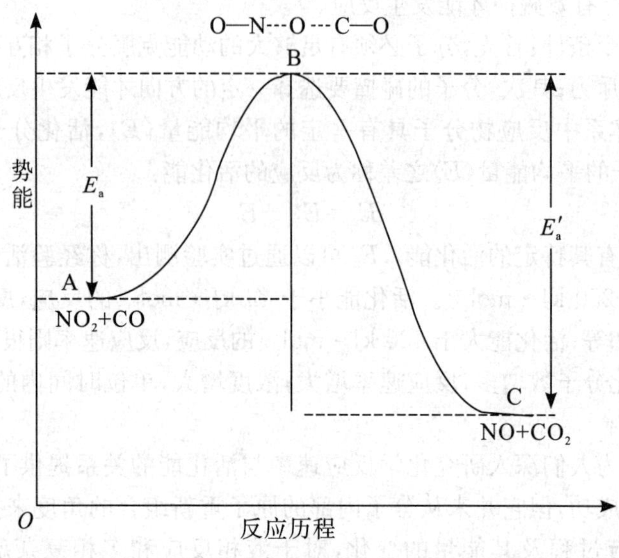

图 6.2 反应历程-势能图

在催化反应中，由于改变了反应历程，降低了反应的活化能，使更多的分子可越过能峰并形成活化配合物，因此，大大加快了反应速率。

任务二 影响化学反应速率的因素

化学反应速率的快慢首先取决于反应物的本性，例如无机物之间的反应比有机物之间的反应快很多。对于无机物之间的反应来说，分子之间的反应一般比较慢，而溶液里离子之间进行的反应一般较快。除反应物的本性外，影响化学反应速率的因素还有反应物的浓度(压力)、反应时的温度、催化剂等。

一、浓度对化学反应速率的影响

(一) 基元反应与非基元反应

实验表明，大多数反应并不是一步完成的，而是分步进行的。一步就能完成的反应称为基元反应，例如：

$$NO_2 + CO \rightarrow NO + CO_2 \quad (>370\ ℃)$$

由多个基元反应组成的多步反应就是非基元反应。例如，研究表明反应：

$$2NO + 2H_2 \longrightarrow N_2 + 2H_2O$$

分为两步进行：

第一步(慢)：$2NO+H_2 \longrightarrow N_2+H_2O_2$；

第二步(快)：$H_2O_2+H_2 \longrightarrow 2H_2O$。

上述每一步均为基元反应，总反应即为两步反应的加和。

(二) 质量作用定律

大量实验表明，在一定温度下，增加反应物的浓度可以加快反应的速率。当反应物的浓度增大时，单位体积内反应物分子总数增多，活化分子数也相应增多，因此反应速率加快。

1863年，化学家古德贝克(G. M. Gulderg)和瓦格(P. Waage)在大量实验的基础上总结出反应物浓度与化学反应速率的关系：在一定温度下，基元反应的速率与各反应物浓度幂的乘积成正比。浓度的幂在数值上等于基元反应中反应物的计量系数。反应速率与反应物浓度的这种定量关系叫做质量作用定律(也叫反应速率方程)。

例如，对于基元反应：

$$aA+bB \rightarrow dD+eE$$

如为液相反应，反应速率方程为：

$$v = k[c(A)]^a \cdot [c(B)]^b \qquad (6.2)$$

如为气相反应，因恒容时，各组分气体的分压与浓度成正比，所以速率方程又可表示为：

$$v = k'[p(A)]^a \cdot [p(B)]^b \qquad (6.3)$$

式中，k 或 k' 叫做反应的速率常数；$c(A)$和 $c(B)$分别为反应物 A 和 B 的浓度；$p(A)$和 $p(B)$分别为反应物 A 和 B 的分压。

反应速率常数是化学反应在一定温度下的特征常数，其值可通过实验测定。当 $c(A)=c(B)=1\ mol \cdot L^{-1}$时，$v=k$。显然，在浓度(或分压)相同的条件下，$k$ 值越大的反应，反应速率越大；反之越小。不同的化学反应的 k 值不同，对于某一指定反应，k 值只与温度、催化剂等因素有关，而与浓度无关。

质量作用定律只适用于一步完成的基元反应。对于非基元反应的每一步反应，质量作用定律适用于每一步的反应变化，但不适用于总反应。例如，实验测得反应：

$$2NO+2H_2 \rightarrow N_2+2H_2O$$

实际分两步进行：

第一步(慢)：$2NO+H_2 \rightarrow N_2+H_2O_2$；

第二步(快)：$H_2O_2+H_2 \rightarrow 2H_2O$。

其反应速率与 NO 分压的二次方成正比，但与 H_2 分压的一次方而不是二次方成正比，即

$$v=k'[p(NO)]^2 \cdot [p(H_2)]$$

可见，对于非基元反应，速率方程中浓度(或分压)指数往往与反应方程式中的化学计量系数不一致，应通过实验确定。这种根据实验测得的反应速率与浓度(或分压)的指数关系式叫做经验速率方程。

质量作用定律有一定的适用范围和条件，在应用时应注意以下几点：

(1) 稀溶液中的反应，若有溶剂参与反应，其浓度不写入质量作用定律的表达式。因为在稀溶液中，溶剂的量很大，在整个反应中，溶剂量的变化甚微，因此，溶剂的浓度可以近似地看作常数而合并到速率常数中。例如，蔗糖稀溶液中，蔗糖水解为葡萄糖和果糖的反应为基元反应，即：

$$C_{12}H_{22}O_{11}+H_2O \longrightarrow C_6H_{12}O_6+C_6H_{12}O_6$$

蔗糖　　　　　　葡萄糖　　果糖

根据质量作用定律有 $v=k'c(C_{12}H_{22}O_{11})\cdot c(H_2O)$，令

$$k=k'c(H_2O)$$

则

$$v=kc(C_{12}H_{22}O_{11})$$

由此可见，若在反应过程中，当某一反应物的浓度变化甚微时，质量作用定律的表达式中不必列出该物质的浓度。

(2) 在有固体或者纯液体参加的多相反应中，若其不溶于其他介质，则其浓度不写入质量作用定律的表达式。

(3) 反应级数。在质量作用定律的表达式中，各反应物浓度的幂次方之和为该反应的反应级数。在式(6.3)中，对于反应物 A 来说是 a 级反应，对于反应物 B 来说是 b 级反应，对于总反应来说是 $(a+b)$ 级反应。在基元反应中，反应级数与对应方程式中的计量系数相同，但反过来并不一定成立。

例如，在反应 $H_2(g)+I_2(g)=2HI(g)$ 中，其质量作用定律的表达式为：

$$v=k[c(H_2)]\cdot[c(I_2)]$$

但该反应不是基元反应，其实际的反应历程为：

第一步(快)：$I_2(g)=2I(g)$；

第二步(慢)：$H_2(g)+2I(g)=2HI(g)$。

反应分子数就是基元反应中实际参加反应的分子数。反应分子数是一微观真实量，只有正整数，而反应级数是宏观统计量，可以有正整数、分数、零等。一般来讲，反应分子数不超过 3，分子数大于 3 的反应速率极慢。

二、温度对化学反应速率的影响

物质分子的运动速度随着温度的升高而增大。温度升高，活化分子数增多。无论是吸热反应还是放热反应，其速率都随着温度的升高而加快。例如反应：

$$H_2O_2+2HI \longrightarrow I_2+2H_2O$$

当 $c(H_2O_2)=c(HI)=1\ mol\cdot L^{-1}$ 时，在不同温度下的反应速率(把在 273 K 时的反应速率作为 1)如表 6.2 所示。

表 6.2 不同温度下的反应速率

t/℃	0	10	20	30	40	50
相对反应速率	1.00	2.08	4.32	8.38	16.19	39.95

可以看出，温度每增加 10 ℃，反应速率大约增加为原速率的两倍。范特霍夫(Van't Hoff)研究各种反应速率与温度的关系，总结出一个近似规律：大多数反应，温度每升高 10 ℃左右，反应速率增加到原来的 2 至 4 倍。一般吸热反应的速率增加倍数多些，放热反应的速率增加的倍数少些。

由质量作用定律可知，当各反应物的浓度(或分压)一定时，反应速率与速率常数 k 有

关。对于某一反应,温度一定,k 值一定;温度升高,反应速率加快,k 值亦随之增大。即温度对反应速率的影响主要体现在对速率常数 k 的影响上。在生产和生活中,常利用改变反应温度来控制反应速率的大小。例如,夏天为延缓食物腐败变质,将其放入冰箱保存。

思考与回答

升高温度总会加快化学反应速率,这句话对不对?为什么?

三、催化剂对化学反应速率的影响

催化剂(又称触媒)是一种能显著改变反应速率,而其本身的组成、质量和化学性质在反应前后都保持不变的物质。通常把能提高反应速率的催化剂叫做正催化剂,习惯上简称为催化剂,如合成氨生产中的铁催化剂;而把减慢反应速率的催化剂叫做负催化剂,或称抑制剂,例如防止塑料、橡胶老化的防老剂。有催化剂参加的反应叫做催化反应。在催化剂参与下,导致反应速率改变的现象叫催化作用。

在反应系统中加入催化剂,虽然反应前后它的组成、质量和化学性质不变,但实际上它与反应物生成一种不稳定的中间活化配合物,从而改变了反应途径,降低反应的活化能,大大增加了活化分子百分数,致使反应速率大幅度提高,如图 6.3 所示。

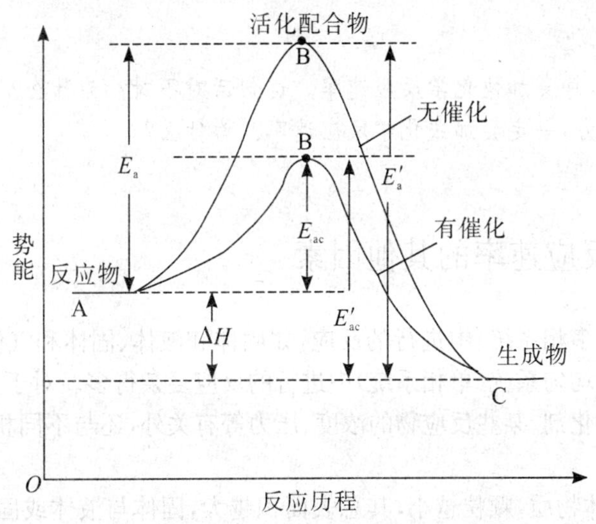

图 6.3 催化剂改变反应途径示意图

催化剂具有选择性,一种催化剂往往只能对某些特定反应起催化作用。不同的反应要选择不同的催化剂。例如,SO_2 氧化成 SO_3 用 V_2O_5 作催化剂;N_2、H_2 合成 NH_3 用铁作催化剂。催化剂的选择性还表现为同一反应选用不同的催化剂,其产物不同。例如,以乙醇为原料,在 325 ℃,用 Cu 作催化剂可脱氢得到乙醛;在 170 ℃时,用浓 H_2SO_4 作催化剂可脱水得到乙烯;在 240 ℃时,用 Al_2O_3 作催化剂可得到乙醚等。此外,催化剂的选择性还与反应温度有关。一种反应的催化剂不是在任意温度下,而是在一定范围内发生催化作用。催化剂发生催化作用的温度叫做催化剂的活性温度。

催化剂在现代化工生产和人类生活中具有十分重要的意义。目前，在化工生产中 85％以上的反应都采用催化剂。例如，在硫酸工业中，SO_2 氧化成 SO_3 的反应进行缓慢，使用 V_2O_5 作催化剂，在一定温度下用接触法大大地加快了 SO_2 的转化速率。生物体内复杂的代谢反应是依靠各种酶(生物催化剂)的催化作用进行的。酶与非生物催化剂相比，可以在常温、常压、接近中性的温和条件下有效地起催化作用，而且具有更高的选择性，甚至达到专一程度。例如，在实验室里采用高温高压也无法完成的固氮反应，在植物体内通过根瘤细菌很容易就能办到。因此，为了适应发展新技术的需要，模拟酶的催化作用合成仿生催化剂已成为当今重要的研究课题。我国科学工作者在化学模拟生物固氮酶的研究中已处于世界前列。

催化剂具有用量少、能够大幅度地改变反应速率等特点。但是，在采用催化剂的反应中，少量杂质往往会使催化剂的活性降低甚至失去催化作用，这种现象叫做催化剂中毒。因此，使用催化剂时，必须保持原料的纯净。

四、压力对化学反应速率的影响

对于有气体参加的反应，当温度一定时，压力增大，就是增加单位体积里反应物和生成物的物质的量，即增大了浓度，因而可提高化学反应速率。如果参加反应的各种物质都是固体、液体和溶液时，改变压力对化学反应速率并无影响。

思考与回答

1. 使用催化剂，总会加快化学反应速率。这句话对不对？为什么？
2. 增加体系压力，一定会加快化学反应速率？为什么？

五、影响化学反应速率的其他因素

在非均匀系统(多相系统)中进行的反应，如固体和液体、固体和气体、液体和气体的反应等，比前面讨论的均匀系统(单相系统)中进行的反应复杂得多。对于多相反应系统，反应速率除了与温度、催化剂、某些反应物的浓度、压力等有关外，还与不同相的接触面的大小和接触机会有关。

一定质量的固体物质，颗粒越小，其总表面积越大，固体与液体或固体与气体分子接触的机会就越多，反应速率越大。对于有固体物质参加的反应，搅拌能将固体颗粒悬浮于液体或气体中，有利于增大接触面积，加快分子的扩散，从而提高反应速率。对于气体与液体的反应，可以对液体采用喷淋的方式以增大与气体物质接触的机会。互不相溶的两种液体间的反应也是在它们的分界面上进行的，搅拌同样能加快它们间的反应速率。此外，超声波、激光和射线等也会对某些反应的速率产生影响。

阅读材料

具有简单级数反应的特征

在研究反应速率时，通常是研究反应经过的时间和相应时刻的反应物或生成物浓度之间的关系，以表示各级反应的特征。反应级数不同，浓度与时间关系的方程式也不同。

一、一级反应

反应速率与反应物浓度的一次方成正比的反应称为一级反应。若一级反应的计量方程式为：

$$A \rightarrow E$$

以 c_A 表示反应物 A 在 t 时刻的浓度，其速率方程式可表示为：

$$v=-\frac{dc_A}{dt}=kc_A$$

以 $c_{A,0}$ 表示 $t=0$ 时反应物的起始浓度，经定积分处理得：

$$\ln\frac{c_{A,0}}{c_A}=kt \quad 或 \quad c_A=c_{A,0}\cdot e^{-kt}$$

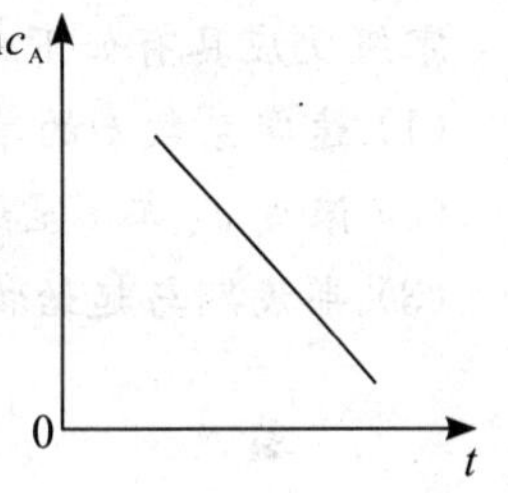

图6.4　一级反应 $\ln c_A$ 与 t 的关系

一级反应具有如下三个特征：

(1) 若以 $\ln c_A$ 对 t 作图，可得一直线，直线的斜率为 $-k$（见图 6.4）；

(2) 一级反应速率常数 k 的数值与浓度采用的单位无关；

(3) 反应物浓度消耗一半所需时间称为反应的半衰期，用符号 $t_{1/2}$ 表示，其计算公式为：

$$t_{1/2}=\frac{1}{k}\ln\frac{c_{A,0}}{c_A}=\frac{1}{k}\ln 2=\frac{0.693}{k}$$

由此可见，对于一个指定的一级反应，在一定温度下，半衰期是一个常数，与反应物起始浓度无关。

根据这些特征，可以判断一个反应是否为一级反应。一级反应的实例很多，例如放射性元素的衰变。

二、二级反应

反应速率与反应物浓度二次方成正比的反应称为二级反应，二级反应有两种类型：

(1) $A+B \rightarrow P \quad r=k_2[A][B]$

(2) $2A \rightarrow P \quad r=k_2[A]^2$

若反应(1)中 $c_A=c_B$ 时，数学处理与(2)相同。

$$v=-\frac{dc_A}{dt}=kc_A^2$$

经定积分处理得

$$\frac{1}{c_A}=kt+\frac{1}{c_{A,0}}$$

二级反应具有如下三个特征：

(1) $\frac{1}{c_A}$ 与 t 成线性关系，直线的斜率为 k；

(2) 速率系数 k 的单位为[浓度]$^{-1}$[时间]$^{-1}$，反应速率常数 k 的数值与浓度和时间有关；

(3) 半衰期与起始物浓度成反比，即

$$t_{1/2}=\frac{1}{kc_{A,0}}$$

二级反应最常见，例如有机反应中的加成反应、水解反应和取代反应。

三、零级反应

在反应速率方程中，反应物浓度项不出现，即反应速率与反应物浓度无关，这种反应称为零级反应。

$$v=-\frac{dc_A}{dt}=kc_A^0=k$$

积分得：

$$c_{A,0}-c_A=kt$$

零级反应具有如下三个特征：

(1) 速率系数 k 的单位为[浓度][时间]$^{-1}$；

(2) 浓度 c_A 与 t 呈线性关系，直线的斜率为 $-k$；

(3) 半衰期与起始物浓度成正比，即

$$t_{1/2}=\frac{c_{A,0}}{2k}$$

常见的零级反应有表面催化反应和酶催化反应，这时反应物总是过量的，反应速率取决于固体催化剂的有效表面活性位或酶的浓度。

(来源：http://wenku.baidu.com/view/ef1197bef121dd36a32d8233.html)

项目小结

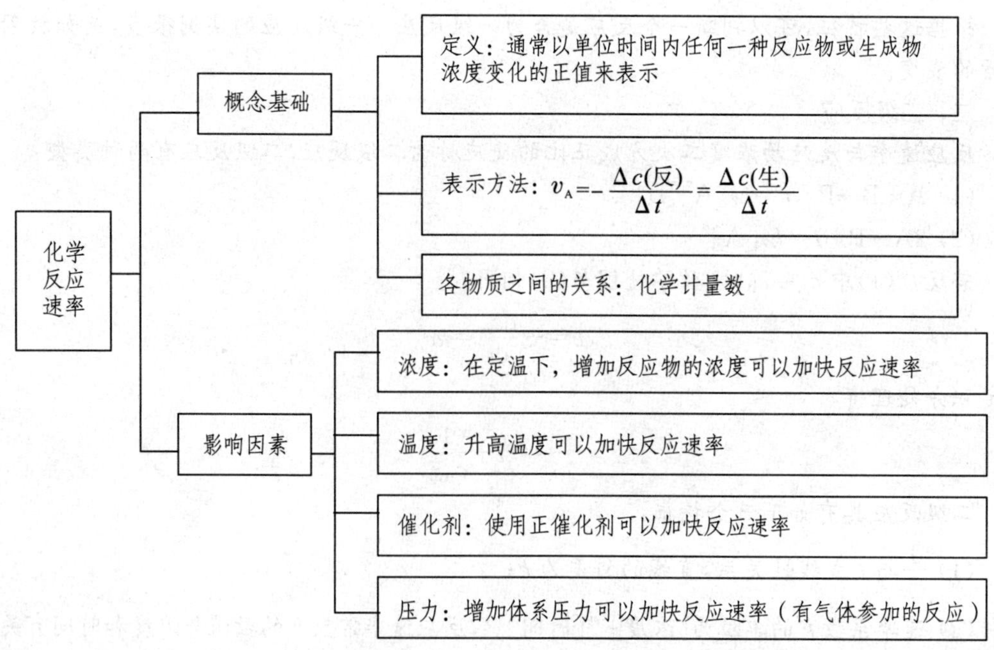

习　题

一、是非题

1. 非基元反应中，反应速度由最慢的反应步骤决定。（　）

2. 反应的活化能越大，在一定的温度下，反应速度也越快。（　）

3. 凡是活化能大的反应，只能在高温下进行。（　）

4. 测定反应速率主要是确定一定数量反应物消耗或产物生成所需的时间。（　）

5. 通常，不管是放热反应还是吸热反应，温度升高，反应速率总是相应增加。（　）

6. 温度升高时，分子间的碰撞频率会增加，这是温度对反应速率产生影响的主要原因。（　）

7. 某反应体系的温度一定时，当反应物的活化分子全部反应后，反应就停止。（　）

二、选择题

1. 提高温度可加快反应速度的原因是（　）。

A. 增加了活化分子的百分数　B. 降低了反应的活化能

C. 增加了反应物分子间的碰撞频率　D. 使活化配合物的分解速度增加

2. 催化剂能加快反应速度的原因是（　）。

A. 催化剂参与化学反应　B. 改变了化学反应的历程

C. 降低了活化能　D. 提高了活化分子百分数

3. 速率常数 k 是一个（　）。

A. 无量纲的参数　B. 量纲为 $mol \cdot L^{-1} \cdot s^{-1}$

C. 量纲为 $mol^2 \cdot L^{-1} \cdot s^{-1}$ 的参数　D. 量纲不定的参数

4. $A \rightarrow B+C$ 是吸热的可逆基元反应，正反应的活化能为 $E_{正}$，逆反应的活化能为 $E_{逆}$，$E_{正}$ 和 $E_{逆}$ 的关系是（　）。

A. $E_{正}<E_{逆}$　B. $E_{正}>E_{逆}$　C. $E_{正}=E_{逆}$　D. A、B、C 都可能

三、简答题

催化剂能改变反应速度，但不能影响化学平衡，为什么？

项目七 化学平衡

学习目标

(1) 掌握标准平衡常数的定义；

(2) 掌握用等温方程判断化学反应的方向和限度的方法；

(3) 理解温度对标准平衡常数的影响，会用等压方程计算不同温度下的标准平衡常数；

(4) 了解压力和惰性气体对化学反应平衡组成的影响；

(5) 了解同时反应平衡。

任务一 化学反应的限度

在研究化学反应时，人们不仅关注化学反应进行的方向和反应的速率，而且还关注化学反应完成的程度，即在给定的条件下，反应物可以转化为生成物的最大限度，也就是化学平衡的问题。

一、可逆反应与化学平衡

在化学反应中，有的反应几乎只能朝一个方向进行到底，即反应物几乎能完全转变为生成物，而在同样条件下，生成物几乎不能再转回为反应物。例如：

$$HCl + NaOH \longrightarrow NaCl + H_2O$$

$$2KClO_3 \xrightarrow[\triangle]{MnO_2} 2KCl + 3O_2\uparrow$$

这种几乎只能朝一个方向进行到底的反应叫做不可逆反应。

但是，对于大多数反应来说，反应是可逆的。例如，在一定条件下，N_2 与 H_2 合成 NH_3 的同时，NH_3 又分解为 N_2 和 H_2。这种在同一条件下，可以同时向正、反两个方向进行的反应叫做可逆反应。通常，把化学反应式中向右进行的反应叫做正反应；向左进行的反应叫做逆反应。例如：

$$N_2(g) + 3H_2(g) \rightleftharpoons 2NH_3(g)$$

可逆反应在密闭容器中进行时，由于正、逆反应同时进行且方向相反，所以，任何一个方向的反应都不可能进行到底。例如，在 500 ℃，2.03×10^4 kPa 条件下，将 1∶3(物质的量之比)的 N_2 与 H_2 混合置于有催化剂的密闭容器中进行反应。反应开始后，每间隔一段时间取样分析，发现反应物 N_2 与 H_2 的分压逐渐减小，而生成物 NH_3 的分压逐渐增大。且保持温度不变，反应进行一定时间后，混合气体中各组分的分压不再随时间而改变。

上述过程可以用可逆反应的正、逆反应速率的变化来解释，如图 7.1 所示。

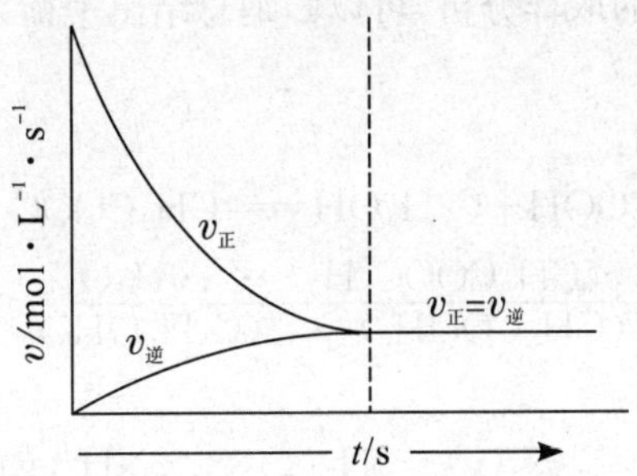

图 7.1 可逆反应的正、逆反应速率变化示意图

反应刚开始时,反应物 N_2 与 H_2 的浓度或分压最大,正反应速率 $v_正$ 最大,此时系统中尚无生成物 NH_3,所以逆反应速率 $v_逆$ 为零。随着反应的进行,反应物不断消耗,N_2 与 H_2 的浓度或分压逐渐降低,正反应速率随之减小;生成物不断增多,NH_3 的浓度或分压逐渐增加,逆反应速率随之增大。当反应进行到某一时刻 $v_正=v_逆\neq 0$ 时,则单位时间内由 N_2、H_2 合成 NH_3 的分子数等于单位时间内分解为 N_2、H_2 的 NH_3 的分子数。此时宏观上,反应系统中各物质的浓度或分压不再改变,即达到平衡状态;但微观上反应并未停止,正、逆反应仍在进行,只不过正反应速率和逆反应速率(不为零)相等而已。

综上所述,化学平衡状态是指在一定条件下,可逆反应进行到正、逆反应速率相等时,反应系统中各物质的浓度(或分压)不再随时间而改变的状态,即反应进行到了极限。化学平衡是一种动态平衡。

化学平衡具有以下三个特征:

(1) 化学平衡最主要的特征是可逆反应的正、逆反应速率相等($v_正=v_逆$)。因此可逆反应达到平衡后,只要外界条件不变,反应体系中各物质的量将不随时间而改变。

(2) 化学平衡是一种动态平衡。反应体系达到平衡后,反应似乎是“终止”了,但实际上正反应和逆反应始终都在进行着,只是由于 $v_正=v_逆$。单位时间内各物质(生成物或反应物)的生成量和消耗量相等,所以,总的结果是各物质的浓度都保持不变,反应物与生成物处于动态平衡。

(3) 化学平衡是有条件的。化学平衡只能在一定的外界条件下才能保持,当外界条件改变时,原平衡就会被破坏,随后在新的条件下建立起新的平衡。

思考与回答

你是怎么理解化学平衡的?

二、化学平衡常数

(一) 实验平衡常数

通过大量实验发现:任何可逆反应,不管反应始态如何,在一定温度下达到平衡时,各生成物平衡浓度幂的乘积与反应物平衡浓度幂的乘积之比值为一常数,称为化学平衡常数。其中,以浓度表示的称为浓度平衡常数(K_c),以分压表示的称为压力平衡常数(K_p)。而根据对各种可逆反应平衡系统的取样分析，可以归纳总结出平衡系统的特征常数：实验平衡常数（或经验平衡常数）。

对于液相平衡系统，例如：

$$CH_3COOH+C_2H_5OH \rightleftharpoons CH_3COOC_2H_5+H_2O$$

$$K_c=\frac{c(CH_3COOC_2H_5)\cdot c(H_2O)}{c(CH_3COOH)\cdot c(C_2H_5OH)}$$

对于气相平衡系统，例如：

$$N_2(g)+3H_2(g) \rightleftharpoons 2NH_3(g)$$

$$K_p=\frac{[p(NH_3)]^2}{p(N_2)\cdot[p(H_2)]^3}$$

对于同一反应，实验平衡常数可用 K_c 表示，也可用 K_p 表示，但两者并不相等。例如，上述合成 NH_3 的反应用浓度平衡常数表示为：

$$K_c=\frac{[c(NH_3)]^2}{c(N_2)\cdot[c(H_2)]^3}$$

二者的关系为：

$$K_p=\frac{K_c}{RT} \tag{7.1}$$

此处 R 的取值随压力所取单位的不同而不同：

	压力单位(符号)	R 值
(1)	大气压(atm)	$0.0821\ atm\cdot dm^3\cdot mol^{-1}\cdot K^{-1}$
(2)	帕[斯卡](Pa)	$8.314\ Pa\cdot m^3\cdot mol^{-1}\cdot K^{-1}$

平衡常数是表明化学反应限度（即反应可能完成的最大限度）的一种特征值。在一定温度下，不同的反应各有其特定的平衡常数。平衡常数越大，表示正反应进行得越完全。平衡常数值与温度及反应式的书写形式有关，但不随浓度、压力而改变。利用平衡常数表达式计算平衡常数时，固体、纯液体或稀溶液的溶剂的"浓度项"不必列出。

（二）标准平衡常数

标准平衡常数也称热力学平衡常数，用 $K^{\ominus}$ 表示。与实验平衡常数不同，在标准平衡常数表达式中，有关组分的平衡浓度（或分压）都必须除以相应的标准态，即除以标准浓度 $c^{\ominus}$（$1\ mol\cdot L^{-1}$）或标准压力 $p^{\ominus}$（100 kPa）。由于相对浓度或相对压力无量纲，所以标准平衡常数是无量纲的数。

对于有固相、水溶液和气体参与的一般反应：

$$aA(s)+bB(aq) \rightleftharpoons dD(aq)+fH_2O(l)+eE(g)$$

系统达平衡时，其标准平衡常数表达式为：

$$K^{\ominus}=\frac{[c(D)/c^{\ominus}]\ d\cdot[p(E)/p^{\ominus}]^e}{[c(B)/c^{\ominus}]^b} \tag{7.2}$$

标准平衡常数无浓度平衡常数和压力平衡常数之分。如无特别说明，本书今后涉及的平衡常数均为标准平衡常数。

在书写和应用标准平衡常数表达式时，应注意以下几点：

(1) 标准平衡常数表达式中各组分的浓度（或分压）必须为系统达平衡时的浓度（或分压）。气体只能用分压表示，而不能用浓度表示。

(2) 标准平衡常数表达式以化学计量方程式中各物质的化学计量系数为幂指数，所以$K^{\ominus}$表达式必须与化学计量方程式相对应，同一反应用不同化学计量方程式表示时，$K^{\ominus}$表达式不同，数值也不同。例如：

$$2SO_2(g)+O_2(g) \rightleftharpoons 2SO_3(g)$$

$$K_1^{\ominus}=\frac{[p(SO_3)/p^{\ominus}]^2}{[p(SO_2)/p^{\ominus}]^2 \cdot [p(O_2)/p^{\ominus}]}$$

而对于反应：

$$SO_2(g)+1/2O_2(g) \rightleftharpoons SO_3(g)$$

$$K_2^{\ominus}=\frac{[p(SO_3)/p^{\ominus}]}{[p(SO_2)/p^{\ominus}] \cdot [p(O_2)/p^{\ominus}]^{1/2}}$$

显然，$K_1^{\ominus}=(K_2^{\ominus})^2$。因此，在使用和查阅平衡常数的数据时，必须注意它所对应的反应方程式。

(3) 反应式中如有纯固态、纯液态，它们的浓度在平衡常数表达式中不必列出，例如：

$$CaCO_3(s) \rightleftharpoons CaO(s)+CO_2(g)$$

$$K^{\ominus}=p(CO_2)/p^{\ominus}$$

在水溶液中进行的反应，无论水为反应物还是生成物，其浓度均视为常数，不必列入平衡常数表达式。例如：

$$MnO_2(s)+4HCl(aq) \rightleftharpoons MnCl_2(aq)+2H_2O(l)+Cl_2(g)$$

$$K^{\ominus}=\frac{[c(MnCl_2)/c^{\ominus}] \cdot [p(Cl_2)/p^{\ominus}]}{[c(HCl)/c^{\ominus}]^4}$$

如果反应不是在水溶液中进行，而水又为生成物时，则水的浓度必须列入平衡常数表达式中。例如：

$$CH_3COOH(l)+C_2H_5OH(l) \rightleftharpoons CH_3COOC_2H_5(l)+H_2O(l)$$

$$K^{\ominus}=\frac{[c(CH_3COOC_2H_5)/c^{\ominus}] \cdot [c(H_2O)/c^{\ominus}]}{[c(CH_3COOH)/c^{\ominus}] \cdot [c(C_2H_5OH)/c^{\ominus}]}$$

(4) 化学反应的平衡常数是温度的函数，只随温度而改变，与各物质的起始浓度(或分压)无关，也不随浓度的改变而改变。

(5) 平衡常数的大小代表了可逆反应进行的程度，数值越大表示反应越完全。

(三) 多重平衡常数

在一个化学过程中若有多个平衡同时存在，并且一种物质同时参与几种平衡，这种现象叫做多重平衡。例如，SO_2、SO_3、O_2、NO 和 NO_2 共存于同一反应器中，系统达平衡时，有下列三种平衡同时存在：

(1) $$SO_2(g)+1/2O_2(g) \rightleftharpoons SO_3(g)$$

$$K_1^{\ominus}=\frac{[p(SO_3)/p^{\ominus}]}{[p(SO_2)/p^{\ominus}] \cdot [p(O_2)/p^{\ominus}]^{1/2}}$$

(2) $$NO_2(g) \rightleftharpoons NO(g)+1/2O_2(g)$$

$$K_2^{\ominus}=\frac{[p(NO)/p^{\ominus}] \cdot [p(O_2)/p^{\ominus}]^{1/2}}{[p(NO_2)/p^{\ominus}]}$$

(3) $$SO_2(g)+NO_2(g) \rightleftharpoons SO_3(g)+NO(g)$$

$$K_3^\ominus=\frac{[p(SO_3)/p^\ominus]\cdot[p(NO)/p^\ominus]}{[p(SO_2)/p^\ominus]\cdot[p(NO_2)/p^\ominus]}$$

可见反应式(3)=反应式(1)+反应式(2)，将反应式(1)和反应式(2)的平衡常数相乘得：

$$K_1^\ominus\times K_2^\ominus=\frac{[p(SO_3)/p^\ominus]\cdot[p(NO)/p^\ominus]}{[p(SO_2)/p^\ominus]\cdot[p(NO_2)/p^\ominus]}$$

由此可得多重平衡规则：在相同条件下，如有两个反应方程式之和(或之差)为第三个反应方程式，则第三个反应方程式的平衡常数为前两个反应方程式平衡常数的乘积(或商)。在上述同一平衡系统中，同一物质的平衡分压只能有一个数值。

多重平衡规则说明平衡常数 $K^\ominus$ 与系统达到平衡的途径无关。

(四) 平衡常数的意义

(1) 平衡常数是可逆反应的特征常数，是一定条件下可逆反应进行程度的衡量标志。同类型反应 $K^\ominus$ 值越大，反应达平衡时生成物的浓度(或分压)越大，正反应趋势越大，反应物转化为生成物的程度越完全；反之，$K^\ominus$ 值越小，逆反应趋势越大。

(2) 根据平衡常数可以判断反应是否处于平衡状态，以及处于非平衡状态时反应进行的方向。在一定温度下进行的可逆反应：

$$a\mathrm{A}+b\mathrm{B}\rightleftharpoons d\mathrm{D}+e\mathrm{E}$$

在任意条件下(包括平衡态和非平衡态)，将其各组分的浓度(或分压)按平衡常数表达式列成分式，即得反应商 Q。

若为溶液中进行的反应：

$$Q=\frac{[c(\mathrm{D})/c^\ominus]^d\cdot[c(\mathrm{E})/c^\ominus]^e}{[c(\mathrm{A})/c^\ominus]^a\cdot[c(\mathrm{B})/c^\ominus]^b}$$

若为气体反应：

$$Q=\frac{[p(\mathrm{D})/p^\ominus]^d\cdot[p(\mathrm{E})/p^\ominus]^e}{[p(\mathrm{A})/p^\ominus]^a\cdot[p(\mathrm{B})/p^\ominus]^b}$$

将 Q 与 $K^\ominus$ 进行比较，可以得到判断反应进行方向的依据：

若 $Q<K^\ominus$ 时，说明生成物的浓度(或分压)小于平衡浓度(或分压)，系统处于不平衡状态，反应将正向进行。

若 $Q>K^\ominus$ 时，说明生成物的浓度(或分压)大于平衡浓度(或分压)，系统也处于不平衡状态，生成物将转化为反应物，即反应将逆向进行。

若 $Q=K^\ominus$ 时，系统处于平衡状态。

例 1　目前我国的合成氨工业多在中温(500 ℃)、中压(2.03×10^4 kPa)下操作。已知此条件下反应 $N_2(g)+3H_2(g)\rightleftharpoons 2NH_3(g)$ 的 $K^\ominus=1.57\times10^{-5}$。如果反应进行至某一阶段时取样分析，其组分为 14.4% NH_3，21.4% N_2，64.2% H_2(体积分数)，试判断此时合成氨反应是否已完成。

解　要预测反应进行方向，就需将反应商 Q 与 $K^\ominus$ 进行比较。根据分压定律可求出该状态下系统中各组分气体的分压：

$$p_i=p_{总}\frac{V_i}{V_{总}}\qquad p_{总}=2.03\times10^4\ \mathrm{kPa}$$

$$p(NH_3)=2.03\times10^4\ \mathrm{kPa}\times14.4\%=2.92\times10^3\ \mathrm{kPa}$$

$$p(N_2)=2.03\times10^4\ \mathrm{kPa}\times21.4\%=4.34\times10^3\ \mathrm{kPa}$$

$$p(H_2)=2.03\times10^4\ kPa\times64.2\%=1.30\times10^4\ kPa$$

$$Q=\frac{[p(NH_3)/p^{\ominus}]^2}{[p(N_2)/p^{\ominus}]\cdot[p(H_2)/p^{\ominus}]^3}$$

$$=\frac{(2.92\times10^3\ kPa/100\ kPa)^2}{(4.34\times10^3\ kPa/100\ kPa)\cdot(1.30\times10^4\ kPa/100\ kPa)^3}$$

$$=8.94\times10^{-6}$$

由于 $Q<K^{\ominus}$，说明系统尚未达到平衡状态，反应还需要进行一段时间才能完成。

（五）化学平衡的有关计算

平衡常数可以定量地表征可逆反应进行的最大限度。在实际生产中，人们常用平衡转化率来衡量可逆反应进行的程度。平衡转化率简称为转化率，是指某反应达到平衡时，反应物转化为生成物的百分数，用 α 来表示，即：

$$\alpha=\frac{\text{某反应物已转化的量}}{\text{某反应物未转化前的总量}}\times100\%$$

若反应前后体积不变，反应物的量又可用浓度来表示：

$$\alpha=\frac{\text{反应物起始浓度}-\text{反应物平衡浓度}}{\text{反应物起始浓度}}\times100\%$$

可见，平衡转化率是理论上该反应的最大转化率。转化率越大，表示反应向右进行的程度越大。转化率不仅与温度有关，还与系统的起始状态有关。因此在使用转化率时，必须指明是哪种反应物的转化率，反应物不同，转化率的数值往往不同。而平衡常数 $K^{\ominus}$ 与系统的起始状态无关，只与温度有关，所以二者有区别。

例 2　$AgNO_3$ 和 $Fe(NO_3)_2$ 两种溶液会发生下列反应：

$$Fe^{2+}+Ag^{+}\rightleftharpoons Fe^{3+}+Ag$$

在 25 ℃时，将 $AgNO_3$ 和 $Fe(NO_3)_2$ 溶液混合，开始时溶液中 Ag^+ 和 Fe^{2+} 离子浓度各为 0.100 mol·L^{-1}，当达到平衡时，Ag^+ 的转化率为 19.4%。求：

(1) 平衡时 Fe^{2+}，Ag^+ 和 Fe^{3+} 各离子的浓度；

(2) 该温度下的平衡常数 $K^{\ominus}$。

解　(1)

	Fe^{2+}	+	Ag^+	$\rightleftharpoons$	Fe^{3+}	+	Ag
起始浓度/mol·L^{-1}	0.100		0.100		0		
变化浓度/mol·L^{-1}	−0.1×19.4% =−0.019 4		−0.1×19.4% =−0.019 4		+0.1×19.4% =+0.019 4		
平衡浓度/mol·L^{-1}	0.1−0.019 4 =0.080 6		0.1−0.019 4 =0.080 6		0.019 4		

平衡时：

$$c(Fe^{2+})=c(Ag^+)=0.080\,6\ mol\cdot L^{-1}$$

$$c(Fe^{3+})=0.019\,4\ mol\cdot L^{-1}$$

(2)
$$K^{\ominus}=\frac{c(Fe^{3+})/c^{\ominus}}{[c(Fe^{2+})/c^{\ominus}]\cdot[c(Ag^+)/c^{\ominus}]}=\frac{0.019\,4}{(0.080\,6)^2}=2.99$$

例 3　在 1 000 ℃时，下列反应：

$$FeO(s)\ +\ CO(g)\rightleftharpoons Fe(s)\ +\ CO_2(g)$$

其标准平衡常数 $K^{\ominus}=0.5$，如果在 CO 的压力为 6 000 kPa 的密闭容器中加入足量的 FeO，计算 CO 和 CO_2 的分压。

解　　$FeO(s) + CO(g) \rightleftharpoons Fe(s) + CO_2(g)$

	$CO(g)$	$CO_2(g)$
起始分压/kPa	6 000	0
变化分压/kPa	x	x
平衡分压/kPa	$6\,000-x$	x

反应的标准平衡常数为：

$$K^{\ominus}=\frac{[p(CO_2)/p^{\ominus}]}{[p(CO)/p^{\ominus}]}$$

将平衡分压和标准常数数值代入上式，得到：

$$K^{\ominus}=\frac{x/100}{(6\,000-x)/100}=0.5$$

解得 $x=2\,000$ kPa。

所以，CO 和 CO_2 的平衡分压分别为：

$$p(CO_2)=x=2\,000\ \text{kPa},\quad p(CO)=6\,000-x=4\,000\ \text{kPa}$$

例 4　水煤气的转化反应为：

$$CO(g)+H_2O(g) \rightleftharpoons CO_2(g)+H_2(g)$$

在 850 ℃时，平衡常数 $K^{\ominus}$ 为 1.0。在该温度下于 5.0 L 密闭容器中加入 0.040 mol CO 和 0.040 mol 的 H_2O，求该条件下 CO 的转化率和达到平衡时各组分的分压。

解　设 CO 的转化率为 α。

	CO	+	H_2O	$\rightleftharpoons$	CO_2	+	H_2
起始物质的量/mol	0.040		0.040		0		0
平衡时物质的量/mol	$0.040(1-\alpha)$		$0.040(1-\alpha)$		0.040α		0.040α

$$p(CO)=n(CO)RT/V$$
$$p(H_2O)=n(H_2O)RT/V$$
$$p(CO_2)=n(CO_2)RT/V$$
$$p(H_2)=n(H_2)RT/V$$

将分压代入 $K^{\ominus}$ 表达式：

$$K^{\ominus}=\frac{[p(CO_2)/p^{\ominus}]\cdot[p(H_2)/p^{\ominus}]}{[p(CO)/p^{\ominus}]\cdot[p(H_2O)/p^{\ominus}]}$$
$$=\frac{[n(CO_2)\,RT/V]\cdot[n(H_2)\,RT/V]}{[n(CO)RT/V]\cdot[n(H_2O)RT/V]}=\frac{(0.040\alpha)^2}{[0.040(1-\alpha)]^2}=1.0$$

解得 $\alpha=50\%$。

平衡时各组分的分压为：

$$p(CO)=p(H_2O)=\frac{0.040(1-0.50)\ \text{mol}\times 8.314\ \text{J}\cdot\text{mol}^{-1}\cdot\text{K}^{-1}\times 1\,123\ \text{K}}{5.0\times 10^{-3}\ \text{m}^3}=37.3\ \text{kPa}$$

$$p(CO_2)=p(H_2)=\frac{0.040\times 0.50\ \text{mol}\times 8.314\ \text{J}\cdot\text{mol}^{-1}\cdot\text{K}^{-1}\times 1\,123\ \text{K}}{5.0\times 10^{-3}\ \text{m}^3}=37.3\ \text{kPa}$$

思考与回答

在 1 000 ℃时，下列反应：

$$FeO(s) + CO(g) \rightleftharpoons Fe(s) + CO_2(g)$$

其标准平衡常数 $K^{\ominus}=0.5$，如果在 CO 的压力为 6 000 kPa 的密闭容器中加入足量的 FeO，计算 CO 和 CO_2 的分压。

任务二　化学平衡的移动

一、化学平衡的移动

化学平衡是可逆反应在一定条件下当正、逆反应速率相等时，各组分的浓度（或分压）不再随时间而改变的状态。平衡是暂时的、相对的、有条件的。如果浓度（或分压）、温度等条件改变，这种平衡状态就会遭到破坏。当正、逆反应速率再度相等时，反应在新的条件下又建立起新的平衡。这种因外界条件改变，使可逆反应由原来的平衡状态转变到新的平衡状态的过程叫做化学平衡移动。

影响化学平衡的外界因素主要有浓度、压力、温度等。

（一）浓度对化学平衡的影响

在一定温度下，可逆反应：$aA+bB \rightleftharpoons yY+zZ$ 达到平衡时，若增加反应物 A 的浓度，正反应速率增加，如图 7.2 所示。此时 $v_{正}>v_{逆}$，反应向着正反应的方向进行。随着反应的进行，生成物 Y 和 Z 的浓度不断增加，反应物 A 和 B 的浓度不断减少。此时，正反应的速率不断下降，逆反应的速率不断上升，当正、逆反应的速率再次相等时，即 $v'_{正}=v'_{逆}$，反应系统又一次达到平衡。显然，在新的平衡中，各组分的浓度已经改变，但是其浓度的比值并未改变。

在上述新的平衡系统中，生成物 Y 和 Z 的浓度较前一平衡系统中的浓度有所增加，反应物 A 的浓度比增加后的浓度有所减少，但是比未增加前有所增加。反应物 B 的浓度有所减少，因此反应向增加生成物的方向移动，即平衡向右移动。同样，若将生成物从反应系统中及时排出，此时，逆反应速率下降，平衡向右移动。

相反，若增加生成物 Y 或 Z 的浓度或者及时将反应物 A 或 B 从反应体系中排出，此时，正反应速率下降，平衡向左移动。

根据前面提到的反应商也可以判断平衡移动的方向：

若 $Q<K^{\ominus}$ 时，平衡向右移动；

若 $Q>K^{\ominus}$ 时，平衡向左移动；

若 $Q=K^{\ominus}$ 时，系统处于平衡状态。

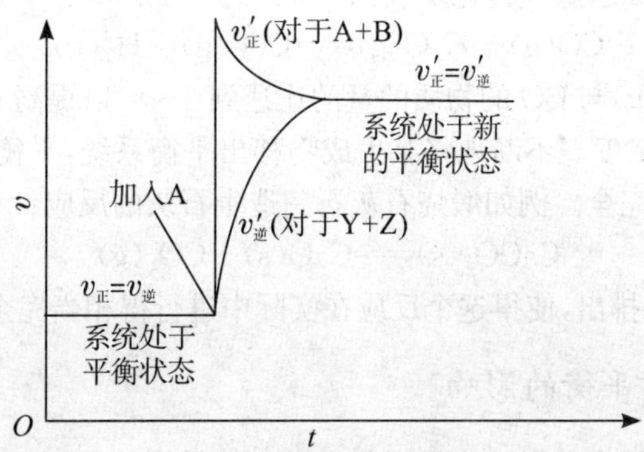

图 7.2　增大反应物的浓度对平衡系统的影响

例如，K_2CrO_4 溶液与 $K_2Cr_2O_7$ 溶液存在着下列平衡：

$$\underset{\text{黄色}}{2\,K_2CrO_4} + H_2SO_4 \rightleftharpoons \underset{\text{橙色}}{K_2Cr_2O_7} + K_2SO_4 + H_2O$$

例 5 在例 2 的平衡系统中，如再加入一定量的 Fe^{2+}，使加入后 Fe^{2+} 离子浓度达到 0.181 mol・L^{-1}，维持温度不变。

(1) 请判断平衡将向什么方向移动?

(2) 请计算再次建立平衡时各物质的浓度；

(3) 请计算 Ag^+ 的总转化率。

解 (1)因温度不变，$K^{\ominus}=2.99$。刚加入 Fe^{2+} 时，溶液中各种离子的瞬时浓度为：

$$c(Fe^{2+})=0.181\ \text{mol}\cdot\text{L}^{-1}$$

$$c(Fe^{3+})=0.019\,4\ \text{mol}\cdot\text{L}^{-1}$$

$$c(Ag^{+})=0.080\,6\ \text{mol}\cdot\text{L}^{-1}$$

$$Q=\frac{c(Fe^{3+})/c^{\ominus}}{[c(Fe^{2+})/c^{\ominus}]\cdot[c(Ag^{+})/c^{\ominus}]}=\frac{0.019\,4}{0.181\times0.080\,6}=1.33$$

因为 $Q<K^{\ominus}$，所以平衡向右移动。

(2)	Fe^{2+}	+	Ag^+	$\rightleftharpoons$	Fe^{3+}	+	Ag
起始浓度/mol・L^{-1}	0.181		0.080 6		0.019 4		
平衡浓度/mol・L^{-1}	$0.181-x$		$0.080\,6-x$		$0.019\,4+x$		

$$K^{\ominus}=\frac{c(Fe^{3+})/c^{\ominus}}{[c(Fe^{2+})/c^{\ominus}]\cdot[c(Ag^{+})/c^{\ominus}]}=\frac{0.019\,4+x}{(0.080\,6-x)\times(0.181-x)}=2.99$$

解得 $x=0.013\,9\ \text{mol}\cdot\text{L}^{-1}$。

$$c(Fe^{2+})=(0.181-0.013\,9)\ \text{mol}\cdot\text{L}^{-1}=0.167\ \text{mol}\cdot\text{L}^{-1}$$

$$c(Ag^{+})=(0.080\,6-0.013\,9)\ \text{mol}\cdot\text{L}^{-1}=0.066\,7\ \text{mol}\cdot\text{L}^{-1}$$

$$c(Fe^{3+})=(0.019\,4+0.013\,9)\ \text{mol}\cdot\text{L}^{-1}=0.033\,3\ \text{mol}\cdot\text{L}^{-1}$$

(3)
$$\alpha(Ag^{+})=\frac{(0.100-0.066\,7)\text{mol}\cdot\text{L}^{-1}}{0.100\ \text{mol}\cdot\text{L}^{-1}}\times100\%=33.3\%$$

从上例可见，对于任何可逆反应，提高某一反应物的浓度或降低生成物的浓度，都能使平衡向着增加生成物浓度的方向移动。在化工生产中，利用这个原理，可以提高某反应物的转化率。常采用的措施是：

(1) 增大反应物的浓度。往往加入过量的廉价(或易得)原料，而使较贵重(或难得)的原料得到充分利用。例如水煤气转化反应：

$$CO(g)+H_2O(g)\rightleftharpoons CO_2(g)+H_2(g)$$

在实际生产中，使 $H_2O(g)$ 与 CO 的物质的量的比达到 5～8，以提高 CO 的转化率。

(2) 减小生成物的浓度。不断地将某生成物移出平衡系统，平衡将持续地向右移动，能使可逆反应进行得趋于完全。例如煅烧石灰石制造生石灰的反应：

$$CaCO_3(s)\rightleftharpoons CaO(s)+CO_2(g)$$

不断地将 CO_2 从窑炉中排出，使得这个反应在实际中进行得相当完全。

(二) 压力对化学平衡的影响

压力的变化对化学平衡的影响应根据化学反应的具体情况而定。对只有液体或固体参加的反应，改变压力对平衡的影响非常小，可以忽略。但对有气体参加的反应，平衡系统的压力改变可能会对平衡产生影响。

若可逆反应 $aA(g)+bB(g) \rightleftharpoons yY(g)+zZ(g)$ 在一密闭容器中达到平衡，维持温度恒定，将该系统的体积压缩至原来的 $1/x(x>1)$，则系统的总压为原来的 x 倍，相应各组分的分压也增大至原来的 x 倍。此时反应商 Q 为：

$$Q=\frac{[xp(Y)/p^{\ominus}]^y\cdot[xp(Z)/p^{\ominus}]^z}{[xp(A)/p^{\ominus}]^a\cdot[xp(B)/p^{\ominus}]^b}$$

$$=\frac{[p(Y)/p^{\ominus}]^y\cdot[p(Z)/p^{\ominus}]^z}{[p(A)/p^{\ominus}]^a\cdot[p(B)/p^{\ominus}]^b}x^{[(y+z)-(a+b)]}$$

$$=K^{\ominus}x^{\Delta n}$$

$$\Delta n=(y+z)-(a+b)$$

(1) 当 $\Delta n>0$ 时，表示生成物分子总数大于反应物的分子总数。$x^{\Delta n}>1$，即 $Q>K^{\ominus}$，平衡向左移动。例如反应：

$$N_2O_4(g) \rightleftharpoons 2NO_2(g)$$

无色　　　红棕色

增大压力，平衡向左移动，系统的红棕色变浅。

(2) 当 $\Delta n<0$ 时，表示生成物分子总数小于反应物的分子总数。$x^{\Delta n}<1$，即 $Q<K^{\ominus}$，平衡向右移动。例如反应：

$$N_2(g)+3H_2(g) \rightleftharpoons 2NH_3(g)$$

增大压力，平衡向右移动，有利于 NH_3 的合成。

(3) 当 $\Delta n=0$ 时，表示反应前后分子总数相等。$x^{\Delta n}=1$，即 $Q=K^{\ominus}$，平衡不移动。例如反应：

$$I_2(g)+H_2(g) \rightleftharpoons 2HI(g)$$

需要特别指出的是，上述改变系统总压力的方法是通过改变反应系统的总体积来实现的。总体积的降低或增加，导致各组分气体的平衡分压相应地成比例地增大或减小，从而引起反应商 Q 的变化，导致平衡移动。

如果在恒温条件下向平衡系统中加入不参与反应的其他气体（如稀有气体），保持系统的总体积不变，则系统的总压力增加，但参与反应的各组分气体的分压不变。无论 Δn 是否为零，即无论反应前后气体的分子总数如何改变，平衡状态不变（即 $Q=K^{\ominus}$）。

如果向平衡系统中加入不参与反应的其他气体（如稀有气体），保持系统的总压力不变，则系统的总体积增加，相当于系统原来的总压力减小，此时，参与反应的各组分气体的分压减小。此时若反应前后气体的分子总数改变，平衡移动的情况与压力减小引起的平衡变化情况一样。

通过上述讨论可以得出以下结论：压力的变化只对反应前后气体分子总数有变化的反应平衡系统有影响；在恒温下，若增大压力，平衡向气体分子总数减少的方向移动；若减小压力，平衡向气体分子总数增多的方向移动。

（三）温度对化学平衡的影响

温度对化学平衡的影响与浓度、压力有本质的区别。在恒温条件下，改变浓度、压力只能使反应商 Q 发生改变，而平衡常数 $K^{\ominus}$ 不变。只有当 $Q\neq K^{\ominus}$，才导致化学平衡发生移动。

但是温度对化学平衡的影响是通过温度变化引起平衡常数 $K^{\ominus}$ 的改变来实现的。温度变化对平衡常数 $K^{\ominus}$ 的影响与化学反应的热效应密切相关(参看表 7.1 和表 7.2)。

表 7.1 温度对放热反应的平衡常数的影响

$2SO_2(g)+O_2(g) \rightleftharpoons 2SO_3(g) \quad \Delta_r H_m^{\ominus}=-197.7\ kJ\cdot mol^{-1}$

t/℃	400	450	500	550	600
$K^{\ominus}$	434	136	49.6	20.4	9.29

表 7.2 温度对吸热反应的平衡常数的影响

$CaCO_3(s) \rightleftharpoons CaO(s)+CO_2(g) \quad \Delta_r H_m^{\ominus}=178.2\ kJ\cdot mol^{-1}$

t/℃	500	600	700	800	900
$K^{\ominus}$	9.7×10^{-5}	2.4×10^{-3}	2.9×10^{-2}	2.2×10^{-1}	1.05

无论通过实验或热力学计算,都能得出这样的结论:对于放热反应($\Delta H<0$),升高温度,平衡常数 $K^{\ominus}$ 减小,则反应商 Q 不变且大于平衡常数,平衡向左移动。反之,对于吸热反应($\Delta H>0$),升高温度,平衡常数 $K^{\ominus}$ 增大,则反应商 Q 不变且小于平衡常数,平衡向右移动。

总之,当浓度、压力的条件不变时,升高系统的温度,平衡向吸热反应方向移动;降低系统的温度,平衡向放热反应方向移动。例如反应:

$$2NO_2(g) \rightleftharpoons N_2O_4(g)$$

红棕色 无色

正反应为放热反应,逆反应为吸热反应。升高温度,平衡向吸热反应(即逆反应)方向移动,系统的颜色加深;降低温度,平衡向放热反应(即正反应)方向移动,系统的颜色变浅。

(四) 催化剂对化学平衡的影响

选用适当的催化剂可以改变反应的历程,降低反应的活化能,从而加快反应的速率,缩短反应达到平衡的时间。但催化剂能同等程度地加快正、逆反应速率,平衡常数 $K^{\ominus}$ 并不改变,因此平衡不会发生移动。

二、平衡移动原理

前面讨论了浓度、压力和温度对化学平衡的影响:如果在平衡系统中增加反应物的浓度,平衡就向减少反应物浓度的方向移动;如果增大平衡系统的压力,平衡就向气体分子总数减少的方向移动,即向减小系统压力的方向移动;如果升高温度,平衡就向吸热反应方向移动,即向降低温度的方向移动。1907 年,法国科学家勒夏特列(Le Chatelier)将上述结论总结归纳为一条普遍规律:对任一个化学平衡而言,如果改变平衡系统的条件之一(如浓度、压力或温度),平衡就会向减弱这种改变的方向移动。这个规律叫做勒夏特列原理。

平衡移动原理不仅适用于化学平衡,也适用于物理平衡(例如,液态水和水蒸气之间的平衡),但不适用于未建立平衡的系统。

思考与回答

举例说明你对勒夏特列原理的理解。

任务三　影响化学反应方向的因素

一、化学反应的自发过程

某种变化有自动发生的趋势，一旦发生就无需借助外力，可以自动进行，这种变化过程称为自发过程。人们在生活和生产实践中遇到许多只能自动向单方向进行的过程，它们的共同特性就是不可逆性。自然界中存在着许多自动发生的过程。例如，热从高温物体传向低温物体；铁在潮湿的空气中锈蚀；气体向真空扩散；锌片与硫酸铜溶液的置换反应；氢和氧生成水的反应。它们的逆过程都不能自动进行，若使体系恢复原状，必须借助外力。例如气体向真空扩散是一个自发过程，用活塞等温压缩能使气体恢复原状，但其结果是环境做出了功。热从高温物体传向低温物体，最后温度均衡，要想使它们恢复原状，必须设法从某一物体吸热降温，使其温度降到原来温度，并将吸收的热量完全转化为功，然后把这些功再转化为热使另一物体的温度升高到原来的温度。在上述的热和功的转化过程中，功变成热是自发过程，但热转化为功不可能自发进行。由于热量完全转化为功而不留下影响是不可能的，所以上述的设想过程是不可能实现的。

从以上几个例子来看，自发变化是否可逆的问题，即是否可以使体系和环境都完全恢复而不留下任何影响的问题，都可转化为能否“从单一热源吸热，全部转化为功，而不引起其他变化”的问题。经验证明，后一个过程是不可能实现的，从而导出这样一个结论：一个自发变化发生之后，不可能使体系和环境都恢复到原来的状态而不留下任何影响，也就是说自发过程是不可逆的。

自发过程具有以下几个特征：① 自发过程具有不可逆性，即它们只能朝某一确定的方向进行；② 过程有一定的限度——平衡状态；③ 有一定的物理量来判断变化的方向和限度，例如，在热传导过程中，用温度可判断过程的方向和限度，变化方向是从高温物到低温物，温度差为零时，就是过程的限度，即热传导不再进行。

自发变化的开始有时需要引发。例如氢和氧生成水的反应是自发反应，但是需要一定的温度引发。碳酸钙的分解在温度大于 1 113 K 时才剧烈进行。

二、影响化学反应方向的因素

化学反应的方向判断方法有很多，热力学中用以判别变化的方向和过程的可逆性的一些不等式，最初就是从讨论熵函数开始的。从有关熵函数的不等式导出了亥姆霍兹自由能与吉布斯自由能的不等式，而其中吉布斯自由能用得最多。

(一) 熵与熵增加原理

熵是由德国物理学家鲁道夫·克劳修斯于 1865 年提出的。克劳修斯认为熵是在学习可逆及不可逆热力学转换时的一个重要元素。熵是描述物质混乱度大小的物理量。物质(或体系)混乱度越大,对应的熵值越大。

1. 可逆过程的热温商

上述分析表明从状态 1 到状态 2 沿着任意可逆途径,其可逆热温商均相等,仅决定于系统的始态和终态,而与途径无关(如图 7.3 所示)。由此发现了一个隐藏着的状态函数,克劳修斯称这个函数为熵,用符号 S 表示,其单位为 $J \cdot K^{-1}$。于是,熵函数的定义式为:

$$dS = \frac{\delta Q_r}{T} \tag{7.3}$$

说明在微小的可逆变化过程中,系统的熵变等于热温商。

将公式(7.3)积分得:

$$\Delta S = S_2 - S_1 = \int_1^2 \frac{\delta Q_r}{T} \tag{7.4}$$

该式表明,可逆过程热温商的累加等于系统的熵变。

2. 不可逆过程的热温商

现设系统由状态 1 经一不可逆过程 α 到达状态 2,然后借助于一个可逆过程 β 由状态 2 回到状态 1,这样就构成了一个循环过程。因为其中包含不可逆过程,因此这是一个不可逆循环过程(如图 7.4 所示)。

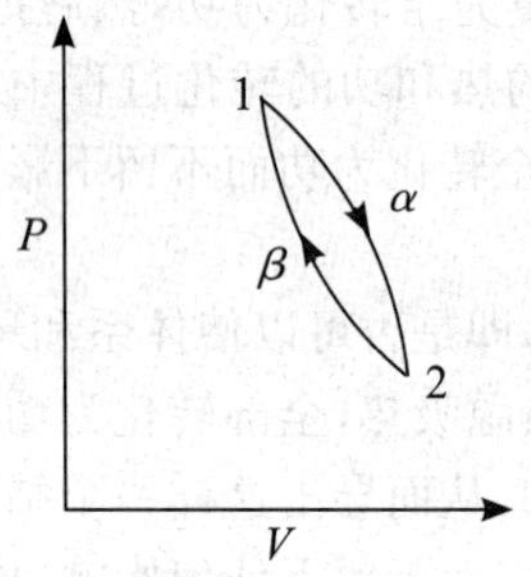

图 7.3 可逆循环过程

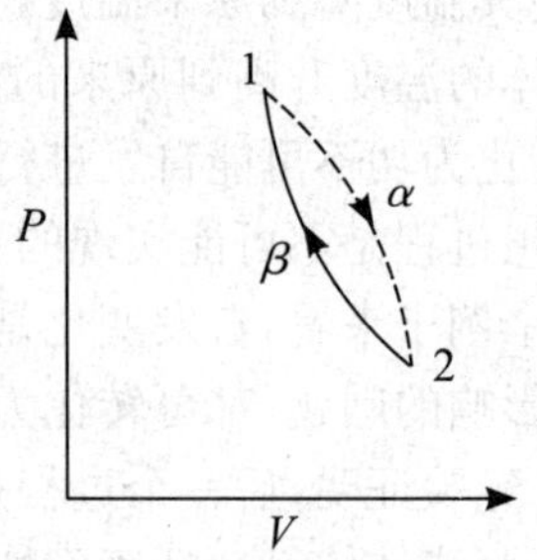

图 7.4 不可逆循环过程

显然有:

$$\Delta S = S_2 - S_1 > \int_1^2 \frac{\delta Q_{ir}}{T} \tag{7.5}$$

该式表明,不可逆过程热温商的累加小于系统的熵变。

3. 克劳修斯不等式——热力学第二定律的数学表达式

将公式(7.4)和(7.5)合并可得:

$$\Delta S \geqslant \int_1^2 \frac{\delta Q}{T} \quad \begin{matrix} \text{不可逆} \\ \text{可逆} \end{matrix} \tag{7.6a}$$

对于微小变化过程:

$$dS \geqslant \frac{\delta Q}{T} \quad \begin{matrix} \text{不可逆} \\ \text{可逆} \end{matrix} \tag{7.6b}$$

以上两式可表述为:在可逆过程中,系统的熵变等于热温商;在不可逆过程中,系统的熵变大于热温商。这两式称为克劳修斯不等式。克劳修斯不等式可以对各种热力学系统中各类过程的方向、限度进行判断,它比热力学第二定律的两种经典文字表述方式应用范围广泛得多,它具有普遍适用性,必然具有高度概括性,也更能表述热力学第二定律的本质。因此克劳修斯不等式就是热力学第二定律的数学表达式。

(二) 熵判据——熵增原理

1. 熵增原理

若将系统与环境合在一起考虑,使两者成为一个大的系统,这个大的系统与外界就不会有物质与能量的交换,而构成一个大隔离系统。此大隔离系统内如果发生一过程,则大隔离系统的熵变 $dS_{隔离}$ 就等于系统的熵变 $dS_{体系}$ 与环境的熵变 $dS_{环境}$ 之和。因大隔离系统与外界不再有热量交换($\delta Q=0$),克劳修斯不等式变成:

$$dS_{隔离}\geqslant 0\ \begin{matrix}自发\\平衡\end{matrix}\quad 即\quad dS_{体系}+dS_{环境}\geqslant 0\ \begin{matrix}自发\\平衡\end{matrix} \tag{7.7a}$$

或

$$\Delta S_{隔离}\geqslant 0\ \begin{matrix}自发\\平衡\end{matrix}\quad 即\quad \Delta S_{体系}+\Delta S_{环境}\geqslant 0\ \begin{matrix}自发\\平衡\end{matrix} \tag{7.7b}$$

在这里把克劳修斯不等式中的不可逆改为自发,把可逆改为平衡。如果着眼于过程进行的条件,则可区分为可逆与不可逆;如果着眼于过程进行的方向,则区分为自发与平衡。或者说在隔离系统内发生的不可逆过程,即是自发过程,而隔离系统内发生的可逆过程,因为无限缓慢,时刻处于无限接近平衡的状态,故认为系统处于平衡。

式(7.7)是判断过程是否自发进行的依据,因为是用熵变来判断的,故称为熵判据。熵判据表明隔离系统内发生的一切过程均使熵增大,隔离系统内绝对不可能发生熵减小的过程。因此熵判据又称为熵增原理。

熵增原理除了要求隔离系统以外,没有其他条件的限制。

2. 自发过程的微观本质

当气体向真空膨胀时,膨胀前气体分子仅在容器的一部分中运动,膨胀后分子的运动范围扩大了。从空间分布来看,膨胀后比膨胀前混乱程度增大了。

热从高温物体向低温物体传递,在传热前具有较高能量的分子较多地集中在高温物体一边,能量较低的分子较多地集中在低温物体一边,从能量分布来看,这是混乱程度较小的状态。传热过程中,不同能量的分子在相互碰撞中交换能量,向分布较混乱的状态转化,直至混乱度达到最大,即两物体温度相等为止。

我们知道,一切自发过程均与热功变换的不可逆性相联系。功是与大量粒子有方向性的运动相联系的,是有秩序的运动,而热是与大量粒子的无序运动有关的。故功变为热实质上是有序运动转化为无序运动。

综上所述,自发过程的微观本质是:隔离系统中发生的过程总是向微观粒子在空间分布与能量分布混乱程度增大的方向进行。

3. 化学变化的熵变量

一定温度和压力下物质的摩尔熵的绝对值无法测得。但是热力学上规定:1 摩尔某种聚集状态的纯物质处在 298 K、标准压力 $p^{\ominus}=100$ kPa 下的熵值称为标准摩尔熵,用符号 $S_m^{\ominus}(298\ K)$ 表示。附表中列有各种物质的 $S_m^{\ominus}(298\ K)$ 值。因此,可以用与计算化学反应热相类似的方法来计算化学反应的熵变量。如果化学反应处于 298 K 和 101 325 Pa 下,计算公式为:

$$\Delta S_{298}^{\ominus}=\sum \nu_B S_m^{\ominus}(B,298\ K) \tag{7.8}$$

如果计算在 101 325 Pa 和任意温度 T 下的反应,则熵变量为:

$$\Delta S^{\ominus}(T)=\Delta S^{\ominus}_{298}+\int_{298}^{T}\frac{\Delta C_p}{T}\mathrm{d}T \tag{7.9}$$

例 6 计算反应 C(石墨)+CO_2(g)→2CO(g)在下列条件下的熵变量：

(1) 298 K 和 101 325 Pa；

(2) 1 000 K 和 101 325 Pa。

解 (1)查得各物质的 $S^{\ominus}_{m}$(298 K)如下：

	C(石墨)	+	CO_2(g)→	2CO(g)
$S^{\ominus}_{m}$(298 K)/$J\cdot K^{-1}\cdot mol^{-1}$	5.694×1		213.65×1	197.907×2

所以

$$S^{\ominus}_{298}=197.907\times2-(5.694\times1+213.65\times1)=176.47(\mathrm{J\cdot K^{-1}})$$

(2) 查得各物质的摩尔热容如下：

$$C_{p,\mathrm{m(CO)}}=28.41+0.004\,10T-46\,000T^{-2}(\mathrm{J\cdot K^{-1}\cdot mol^{-1}})$$

$$C_{p,\mathrm{m(CO_2)}}=44.14+0.009\,04T-853\,000T^{-2}(\mathrm{J\cdot K^{-1}\cdot mol^{-1}})$$

$$C_{p,\mathrm{m(C)}}=17.15+0.004\,27T-879\,000T^{-2}(\mathrm{J\cdot K^{-1}\cdot mol^{-1}})$$

$$\Delta C_p=-4.47-0.005\,11T+1\,640\,000T^{-2}(\mathrm{J\cdot K^{-1}})$$

$$\Delta S^{\ominus}_{1\,000}=176.47+\int_{298}^{1\,000}\frac{1}{T}(-4.47-0.005\,11\,T+1\,640\,000\,T^{-2})\mathrm{d}T$$
$$=175.88(\mathrm{J\cdot K^{-1}})$$

思考与回答

请通过自学其他文献，谈谈你对熵和熵增加原理的理解。

(三) 吉布斯自由能

1. 吉布斯自由能

由热力学第一定律与热力学第二定律我们得到了热力学能与熵两个状态函数。利用这两个函数原则上可以解决热力学上的一般问题，例如能量变换、过程的方向与限度等。在热力学第一定律的应用中，为了方便处理问题，我们引入了焓这个状态函数。焓本身不是热力学第一定律的直接结果，但有了焓这个辅助函数，解决热化学方面的问题就方便多了。

当我们利用熵判据来解决变化过程的方向与限度时，系统必须是隔离的。对于一般系统必须同时考虑系统与环境的熵变，这是很不方便的。实际科研或生产上的许多变化是在等温，等温、等容或等温、等压条件下发生。能否利用系统自身的某些状态函数的变化值而不用考虑环境的特殊要求直接来判断这些变化的方向与限度呢？为了解决这个问题，亥姆霍兹与吉布斯分别引入两个新函数，分别作为等温、等容及等温、等压条件下过程的判据。与焓一样，它们都是辅助热力学函数。有了它们，处理问题将方便得多。本项目主要介绍吉布斯自由能。

吉布斯自由能简称自由能，用字母 G 表示。通过相关公式推导可得：

$$G=U+pV-TS=H-TS \tag{7.10}$$

$$\Delta G=\Delta H-T\Delta S \tag{7.11}$$

$$d_{T,p}G \leqslant 0 \begin{matrix}\text{自发过程}\\ \text{平衡状态}\end{matrix} \tag{7.12a}$$

或

$$\Delta_{T,p}G \leqslant 0 \begin{matrix}\text{自发过程}\\ \text{平衡状态}\end{matrix} \tag{7.12b}$$

由公式(7.12)可以看出：在恒温恒压无非体积功的系统中，自动过程总是向着自由能减小的方向进行，达到平衡时，自由能最小，这就是最小自由能原理。或者说，系统处于平衡状态的必要条件是 $d_{T,p}G=0$。

自由能的特点如下：

(1) 由定义式 $G=U+pV-TS=H-TS$ 知，因为 U、H、S 都是容量性质，所以 G 也是容量性质的状态函数，其值只与始态和终态有关，而与过程无关。

(2) $\Delta G=\Delta H-\Delta(TS)$ 对于封闭系统的任何过程都适用。

(3) $\Delta_{T,p}G$ 作为判据时必须满足恒温、恒压条件。只有在 $W'=0$ 时才可以用 $\Delta_{T,p}G\leqslant 0$ 来判断自发过程的方向和限度。

由公式(7.12b)可知 $\Delta_{T,p}G=0$ 是平衡的特征，换句话说，在恒温、恒压且不作体积功的条件下，判断过程的方向，只要看始态和终态的吉布斯自由能：$\Delta_r G_{终}<\Delta_r G_{始}$，过程自发进行；$\Delta_r G_{终}>\Delta_r G_{始}$，逆过程自发进行；$\Delta_r G_{终}=\Delta_r G_{始}$，系统处于平衡状态。

从某种意义上说，吉布斯自由能类似于推动流体流动的势能，它推动了某些化学热力学过程的进行。因此每摩尔纯物质的吉布斯自由能，即摩尔吉布斯自由能 G_m 也常被称为化学势。例如在 50 ℃、压力为 $p^{\ominus}$ 时，$\Delta_f G_m$(水)$<\Delta_f G_m$(水蒸气)，则水蒸气自发地凝结成水，而水不能蒸发变成水蒸气；在 100 ℃、压力为 $p^{\ominus}$ 时，$\Delta_f G_m$(水)$=\Delta_f G_m$(水蒸气)，则水蒸气与水处于平衡状态。

2. 化学变化的吉布斯自由能的计算

化学反应是在等温等压条件下进行的，且 $\Delta G=\Delta H-T\Delta S$。先计算化学反应的 ΔH 和 ΔS，再计算出 ΔG。

对于 298 K 和 101 325 Pa 下的化学反应，只要将有关数据直接代入上式即可求出。

例 7　求下列反应的 $\Delta_r G_m^{\ominus}$，并判断过程的方向。

$$CH_4(g)+2O_2(g)\rightarrow CO_2(g)+2H_2O(l)$$

有关热力学数据如下：

物质	$CH_4(g)$	$O_2(g)$	$CO_2(g)$	$H_2O(l)$
$\Delta_f H_m^{\ominus}/kJ\cdot mol^{-1}$	−74.85	0	−393.51	−285.8
$\Delta S_m^{\ominus}(298\ K)/J\cdot mol^{-1}\cdot K^{-1}$	186.19	205.02	213.64	69.92
$\Delta_f G_m^{\ominus}/kJ\cdot mol^{-1}$	−50.79	0	−394.38	−237.191

解　$\Delta H_{298}^{\ominus}=-393.51+2\times(-285.8)-(-74.85)=-890.34(kJ)$

$\Delta S_{298}^{\ominus}=213.64+2\times 69.92-186.19-2\times 205.02=-243(J\cdot K^{-1})$

$\Delta_r G_m^{\ominus}=\Delta H_{298}^{\ominus}-298\times\Delta S_{298}^{\ominus}=-890.34-298\times(-243\times 10^{-3})=-818(kJ)<0$

或者用 $\Delta G_{298}^{\ominus}=\sum_B \nu_B G_B$ 进行计算：

$\Delta G^{\ominus}_{298}=-394.38+2\times(-237.191)-(-50.79)=-818(\mathrm{kJ})$

由于 $\Delta G^{\ominus}_{298}<0$，说明在常温常压下，若反应物和产物均处于标准状态，则甲烷氧化成二氧化碳的反应是自发的。

对于任意温度和 101 325 Pa 下的化学反应，要先算出 $\Delta H^{\ominus}_{T}$ 和 $\Delta S^{\ominus}_{T}$，即：

$$\Delta H^{\ominus}_{T}=\Delta H^{\ominus}_{298}+\int_{298}^{T}\Delta C_p\mathrm{d}T$$

和

$$\Delta S^{\ominus}_{T}=\Delta S^{\ominus}_{298}+\int_{298}^{T}\frac{\Delta C_p}{T}\mathrm{d}T$$

然后代入 $\Delta G^{\ominus}_{T}=\Delta H^{\ominus}_{T}-T\Delta S^{\ominus}_{T}$。

例 8 计算反应 C(石墨)+CO_2(g)=2CO(g)在下列条件下的 ΔG，并判断反应能否自动进行。

(1)298 K，101 325 Pa；

(2)1 000 K，101 325 Pa。

解 (1)查得各物质的热力学数据如下：

	C(石墨)	+	CO_2(g)	=	2CO(g)
$\Delta H^{\ominus}_{\mathrm{m}}$(298K)/kJ	0		1×(−393.5)		2×(−110.53)
$S^{\ominus}_{\mathrm{m}}$(298)/J.K^{-1}	1×5.694		1×213.65		2×197.907

$C_{p,\mathrm{m}}(\mathrm{C})=17.15+0.004\,27T-879\,000T^{-2}(\mathrm{J\cdot K^{-1}\cdot mol^{-1}})$

$C_{p,\mathrm{m}}(\mathrm{CO_2})=44.14+0.009\,04T-853\,000T^{-2}(\mathrm{J\cdot K^{-1}\cdot mol^{-1}})$

$C_{p,\mathrm{m}}(\mathrm{CO})=28.41+0.004\,10T-46\,000T^{-2}(\mathrm{J\cdot K^{-1}\cdot mol^{-1}})$

于是

$$\Delta H^{\ominus}_{298}=2\times(-110.53)-1\times(-393.5)=172.45(\mathrm{kJ})=172\,450(\mathrm{J})$$

$$\Delta S^{\ominus}_{298}=2\times197.907-1\times5.694-1\times213.65=176.47(\mathrm{J\cdot K^{-1}})$$

故

$$\Delta G^{\ominus}_{298}=\Delta H^{\ominus}_{298}-298\times\Delta S^{\ominus}_{298}=172\,450-298\times176.47=119\,860(\mathrm{J})$$

(2)
$$\begin{aligned}\Delta C_p&=2\times C_{p,\mathrm{m}}(\mathrm{CO})-1\times C_{p,\mathrm{m}}(\mathrm{C})-1\times C_{p,\mathrm{m}}(\mathrm{CO_2})\\&=-4.47-0.005\,11T+1\,640\,000T^{-2}(\mathrm{J\cdot K^{-1}})\end{aligned}$$

故

$$\begin{aligned}\Delta H^{\ominus}_{1\,000}&=\Delta H^{\ominus}_{298}+\int_{298}^{1\,000}\Delta C_p\mathrm{d}T\\&=172\,450+\int_{298}^{1\,000}(-4.47-0.005\,11T+1\,640\,000T^{-2})\mathrm{d}T\\&=170\,840(\mathrm{J})\end{aligned}$$

$$\begin{aligned}\Delta S^{\ominus}_{1\,000}&=\Delta S^{\ominus}_{298}+\int_{298}^{1\,000}\frac{\Delta C_p}{T}\mathrm{d}T\\&=176.47+\int_{298}^{1\,000}\frac{1}{T}(-4.47-0.005\,11T+1\,640\,000T^{-2})\mathrm{d}T\\&=175.88(\mathrm{J\cdot K^{-1}})\end{aligned}$$

于是

$$\Delta G^{\ominus}_{1\,000}=\Delta H^{\ominus}_{1\,000}-1\,000\times\Delta S^{\ominus}_{1\,000}=170\,840-1\,000\times175.88=-5\,040(\mathrm{J})$$

可见,反应在 298 K 下不能自动向右进行,而在 1 000 K 下才能自动向右进行。

为了进一步理解焓、熵和吉布斯自由能等概念,现对式(7.12)进行一些分析。式(7.12)表明,吉布斯自由能的变化是由两项决定的,一项是焓变 ΔH,另一项是与熵有关的 $T\Delta S$。焓和熵对化学反应进行的方向和限度都产生影响,只是在不同的条件下产生影响的大小不同而已。若系统进行某一过程时焓减少(即放热反应,$\Delta H<0$),则有利于吉布斯自由能的降低,若系统的熵增加($\Delta S>0$),也有利于吉布斯自由能的降低。因此,假若是一个减焓和增熵的过程,此过程必然是自动进行。若是焓减和熵减的过程,或者是焓增和熵增的过程,则要看这两种因素产生影响的相对大小才能确定过程是否自动进行。反应的吉布斯自由能变化虽然包含了焓因素和熵因素两个方面,有时熵因素作用不大,故吉布斯自由能的变化主要决定于焓因素;也有时焓因素作用不大,故吉布斯自由能的变化主要决定于熵因素。这两种因素的作用不同,反映了化学反应的方向和限度不同。从例 8 的计算可以看出,当温度为 298 K 时,焓因素是主要方面,即 ΔH 项远超过 $T\Delta S$ 项,因此,吉布斯自由能的变化主要取决于焓因素。在这里温度条件是主要的,可以提高反应的温度,使 $T\Delta S$ 项超过 ΔH 项,从而使主要方面发生变化。计算表明,超过 1 000 K 时,ΔH 与 $T\Delta S$ 就为负值了。生产中常靠升温或其他办法来增加产物的量,就是这个道理。

阅读材料

麦克斯韦妖的启示

在 1867 年麦克斯韦写给泰特(Tait)的一封信中,他设想了一种方式,在外界没有给系统输入功的情况下,热物体能够从冷物体获得热。他设想用一个膜片把容器分成 A 和 B 两个部分,假设 A 中气体的温度比 B 中气体的温度高。然后,他又设想了一个能够见到单个分子的极小的生物,如图 7.5 所示。后来威廉·汤姆逊用"精灵"这个词来表示这个极小的生物,后人又把它称为"麦克斯韦妖"。这个精灵像操作阀门一样能够打开和关闭在膜片上的小孔,可以任意地允许分子从 A 和 B 通过这个小孔,而且有选择地只让 B 中速度快的分子进入 A,而慢分子进入 B。其结果是 A 中的能量增加,B 中的能量减少;热物体变得更热,冷物体变得更冷。这样,它将在不消耗功的情形下,只用一个观察力极其敏锐的,且能熟练拨开小孔的极为灵敏的精灵,就能将热量从冷物体送到热物体。

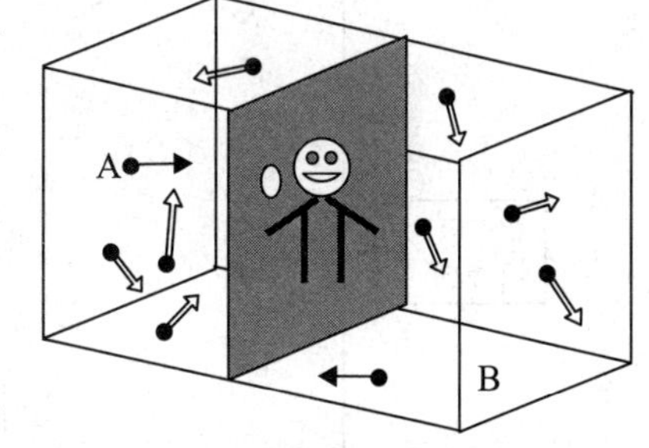

图 7.5 麦克斯韦的设想

麦克斯韦提出这个机智的论据的用意是什么呢?他的用意是要表明热力学第二定律是描述大量分子系统性质的统计性规律,而不是描述单个分子的行为。上述单个分子从冷物体流向热物体的过程是在分子级别上自发出现的。在不断出现的单个分子的自发涨落中,通过分子的无规律运动,快分子从冷物体运动到热物体,这种随机的涨落并没有违反热力学第二定律,因为热力学第二定律描述的是明显的热流,而不是分子的随机涨落。

麦克斯韦妖不但以鲜明的图像澄清了热力学第二定律的一些疑团,更重要的是揭示了熵与信息之间的联系,成为信息论这一门学科的先导。

在前述麦克斯韦妖的操作过程中，首先这个妖要能够看得见运动的分子，并能够判断其运动速度，当麦克斯韦妖接收到有关分子运动的信息之后，再通过操作阀门来使快、慢分子分离，来减少系统的熵。信息的取得会导致系统中熵的增大，而操作阀门减少的熵，就数量而言，并不能超过前者。因此包含这两个步骤全过程的总熵还是增加的。布里渊认为，有关熵减过程，是由于信息对麦克斯韦妖的作用引起的，故信息应视为系统熵的负项，即信息是负的熵。正是由于这个负熵的作用，才使系统的熵减小，但若包括所有的过程，总熵依然是有所增加的。这充分说明，麦克斯韦妖只能并且必须是一个可以从外部引入负熵的开放系统，正因为如此，它并不违背热力学第二定律。

这里，信息与负熵相当，信息的失去为负熵的增加所补偿，因而使系统的熵减少。从麦克斯韦妖可知，若要不作功而使系统熵减少，就意味着必须获得信息，即吸取外界的负熵。（来源：http://chem. xmu. edu. cn/teach/chemistry-net-teaching/wuhua/chapter3/part12/12-1. html）

项 目 小 结

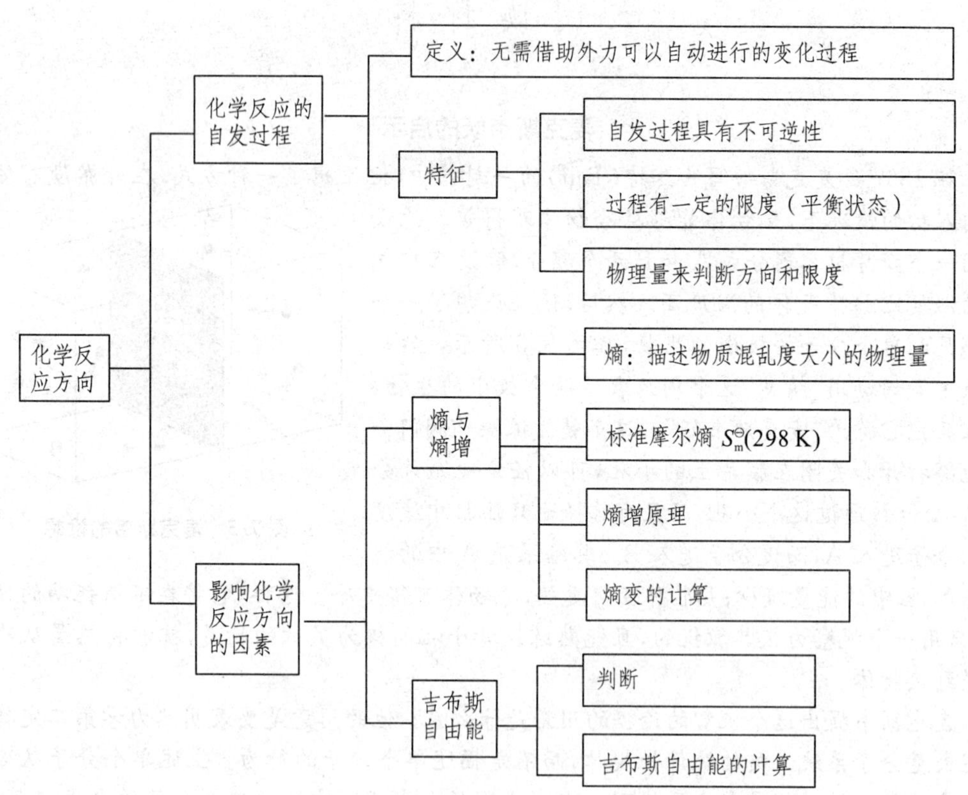

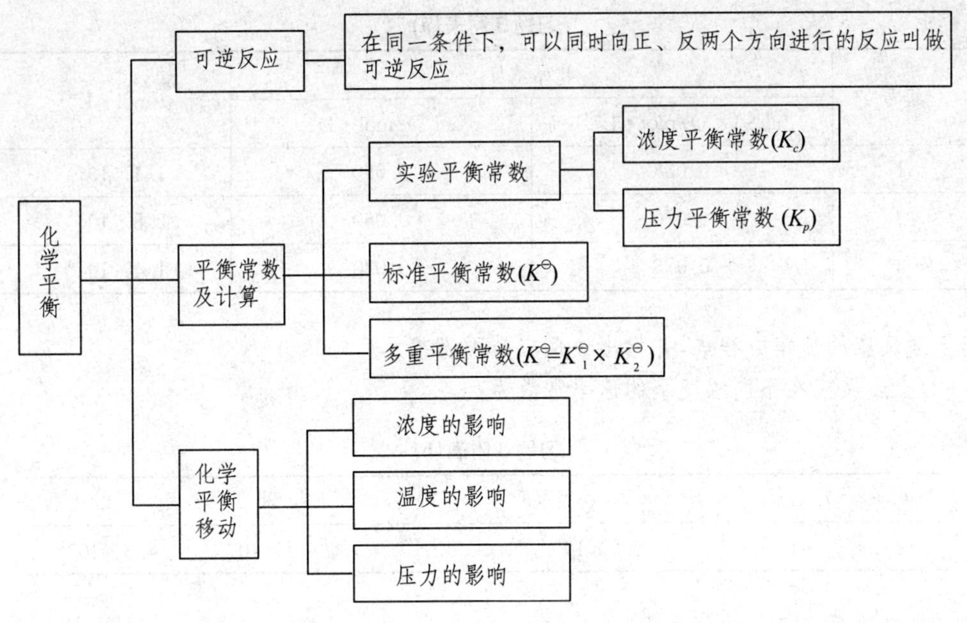

习　　题

一、填空题

1. 一个正在进行的反应，随着反应的进行，反应物的自由能必然______，而生成物的自由能____，当达到________时，宏观上反应就不再向一个方向进行了。

2. 热力学体系的______过程，状态函数的变化一定为零。

二、计算题

1. 已知：

$C(s)+O_2(g)\rightarrow CO_2(g)$　　　$\Delta_r H_{m,1}=-393.5\ kJ\cdot mol^{-1}$

$CO(g)+\frac{1}{2}O_2(g)\rightarrow CO_2(g)$　　　$\Delta_r H_{m,2}=-283.0\ kJ\cdot mol^{-1}$

求：

$C(s)+\frac{1}{2}O_2(g)\rightarrow CO(g)$　　　$\Delta_r H_{m,3}=$______ $kJ\cdot mol^{-1}$

2. 反应 $2NO(g)+2H_2(g)\rightleftharpoons N_2(g)+2H_2O(g)$的速率方程为：

$$v=k[p(NO)]^2\cdot[p(H_2)]^2$$

试讨论下列变化对NO反应速率有何影响：

(1)NO的分压增加1倍；　　(2)有催化剂存在；

(3)温度降低；　　(4)反应容器的体积增大1倍。

3. (1)反应 $S_2O_8^{2-}+3I^-\rightleftharpoons 2SO_4^{2-}+I_3^-$ 在室温下实验测得如下数据：

习题 3 附表(a)

编号	起始浓度		v/mol·L^{-1}
	$c(S_2O_8^{2-})$/mol·L^{-1}	$c(I^-)$/mol·L^{-1}	
1	0.038	0.060	1.4×10^{-5}
2	0.076	0.060	2.8×10^{-5}
3	0.076	0.030	1.4×10^{-5}

写出上述反应的速率方程式，并指出该反应是否为基元反应。

(2)上述反应在不同温度下的速率常数为：

习题 3 附表(b)

t/℃	0	10	20	30
k/mol^{-3}·L^{3}·s^{-1}	8.2×10^{-4}	2.0×10^{-3}	4.1×10^{-3}	8.3×10^{-3}

该反应是吸热反应还是放热反应？

4. 在 1 000 K 时，反应 $CO(g)+H_2O(g)\rightleftharpoons CO_2(g)+H_2(g)$ 的 $K^{\ominus}=1.43$，若该反应在 600 kPa 下进行，则

(1) 当 H_2O 与 CO 的物质的量之比为 1 时，CO 的转化率为多少？

(2) 当 H_2O 与 CO 的物质的量之比为 5 时，CO 的转化率为多少？

(3) 根据计算结果，能得到什么结论？

5. 在 1 000 ℃及总压力为 3 000 kPa 下，反应：

$$CO_2(g)+C(s)\rightleftharpoons 2CO(g)$$

达到平衡时，CO_2 的摩尔分数为 0.17。求当总压减至 2 000 kPa 时，CO_2 的摩尔分数为多少？由此可以得出什么结论？

6. 在 373 K 时，酒精和醋酸可按下式反应：

$$C_2H_5OH(l)+CH_3COOH(l)=CH_3COOC_2H_5(l)+H_2O(l)$$

如果 C_2H_5OH 和 CH_3COOH 的起始浓度均为 3.0 mol·L^{-1}，当它们的转化率为66.7%时反应达到平衡，求反应的标准平衡常数 $K^{\ominus}$。

7. 已知：反应 $N_2O_4(g)\rightleftharpoons 2NO_2(g)$在总压为 101.3 kPa 和 325 K 达平衡时，N_2O_4 的解离度为 50.2%。试求：

(1) 反应的 $K^{\ominus}$；

(2) 相同温度下，若压力变为 5×101.3 kPa，求 N_2O_4 的解离度。

8. 写出下列反应的标准平衡常数 $K^{\ominus}$ 的表达式：

(1) $CH_4(g)+H_2O(g)\rightleftharpoons CO(g)+3H_2(g)$；

(2) $CaCO_3(s)\rightleftharpoons CaO(s)+CO_2(g)$；

(3) $Zn(s)+2H^+(aq)\rightleftharpoons Zn^{2+}(aq)+H_2(g)$。

模块三　化学反应类型

- 项目八　酸碱反应和沉淀反应
- 项目九　电化学与氧化还原反应
- 项目十　配位反应

项目八　酸碱反应和沉淀反应

学习目标

(1) 掌握酸碱的解离理论和水的解离反应；
(2) 掌握解离平衡和解离常数概念；
(3) 掌握一元弱酸或弱碱溶液中离子浓度的计算；
(4) 掌握解离平衡和解离常数；
(5) 熟知缓冲溶液的缓冲作用的原理；
(6) 掌握盐类的水解反应和水解常数的计算；
(7) 掌握溶度积的概念并会对AB型的难溶强电解质溶液中的相关离子浓度进行计算。

任务一　水的解离反应和溶液的酸碱性

一、酸碱的解离理论

1884年，瑞典化学家阿仑尼乌斯(S. A. Arrhenius，1859～1927年)提出酸碱理论，他认为：酸是在水溶液中解离产生的阳离子全部是氢离子(H^+)的化合物；碱是在水溶液中解离产生的阴离子全部是氢氧根离子(OH^-)的化合物。酸碱中和反应的实质就是H^+和OH^-结合为H_2O的反应。酸碱的相对强弱可以根据它们在水溶液中电离出H^+或OH^-程度的大小来衡量。

二、水的解离反应

用精密的电导仪测量，发现纯水有极微弱的导电能力。其原因是水有微弱的解离，使纯水中存在极微量的H_3O^+和OH^-。经实验测知，298.15 K时，纯水中$c(H^+)$和$c(OH^-)$均为$1.0\times10^{-7}\ mol\cdot L^{-1}$。研究揭示，在纯水或稀溶液中，存在着水的解离平衡：

$$H_2O(l) \rightleftharpoons H^+(aq) + OH^-(aq)$$

而且

$$\frac{c(H^+)}{c^\ominus}\cdot\frac{c(OH^-)}{c^\ominus} = K_w^\ominus \tag{8.1}$$

$K_w^\ominus$称为水的离子积。$K_w^\ominus$与其他平衡常数一样，是温度的函数。不同温度下水的离子积见表8.1。

表 8.1　不同温度下水的离子积

t/℃	5	10	20	25	50	100
$K_w^\ominus/10^{-14}$	0.185	0.292	0.681	1.007	5.47	55.1

三、溶液的酸碱性和 pH

溶液的酸碱性取决于溶液中$c(H^+)$与$c(OH^-)$的相对大小：

酸性溶液　$c(H^+)>1.0\times10^{-7}\ mol\cdot L^{-1}>c(OH^-)$

纯水(或中性溶液)　$c(H^+)=1.0\times10^{-7}\ mol\cdot L^{-1}=c(OH^-)$

碱性溶液　$c(H^+)<1.0\times10^{-7}\ mol\cdot L^{-1}<c(OH^-)$

当溶液中$c(H^+)$或$c(OH^-)$小于 1 $mol\cdot L^{-1}$时，用浓度直接表示溶液的酸碱性显得不方便，可采用 pH 表示：

$$pH=-\lg\{c(H^+)/c^\ominus\},\quad pOH=-\lg\{c(OH^-)/c^\ominus\}$$

在 25 ℃时，根据式(8.1)及$K_w^\ominus=1.0\times10^{-14}$，可知：

$$\frac{c(H^+)}{c^\ominus}\cdot\frac{c(OH^-)}{c^\ominus}=1.0\times10^{-14}=14$$

所以

$$pH+pOH=-\lg1.0\times10^{-14}=14$$

则

$$pH=14-pOH$$

由上述可知：酸性溶液的 pH<7；纯水(或中性溶液)的 pH=7；碱性溶液的 pH>7。

例 1　比较下列溶液的 pH：

(1) 0.10 $mol\cdot L^{-1}$的 HOAc 溶液中$c(H^+)=1.34\times10^{-3}\ mol\cdot L^{-1}$；

(2) 纯水；

(3) 0.10 $mol\cdot L^{-1}$ $NH_3\cdot H_2O$溶液中$c(OH^-)=1.32\times10^{-3}\ mol\cdot L^{-1}$。

解　(1)$pH=-\lg\{c(H^+)/c^\ominus\}=-\lg1.34\times10^{-3}=2.87$；

(2) 在纯水中，$c(H^+)=1.0\times10^{-7}\ mol\cdot L^{-1}$，$pH=-\lg\frac{c(H^+)}{c^\ominus}=-\lg1.0\times10^{-7}=7.0$；

(3) $pH=14-pOH=14+\lg\{c(OH^-)/c^\ominus\}=14+\lg 1.32\times10^{-3}=11.12$。

思考与回答

什么是水的离子积?

任务二 弱电解质的解离平衡

一、解离平衡和解离常数

根据阿仑尼乌斯电离理论，弱电解质在水溶液中是部分解离的，在溶液中存在已解离的弱电解质的组分离子和未解离的弱电解质分子之间的平衡，这种平衡称为解离平衡。例如一元弱酸(HA)在水溶液中存在解离平衡：

$$HA(aq) \rightleftharpoons H^+(aq) + A^-(aq)$$

根据化学平衡原理，可以写出一元弱酸(HA)解离平衡常数的表达式：

$$K_i(HA) = \frac{c(H^+)c(A^-)}{c(HA)} \quad 或 \quad K_i^{\ominus}(HA) = \frac{\{c(H^+)/c^{\ominus}\}\{c(A^-)/c^{\ominus}\}}{c(HA)/c^{\ominus}}$$

式中，$c(H^+)$，$c(A^-)$，$c(HA)$分别表示解离平衡时 H^+、A^-、HA 的浓度，其单位为 $mol \cdot L^{-1}$。K_i 为 HA 的实验解离常数；$K_i^{\ominus}$ 为 HA 的标准解离常数，考虑到 $c^{\ominus} = 1.0\ mol \cdot L^{-1}$，本书后面书写的解离平衡常数表达式中，有时不再出现 $c^{\ominus}$项。而且，无论是实验的还是标准的解离平衡常数，一律以 $K_i^{\ominus}$ 表示。为演算简便起见，HA 的解离平衡常数表达式可简写为

$$K_i^{\ominus}(HA) = \frac{c(H^+)c(A^-)}{c(HA)} \tag{8.2}$$

一般以 $K_a^{\ominus}$ 表示弱酸的解离常数，$K_b^{\ominus}$ 表示弱碱的解离常数。解离常数 $K_i^{\ominus}$ 是表征弱电解质解离程度大小的特性常数；$K_i^{\ominus}$ 越小，表示弱电解质解离越困难，即电解质越弱。一般把 $K_i^{\ominus} \leqslant 10^{-4}$的电解质称为弱电解质；$K_i^{\ominus} = 10^{-2} \sim 10^{-3}$的电解质称为中强电解质。

解离常数 $K_i^{\ominus}$ 具有一般平衡常数的特性，它与浓度无关，与温度有关。但是，温度对 $K_i^{\ominus}$ 的影响不显著，室温下研究解离平衡时，一般可以不考虑温度对 $K_i^{\ominus}$ 的影响。

由于实验方法和实验条件差别，通过实验测得的解离常数之间可能略有不同，而且与利用热力学数据计算求得的 $K_i^{\ominus}$ 未必完全吻合。但是，考虑到 $K_i^{\ominus}$ 与 K_i 实际上相差不大，在粗略计算时常常可以混用。

二、解离度和稀释定律

(一) 解离度

弱电解质在溶剂中解离达平衡后，已解离的弱电解质分子百分数，称为解离度。

$$解离度(\alpha) = \frac{解离部分弱电解质浓度}{未解离前弱电解质浓度} \times 100\%$$

解离度是表征弱电解质解离程度大小的特征常数，在温度、浓度相同的条件下，α 越小，电解质越弱。

(二) 稀释定律

通过推导，可以得出

$$K_i^{\ominus}=\frac{\alpha^2}{1-\alpha}\frac{c}{c^{\ominus}}\approx\left(\frac{c}{c^{\ominus}}\right)\alpha^2,\qquad \alpha\approx\sqrt{\frac{K_i^{\ominus}}{c/c^{\ominus}}} \tag{8.3}$$

从式(8.3)可见，浓度越小，解离度越大。这种关系称之为稀释定律。

由于α随c而变，而$K_i^{\ominus}$不随c而变，因此，$K_i^{\ominus}$能更本质地反映弱电解质的解离特性。

三、弱酸或弱碱溶液中离子浓度的计算

若已知溶液的浓度及该浓度下弱电解质的解离度，即可计算弱电解质溶液的离子浓度。例如，任何 HA 型弱酸，若其$K_i^{\ominus}\gg K_w^{\ominus}$，且其浓度$c$不很小，则水的解离可忽略，达解离平衡时：

$$\begin{array}{llll} & HA & \rightleftharpoons H^+ & + \ A^- \\ \text{平衡浓度}/mol\cdot L^{-1} & c(1-\alpha) & c\alpha & c\alpha \end{array}$$

如果$\left(\frac{c}{c^{\ominus}}\right)/K_a^{\ominus}\geqslant 500$，$c(H^+)\ll c$，$c-c(H^+)\approx c$，则

$$K_a^{\ominus}=\frac{\{c(H^+)/c^{\ominus}\}^2}{\{c-c(H^+)\}/c^{\ominus}}\approx\frac{c^2(H^+)}{c\cdot c^{\ominus}}$$

$$c(H^+)\approx\sqrt{\frac{c}{c^{\ominus}}\cdot K_a^{\ominus}} \tag{8.4}$$

$$pH=-\lg\sqrt{\left(\frac{c}{c^{\ominus}}\right)K_a^{\ominus}}=\frac{1}{2}\left\{pK_a^{\ominus}+p\left(\frac{c}{c^{\ominus}}\right)\right\} \tag{8.5}$$

式(8.4)、式(8.5)是计算 HA 型弱酸溶液中$c(H^+)$和 pH 最常用的近似公式。

同理可以推得，在 BOH 型弱碱溶液中：

$$c(OH^-)\approx\sqrt{\frac{c}{c^{\ominus}}\cdot K_b^{\ominus}} \tag{8.6}$$

$$pOH=\frac{1}{2}\left\{pK_b^{\ominus}+p\left(\frac{c}{c^{\ominus}}\right)\right\} \tag{8.7}$$

$$pH=14-\frac{1}{2}\left\{pK_b^{\ominus}+p\left(\frac{c}{c^{\ominus}}\right)\right\} \tag{8.8}$$

例 2　计算 0.100 $mol\cdot L^{-1}$氨水溶液中的$c(OH^-)$、pH 和$NH_3\cdot H_2O$的解离度(α)，已知$K_b^{\ominus}(NH_3\cdot H_2O)=1.8\times10^{-5}$。

解　已知$K_b^{\ominus}(NH_3\cdot H_2O)=1.8\times10^{-5}$，$K_w^{\ominus}=1.0\times10^{-14}$，因为$K_b^{\ominus}(NH_3\cdot H_2O)\gg K_w^{\ominus}$，所以可忽略水的解离，作近似计算。

设$c(OH^-)=x\ mol\cdot L^{-1}$

$$\begin{array}{lccc} & NH_3\cdot H_2O & \rightleftharpoons NH_4^+ & +OH^- \\ \text{平衡浓度}/mol\cdot L^{-1} & 0.100-x & x & x \end{array}$$

$$K_b^{\ominus}=\frac{c(NH_4^+)c(OH^-)}{c(NH_3\cdot H_2O)}=\frac{x\cdot x}{0.100-x}=1.8\times10^{-5}$$

因为

$$\frac{c/c^{\ominus}}{K_b^{\ominus}(NH_3\cdot H_2O)}=\frac{0.100}{1.8\times10^{-5}}>500$$

所以可忽略$NH_3\cdot H_2O$的解离量x，则$0.100-x\approx0.100$，解出

$$x=1.34\times10^{-3}$$

$$c(OH^-)=1.34\times10^{-3}\ mol\cdot L^{-1}$$

$$c(H^+)=\frac{1.0\times10^{-14}\cdot(c^\ominus)^2}{1.34\times10^{-3}}=7.5\times10^{-12}\ mol\cdot L^{-1}$$

$$pH=-\lg\frac{c(H^+)}{c^\ominus}=-\lg(7.5\times10^{-12})=11.12$$

$$\alpha=\frac{c_\alpha}{c}\times100\%=\frac{1.34\times10^{-3}}{0.100}\times100\%=1.34\%$$

四、解离平衡的移动——同离子效应

解离平衡和其他平衡一样，当维持平衡体系的外界条件发生改变时，会引起解离平衡的移动，其移动规律同样符合勒夏特列原理。

在 HOAc 溶液中，若加入与 HOAc 含有相同离子(如 OAc^-)的易溶强电解质 NaOAc，由于溶液中 $c(OAc^-)$的增大，会导致 HOAc 解离平衡逆向移动。

$$HOAc \rightleftharpoons H^+ + OAc^-$$

$$\xleftarrow{\text{平衡移动方向}}$$

$$NaOAc \longrightarrow Na^+ + OAc^-$$

达到新平衡时，溶液中 c(HOAc)比原平衡中 c(HOAc)大，即 HOAc 的解离度降低了。同理，若在 $NH_3\cdot H_2O$ 溶液中加入铵盐(如 NH_4Cl)，也会使 $NH_3\cdot H_2O$ 的解离度降低。

这种在弱电解质溶液中，加入含有相同离子的易溶的强电解质，使弱电解质解离度降低的现象称为同离子效应。通过例题来定量地理解同离子效应并学习相关的计算。

例 3 在 0.100 mol·L^{-1} HOAc 溶液中，加入固体 NaOAc 使其浓度为0.100 mol·L^{-1}，求此混合溶液中$c(H^+)$和 HOAc 的解离度，并与 0.100 mol·L^{-1}溶液中的 $c(H^+)$和 HOAc 的解离度加以比较。

解 NaOAc 为强电解质，在水中完全解离，因此由 NaOAc 解离所提供的 $c(OAc^-)=0.100\ mol\cdot L^{-1}$。

	HOAc $\rightleftharpoons$	H^+ +	OAc^-
平衡浓度/mol·L^{-1}	$0.100-x$	x	$0.100+x$

$$\frac{c(H^+)c(OAc^-)}{c(HOAc)}=K_a^\ominus(HOAc)$$

$$\frac{x(0.100+x)}{0.100-x}=1.8\times10^{-5}$$

因为 $\frac{c/c^\ominus}{K_a^\ominus}=\frac{0.100}{1.8\times10^{-5}}>500$，再加上同离子效应的作用，HOAc 的解离度更小。所以

$$0.100-x\approx0.100,\ 0.100+x\approx0.100$$

故上式可改写为

$$\frac{x\times0.100}{0.100}=1.8\times10^{-5}$$

$$c(H^+)\approx1.8\times10^{-5}\ mol\cdot L^{-1}$$

$$\alpha_1=\frac{1.8\times10^{-5}}{0.100}\times100\%=1.8\times10^{-2}\%$$

而未加 NaOAc 时，在 0.100 mol·L^{-1}HOAc 溶液中：

$$c(H^+)=1.34\times10^{-3}\text{mol}\cdot L^{-1}$$

$$\alpha_2=1.34\%$$

计算结果表明，由于同离子效应，$c(H^+)$和 HOAc 的解离度都大大降低。在生产和实验中可以利用同离子效应调节溶液的酸碱性；控制弱酸溶液中酸根离子的浓度（如 H_2S，$H_2C_2O_4$，H_3PO_4 等溶液中 S^{2-}，$C_2O_4^{2-}$ 和 PO_4^{3-} 的浓度），使某些金属离子沉出，另一些离子不沉出，从而达到分离提纯的目的。

五、缓冲溶液

一般的水溶液若受到酸、碱或水的作用，其 pH 易发生明显变化，但许多化学反应和生产过程常要求在一定的 pH 范围内才能进行或进行得比较完全。那么怎样的溶液才具有维持自身 pH 范围不变的作用呢？实践发现，弱酸与弱酸盐、弱碱与弱碱盐等混合液具有这种作用。具有保持 pH 相对稳定作用的溶液称为缓冲溶液。

现以 HOAc－NaOAc 组成的缓冲溶液为例，说明缓冲作用的原理。

这种缓冲溶液的特点是，体系中同时含有相当大量的 HOAc 和 OAc^-，并存在着 HOAc 的解离平衡：

$$\xrightarrow{\text{外加适量的碱}(OH^-)\text{，平衡向右移动}}$$

$$\begin{array}{cccc} HOAc & \rightleftharpoons & H^+ & + & OAc^- \\ \text{大量} & & \text{极小量} & & \text{大量} \end{array}$$

$$\xleftarrow[\text{外加适量的酸}(H^+)\text{，平衡向左移动}]{}$$

根据平衡移动原理，当外加适量酸时，溶液中的 OAc^- 瞬间即与外加 H^+ 结合成 HOAc；当外加适量碱时，溶液中未解离的 HOAc 就继续解离以补充 H^+ 的消耗，从而使溶液的 pH 基本不变。根据式：

$$c(H^+)=\frac{K^\ominus(HOAc)\cdot c(HOAc)}{c(OAc^-)}$$

当适当稀释此溶液时，由于 $c(HOAc)$、$c(OAc^-)$以同等倍数下降，而比值$\frac{c(HOAc)}{c(OAc^-)}$不变，因此 pH 也不变（当缓冲溶液浓度$>10^{-3}$ mol·L^{-1}，稀释倍数不过大时）。

除弱酸和弱酸盐、弱碱和弱碱盐可组成缓冲溶液外，由多元弱酸所组成的两种不同酸度的盐如 $NaHCO_3-Na_2CO_3$ 的混合溶液等也有缓冲作用，其中 HCO_3^-、H_2CO_3 起着弱酸的作用。

前面讨论的缓冲溶液都含有两种物质，一种是能抵消酸（H^+）的物质，另一种是能抵消碱（OH^-）的物质，两种物质合称缓冲混合物。但是实践中有时只需对 H^+ 或对 OH^- 有抵消作用即可，由此可以根据需要选用合适的弱碱（或弱酸盐）作为对酸的缓冲剂；选用合适的弱酸（或弱碱盐）作为对碱的缓冲剂。如在电镀等工业上常选用单一的 H_3BO_3、HOAc、柠檬酸、酒石酸、NaOAc、NaF 等作为缓冲剂。

含有缓冲混合物的缓冲溶液实际上就是含有同离子的弱酸或弱碱溶液，因此其 pH 的计算方法与同离子效应的计算方法相同。

缓冲溶液不仅在化学、化工生产中，而且在生命活动方面都有极其重要的意义。例如人体血液中由于含有 $H_2CO_3-NaHCO_3$，$NaH_2PO_4-Na_2HPO_4$ 等缓冲溶液，使人体血液的 pH 维持在 7.35～7.45 之间，保证了细胞代谢的正常进行和整个机体的生存。

思考与回答

1. 什么是弱电解质的解离度？

2. 说明缓冲溶液缓冲作用的原理。

3. 计算下列溶液的 $c(H^+)$、$c(OH^-)$ 及 pH。

(1) 0.010 $mol \cdot L^{-1}$ NaOH；

(2) 0.050 $mol \cdot L^{-1}$ HOAc。

4. 某浓度为 0.10 $mol \cdot L^{-1}$ 的一元弱酸溶液，其 pH 为 2.77，求这一弱酸的解离常数及该条件下的解离度。

任务三　盐类的水解反应

一、水解反应和水解常数

（一）水解反应

盐类的水解反应，是指盐的组分离子与水解离出来的 H^+ 和 OH^- 结合成弱电解质的反应，它是中和反应的逆反应。

(1) 强碱弱酸盐：例如 NaOAc 在水溶液中的水解过程可以表示如下：

$$\begin{array}{ccccc} NaOAc & \longrightarrow & Na^+ & + & OAc^- \\ & & & & + \\ H_2O & \rightleftharpoons & OH^- & + & H^+ \\ & & & & \Updownarrow \\ & & & & HOAc \end{array}$$

其离子方程式为

$$OAc^- + H_2O \rightleftharpoons HOAc + OH^-$$

由此可见，强碱弱酸盐（如 NaOAc）的水解实际上只是其阴离子（如 OAc^-）发生水解，使溶液呈碱性。

(2) 强酸弱碱盐：例如 NH_4Cl 在水溶液中的水解过程如下：

$$
\begin{array}{lcl}
NH_4Cl & \longrightarrow & NH_4^+ \ + \ Cl^- \\
 & & + \\
H_2O & \rightleftharpoons & OH^- \ + \ H^+ \\
 & & \Updownarrow \\
 & & NH_3 \cdot H_2O
\end{array}
$$

其离子方程式为

$$NH_4^+ + H_2O \rightleftharpoons NH_3 \cdot H_2O + H^+$$

可见,强酸弱碱盐(如 NH_4Cl)的水解实际上是其阳离子(如 NH_4^+)发生水解,使溶液呈酸性。

(3) 弱酸弱碱盐:弱酸弱碱盐解离出来的阴、阳离子均能发生水解,例如 AB 型弱酸弱碱盐的水解:

$$A^+ + B^- + H_2O \rightleftharpoons \underset{(弱酸)}{HB} + \underset{(弱碱)}{AOH}$$

弱酸弱碱盐溶液的酸碱性视水解产物的 $K_a^\ominus(HB)$ 和 $K_b^\ominus(AOH)$ 的相对大小而定。例如:

NH_4F:　$NH_4^+ + F^- + H_2O \rightleftharpoons NH_3 \cdot H_2O + HF$

$K_a^\ominus(HF) > K_b^\ominus(NH_3 \cdot H_2O)$　显酸性

NH_4OAc:　$NH_4^+ + OAc^- + H_2O \rightleftharpoons NH_3 \cdot H_2O + HOAc$

$K_a^\ominus(HOAc) \approx K_b^\ominus(NH_3 \cdot H_2O)$　基本显中性

NH_4CN:　$NH_4^+ + CN^- + H_2O \rightleftharpoons NH_3 \cdot H_2O + HCN$

$K_a^\ominus(HCN) < K_b^\ominus(NH_3 \cdot H_2O)$　显碱性

(二) 水解常数

水解反应与 H_2O 的解离平衡和弱酸(或弱碱)的解离平衡有关。例如强碱弱酸盐($NaOAc$)的水解反应式可由下列两个解离平衡式相减得到:

$$H_2O \rightleftharpoons OH^- + H^+ \qquad K_w^\ominus$$

$$HOAc \rightleftharpoons H^+ + OAc^- \qquad K_a^\ominus$$

$$OAc^- + H_2O \rightleftharpoons HOAc + OH^- \qquad K_h^\ominus$$

$$\frac{\{c(HOAc)/c^\ominus\} \cdot \{c(OH^-)/c^\ominus\}}{\{c(OAc^-)/c^\ominus\}} = K_h^\ominus = \frac{K_w^\ominus}{K_a^\ominus} \tag{8.9}$$

$K_h^\ominus$ 是水解反应的平衡常数,称为水解常数。

同理,可推得一元弱碱强酸盐水解常数关系式为

$$K_h^\ominus = \frac{K_w^\ominus}{K_b^\ominus} \tag{8.10}$$

一元弱酸弱碱盐水解常数关系式为

$$K_h^\ominus = \frac{K_w^\ominus}{K_a^\ominus K_b^\ominus} \tag{8.11}$$

各种水解反应的水解常数 $K_h^\ominus$ 没有现成数据可查,需要通过计算求得。$K_h^\ominus$ 值越大,表示相应盐的水解程度越大。

盐类的水解程度，可以用水解度(h)来衡量：

$$\text{水解度}(h)=\frac{\text{盐水解部分的“物质的量”或浓度}}{\text{始态盐的“物质的量”或浓度}}\times 100\%$$

二、分步水解

与多元弱酸(或多元弱碱)的分步解离相对应，多元弱酸盐(或多元弱碱盐)的水解也是分步进行的。例如 Na_2S 的水解是分两步进行的，其分步水解常数逐级减小。因此，其溶液的酸碱性一般只考虑第一步水解即可。

$$S^{2-}+H_2O \rightleftharpoons HS^-+OH^- \qquad K^{\ominus}_{h,1}$$

$$HS^-+H_2O \rightleftharpoons H_2S+OH^- \qquad K^{\ominus}_{h,2}$$

根据多重平衡可推知，其两级水解常数分别为

$$K^{\ominus}_{h,1}=\frac{K^{\ominus}_w}{K^{\ominus}_{a,2}(H_2S)}=\frac{1.0\times 10^{-14}}{1.3\times 10^{-13}}=7.7\times 10^{-2}$$

$$K^{\ominus}_{h,2}=\frac{K^{\ominus}_w}{K^{\ominus}_{a,1}(H_2S)}=\frac{1.0\times 10^{-14}}{1.1\times 10^{-7}}=9.1\times 10^{-8}$$

由此可见，多元弱酸盐(或多元弱碱盐)的水解同多元弱酸(或多元弱碱)分步解离一样，也是逐步减小的。由于 $K^{\ominus}_{h,2}\ll K^{\ominus}_{h,1}$，因此在计算多元弱酸盐或多元弱碱盐溶液中的 $c(H^+)$ 或 $c(OH^-)$ 时一般只需考虑第一步水解即可。

三、盐溶液 pH 的近似计算

盐溶液 pH 的计算，虽属水解平衡计算范畴，但只要计算出盐的水解常数，具体方法与解离平衡计算相同。

例 4　计算 0.10 mol・L^{-1} NH_4Cl 溶液的 pH 和水解度。

解

$$NH_4^+ + H_2O \rightleftharpoons NH_3\cdot H_2O + H^+$$

$$K^{\ominus}_h=\frac{K^{\ominus}_w}{K^{\ominus}_b}=\frac{1.0\times 10^{-14}}{1.8\times 10^{-5}}=5.6\times 10^{-10}$$

因为 $K^{\ominus}_h \gg K^{\ominus}_w$，所以可以忽略 H_2O 解离所提供的 H^+。设达平衡时，$c(H^+)=x$ mol・L^{-1}。

	NH_4^+	+	H_2O	$\rightleftharpoons$	$NH_3\cdot H_2O$	+	H^+
平衡浓度/mol・L^{-1}	$0.10-x$				x		x

$$\frac{c(NH_3\cdot H_2O)\cdot c(H^+)}{c(NH_4^+)}=K^{\ominus}_h$$

$$\frac{x\cdot x}{0.10-x}=5.6\times 10^{-10}$$

因为 $\dfrac{c/c^{\ominus}}{K^{\ominus}_h}=\dfrac{0.10}{5.6\times 10^{-10}}>500$，所以 $0.10-x\approx 0.10$。

故

$$\frac{x^2}{0.10}=5.6\times 10^{-10},\quad x=7.5\times 10^{-6}$$

$$c(H^+)=7.5\times 10^{-6}\ \text{mol}\cdot\text{L}^{-1}$$

$$pH=-\lg\frac{c(H^+)}{c^\ominus}=-\lg(7.5\times10^{-6})=5.12$$

$$水解度(h)=\frac{7.5\times10^{-6}}{0.10}\times100\%=7.5\times10^{-3}\%$$

四、影响盐类水解度的因素

(1) 盐类水解度的大小主要取决于水解离子的本性，水解产物(弱酸或弱碱)越弱，即$K_a^\ominus$或$K_b^\ominus$越小，则$K_h^\ominus$、h越大。

(2) 水解产物的难溶性亦是影响水解度的重要因素之一。如果水解产物是很弱的电解质又是溶解度很小的难溶物质或挥发性气体，则水解度极大，甚至可达完全水解。例如Al_2S_3的水解，就是完全水解的典型例子：

$$Al_2S_3+6H_2O\longrightarrow2Al(OH)_3\downarrow+3H_2S\uparrow$$

结果得到的不是相应的盐溶液，而是其水解产物。再如，泡沫灭火器就是基于盐类的相互影响导致完全水解的原理制成。

(3) 根据平衡移动原理，盐溶液的浓度、温度和酸度也是影响盐类水解的重要因素。一般来说，盐溶液浓度越小，温度越高，盐的水解度越大；溶液的 pH 越小，阴离子的水解度越大；溶液的 pH 越大，则阳离子的水解度也越大。

五、盐类水解的抑制和利用

抑制或利用盐类水解服务于生产和科研的例子很多。现列举数例略加说明。

(1) 在实验室中，配制一些易水解盐的溶液时，如Na_2S，$SnCl_2$，$SbCl_3$，$Bi(NO_3)_3$等溶液，为抑制其水解，必须先将它们溶解在相应的碱或酸中，以免因水解产生碱式盐[如$Sn(OH)Cl$沉淀]、酰基化合物沉淀(如$SbOCl$，$BiONO_3$)或挥发性酸(如H_2S)。

(2) 在分析化学中，常利用盐类的水解反应达到物质的分离、鉴定和提纯的目的。

(3) 在生产中利用水解的例子更多。例如用 NaOH 和Na_2CO_3的混合液作为化学除油液，就是利用了Na_2CO_3的水解性。利用$Bi(NO_3)_3$易水解的特性制取高纯度的Bi_2O_3，方法是将$Bi(NO_3)_3$浓溶液稀释并加热煮沸，使其发生完全水解，生成$BiONO_3$沉淀，以除去可溶性的杂质，得到纯度较高的$BiONO_3$，然后经过过滤、灼烧即可得到纯度较高的Bi_2O_3。

思考与回答

1. 什么是盐类的水解反应？
2. 计算 0.10 mol·L^{-1}NaOAc 溶液的 pH 和水解度。

任务四 沉淀反应

在化学实验和化工生产中，常利用沉淀反应进行离子的分离、鉴定和除去溶液中的杂质以及制取某些难溶化合物。沉淀反应的利用，关键是如何创造条件，保证沉淀能生成并沉淀完全。这涉及难溶电解质的沉淀和溶解。本任务将讨论难溶电解质沉淀、溶解的原理和应用。

一、难溶电解质的溶度积和溶解度

严格来说，在水中绝对不溶的物质是没有的。通常按溶解度的大小将物质分为：

难溶物质：溶解度小于 0.01 g/100 g；

微溶物质：溶解度为 0.01～0.1 g/100 g；

易溶物质：溶解度较大者。

难溶强电解质如 $BaSO_4$ 在水中虽然难溶，但还会有一定数量 Ba^{2+} 和 SO_4^{2-} 又有可能回到 $BaSO_4$ 晶体表面，和溶液相应的离子之间达到动态的多相离子平衡，简称为溶解平衡：

$$BaSO_4(s) \underset{沉淀}{\overset{溶解}{\rightleftharpoons}} Ba^{2+}(aq) + SO_4^{2-}(aq)$$

$BaSO_4(s)$溶解平衡的平衡常数表达式为

$$K_{sp}^{\ominus}(BaSO_4) = c(Ba^{2+})c(SO_4^{2-})/(c^{\ominus})^2$$

对于一般难溶电解质(A_mB_n)，其溶解平衡通式可表示为

$$A_mB_n(s) \underset{沉淀}{\overset{溶解}{\rightleftharpoons}} mA^{n+}(aq) + nB^{m-}(aq)$$

溶解平衡常数表达式为

$$K_{sp}^{\ominus}(A_mB_n) = \frac{\{c(A^{n+})\}^m \{c(B^{m-})\}^n}{(c^{\ominus})^{m+n}} \tag{8.12}$$

此溶解平衡常数称为溶度积常数（简称溶度积），它是表征难溶电解质溶解能力的特性常数。上式表明：在一定温度下，难溶电解质的饱和溶液中，各组分离子浓度幂的乘积为一常数。

值得注意的是：

① 与其他平衡常数一样，$K_{sp}^{\ominus}$也是温度的函数，它可以由实验测定，也可以通过热力学数据计算。附录 3 列出了常温下某些难溶电解质的溶度积的实验数据 $K_{sp}^{\ominus}$，粗略计算时其数值可当作 $K_{sp}^{\ominus}$使用。

② 上述溶度积常数表达式(8.12)虽是根据难溶强电解质的多相离子平衡推导而来，但其结论同样适用于难溶弱电解质的多相离子平衡，例如 AB 型难溶弱电解质的溶解平衡。

③ 溶解度和溶度积的相互换算。根据溶度积常数关系式，难溶电解质的溶度积和溶解度之间可以互相换算。但在换算时，应注意浓度单位必须采用 $mol \cdot L^{-1}$；另外，由于难溶电解质的溶解度很小，溶液浓度很小，难溶电解质饱和溶液的密度可近似认为等于水的密度。

例 5 已知 $BaSO_4$ 在 298.15K 时的溶度积为 1.08×10^{-10}，求 $BaSO_4$ 在 298.15 K 时的溶解度。

解 设 $BaSO_4$ 的溶解度(s)为 x $mol \cdot L^{-1}$，因为 $BaSO_4$ 为难溶电解质，且 Ba^{2+}、SO_4^{2-} 基本上不水解，所以在饱和溶液中：

$$BaSO_4(s) \rightleftharpoons Ba^{2+}(aq) + SO_4^{2-}(aq)$$

离子浓度/mol·L^{-1}　　x　　x

$$c(Ba^{2+})c(SO_4^{2-}) = K_{sp}^{\ominus}(BaSO_4)(c^{\ominus})^2$$

$$x^2 = 1.08 \times 10^{-10}$$

$$x = 1.04 \times 10^{-5}$$

则

$$s(BaSO_4) = 1.04 \times 10^{-5}\ mol \cdot L^{-1}$$

计算结果表明：对于基本上不水解的 AB 型难溶强电解质，其溶解度(s)在数值上等于其溶度积的平方根。即

$$s = \sqrt{K_{sp}^{\ominus}} \times c^{\ominus} \tag{8.13}$$

同理可推导出 AB_2(或 A_2B)型难溶电解质(如 CaF_2、Ag_2CrO_4 等)的溶度积和溶解度的关系为

$$s = \sqrt[3]{\frac{K_{sp}^{\ominus}}{4}} \times c^{\ominus} \tag{8.14}$$

式(8.13)、(8.14)也近似地适用于微弱水解的 AB 型、A_2B(或 AB_2)型难溶强电解质，如 $CaSO_4$、AgCl、AgBr、AgI 等。

由式(8.13)、(8.14)可看出，对于同一类型难溶电解质，可以用 $K_{sp}^{\ominus}$ 的大小来比较它们溶解度的大小；但对不同类型的，则不能认为溶度积小的，溶解度也一定小。

应用溶度积不但可以计算难溶电解质的溶解度，更重要的是可以用它判断溶液中沉淀的生成或溶解。

二、沉淀反应

(一) 溶度积规则

根据吉布斯自由能变判据：

$$\Delta_r G_m \begin{Bmatrix} < \\ = \\ > \end{Bmatrix} 0\ 时, \begin{cases} 自发过程,化学反应可正向进行 \\ 反应处于平衡状态 \\ 非自发过程,化学反应可逆向进行 \end{cases}$$

根据下式：

$$\Delta_r G_m = -RT\ln K^{\ominus} + RT\ln J^{\ominus}$$

把它应用于沉淀一溶解平衡：

$$A_mB_n(s) \rightleftharpoons mA^{n+} + nB^{m-}$$

可得

$$J^{\ominus} = \frac{\{c(A^{n+})\}^m \{c(B^{m-})\}^n}{(c^{\ominus})^{m+n}}$$　($J^{\ominus}$在此称为难溶电解质的离子积)

则存在着如下关系：

$$J^{\ominus} \begin{Bmatrix} < \\ = \\ > \end{Bmatrix} K_{sp}^{\ominus} \begin{cases} 沉淀溶解或无沉淀析出 \\ 平衡态或饱和溶液 \\ 生成沉淀 \end{cases}$$

以上规律称为溶度积规则。应用溶度积规则可以判断沉淀的生成和溶解。

例 6 在 10 mL 0.10 $mol \cdot L^{-1}$ $MgSO_4$ 溶液中加入 10 mL 0.10 $mol \cdot L^{-1}$ $NH_3 \cdot H_2O$，问有无 $Mg(OH)_2$ 沉淀生成？

解 由于等体积混合，所以各物质的浓度均减小一倍，即

$$c(Mg^{2+}) = 0.5 \times 0.10\ mol \cdot L^{-1} = 5.0 \times 10^{-2}\ mol \cdot L^{-1}$$

$$c(NH_3 \cdot H_2O) = 0.5 \times 0.10\ mol \cdot L^{-1} = 5.0 \times 10^{-2}\ mol \cdot L^{-1}$$

设混合后反应前 $c(OH)^- = x\ mol \cdot L^{-1}$

$$NH_3 \cdot H_2O \rightleftharpoons NH_4^+ + OH^-$$

平衡浓度/$mol \cdot L^{-1}$　$0.050 - x$　　x　　x

$$\frac{c(NH_4^+)c(OH^-)}{c(NH_3 \cdot H_2O)} = K_b^{\ominus}(NH_3 \cdot H_2O)$$

因为

$$\frac{c/c^{\ominus}}{K_b^{\ominus}} = \frac{0.050}{1.8} \times 10^5 > 500$$

所以有　$0.050 - x \approx 0.50$，则

$$\frac{x}{0.050} = 1.8 \times 10^{-5}，即\quad x = 9.5 \times 10^{-4}$$

$$c(OH)^- = 9.5 \times 10^{-4}\ mol \cdot L^{-1}$$

$$c(Mg^{2+}) \cdot \frac{c^2(OH^-)}{(c^{\ominus})^3} = 5.0 \times 10^{-2} \times (9.5 \times 10^{-4})^2$$

$$= 4.5 \times 10^{-8} > K_{sp}^{\ominus}(Mg(OH)_2) = 5.61 \times 10^{-12}$$

则有 $Mg(OH)_2$ 沉淀生成。

（二）影响沉淀反应的因素

1. 同离子效应对沉淀反应的影响

同离子效应不仅会使弱电解质的解离度降低，而且会使难溶电解质的溶解度降低。

$$BaSO_4 \rightleftharpoons Ba^{2+} + SO_4^{2-}$$

$$\xleftarrow[\text{平衡移动方向}]{\text{加入 } BaCl_2 \text{ 或 } Na_2SO_4}$$

例 7 计算 $BaSO_4$ 在 298.15 K、0.10 $mol \cdot L^{-1}$ Na_2SO_4 溶液中的溶解度(s)。

解 考虑到 $BaSO_4$ 基本上不水解，设 $BaSO_4$ 的溶解度(s)为 $x\ mol \cdot L^{-1}$。

$$BaSO_4(s) \rightleftharpoons Ba^{2+}(aq) + SO_4^{2-}(aq)$$

离子浓度/$mol \cdot L^{-1}$　　　x　　　$x + 0.10$

$$c(Ba^{2+})c(SO_4^{2-}) = K_{sp}^{\ominus}(BaSO_4)(c^{\ominus})^2$$

$$x(x + 0.10) = 1.08 \times 10^{-10}$$

$$x \approx 1.1 \times 10^{-9}$$

则

$$s(BaSO_4) = 1.1 \times 10^{-9}\ mol \cdot L^{-1}$$

这相当于在纯水中的溶解度($1.04 \times 10^{-5}\ mol \cdot L^{-1}$)的万分之一。

由此可见，利用同离子效应，可以使某种离子沉淀得更完全。因此在进行沉淀反应时，为确保沉淀完全(离子浓度小于 $10^{-5}\ mol \cdot L^{-1}$ 时，可以认为沉淀基本完全)，可加入适当过量的沉淀剂，一般过量 20%～50%。

2. pH 对某些沉淀反应的影响

要使沉淀完全，除了选择并加入适当过量的沉淀剂外，对于某些沉淀反应（如生成难溶弱酸盐和难溶氢氧化物等的沉淀反应）还必须控制溶液的 pH，才能确保沉淀完全。

现以生成金属氢氧化物为例进行讨论。由于难溶金属氢氧化物的溶度积不同，故沉淀时的 OH^- 浓度或 pH 也不相同。例如，难溶氢氧化物的多相离子平衡中：

$$M(OH)_n(s) \rightleftharpoons M^{n+} + nOH^-$$

$$c(M^{n+}) \cdot c^n(OH^-) = K_{sp}^{\ominus}\{M(OH)_n\} \times (c^{\ominus})^{n+1}$$

$$c(OH^-) = \sqrt[n]{\frac{K_{sp}^{\ominus}(M(OH)_n)}{c(M^{n+})} \times (c^{\ominus})^{n+1}}$$

若溶液中金属离子的 $c(M^{n+}) = 1\ mol \cdot L^{-1}$，则氢氧化物开始沉淀时 OH^- 的最低浓度为

$$c(OH^-) \geqslant \sqrt[n]{K_{sp}^{\ominus}(M(OH)_n)}\ mol \cdot L^{-1}$$

M^{n+} 完全沉淀，即溶液中 $c(M^{n+}) < 10^{-5}\ mol \cdot L^{-1}$时，$OH^-$ 的最低浓度为

$$c(OH^-) \geqslant \sqrt[n]{\frac{K_{sp}^{\ominus}(M(OH)_n)}{10^{-5}}}\ mol \cdot L^{-1}$$

同理，各种不同溶度积的难溶性弱酸盐（如硫化物）开始沉淀和沉淀完全反应的 pH 也是不同的。

由此可见，难溶性金属氢氧化物（或硫化物）从溶液中开始沉淀和沉淀完全的 $c(OH^-)$ 或 pH，主要取决于其溶度积的大小。调节溶液中的 pH，即可使溶液中某些金属离子沉淀为氢氧化物（或硫化物），某些金属离子仍留于溶液中，从而达到分离、提纯的目的。

例如对含有杂质 Fe^{3+} 的 Zn^{2+} 溶液，若单纯考虑除 Fe^{3+}，则 pH 越高，Fe^{3+} 被除得越完全，但实际上 pH 不能大于 5.7，否则 Zn^{2+} 沉淀为 $Zn(OH)_2$，见表 8.2。所以在化学试剂 $ZnSO_4$ 的生产中，为了提纯上述含有杂质 Fe^{3+} 的 $ZnSO_4$ 溶液，一般调节 pH 在 3～4 之间，在此 pH 条件下，$ZnSO_4$ 溶液中 Fe^{3+} 浓度可降低至 $10^{-5} \sim 10^{-8}\ mol \cdot L^{-1}$。其计算如下：当除 Fe^{3+} 后，溶液对 $Fe(OH)_3$ 是饱和的，溶液中 Fe^{3+} 和 OH^- 浓度之间存在着如下关系：

$$c(Fe^{3+}) \cdot c^3(OH^-)/(c^{\ominus})^4 = K_{sp}^{\ominus}(Fe(OH)_3) = 2.79 \times 10^{-39}$$

当 pH＝3 时，pOH＝14－pH＝14－3＝11。

$$c(OH^-) = 1.0 \times 10^{-11}(mol \cdot L^{-1})$$

$$c(Fe^{3+}) = \frac{K_{sp}^{\ominus}(Fe(OH)_3) \cdot (c^{\ominus})^4}{c^3(OH^-)} = \frac{2.79 \times 10^{-39}}{(1.0 \times 10^{-11})^3} = 2.79 \times 10^{-6}(mol \cdot L^{-1})$$

当 pH＝4 时，用同样的方法可求得 $c(Fe^{3+}) = 2.79 \times 10^{-9}(mol \cdot L^{-1})$。

表 8.2　金属氢氧化物沉淀的 pH

金属氢氧化物		开始沉淀时的 pH		沉淀完全时的 pH
分子式	$K_{sp}^{\ominus}$	金属离子浓度 1 mol·L⁻¹	金属离子浓度 0.1 mol·L⁻¹	（金属离子浓度 $<10^{-5}$ mol·L⁻¹）
$Mg(OH)_2$	5.61×10^{-12}	8.37	8.87	10.87
$Fe(OH)_2$	4.87×10^{-17}	5.8	6.34	8.34
$Pb(OH)_2$	1.43×10^{-15}	4.08	4.58	6.6
$Be(OH)_2$	6.92×10^{-22}	3.42	3.92	5.92
$Sn(OH)_2$	5.45×10^{-28}	0.87	1.37	3.37
$Fe(OH)_3$	2.79×10^{-39}	1.15	1.48	2.81

从表 8.2 可以看出，当 pH＝3～4 时，并不能使 Fe^{2+} 沉淀为 $Fe(OH)_2$。因此，若 $ZnSO_4$ 溶液中除了 Fe^{3+} 外还存在 Fe^{2+} 时，在除铁前要用适当方法（如加入 H_2O_2）把 Fe^{2+} 氧化为 Fe^{3+}。

三、沉淀的溶解和转化

（一）沉淀的溶解

根据溶度积规则，沉淀溶解的必要条件是 $J^{\ominus}<K_{sp}^{\ominus}$。因此，一切能有效地降低多相离子平衡体系中有关离子的浓度，使 $J^{\ominus}<K_{sp}^{\ominus}$ 的方法，都能促使沉淀－溶解平衡向着沉淀溶解的方向移动。溶解难溶电解质常用以下三种方法：

① 生成弱电解质

利用酸与难溶电解质的组分离子结合成可溶性弱电解质。难溶弱酸盐的 $K_{sp}^{\ominus}$ 越大，对应弱酸的 $K_a^{\ominus}$ 越小，难溶弱酸盐越易被酸溶解。例如：

难溶弱酸盐 $CaCO_3$ 能溶于盐酸。

难溶氢氧化物如 $Al(OH)_3$、$Fe(OH)_3$、$Cu(OH)_2$ 等都可以用强酸溶解，是由于其生成难电离的 H_2O。

有的不太难溶的氢氧化物如 $Mg(OH)_2$、$Mn(OH)_2$ 等甚至能溶于铵盐，是由于生成弱碱 $NH_3 \cdot H_2O$ 之故。

但是，对于 $K_{sp}^{\ominus}$ 很小的难溶弱酸盐，如 CuS、HgS、Ag_2S_3 等，即使采用浓盐酸也不能有效地降低 $c(S^{2-})$ 而使之溶解。

② 氧化还原法

利用氧化还原反应降低难溶电解质组分离子的浓度。例如 CuS 溶于具有氧化性的硝酸，反应如下：

$$3CuS(s)+2NO_3^-+8H^+ \longrightarrow 3Cu^{2+}+3S\downarrow+2NO\uparrow+4H_2O$$

CuS 溶于硝酸，正是由于 S^{2-} 被 HNO_3 氧化为 S，$c(S^{2-})$ 显著降低，使 $J^{\ominus}<K_{sp}^{\ominus}(CuS)$ 所致。

$$CuS(s) \rightleftharpoons Cu^{2+} + S^{2-}$$
$$S^{2-} \xrightarrow{HNO_3} S\downarrow + NO\uparrow + H_2O$$

③ 生成难解离的配离子

通过生成难解离的配离子，以减小溶液中难溶物组分离子的浓度，使难溶电解质溶解。例如 AgCl(s)溶于氨水，PbI_2(s)溶于 KI 溶液中。

$$AgCl(s)+2NH_3 \cdot H_2O \longrightarrow [Ag(NH_3)_2]^+ + Cl^- + 2H_2O$$
$$PbI_2(s)+2I^- \longrightarrow [PbI_4]^{2-}$$

（二）沉淀的转化

借助于某一试剂的作用，把一种难溶电解质转化为另一难溶电解质的过程，称为沉淀的转化。例如为了除去附在锅炉内壁的锅垢(主要成分为既难溶于水又难溶于酸的 $CaSO_4$),可借助于 Na_2CO_3,将 $CaSO_4$ 转化为疏松且可溶于酸的 $CaCO_3$,其反应过程为

$$\begin{array}{l} CaSO_4(s) \rightleftharpoons Ca^{2+} + SO_4^{2-} \\ \qquad\qquad\qquad\quad + \\ Na_2CO_3 \longrightarrow CO_3^{2-} + 2Na^+ \\ \qquad\qquad\qquad\quad \Downarrow \\ \qquad\qquad\qquad CaCO_3(s) \end{array}$$

由于 $CaSO_4$ 的 $K_{sp}^{\ominus}(=4.93\times10^{-5})$ 大于 $CaCO_3$ 的 $K_{sp}^{\ominus}(=2.8\times10^{-9})$,$Ca^{2+}$ 与加入的 CO_3^{2-} 结合成溶度积更小的 $CaCO_3$ 沉淀,从而降低了溶液中 Ca^{2+} 浓度,破坏了 $CaSO_4$ 的溶解平衡,使 $CaSO_4$ 不断转化为 $CaCO_3$。总反应式可表示为

$$CaSO_4(s) + CO_3^{2-} \rightleftharpoons CaCO_3(s) + SO_4^{2-}$$

$$K^{\ominus} = \frac{c(SO_4^{2-})}{c(CO_3^{2-})} = \frac{c(SO_4^{2-})c(Ca^{2+})}{c(CO_3^{2-})c(Ca^{2+})}$$

$$= \frac{K_{sp}^{\ominus}(CaSO_4)}{K_{sp}^{\ominus}(CaCO_3)} = \frac{4.93\times10^{-5}}{2.8\times10^{-9}} = 1.8\times10^4$$

计算表明,上述沉淀转化反应向右进行的趋势较大。

可见,类型相同的难溶电解质,沉淀转化程度的大小取决于两种难溶电解质溶度积的相对大小。一般说来,溶度积较大的难溶电解质容易转化为溶度积较小的难溶电解质。两种沉淀物的溶度积相差越大,沉淀转化越完全。

沉淀转化原理在化工生产中获得广泛的应用。例如,生产锶盐时,考虑到原料天青石(含 65%～85% $SrSO_4$)既不溶于水,也不为一般酸所分解,于是先采用 Na_2CO_3 溶液将捣碎的 $SrSO_4$ 逐步转化为可溶于酸的 $SrCO_3$:

$$SrSO_4(s) + CO_3^{2-} \rightleftharpoons SrCO_3(s) + SO_4^{2-}$$

$$K^{\ominus} = \frac{c(SO_4^{2-})}{c(CO_3^{2-})} = \frac{K_{sp}^{\ominus}(SrSO_4)}{K_{sp}^{\ominus}(SrCO_3)} = \frac{3.44\times10^{-7}}{5.60\times10^{-10}} = 6.1\times10^2$$

思考与回答

1. 什么是溶度积规则?
2. 已知 AgCl 在 298.15 K 时的溶度积为 1.77×10^{-10},求 AgCl 在此时的溶解度。

项 目 小 结

一、水的解离反应和溶液的酸碱性

(1) 酸碱的解离理论和水的解离反应。

298.15 K 时纯水中,$c(H^+)$ 和 $c(OH^-)$ 均为 1.0×10^{-7} mol·L^{-1}。

(2) 非晶体物质是指结构长程无序的固体物质。

二、弱电解质的解离平衡

(1) 解离平衡和解离常数。

根据阿仑尼乌斯电离理论，弱电解质在水溶液中是部分解离的，在溶液中存在已解离的弱电解质的组分离子和未解离的弱电解质分子之间的平衡，这种平衡称为解离平衡。

(2) 解离度和稀释定律。

弱电解质在溶剂中解离达平衡后，已解离的弱电解质分子百分数，称为解离度，用α表示。解离度是表征弱电解质解离程度大小的特征常数，在温度、浓度相同条件下，α越小，电解质越弱。

通过推导，可以得出

$$K_i^{\ominus}=\left(\frac{\alpha^2}{1-\alpha}\right)\frac{c}{c^{\ominus}}\approx\left(\frac{c}{c^{\ominus}}\right)\alpha^2,\quad \alpha\approx\sqrt{\frac{K_i^{\ominus}}{c/c^{\ominus}}}$$

由表达式可以知道，弱电解质浓度越小，解离度越大。这种关系称之为稀释定律。

(3) 弱酸或弱碱溶液中离子浓度的计算。

若已知溶液的浓度及该浓度下弱电解质的解离度，即可计算弱电解质溶液的离子浓度。

(4) 缓冲溶液。

具有保持 pH 相对稳定作用的溶液称为缓冲溶液。

三、盐类的水解反应

(1) 水解反应。

盐类的水解反应，是指盐的组分离子与水解离出来的 H^+ 和 OH^- 结合成弱电解质的反应，它是中和反应的逆反应。

(2) 盐类的水解程度，可以用水解度(h)来衡量：

$$\text{水解度}(h)=\frac{\text{盐水解部分的“物质的量”或浓度}}{\text{始态盐的“物质的量”或浓度}}\times100\%$$

(3) 影响盐类水解度的因素。

盐类水解度的大小主要取决于水解离子的本性，水解产物(弱酸或弱碱)越弱，即 $K_a^{\ominus}$ 或 $K_b^{\ominus}$ 越小，则 $K_h^{\ominus}$、h 越大；水解产物的难溶性亦是影响水解度的重要因素之一；根据平衡移动原理，盐溶液的浓度、温度和酸度也是影响盐类水解的重要因素。

(4) 盐类水解的抑制和利用。

四、沉淀反应

(1) 溶度积规则。

根据吉布斯自由能变判据：

$$\Delta_r G_m\begin{Bmatrix}<\\=\\>\end{Bmatrix}0\text{ 时，}\begin{cases}\text{自发过程，化学反应可正向进行}\\\text{反应处于平衡状态}\\\text{非自发过程，化学反应可逆向进行}\end{cases}$$

根据式：

$$\Delta_r G_m=-RT\ln K^{\ominus}+RT\ln J^{\ominus}$$

把它应用于沉淀一溶解平衡：

$$A_mB_n(s)\rightleftharpoons mA^{n+}+nB^{m-}$$

可得

$$J^{\ominus}=\frac{\{c(A^{n+})\}^m\{c(B^{m-})\}^n}{(c^{\ominus})^{m+n}}\qquad(J^{\ominus}\text{在此称为难溶电解质的离子积})$$

则存在着如下关系：

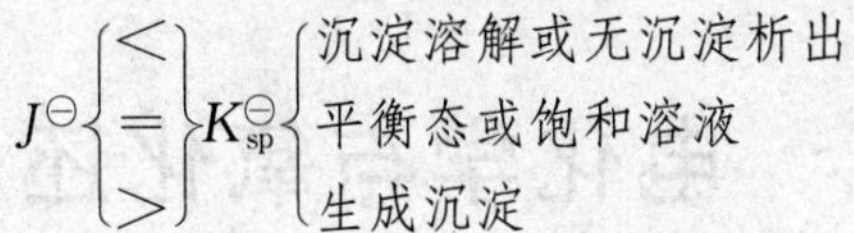

$$J^{\ominus}\begin{Bmatrix}<\\=\\>\end{Bmatrix}K_{sp}^{\ominus}\begin{cases}\text{沉淀溶解或无沉淀析出}\\\text{平衡态或饱和溶液}\\\text{生成沉淀}\end{cases}$$

以上规律称为溶度积规则。应用溶度积规则可以判断沉淀的生成和溶解。

(2) 影响沉淀反应的因素。

① 同离子效应对沉淀反应的影响；

② pH 对某些沉淀反应的影响。

(3) 沉淀的转化。

借助于某一试剂的作用，把一种难溶电解质转化为另一难溶电解质的过程，称为沉淀的转化。

项目九　电化学与氧化还原反应

学习目标

(1) 掌握氧化还原反应及其方程式的配平;
(2) 掌握原电池的组成,理解原电池的电动势;
(3) 理解标准氢电极和标准电极电势;
(4) 掌握电极电势及其应用;
(5) 掌握能斯特方程式及其应用;
(6) 掌握常见电极的电极反应和电极符号;
(7) 掌握元素电势图及其应用。

任务一　氧化还原反应方程式的配平

一、氧化还原反应的基本概念

(一) 原子价和氧化数

为了表现在化合物中各元素同它种原子结合的能力,19 世纪中叶化学中引入原子价(或化合价)的新概念。原子价是表示元素原子能够化合或置换一价原子(H)或一价基团(OH)的数目。从 HCl,H_2O,NH_3 和 PCl_5 中可知 Cl 为一价、O 为二价、N 为三价和 P 为五价。同时它也表示化合物某原子成键的数目,在离子型化合物中离子价数即为离子的电荷数;在共价化合物中某原子的价数即为该原子形成的共价单键数目。例如,在 CO 中 C 和 O 为二价;在 CO_2(O═C═O)中 C 为四价、O 为二价。随着化学结构理论的发展,原子价的经典概念已经不能正确地反映化合物中原子相互结合的真实情况,如从结构上看 NH_4^+ 离子中的 N 为−3 价,可是它却同 4 个 H 结合(4 个共价单键),在 SiF_4 中 Si 为+4 价,但是在 K_2SiF_6 中 Si 却同 6 个 F 结合(6 个共价单键)。

1948 年在价键理论和电负性的基础上提出了氧化数的概念。几十年来经过不断修正补充,现在一般认为,由于化合物中组成元素的电负性的不同,原子结合时的电子对总要移向电负性大的一方,从而化合物中组成元素原子必须带有正或负电荷。这种所带形式电荷的多少就是该原子的氧化数。简单地说,氧化数是化合物中某元素所带形式电荷的数值。例如在 NaCl 中,氯元素的电负性比钠元素大,因而 Na 的氧化数为+1,Cl 的氧化数为−1;又如在 NH_3 分子中,三对成键的电子都归电负性大些的氮原子所有,则 N 的氧化数为−3,H 的氧化数为+1。确定元素氧化数的规则有:

(1) 单质的氧化数为零。

(2) 所有元素氧化数的代数和在多原子的分子中等于零；在多原子的离子中等于离子所带的电荷数。

(3) 氢在化合物中氧化数一般为+1。但在活泼金属的氢化物(如 NaH，CaH_2 等)中，氢的氧化数一般为-1。

(4) 氧在化合物中氧化数一般为-2；在过氧化合物(如 H_2O_2，Na_2O_2 等)中，氧的氧化数一般为-1；在超氧化合物(如 KO_2)中，氧化数为-1/2(注意：氧化数可以是分数)；在 OF_2 中，氧化数为+2。应当指出：氧化数的概念虽然较好地表征了化合物中元素的形式电荷，但随着近代实验技术的发展，发现这一概念并不十分严格。例如，在 $Co(NH_3)_6^+$ 中根据氧化数规则，NH_3 分子为中性分子，所以 Co 的氧化数为+3，然而近代实验指出，由于 6 个 NH_3 分子向 Co^{3+} 给出 6 对电子对，所以大大降低了 Co^{3+} 上的正电荷。再如在 CH_3COOH 中，按规则 C—C 之间电子对并不偏移、两个 C 元素的氧化数分别为 -3(H_3C—) 和 +3 (—COOH)。事实上 C—C 之间电子对还是偏向—COOH 中的 C。

原子价和氧化数这两个概念是有区别的，在离子化合物中它们在数值上可能相同，但在共价化合物中它们往往相差很大。如由 X 射线结构分析已知，在固体中 PCl_5 具有$[PCl_4]^+[PCl_6]^-$ 式的结构，即一个磷原子是+4 价，另一个是+6 价，但 P 的氧化数却是+5。这种现象在有机化合物中更为常见。如 CH_4，CH_3Cl，CH_2Cl_2，$CHCl_3$ 和 CCl_4 中 C 原子价都是+4，但它的氧化数却依次为-4，-2，0，+2 和+4。尽管如此，用氧化数讨论氧化还原反应还是很方便的。

(二) 氧化还原反应的特征

根据氧化数的概念，在一个反应中，氧化数升高的过程称为氧化，氧化数降低的过程称为还原，反应中氧化过程和还原过程同时发生。在化学反应过程中，元素的原子或离子在反应前后氧化数发生了变化的一类反应称为氧化还原反应。例如在 $2KClO_3 = 2KCl + 3O_2\uparrow$ 的反应中，氯元素的氧化数从+5 降至-1，这个过程称为还原，或称氧化数为+5 的氯被还原了；氧原子的氧化数由-2 升高到 0，这个过程称为氧化，或称氧化数为-2 的氧被氧化了。这个反应是一个氧化还原反应。

假如氧化数的升高和降低都发生在同一个化合物中，这种氧化－还原反应就叫做自氧化－还原反应。

(三) 氧化剂和还原剂

在氧化还原反应中，若一种反应物的组成元素的氧化数升高(氧化)，则必有另一种反应物的组成元素的氧化数降低(还原)，氧化数升高的物质叫做还原剂，还原剂是使另一种物质还原，本身被氧化，它的反应产物叫做氧化产物。氧化数降低的物质叫做氧化剂，氧化剂是使另一种物质氧化，本身被还原，它的反应产物叫做还原产物。在下列反应中：

$$\underset{\text{(氧化剂)}}{Na\overset{+1}{Cl}O} + \underset{\text{(还原剂)}}{2\overset{+2}{Fe}SO_4} + H_2SO_4 = \underset{\text{(还原产物)}}{Na\overset{-1}{Cl}} + \underset{\text{(氧化产物)}}{\overset{+3}{Fe_2}(SO_4)_3} + H_2O$$

上述反应方程式中，分子式上面的数字，代表各相应元素的氧化数。在这个反应中，次氯酸钠是氧化剂，氯元素的氧化数从+1 降低到-1，它本身被还原，使硫酸亚铁氧化。硫酸亚铁是还原剂，铁元素的氧化数从+2 升高到+3，它本身被氧化，使次氯酸钠还原。在这个反应中，硫酸虽然也参加了反应，但氧化数没有改变，通常称硫酸溶液为介质。另外也可能有这种情况，某一种单质或化合物，它既是氧化剂又是还原剂，例如：

$$\overset{0}{Cl_2}+H_2O=H\overset{+1}{Cl}O+H\overset{-1}{Cl}$$

这类氧化一还原反应叫做歧化反应，是自氧化还原反应的一种特殊类型。在这个反应中，一半氯是氧化剂，一半氯是还原剂。

$$\overset{0}{Cl_2}+\overset{0}{Cl_2}+2H_2O=2H\overset{+1}{Cl}O+2H\overset{-1}{Cl}$$

（四）氧化还原电对

在氧化还原反应中，氧化剂在反应过程中氧化数降低，其产物具有较低的氧化数，具有弱还原性，是一个弱还原剂；还原剂在反应过程中氧化数升高，其产物具有较高的氧化数，具有弱氧化性，是一个弱氧化剂。例如在 $Cu^{2+}+Zn=Zn^{2+}+Cu$ 的反应过程中，氧化剂 Cu^{2+} 氧化数降低，其产物 Cu 是一个弱还原剂；还原剂 Zn 氧化数升高，其产物 Zn^{2+} 是一个弱氧化剂。这样就构成了如下两个共轭的氧化还原体系或称氧化还原电对：

$$\underset{（氧化剂）}{Cu^{2+}}\ /\ \underset{（还原剂）}{Cu}\qquad\qquad \underset{（氧化剂）}{Zn^{2+}}\ /\ \underset{（还原剂）}{Zn}$$

在氧化还原电对中，氧化数高的物质叫氧化型物质，氧化数低的物质叫还原型物质。

氧化还原反应是两个（或两个以上）氧化还原电对共同作用的结果，例如：

$$\underset{氧化剂_1}{Cu^{2+}}+\underset{还原剂_1}{Zn}=\!=\!=\underset{氧化剂_2}{Zn^{2+}}+\underset{还原剂_2}{Cu}$$

氧化还原电对在反应过程中，如果氧化剂降低氧化数的趋势越强，它的氧化能力越强，则其共轭还原剂升高氧化数的趋势就越弱，还原能力越弱。同理，还原剂的还原能力越强，则其共轭氧化剂的氧化能力越弱。例如在 MnO_4^-/Mn^{2+} 电对中，MnO_4^- 氧化能力强，是一个强氧化剂，其共轭还原剂 Mn^{2+} 的还原能力弱，是一种弱还原剂。在 Sn^{4+}/Sn^{2+} 电对中，Sn^{2+} 是一个强还原剂，Sn^{4+} 则是一个弱氧化剂。在氧化还原反应过程中，反应一般按较强的氧化剂和较强的还原剂相互作用的方向进行。

氧化剂和它的共轭还原剂或还原剂和它的共轭氧化剂之间的关系，可用氧化还原半反应式来表示。例如 Cu^{2+}/Cu 和 Zn^{2+}/Zn 两电对的半反应式分别为：

$$Cu^{2+}+2e^-\rightleftharpoons Cu（还原反应）\quad Zn\rightleftharpoons Zn^{2+}+2e^-（氧化反应）$$

二、氧化还原反应方程式的配平

配平氧化还原方程式虽然只是调整方程式左右参与反应分子的系数，从而使反应前后质量守恒，但是如果方法不对，即使已经配平但也是不合理的。如在酸性溶液中，$KMnO_4$ 氧化 H_2O_2 的反应，正确的结果是

$$2KMnO_4+3H_2SO_4+5H_2O_2=K_2SO_4+2MnSO_4+8H_2O+5O_2\uparrow$$

但是，下列方程式虽然符合质量守恒定律，却不合理。

$$2KMnO_4+3H_2SO_4+3H_2O_2=K_2SO_4+2MnSO_4+6H_2O+4O_2\uparrow$$

$$2KMnO_4+3H_2SO_4+7H_2O_2=K_2SO_4+2MnSO_4+10H_2O+6O_2\uparrow$$

因此，正确掌握方程式的配平方法是非常重要的。

（一）氧化数法

这种方法的基本原则是：反应中氧化剂元素氧化数降低值等于还原剂元素氧化数增加

值，或得失电子的总数相等。此法在中学已经学过，下面举几个例子作为复习。

例 1

$$\overset{-2e^-\times 3}{3Cu+(6+2)HNO_3(稀)=3Cu(NO_3)_2+2NO\uparrow+4H_2O}$$

$+3e^-\times 2$

Cu：0→+2　　−2e⁻　|　×3　是最小公倍数也是

N：+5→+2　　+3e⁻　|　×2　氧化-还原的配平系数

例 2

$12e^-$

$$2KClO_3 \xlongequal{MnO_2} 2KCl+3O_2\uparrow$$

Cl：+5→−1　　+6e⁻　|　×1　由单配双看后面，其他

2O：−2→0　　−2e⁻　|　×3　情况看前面

例 3

$$2KMnO_4+16HCl(浓)=2KCl+2MnCl_2+5Cl_2\uparrow+8H_2O$$

Mn：+7→+2　　+5e⁻　|　×1

Cl：−1→0　　−e⁻　|　×5

例 4

$$3S+6KOH=2K_2S+K_2SO_3+3H_2O$$

S：0→−2　　+2e⁻　|　×2

S：0→+4　　−4e⁻　|　×1

（二）离子-电子法

在有些化合物中，元素的氧化数比较难于确定，它们参加的氧化还原反应，用氧化数法配平反应式存在一定的困难，例如：

$$MnO_4^- + C_3H_7OH \longrightarrow Mn^{2+} + C_2H_5COOH$$

对于这一类的反应，用离子-电子法来配平比较方便。另外，在离子之间进行的氧化还原反应，反应式除用氧化数法来配平外，也常用离子-电子法。

离子-电子法配平氧化还原方程式，是将反应式改写为半反应式，先将半反应式配平，然后将这些半反应式加合起来，消去其中的电子而完成。例如，Fe^{2+} 与 Cl_2 的反应具体配平步骤如下：

(1) 先将反应物的氧化还原产物，以离子形式写出，例如：

$$Fe^{2+} + Cl_2 \longrightarrow Fe^{3+} + Cl^-$$

(2) 任何一个氧化还原反应都是由两个半反应组成的，因此可以将这个方程式分成两个未配平的半反应式，一个代表氧化，另一个代表还原。

$$Fe^{2+} \longrightarrow Fe^{3+}\text{（氧化）}$$

$$Cl_2 \longrightarrow Cl^-\text{（还原）}$$

(3) 调整计量数并加一定数目的电子使半反应两端的原子数和电荷数相等：

$$Fe^{2+} = Fe^{3+} + e^-\text{（氧化半反应）}$$

$$Cl_2 + 2e^- = 2Cl^-\text{（还原半反应）}$$

(4) 根据氧化剂获得的电子数和还原剂失去的电子数必须相等的原则，将两个半反应式加合为一个配平的离子反应式：

$$2Fe^{2+} = 2Fe^{3+} + 2e^-$$

$$+)\ 2e^- + Cl_2 = 2Cl^-$$

$$2Fe^{2+} + Cl_2 = 2Fe^{3+} + 2Cl^-$$

但是，如果在半反应中反应物和产物中的氧原子数不同，可以依照反应是在酸性或碱性介质中进行的情况，在半反应式中加 H^+ 或 OH^-，并利用水的电离平衡使两侧的氧原子数和电荷数均相等。下面举例来说明配平的方法。

例 5 配平反应 $MnO_4^- + SO_3^{2-} \longrightarrow Mn^{2+} + SO_4^{2-}$（酸性介质）。

解 第一步：

$$MnO_4^- \longrightarrow Mn^{2+}\text{（还原）}$$

$$SO_3^{2-} \longrightarrow SO_4^{2-}\text{（氧化）}$$

第二步：由于反应是在酸性介质中进行的，在第一个半反应式中，产物的氧原子数比反应物小，此时应在左侧加 H^+ 使所有的氧原子都化合而成 H_2O，并使氧原子数和电荷数均相等，即

$$MnO_4^- + 8H^+ + 5e^- = Mn^{2+} + 4H_2O$$

在另一个半反应式的左边加水分子使两边的氧原子和电荷均相等，即

$$SO_3^{2-} + H_2O = SO_4^{2-} + 2H^+ + 2e^-$$

第三步：根据获得和失去电子数必须相等的原则，将两边电子消去，加合而成一个配平了的离子反应式：

$$\times 2)\ MnO_4^- + 8H^+ + 5e^- = Mn^{2+} + 4H_2O$$

$$+)\ \times 5)\ SO_3^{2-} + H_2O = SO_4^{2-} + 2H^+ + 2e^-$$

$$2MnO_4^- + 6H^+ + 5SO_3^{2-} = 5SO_4^{2-} + 2Mn^{2+} + 3H_2O$$

例 6 配平反应式 $ClO^- + Cr(OH)_4^- \rightarrow Cl^- + CrO_4^{2-}$（碱性介质）。

解 第一步：

$$ClO^- \rightarrow Cl^-\text{（还原）}$$

$$Cr(OH)_4^- \rightarrow CrO_4^{2-}\text{（氧化）}$$

第二步：由于反应是在碱性介质中进行的，虽然在半反应 $Cr(OH)_4^- \rightarrow CrO_4^{2-}$ 中，产物的氧原子数和反应物的氧原子数相等，但由于氢原子数不等，所以应在左边加足够的 OH^-，使右侧生成水分子，并且使两边的电荷数相等：

$$Cr(OH)_4^- + 4OH^- = CrO_4^{2-} + 4H_2O + 3e^-$$

另一个半反应的左边加足够的水分子，使两边的氧原子和电荷数均相等：

$$ClO^- + H_2O + 2e^- = Cl^- + 2OH^-$$

第三步：根据得失电子数必须相等的原则，将两边的电子消去加合成一个配平了的离子反应式：

$$2Cr(OH)_4^- + 8OH^- = 2CrO_4^{2-} + 8H_2O + 6e^-$$

$$+)\ 3ClO^- + 3H_2O + 6e^- = 3Cl^- + 6OH^-$$

$$2Cr(OH)_4^- + 2OH^- + 3ClO^- = 2CrO_4^{2-} + 3Cl^- + 5H_2O$$

例 7　配平反应式 $MnO_4^- + C_3H_7OH \longrightarrow Mn^{2+} + C_2H_5COOH$(酸性介质)。

解　第一步：

$$MnO_4^- \longrightarrow Mn^{2+}\text{(还原)}$$

$$C_3H_7OH \longrightarrow C_2H_5COOH\text{(氧化)}$$

第二步：由于反应在酸性介质中进行，加 H^+ 和 H_2O 配平半反应式两端原子数，并使两端电荷数相等：

$$MnO_4^- + 8H^+ + 5e^- \longrightarrow Mn^{2+} + 4H_2O$$

$$C_3H_7OH + H_2O \longrightarrow C_2H_5COOH + 4H^+ + 4e^-$$

第三步：根据得失电子数必须相等，将两边电子消去，加合成一个已配平的反应式：

$$\times 4)\ MnO_4^- + 8H^+ + 5e^- = Mn^{2+} + 4H_2O$$

$$+)\times 5)\ C_3H_7OH + H_2O = C_2H_5COOH + 4H^+ + 4e^-$$

$$4MnO_4^- + 5C_3H_7OH + 12H^+ = 5C_2H_5COOH + 4Mn^{2+} + 11H_2O$$

综上所述，氧化数法既可配平分子反应式，也可配平离子反应式，是一种常用的配平反应式的方法。离子－电子法除对于用氧化数法难以配平的反应式比较方便之处，还可通过学习离子－电子法掌握书写半反应式的方法，而半反应式是电极反应的基本反应式。配平氧化还原反应方程式的方法还很多，但最根本的一条是必须熟悉该反应的基本化学事实，否则难以得到正确结果。

思考与回答

1. 举例说明氧化还原反应方程式的配平方法。

2. 现有下列物质：$KMnO_4$，$K_2Cr_2O_7$，$CuCl_2$，$FeCl_3$，I_2，Br_2，在一定条件下它们都能作为氧化剂，试根据电极电势表，把这些物质按氧化本领的大小排列，并写出它们在酸性介质中的还原产物。

3. 用离子-电子法配平下列反应式：

(1) $PbO_2 + Cl^- \longrightarrow Pb^{2+} + Cl_2$(酸性介质)；

(2) $Br_2 \longrightarrow BrO_3^- + Br^-$(酸性介质)；

(3) $HgS + NO_3^- + Cl^- \longrightarrow HgCl_4^{2-} + NO_2 + S$(酸性介质)；

(4) $CuS + CN^- + OH^- \longrightarrow Cu(CN)_4^{2-} + NCO^- + S$(碱性介质)。

任务二　原　电　池

一、原电池的组成

原电池是由两个半电池组成的；每个半电池包含一个氧化还原电对，由电极材料和电解质溶液组成，两个隔离的半电池通过盐桥连接起来。在铜锌原电池中电对分别为 Zn^{2+}/Zn 和 Cu^{2+}/Cu。半电池中应有一种固态物质作为导体，称为电极。有些电极既起导电作用，又参与氧化还原反应，如铜锌原电池中的锌片和铜片。有些固态物质只起导电作用，不与电池系统中的物质发生反应，这种物质称为惰性电极，常用的惰性电极有金属铂和石墨，如 Fe^{3+}/Fe^{2+}、Cl_2/Cl^- 等无固体电极，可采用惰性电极。

半电池所发生的反应称为半电池反应(简称半反应)或电极反应。

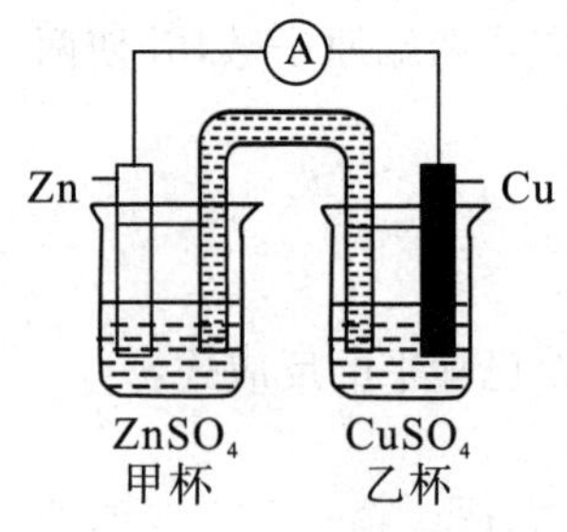

图 9.1 铜锌原电池

如图 9.1 所示，在烧杯甲和乙中分别放入 $ZnSO_4$ 和 $CuSO_4$ 溶液，在盛 $ZnSO_4$ 的烧杯中放入 Zn 片，在盛 $CuSO_4$ 溶液的烧杯中放入 Cu 片，把两个烧杯中的溶液用一个倒置的 U 形管连接起来。U 形管中装满用饱和 KCl 溶液和琼胶做成的冻胶。这种装满冻胶的 U 形管叫做盐桥。这时串联在 Cu 极和 Zn 极之间的检流计的指针立即向一方偏转。这说明导线中有电流通过，同时 Zn 片开始溶解而 Cu 片上有 Cu 沉积上去。

上列装置产生电流的原因，是 Zn 失掉两个电子而形成 Zn^{2+} 离子：

$$Zn \rightleftharpoons Zn^{2+} + 2e^-$$

Zn^{2+} 离子进入溶液。Zn 极上过多的电子经过导线流向 Cu 极，故 Zn 片为负极。在铜极的表面上，溶液中 Cu^{2+} 离子获得电子后变成金属铜析出：

$$Cu^{2+} + 2e^- \rightleftharpoons Cu \downarrow$$

故铜片为正极。

通过盐桥，阴离子 SO_4^{2-} 和 Cl^-(主要是 Cl^-)向锌盐溶液移动；阳离子 Zn^{2+} 和 K^+(主要是 K^+)向铜盐溶液移动，使锌盐溶液和铜盐溶液一直保持着电中性，因此，锌的溶解和铜的析出得以继续进行，电流得以继续流通。

在上述装置中化学能转变成了电能，这种使化学能变为电能的装置叫做原电池。上述由锌极和铜极组成的原电池叫做铜锌原电池。在铜锌原电池中所进行的反应就是 Zn 置换 Cu^{2+} 的化学反应：

$$Cu^{2+} + Zn \rightleftharpoons Zn^{2+} + Cu$$

对于简单的置换反应——Zn 置换 Cu^{2+} 的反应是化学能转变为热能，而在铜锌原电池中，电子作有规则的运动，电子由锌极通过导线流向铜极，电流由铜极流向锌极(电流的方向与电子流动方向相反)，Zn 置换 Cu^{2+} 的反应是化学能转变为电能。

在上述反应中，Zn 失去电子而使它的氧化数升高的过程，即氧化，其中 Zn 是还原剂；Cu^{2+} 获得电子而使它的氧化数降低的过程，即还原，其中 Cu^{2+} 是氧化剂。Zn 失去电子，Cu^{2+} 获得电子，它们是相互依存的，Zn 失去的电子数和 Cu^{2+} 获得的电子数必然相等，这些都在铜锌电池中得到充分证明。由此可知氧化剂和还原剂之间发生电子转移是氧化一还原反应的本质。

原电池装置可以用电池符号来表示，如铜锌原电池的电池符号为

$$(-)Zn|ZnSO_4(c_1) \| CuSO_4(c_2)|Cu(+)$$

原电池的书面表示法：

(1) 左边为负极，起氧化作用；右边为正极，起还原作用。

(2) "|"表示相界面，有电势差存在。同相不同物种用","分开。

(3) "‖"表示盐桥。

(4) 要注明温度，不注明就是 298.15 K；要注明物态，气体要注明压力；溶液要注明

浓度。

(5) 气体电极和氧化还原电极要写出导电的惰性电极，通常是铂电极。

例如，由 H^+/H_2 电对和 Fe^{3+}/Fe^{2+} 电对组成的原电池，电池符号为

$$(-)Pt|H_2(p)|H^+(c_1)\parallel Fe^{3+}(c_2),Fe^{2+}(c_3)|Pt(+)$$

负极反应：　$H_2 = 2H^+ + 2e^-$

正极反应：　$Fe^{3+} + e^- = Fe^{2+}$

原电池反应：　$H_2 + 2Fe^{3+} = 2H^+ + 2Fe^{2+}$

二、原电池的电动势

当原电池的两极用导线连接时就有电流通过，说明两极之间存在着电势差，用电位差计所测得的正极与负极间的电势差就是原电池的电动势，电动势用符号 E 表示。例如，铜锌电池的标准电动势经测定为 1.10 V。原电池电动势的大小主要取决于组成原电池物质的本性。如果改变溶液中离子的浓度，也会引起电动势的变化。此外，电动势还与温度有关，一般是在 25 ℃(即室温)下测定。为了比较各种原电池电动势的大小，通常在标准状态下测定，所测得的电动势为标准电动势，标准电动势以 $E^\ominus$ 表示。

思考与回答

1. 构成原电池有哪些基本条件?
2. 如何判断原电池的正负极和电子流向?
3. 盐桥的作用有哪些?
4. 写出下列电池所对应的化学反应：

(1) $Pt\mid Fe^{3+}$；(2) $Fe^{2+}\parallel MnO_4^-$；(3) Mn^{2+}；(4) $H^+\mid Pt(+)$。

5. 举例说明什么叫原电池的电动势。

任务三　电极电势及其应用

在铜锌原电池中，为什么电子从 Zn 原子转移给 Cu^{2+} 而不是从 Cu 原子转移给 Zn^{2+}？这与金属在溶液中的情况有关。

当把金属 M 棒放入它的盐溶液中时，一方面金属 M 表面构成晶格的金属离子和极性大的水分子互相吸引，有一种使金属棒上留下电子而自身以水合离子 $M^{n+}(aq)$的形式进入溶液的倾向，金属越活泼，溶液越稀，这种倾向越大；另一方面，盐溶液中的 $M^{n+}(aq)$离子又有一种从金属 M 表面获得电子而沉积在金属表面上的倾向，金属越不活泼，溶液越浓，这种倾向越大。这两种对立的倾向在某种条件下达到暂时的平衡：

$$M(s) \rightleftharpoons M^{n+}(aq) + ne^-$$

在某一给定浓度的溶液中，若失去电子的倾向大于获得电子的倾向，达到平衡时的最后结果将是金属离子 M^{n+} 进入溶液，使金属棒上带负电，靠近金属棒附近的溶液带正电，如图

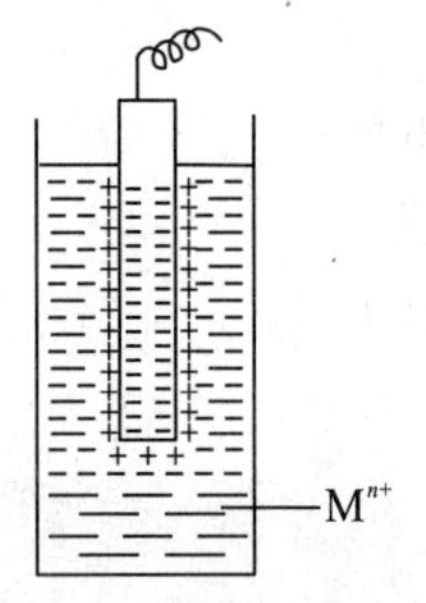

图 9.2 金属的电极电势

9.2 所示。

这时在金属和盐溶液之间产生电位差，这种产生在金属和它的盐溶液之间的电势叫做金属的电极电势。金属的电极电势除与金属本身的活泼性和金属离子在溶液中的浓度有关外，还取决于温度。

在铜锌原电池中，Zn 片与 Cu 片分别插在它们各自的盐溶液中，构成 Zn^{2+}/Zn 电极与 Cu^{2+}/Cu 电极。实验告诉我们，如将两电极连以导线，电子流将由锌电极流向铜电极，这说明 Zn 片上留下的电子要比 Cu 片上多，也就是 Zn^{2+}/Zn 电极的上述平衡比 Cu^{2+}/Cu 电极的平衡更偏于右方，或 Zn^{2+}/Zn 电对的电极电势比 Cu^{2+}/Cu 电对的电极电势要负一些，由于两极电势不同，连以导线，电子流（或电流）得以通过。

一、标准氢电极和标准电极电势

电极电势的绝对值无法测量，只能选定某种电极作为标准，其他电极与之比较，求得电极电势的相对值，通常选定的是标准氢电极。

（一）标准氢电极

标准氢电极是将镀有铂黑的铂片置于氢离子浓度（严格地说应为活度 a）为 $1.0\ mol \cdot kg^{-1}$ 的硫酸溶液（近似为 $1.0\ mol \cdot L^{-1}$）中，如图 9.3 所示。然后不断地通入压力为 100 kPa 的纯氢气，使铂黑吸附氢气达到饱和，形成一个氢电极。在这个电极的周围发生了如下的平衡：

$$H_2(g) \rightleftharpoons 2H^+(aq) + 2e^-$$

这时产生在标准氢电极和硫酸溶液之间的电势，叫做氢的标准电极电势，即标准氢电极。将它作为电极电势的相对标准，令其为零，在任何温度下都规定标准氢电极的电极电势为零（实际上电极电势同温度有关）。

$$\varphi^{\ominus}_{298\ K}(H^+/H_2) = 0\ V$$

事实上，很难制得上述那种标准氢电极，它只是一种理想电极。

（二）标准电极电势

任何电对处于标准状态的电极电势，称为该电对的标准电极电势，符号为 $\varphi^{\ominus}$。所谓标准状态是指组成电极的离子其浓度为 $1.0\ mol \cdot L^{-1}$（对于氧化还原电极来讲，为氧化型离子和还原型离子浓度比为 1），气体的分压为 100 kPa，液体或固体都是纯净物质。

用标准氢电极与其他各种标准状态下的电极组成原电池，测得这些电池的电动势，由电流方向判断出原电池的正、负极，再按 $E^{\ominus} = \varphi^{\ominus}_{正} - \varphi^{\ominus}_{负}$ 的关系式，从而计算各种电极的标准电极电势，通常测定时的温度为 298 K。

例如，测定 Zn^{2+}/Zn 电对的标准电极电势是将纯净的 Zn 片放在 $1\ mol \cdot L^{-1}\ ZnSO_4$ 溶液中，把它和标准氢电极用盐桥连接起来，组成一个原电池，如图 9.4 所示。用直流电压表测知电流从氢电极流向锌电极，故氢电极为正极，锌电极为负极。电池反应为：

$$Zn + 2H^+ = Zn^{2+} + H_2\uparrow$$

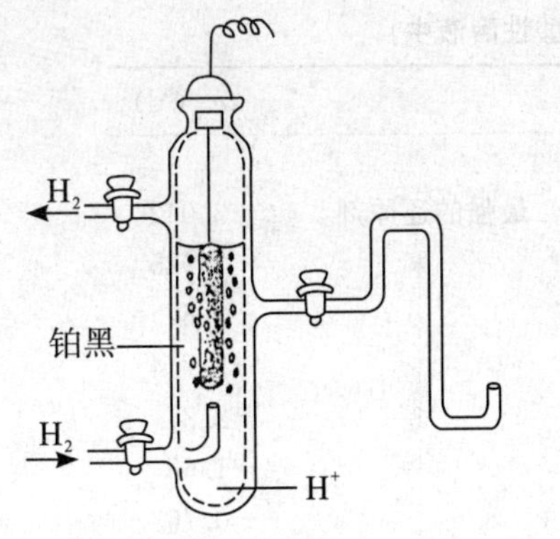

图 9.3　标准氢电极

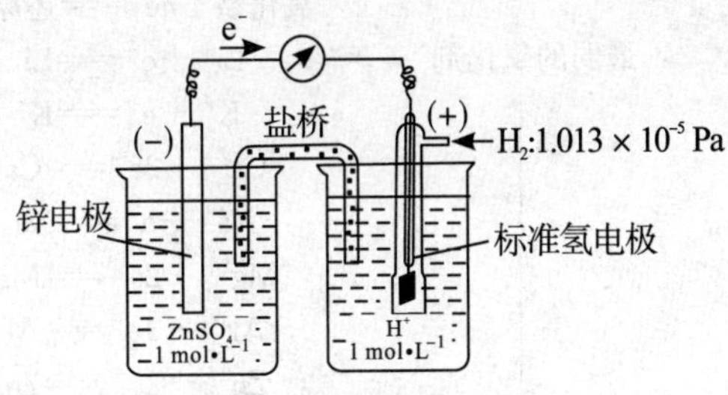

图 9.4　测定 Zn^{2+}/Zn 电对标准电极电势的原电池

在 298 K 时，用电位计测得标准氢电极和标准锌电极所组成的原电池其电动势($E^{\ominus}$)为 0.762 8 V，根据原电池的标准电动势 $E^{\ominus}=\varphi^{\ominus}_{正}-\varphi^{\ominus}_{负}$，可计算出 Zn^{2+}/Zn 电对的标准电极电势。

$$E^{\ominus}=\varphi^{\ominus}_{正}-\varphi^{\ominus}_{负}=\varphi^{\ominus}(H^+/H_2)-\varphi^{\ominus}(Zn^{2+}/Zn)$$

$$0.762\,8\ V=0-\varphi^{\ominus}(Zn^{2+}/Zn)$$

$$\varphi^{\ominus}(Zn^{2+}/Zn)=-0.762\,8\ V$$

用同样的方法可测得 Cu^{2+}/Cu 电对的电极电势。在标准 Cu^{2+}/Cu 电极与标准氢电极组成的原电池中，铜电极为正极，氢电极为负极。在 298 K 时，测得铜氢电池的电动势为 0.34 V，由$E^{\ominus}=\varphi^{\ominus}_{正}-\varphi^{\ominus}_{负}=\varphi^{\ominus}(Cu^{2+}/Cu)-\varphi^{\ominus}(H^+/H_2)$可得：

$$0.34\ V=\varphi^{\ominus}(Cu^{2+}/Cu)-0$$

$$\varphi^{\ominus}(Cu^{2+}/Cu)=+0.34\ V$$

从上面测定的数据来看，Zn^{2+}/Zn 电对的电极电势带有负号，Cu^{2+}/Cu 电对的标准电极电势带有正号。带负号表明锌失去电子的倾向大于 H_2，或 Zn^{2+} 获得电子变成金属 Zn 的倾向小于 H^+。带正号表明铜失去电子的倾向小于 H_2，或 Cu^{2+} 获得电子变成金属铜的倾向大于 H^+，也可以说 Zn 比 Cu 活泼，因为 Zn 比 Cu 更容易失去电子转变为 Zn^{2+} 离子。

如果把锌和铜组成一个电池，电子必定从锌极向铜极流动，电池的电动势 $E^{\ominus}$ 为

$$E^{\ominus}=\varphi^{\ominus}(Cu^{2+}/Cu)-\varphi^{\ominus}(Zn^{2+}/Zn)=0.34-(-0.76)=1.1\ V$$

上述原电池装置不仅可以用来测定金属的标准电极电势，它同样可以用来测定非金属离子和气体的标准电极电势，对某些剧烈与水反应而不能直接测定的电极，例如 Na^+/Na，$F_2/2F^-$ 等的电极则可以通过热力学数据用间接方法来计算标准电极电势。应当指出：所测得的标准电极电势 $E^{\ominus}$是表示在标准条件下，某电极的电极电势。所谓标准条件是指以氢标准电极的电极电势 $\varphi^{\ominus}(H^+/H_2)=0$；电对的[氧化型]/[还原型]=1 或[$M^{n+}$]=1 mol·$L^{-1}$；$T$=298 K。因此标准电极电势 $E^{\ominus}$是相对值，实际上是该电极同氢电极组成电池的电动势，而不是电极与相应溶液间电位差的绝对值。表 9.1 列出了一些物质在水溶液中的标准电极电势。

表 9.1 标准电极电势(298 K,在酸性溶液中)

	电 极 反 应		$\varphi^{\ominus}$(V)
	氧化型$+ne^- \rightleftharpoons$还原型		
最弱的氧化剂	$Li^+ + e^- \rightleftharpoons Li$	最强的还原剂	−3.042
氧化型的氧化能力增强 ↓	$K^+ + e^- \rightleftharpoons K$	还原型的还原能力增强 ↑	−2.925
	$Ca^{2+} + 2e^- \rightleftharpoons Ca$		−2.87
	$Na^+ + e^- \rightleftharpoons Na$		−2.714
	$Mg^{2+} + 2e^- \rightleftharpoons Mg$		−2.37
	$Al^{3+} + 3e^- \rightleftharpoons Al$		−1.66
	$Zn^{2+} + 2e^- \rightleftharpoons Zn$		−0.763
	$Fe^{2+} + 2e^- \rightleftharpoons Fe$		−0.44
	$Ni^{2+} + 2e^- \rightleftharpoons Ni$		−0.25
	$Sn^{2+} + 2e^- \rightleftharpoons Sn$		−0.136
	$Pb^{2+} + 2e^- \rightleftharpoons Pb$		−0.126
	$2H^+ + 2e^- \rightleftharpoons H_2$		0
	$Cu^{2+} + 2e^- \rightleftharpoons Cu$		+0.337
	$I_2 + 2e^- \rightleftharpoons 2I^-$		+0.534 5
	$O_2 + 2H^+ + 2e^- \rightleftharpoons H_2O_2$		+0.69
	$Fe^{3+} + e^- \rightleftharpoons Fe^{2+}$		+0.771
	$Ag^+ + e^- \rightleftharpoons Ag$		+0.799
	$Br_2 + 2e^- \rightleftharpoons 2Br^-$		+1.08
	$Cl_2 + 2e^- \rightleftharpoons 2Cl^-$		+1.36
	$MnO_4^- + 8H^+ + 5e^- \rightleftharpoons Mn^{2+} + 4H_2O$		+1.51
最强的氧化剂	$F_2 + 2e^- \rightleftharpoons 2F^-$	最弱的还原剂	+2.87

正确使用标准电极电势表,应注意以下几项有关的问题:

(1) 在 $M^{n+}(aq) + ne^- \rightleftharpoons M$ 电极反应中,M^{n+} 为物质的氧化型,M 为物质的还原型,即"氧化型$+ne^- \rightleftharpoons$还原型"。例如表 9.1 中,Na^+,Cl_2,MnO_4^- 是氧化型,而 Na,Cl^-,Mn^{2+} 是对应的还原型。它们之间是互相依存的。同一种物质在某一电对中是氧化型,在另一电对中也可以是还原型,例如,Fe^{2+} 离子在

$$Fe^{2+} + 2e^- \rightleftharpoons Fe \quad (\varphi^{\ominus} = -0.44\ V)$$

中是氧化型,在

$$Fe^{3+} + e^- \rightleftharpoons Fe^{2+} \quad (\varphi^{\ominus} = +0.771\ V)$$

中是还原型。所以在讨论与 Fe^{2+} 有关的氧化一还原反应时,若 Fe^{2+} 是作为还原剂而被氧化为 Fe^{3+},则必须用与还原型的 Fe^{2+} 相对应的电对的 $\varphi^{\ominus}$ 值(+0.771 V);反之,若 Fe^{2+} 作为氧化剂而被还原为 Fe,则必须用与氧化型的 Fe^{2+} 相对应的电对的 $\varphi^{\ominus}$ 值(−0.44V)。

(2) 从表 9.1 可以看出,氧化型物质获得电子的本领或氧化能力自上而下依次增强;还原型物质失去电子的本领或还原能力自下而上依次增强。其强弱程度可从 $\varphi^{\ominus}$ 值的大小来判别。比较还原能力必须用还原型物质所对应的 $\varphi^{\ominus}$ 值,比较氧化能力必须用氧化型物质所对应的 $\varphi^{\ominus}$ 值。

(3) 标准电极电势和得失电子数多少无关,即与半反应中的系数无关,例如 $Cl_2 + 2e^- \rightleftharpoons 2Cl^-$,$\varphi^{\ominus} = 1.36$ V。这也可以书写为 $1/2Cl_2 + e^- \rightleftharpoons Cl^-$,其 $\varphi^{\ominus}$ 值不变。

(4) 表 9.1 为 298 K 时的标准电极电势,由于电极电势随温度变化不大,故在室温下可

以借用该表中的数据。

(5) $\varphi^{\ominus}$是电极处于平衡状态时表现出来的特征值，它与达到平衡的快慢即速率无关。

(6) $\varphi^{\ominus}$仅适用于水溶液，对非水溶液、固相反应并不适用。

二、影响电极电势的因素

(一) 能斯特方程式

对于一般电对，其电极反应为

$$Ox + ne^- \rightleftharpoons Red$$

式中：Ox 表示某氧化还原电对的氧化型物质；Red 表示其还原型物质；n 是半反应中电子的转移数。

电极电势为

$$\varphi_{(Ox/Red)} = \varphi^{\ominus}(Ox/Red) + \frac{RT}{nF}\ln\frac{a_{Ox}}{a_{Red}}$$

式中：φ(Ox/Red)表示 Ox/Red 电对的电极电势；

$\varphi^{\ominus}$(Ox/Red)表示 Ox/Red 电对的标准电极电势；

a_{Ox}、a_{Red}分别表示氧化型物质 Ox 及还原型物质 Red 的活度，离子的活度等于浓度 c 乘以活度系数 γ，即 $a=\gamma c$；n 表示半反应中电子的转移数；R 是气体常数($8.314\ J \cdot mol^{-1} \cdot K^{-1}$)；$T$ 是热力学温度；F 是法拉第常数($96\,485\ C \cdot mol^{-1}$)。

上述关系式叫能斯特方程式。若定温为 298 K，将自然对数变为以 10 为底的对数，并代入 R 和 F 等常数的数值，则能斯特方程式可写成：

$$\varphi(Ox/Red) = \varphi^{\ominus}(Ox/Red) + \frac{0.059}{n}\lg\frac{a_{Ox}}{a_{Red}}$$

如果分析过程中忽略溶液中离子强度的影响，以溶液的浓度代替活度进行计算，则能斯特方程式变为

$$\varphi(Ox/Red) = \varphi^{\ominus}(Ox/Red) + \frac{0.059}{n}\lg\frac{[Ox]}{[Red]}$$

应用能斯特方程式时，要注意以下几点：

(1) 方程式中的氧化型物质 Ox 及还原型物质 Red 并非专指氧化数有变化的物质，而是包括了参加电极反应的所有物质。

(2) 在电对中，如果氧化型物质 Ox 或还原型物质 Red 的系数不是 1，则[Ox]或[Red]要乘以与系数相同的方次。

(3) 如果电对中的某一物质是固体或纯液体，则它们的浓度均为常数，常认为是 1。

(4) 如果电对中的某一物质是气体，其浓度要用气体分压来表示。

下面举例说明能斯特方程式的表示方法：

(1)已知：$Fe^{3+} + e^- \rightleftharpoons Fe^{2+}$，$\varphi^{\ominus} = +0.771\ V$，则

$$\varphi = \varphi^{\ominus} + \frac{0.059}{1}\lg\frac{[Fe^{3+}]}{[Fe^{2+}]}\ V$$

$$= 0.771\ V + 0.059\ \lg\frac{[Fe^{3+}]}{[Fe^{2+}]}\ V$$

(2)已知：$Br_2(l)+2e^- \rightleftharpoons 2Br^-$，$\varphi^\ominus=1.08$ V，则

$$\varphi=1.08\ \text{V}+\frac{0.059}{2}\lg\frac{1}{[Br^-]^2}\ \text{V}$$

(3)已知：$I_2(s)+2e^- \rightleftharpoons 2I^-$，$\varphi^\ominus=0.535$ V，则

$$\varphi=0.535\ \text{V}+\frac{0.059}{2}\lg\frac{1}{[I^-]^2}\ \text{V}$$

(4) 已知：$2H^+ +2e^- \rightleftharpoons H_2$，$\varphi^\ominus=0$，则

$$\varphi=\frac{0.059}{2}\lg\frac{[H^+]^2}{p_{H_2}/p_{总}}\text{V}$$

(5) 已知：$O_2+4H^+ +4e^- \rightleftharpoons 2H_2O(l)$，$\varphi^\ominus=1.229$ V，则

$$\varphi=1.229\ \text{V}+\frac{0.059}{4}\lg\frac{(p_{O_2}/p_{总})\times[H^+]^4}{1}\ \text{V}$$

$$=1.229\ \text{V}+\frac{0.059}{4}\lg\left\{\frac{p_{O_2}}{p_{总}}\times[H^+]^4\right\}\ \text{V}$$

(二) 影响电极电势的因素

电极电势的大小首先取决于电对的本性。如活泼金属的电极电势一般都很小，而活泼非金属的电极电势则较大。此外，电对的电极电势还与浓度及温度有关。

电对的电极电势与浓度及温度的关系可用能斯特方程式来表示。下面以电对Fe^{3+}/Fe^{2+}为例，阐明浓度对电极电势的影响。

$$Fe^{3+}+e^- \rightleftharpoons Fe^{2+},\quad \varphi^\ominus=0.771\ \text{V}$$

$$\varphi=\varphi^\ominus+0.059\lg\frac{[Fe^{3+}]}{[Fe^{2+}]}\ \text{V}$$

如果改变$\frac{[Fe^{3+}]}{[Fe^{2+}]}$的比值，那么$\varphi$也随之变化。计算结果如表 9.2 所示。

表 9.2 在不同浓度时，$\varphi(Fe^{3+}/Fe^{2+})$的数值(298 K)

$\frac{[Fe^{3+}]}{[Fe^{2+}]}$	$\frac{1}{1\,000}$	$\frac{1}{100}$	$\frac{1}{10}$	$\frac{1}{1}$	$\frac{10}{1}$	$\frac{100}{1}$	$\frac{1\,000}{1}$
φ/V	0.594	0.653	0.712	0.771	0.830	0.889	0.948

由此可见，随着$\frac{[Fe^{3+}]}{[Fe^{2+}]}$比值的增加，$\varphi(Fe^{3+}/Fe^{2+}$也在增加。$\frac{[Fe^{3+}]}{[Fe^{2+}]}$每增加 10 倍，$\varphi(Fe^{3+}/Fe^{2+}$增加 0.059 V。

例 1 已知 $Fe^{3+}+e^- \rightleftharpoons Fe^{2+}$，$\varphi^\ominus=0.771$ V。试求$\frac{[Fe^{3+}]}{[Fe^{2+}]}=10\,000$时的$\varphi(Fe^{3+}/Fe^{2+})$值。

解

$$\varphi(Fe^{3+}/Fe^{2+})=\varphi^\ominus(Fe^{3+}/Fe^{2+})+\frac{0.059}{n}\lg\frac{[Ox]}{[Red]}$$

$$=0.771+\frac{0.059}{1}\lg 10^4$$

$$=0.771+0.059\times4=1.01\ (V)$$

计算结果说明，随着 Fe^{2+} 浓度降低至原来的 $\frac{1}{10^4}$，电极电势升高了 0.236 V，作为氧化剂的 Fe^{3+} 夺取电子的能力增强了。这和化学平衡移动的概念相一致，也就是说 Fe^{2+} 浓度降低，促使平衡向右移动。

上面所讨论的是指氧化型物质和还原型物质本身浓度的改变对电极电势的影响。此外，浓度对电极电势的影响还可以表现在以下两个方面：

1. 酸度对电极电势的影响

如果电极反应中包含着 H^+ 和 OH^-，那么酸度将会对电极电势产生影响。以重铬酸钾为例，从下列电极反应：

$$Cr_2O_7^{2-}+14H^++6e^-\rightleftharpoons 2Cr^{3+}+7H_2O$$

$$\varphi^{\ominus}=+1.33(V)$$

可以看出，反应包含着 H^+。因此，介质的酸度就会对电极电势有影响。如果将$[Cr_2O_7^{2-}]$和$[Cr^{3+}]$都固定为 1 mol·L^{-1}，只改变氢离子 H^+ 浓度，看看对电极电势有什么影响。

$$\varphi=\varphi^{\ominus}+\frac{0.059}{6}\lg\frac{[Cr_2O_7^{2-}][H^+]^{14}}{[Cr^{3+}]^2}\ V$$

$$=\varphi^{\ominus}+\frac{0.059}{6}\lg[H^+]^{14}\ V$$

当$[H^+]=1$ mol·L^{-1}时，有

$$\varphi^{\ominus}Cr_2O_7^{2-}/Cr^{3+}=+1.33(V)$$

当$[H^+]=10^{-3}$ mol·L^{-1}时，有

$$\varphi^{\ominus}Cr_2O_7^{2-}/Cr^{3+}=1.33\ V+\frac{0.059}{6}\lg(10^{-3})^{14}$$

$$=1.33-\frac{42\times0.059}{6}$$

$$=0.917(V)$$

从以上计算可以看出，$K_2Cr_2O_7$ 在强酸性溶液中的氧化性比在弱酸性溶中更强。在实验室或工业生产中，总是在较强的酸性溶液中使用 $K_2Cr_2O_7$ 作为氧化剂。

例 2　已知 $2H^++2e^-\rightleftharpoons H_2$，$\varphi^{\ominus}=0$，求算$[HAc]=0.10$ mol·L^{-1}　$p_{H_2}=100$ kPa 时，氢电极的电极电势 φ。已知 $K_{HAc}=1.8\times10^{-5}$。

解　先计算 0.10 mol·L^{-1} HAc 溶液中的$[H^+]$。

$$\begin{array}{llll} & HAc & \rightleftharpoons\ H^+ & +\ Ac^- \\ c(mol\cdot L^{-1}) & 0.10-x & x & x \end{array}$$

$$\frac{[H^+][Ac^-]}{[HAc]}=K_{HAc}=1.8\times10^{-5}$$

因为 HAc 的电离常数较小，$0.10-x\approx0.10$

$$\frac{x^2}{0.10-x}=1.8\times10^{-5}$$

$$\frac{x^2}{0.10}=1.8\times10^{-5}$$

$$x^2=0.10\times1.8\times10^{-5}=1.8\times10^{-6}$$

$$x=1.3\times10^{-3}(mol\cdot L^{-1})$$

即$[H^+]$为$1.3\times10^{-3}\ mol\cdot L^{-1}$，将$[H^+]=1.3\times10^{-3}\ mol\cdot L^{-1}$，$p_{H_2}=100\ kPa$代入公式，可得

$$\begin{aligned}\varphi&=\varphi^{\ominus}+\frac{0.059}{2}\lg\frac{[H^+]^2}{p_{H_2}/100}\\&=\varphi^{\ominus}+\frac{0.059}{2}\lg[H^+]^2\\&=\varphi^{\ominus}+0.059\lg[H^+]\\&=0+0.059\times\lg1.3\times10^{-3}\\&=-0.17(V)\end{aligned}$$

计算结果表明，当H^+浓度降低至$1.3\times10^{-3}\ mol\cdot L^{-1}$时，氢电极的电极电势降低了0.17 V。

2. 沉淀生成对电极电势的影响

从电对$Ag^++e^-\rightleftharpoons Ag$，$\varphi^{\ominus}(Ag^+/Ag)=0.799\ V$来看，$Ag^+$是一个中等偏弱的氧化剂。若在溶液中加入NaCl便产生AgCl沉淀：

$$Ag^++Cl^-\rightleftharpoons AgCl\downarrow$$

当达到平衡时，如果Cl^-离子浓度为$1\ mol\cdot L^{-1}$，Ag^+离子浓度则为

$$[Ag^+]=\frac{K_{sp}}{[Cl^-]}=\frac{K_{sp}}{1}=K_{sp}=1.6\times10^{-10}$$

这时有

$$\begin{aligned}\varphi&=\varphi^{\ominus}+0.059\lg1.6\times10^{-10}\\&=0.799-0.578\\&=+0.221(V)\end{aligned}$$

上面计算所得的电极电势属于：

$$AgCl(s)+e^-\rightleftharpoons Ag(s)+Cl^-$$

电对的标准电极电势，这是因为将Ag插在Ag^+的溶液中所组成的电极Ag^+/Ag，当加入NaCl而产生AgCl沉淀后形成了一种新的AgCl/Ag电极，此时电极电势下降了0.578 V。

综合起来，我们可以把浓度对电极电势的影响归纳如下几点：

① 对与酸度无关的电对，例如$M^{n+}+e^-\rightleftharpoons M^{(n-1)+}$来说，$\frac{[M^{n+}]}{[M^{(n-1)+}]}$的比值越大，$\varphi$数值越大。

② 对含有H^+或OH^-的电对，不但氧化型和还原型物质的浓度对电极电势有影响，而且$[H^+]$也有影响，往往$[H^+]$的影响更大。

③ 如电对中氧化型物质生成沉淀，则沉淀物的K_{sp}越小，它们的标准电极电势就越小；相反，如果电对中还原型物质生成沉淀，则沉淀物的K_{sp}越小，它们的标准电极电势就越大。因此，前一种情况对氧化型物质起稳定作用，而后一种情况对还原型物质起稳定作用。

④若溶液中有配位化合物生成，则$\varphi^{\ominus}$值也会发生变化。

三、电极电势的应用

（一）判断氧化剂和还原剂的相对强弱

电极电势的高低表明得失电子的难易，也就是表明电极反应中氧化型物质越容易夺得

电子转变为相应的还原型物质，如表 9.1 中所示，$\varphi^{\ominus}(F_2/F^-)=2.87\ V$，$\varphi^{\ominus}(Mn(Ⅶ)/Mn^{2+})=1.51\ V$，说明 F_2，MnO_4^- 都是强氧化剂。电极电势负值越大就表明电极反应中还原型物质越容易失去电子而转变为相应的氧化型物质，如表 9.1 中所示，$\varphi^{\ominus}(K^+/K)=-2.925\ V$，$\varphi^{\ominus}(Na^+/Na)=-2.714\ V$，这说明金属 K 和 Na 都是强还原剂。应当注意的是，用 $\varphi^{\ominus}$ 值的大小判断氧化还原能力的强弱是在标准状况下的结果。如果在非标准状况下比较氧化还原剂的强弱时，必须利用能斯特方程进行计算，求出在某条件下的 φ 值，然后再进行比较。

例 3　根据标准电极电势，在下列各电对中找出最强的氧化剂和最强的还原剂，并列出各氧化型物质的氧化能力和各还原型物质的还原能力强弱的顺序。

$$MnO_4^-/Mn^{2+} \qquad Fe^{3+}/Fe^{2+} \qquad I_2/I^-$$

解　首先查出各电对的标准电极电势：

$$MnO_4^- + 8H^+ + 5e^- \rightleftharpoons Mn^{2+} + 4H_2O \qquad \varphi^{\ominus}=1.51\ V$$

$$Fe^{3+} + e^- \rightleftharpoons Fe^{2+} \qquad \varphi^{\ominus}=0.771\ V$$

$$I_2 + 2e^- \rightleftharpoons 2I^- \qquad \varphi^{\ominus}=0.534\ 5\ V$$

电对 MnO_4^-/Mn^{2+} 的 $\varphi^{\ominus}$ 最大，说明在 3 个电对中其氧化型物质 MnO_4^- 的氧化能力最强，是最强的氧化剂；电对 I_2/I^- 的 $\varphi^{\ominus}$ 最小，说明在 3 个电对中其还原型物质 I^- 的还原能力最强，是最强的还原剂。

各氧化型物质的氧化能力的顺序为 $MnO_4^- > Fe^{3+} > I_2$；各还原型物质的还原能力的顺序为 $I^- > Fe^{2+} > Mn^{2+}$。

（二）判断氧化还原反应进行的方向

根据氧化还原反应中两个电对标准电极电势的大小，可以大致判断其反应的方向。电极电势较大的电对，其氧化型物质获得电子的倾向较大，是较强的氧化剂；电极电势较小的电对，其还原型物质失去电子的倾向较大，是较强的还原剂。

例 4　判断下列反应进行的方向：

$$2Fe^{3+} + Sn^{2+} \rightleftharpoons 2Fe^{2+} + Sn^{4+}$$

解　因为 $\varphi^{\ominus}(Fe^{3+}/Fe^{2+})=0.77\ V$，$\varphi^{\ominus}(Sn^{4+}/Sn^{2+})=0.15\ V$，所以 $\varphi^{\ominus}(Fe^{3+}/Fe^{2+}) > \varphi^{\ominus}(Sn^{4+}/Sn^{2+})$，故反应向右进行。

电极电势的大小是发生反应的内因，上例是通过比较两对标准电极电势的大小来判断氧化还原反应的方向。但反应的外部条件（如温度、浓度、酸度等）发生变化时，氧化还原电对的电极电势也将发生变化，从而可能改变反应的方向。

影响氧化还原反应进行方向的因素有：氧化剂和还原剂的浓度、H^+ 的浓度、生成沉淀或配合物等。

(1) 氧化剂和还原剂浓度的影响：由能斯特方程式可看出，当氧化型物质浓度增加时，电极电势 φ 值增加；而还原型物质浓度增大时，电极电势 φ 值减小。因此，当改变各物质的浓度时可能改变氧化还原反应的方向。

例 5　根据下列条件，判断反应 $Sn^{2+} + Pb \rightleftharpoons Sn + Pb^{2+}$ 进行的方向。

① $[Sn^{2+}]=[Pb^{2+}]=1\ mol \cdot L^{-1}$；

② $[Sn^{2+}]=1\ mol \cdot L^{-1}$，$[Pb^{2+}]=0.1\ mol \cdot L^{-1}$。

解　查表可知：$\varphi^{\ominus}(Sn^{2+}/Sn)=-0.14\ V$，$\varphi^{\ominus}(pb^{2+}/pb)=-0.13\ V$。

① 当 $[Sn^{2+}]=[Pb^{2+}]=1\ mol \cdot L^{-1}$ 时，

$$\varphi(Sn^{2+}/Sn)=\varphi^{\ominus}(Sn^{2+}/Sn)=-0.14\ V$$
$$\varphi(Pb^{2+}/Pb)=\varphi^{\ominus}(Pb^{2+}/Pb)=-0.13\ V$$

所以有

$$\varphi(Pb^{2+}/Pb)>\varphi(Sn^{2+}/Sn)$$

Pb^{2+} 的氧化性大于 Sn^{2+} 的氧化性，反应按如下方式进行：

$$Sn+Pb^{2+}\rightarrow Sn^{2+}+Pb$$

② 当$[Sn^{2+}]=1\ mol\cdot L^{-1}$，$[Pb^{2+}]=0.1\ mol\cdot L^{-1}$时，

$$\varphi(Sn^{2+}/Sn)=\varphi^{\ominus}(Sn^{2+}/Sn)=-0.14\ V$$
$$\varphi(Pb^{2+}/Pb)=\varphi^{\ominus}(Pb^{2+}/Pb)+\frac{0.059}{2}\lg[Pb^{2+}]=-0.13+\frac{0.059}{2}\lg 0.1=-0.16(V)$$

所以

$$\varphi(Sn^{2+}/Sn)>\varphi(Pb^{2+}/Pb)$$

Sn^{2+} 的氧化性大于 Pb^{2+} 的氧化性，反应按如下方式进行：

$$Sn^{2+}+Pb\rightarrow Sn+Pb^{2+}$$

(2) 生成沉淀的影响：当加入一种能与氧化剂或还原剂形成沉淀的物质时，由于沉淀的生成，将改变氧化型物质或还原型物质的浓度，引起电极电势的变化，从而可能改变反应进行的方向。

例如：$2Cu^{2+}+2I^{-}\rightleftharpoons 2Cu^{+}+I_2$，因为

$$\varphi^{\ominus}(Cu^{2+}/Cu)=0.158\ V,\quad \varphi^{\ominus}(I_2/I^{-})=0.534\ 5\ V$$

所以反应不能向右进行。但因 I^{-} 离子与 Cu^{2+} 生成了 CuI 沉淀，则实际反应为：

$$2Cu^{2+}+4I^{-}=2CuI\downarrow+I_2\quad \varphi^{\ominus}(Cu^{2+}/CuI)=0.86\ V$$

由于 CuI 的生成，使 Cu^{+} 浓度大大降低，由能斯特方程式可知：$\varphi^{\ominus}(Cu^{2+}/Cu)$ 增大，且 $\varphi^{\ominus}(Cu^{2+}/Cu)>\varphi^{\ominus}(I_2/I^{-})$，所以反应向右进行。

(3) 形成配合物的影响：当加入一种能与氧化剂或还原剂形成稳定配合物的配位剂时，也可改变体系的电极电势，从而可能影响反应进行的方向。

(4) H^{+} 浓度的影响：一些有 H^{+} 参与的氧化还原反应，如果改变 H^{+} 的浓度，则对电对的电极电势影响较大。例如：

$$H_3AsO_4+2H^{+}+2e^{-}\rightleftharpoons H_3AsO_3+H_2O$$
$$\varphi(H_3AsO_4/H_3AsO_3)=\varphi^{\ominus}(H_3AsO_4/H_3AsO_3)+\frac{0.059}{2}\lg\frac{[H_3AsO_4][H^{+}]^2}{[H_3AsO_3]}$$

从上式可知，$[H^{+}]$增大，$\varphi(H_3AsO_4/H_3AsO_3)$也增大，反之亦然。因此，也可通过调节溶液 H^{+} 浓度的大小来改变氧化还原反应进行的方向。

（三）判断氧化还原反应进行的程度

氧化还原反应进行的完全程度可以用它的平衡常数大小来衡量。氧化还原反应的平衡常数，可以根据能斯特方程式和有关电对的标准电极电势求得。假设氧化还原反应式为

$$n_2Ox_1+n_1Red_2\rightleftharpoons n_2Red_1+n_1Ox_2$$

平衡常数

$$K=\frac{(c_{Red_1})^{n_2}\cdot(c_{Ox_2})^{n_1}}{(c_{Ox_1})^{n_2}\cdot(c_{Red_2})^{n_1}}$$

两电对的电极电势为

$$Ox_1 + n_1 e^- \rightleftharpoons Red_1 \qquad \varphi_1 = \varphi_1^{\ominus} + \frac{0.059}{n_1} \lg \frac{c_{Ox_1}}{c_{Red_1}}$$

$$Ox_2 + n_2 e^- \rightleftharpoons Red_2 \qquad \varphi_2 = \varphi_2^{\ominus} + \frac{0.059}{n_2} \lg \frac{c_{Ox_2}}{c_{Red_2}}$$

当反应达到平衡时，$\varphi_1 = \varphi_2$，则

$$\varphi_1^{\ominus} + \frac{0.059}{n_1} \lg \frac{c_{Ox_1}}{c_{Red_1}} = \varphi_2^{\ominus} + \frac{0.059}{n_2} \lg \frac{c_{Ox_2}}{c_{Red_2}}$$

$$\varphi_1^{\ominus} - \varphi_2^{\ominus} = \frac{0.059}{n_2} \lg \frac{c_{Ox_2}}{c_{Red_2}} - \frac{0.059}{n_1} \lg \frac{c_{Ox_1}}{c_{Red_1}}$$

$$= \frac{0.059}{n_1 n_2} \lg \left(\frac{c_{Ox_2}}{c_{Red_2}}\right)^{n_1} \left(\frac{c_{Red_1}}{c_{Ox_1}}\right)^{n_2}$$

$$\lg K = \frac{(\varphi_1^{\ominus} - \varphi_2^{\ominus}) n_1 n_2}{0.059}$$

可见，氧化还原反应可由平衡常数 K 的大小来判断反应完成的程度。两电对的标准电极电势差越大，K 越大，反应进行得越完全。

例 6　判断用 H_2 处理含 Hg^{2+} 的废水的效果。

解　H_2 和 Hg^{2+} 的反应式为

$$H_2 + Hg^{2+} \rightleftharpoons Hg + 2H^+$$

查表知

$$\varphi^{\ominus}(Hg^{2+}/Hg) = 0.854\ V, \quad \varphi^{\ominus}(H^+/H_2) = 0.00\ V$$

$$\lg K = \frac{(0.854 - 0) \times 1 \times 2}{0.059} = 28.6$$

可见，$\lg K$ 值非常大，Hg^{2+} 几乎全部转化为 Hg，所以用 H_2 处理含 Hg^{2+} 的废水效果很好。

在用电极电势来判断氧化还原反应进行的方向和进行的程度时，应该注意下列两点：

(1) 从电极电势只能判断氧化还原反应能否进行，进行的程度如何，但不能说明反应的速率，因热力学和动力学是两回事。例如：

$$MnO_4^- + 8H^+ \rightleftharpoons Mn^{2+} + 4H_2O \qquad \varphi^{\ominus} = 1.51\ V$$

$$S_2O_8^{2-} + 2e^- \rightleftharpoons 2SO_4^{2-} \qquad \varphi^{\ominus} = 2.01\ V$$

从 $\varphi^{\ominus}$ 判断，$S_2O_8^{2-}$ 可以氧化 Mn^{2+}，但实际上这个反应速度很小，以致单独用 $S_2O_8^{2-}$ 不能使 Mn^{2+} 氧化，必须在热溶液中加入银盐作催化剂，反应才能加速进行。

(2) 某些含氧化合物例如 $KMnO_4$，K_2CrO_7，H_3AsO_4 等参加氧化还原反应时，用电极电势判断反应进行的方向和程度，还要考虑溶液的酸度，例如下列反应：

$$H_3AsO_4 + 2I^- + 2H^+ \rightleftharpoons H_3AsO_3 + I_2 + H_2O$$

当$[H_3AsO_4] = [I^-] = [H^+] = 1\ mol \cdot L^{-1}$时，$\varphi^{\ominus}(H_2AsO_4/H_3AsO_3) = +0.56\ V$，$\varphi^{\ominus}(I_2/I^-) = +0.534\ 5\ V$。电池电动势 $E^{\ominus} = 0.56 - 0.535 = 0.025\ V$。$E^{\ominus} > 0$，反应从左向右进行。

如果在上例中，$[H^+]$变为 $10^{-8}\ mol \cdot L^{-1}$，粗略地看$[H_3AsO_4] = [H_3AsO_3] = [I^-] = 1\ mol \cdot L^{-1}$时，$\varphi^{\ominus}(I_2/I^-)$仍为 $+0.534\ 5$ V，而$[H_3AsO_4]/[H_3AsO_3]$电对的电极电势变了，为

$$H_3AsO_4 + 2H^+ + 2e^- \rightleftharpoons H_3AsO_3 + H_2O$$

$$\varphi=\varphi^{\ominus}+\frac{0.059}{2}\lg\frac{[H_3AsO_4][H^+]^2}{[H_3AsO_3]}$$
$$=0.56+\frac{0.059}{2}\lg\frac{1\times(10^{-8})^2}{1}$$
$$=+0.088\ V$$

这时，电池电动势 $E=0.088-0.535=-0.447\ V$，$E<0$，反应不能正向进行，只能逆向进行。

思考与回答

1. 金属的电极电势是怎样形成的？
2. 举例说明电极的标准电极电势是怎样测定的？
3. 能斯特方程式有哪些用途？
4. 举例说明电极电势的应用。
5. 怎样判断氧化还原反应进行的方向？

任务四　电极的种类

一、指示电极

常用的指示电极主要是一些金属电极及近年来发展起来的离子选择性电极。就其结构上的差异可以把指示电极分为金属-金属离子电极、金属-金属难溶盐电极、汞电极、惰性金属电极、玻璃电极及其他膜电极等。

（一）金属基电极

这类电极是以金属为基体，其共同的特点是电极上有电子交换反应，即氧化还原反应的存在。它可以分成以下四种。

1. 金属-金属离子电极

也称第一类电极，由某些金属和该金属离子溶液组成，$M \mid M^{n+}$。这里只包括一个界面，这类电极是金属与该金属离子在界面上发生可逆的电子转移。在一定条件下，这类电极的电极电势仅与金属离子 M^{n+} 的活度有关，其电极电势的变化能准确地反映溶液中金属离子活度的变化。例如将金属 Ag 丝浸在 $AgNO_3$ 溶液中构成的电极。

电极可表示为

$$Ag \mid Ag^+$$

电极反应为

$$Ag^+ + e^- \rightleftharpoons Ag$$

25 ℃时电极电势为

$$\varphi(Ag^+/Ag)=\varphi^{\ominus}(Ag^+/Ag)+0.059\ \lg \alpha_{Ag^+}$$

电极电势仅与银离子活度有关。因此该电极不但可用来测定银离子活度，而且可用于滴定过程中由于沉淀或络合等反应而引起银离子活度变化的电位滴定。组成这类电极的金属有银、铜、汞、锌、铅等。

2. 金属-金属难溶盐电极

也称第二类电极，是在金属表面覆盖该金属的难溶盐涂层，并浸在含该难溶化合物阴离子的溶液中构成的。如由 Ag 和 AgCl 及 KCl 溶液组成的银-氯化银电极。

电极可表示为

$$Ag,AgCl(固) \mid KCl(液)$$

电极反应为

$$AgCl + e^- \rightleftharpoons Ag + Cl^-$$

25 ℃时电极电势为

$$\varphi(AgCl/Ag) = \varphi^{\ominus}(AgCl/Ag) - 0.059 \lg \alpha_{Cl^-}$$

由此可看出，这类电极的电极电势取决于溶液中该电极金属难溶盐的阴离子活度。因此这类电极不仅可用来测量金属离子的活度，还可用来测量阴离子的活度。电极的稳定性和重现性都较好，在电位分析中可以用作指示电极，更常用来作参比电极。组成这类电极的还有甘汞电极、硫酸亚汞电极。

应当注意的是，能与金属阳离子形成难溶盐的其他阴离子的存在，将产生干扰。

3. 汞电极

也称第三类电极，是由金属与两种具有相同阴离子的难溶盐（或难解离的配合物）再与含有第二种难溶盐（或难解离的配合物）的阳离子组成的电极体系。如汞电极，由汞与 EDTA 形成的络合物组成的电极。

电极可表示为

$$Hg \mid HgY^{2-}, MY^{(n-4)}, M^{n+}$$

25 ℃时电极电势为

$$\begin{aligned}\varphi(Hg^{2+}/Hg) &= \varphi^{\ominus}(Hg^{2+}/Hg) + \frac{0.059}{2}\lg[Hg^{2+}] \\ &= \varphi^{\ominus}(Hg^{2+}/Hg) + \frac{0.059}{2}\lg\frac{K_{MY^{(n-4)}}[HgY^{2-}][M^{n+}]}{K_{HgY^{2-}}[MY^{(n-4)}]}\end{aligned}$$

式中 $K_{MY^{(n-4)}}/K_{HgY^{2-}}$ 是个常数，$[HgY^{2-}]$在用 EDTA 滴定 M^{n+} 的过程中几乎不变，滴定至化学计量点时，$[MY^{(n-4)}]$是个常数，于是有

$$\varphi(Hg^{2+}/Hg) = \varphi^{\ominus}(Hg^{2+}/Hg) + \frac{0.059}{2}\lg[M^{n+}]$$

可见，在一定条件下，汞电极电势仅与$[M^{n+}]$有关，因此可用作以 EDTA 滴定 M^{n+} 的指示电极。汞电极可用于 30 多种金属离子的电位滴定。

4. 惰性金属电极

也称零类电极（或均相氧化还原电极），是将惰性金属（如铂或金）插入含有均相可逆的同一元素的两种不同氧化态的离子溶液中构成的。如将铂片插入 Fe^{3+} 和 Fe^{2+} 的溶液中构成的电极就属于惰性金属电极。

电极可表示为

$$Pt \mid Fe^{3+}, Fe^{2+}$$

电极反应为

$$Fe^{3+} + e^- \rightleftharpoons Fe^{2+}$$

25 ℃时电极电势为

$$\varphi(Fe^{3+}/Fe^{2+})=\varphi^{\ominus}(Fe^{3+}/Fe^{2+})+0.059\lg\frac{\alpha_{Fe^{3+}}}{\alpha_{Fe^{2+}}}$$

惰性金属不参与电极反应,仅仅提供交换电子的场所。此类电极的电势能指示出溶液中氧化态和还原态离子活度之比。

金属基电极的电极电势由于来源于电极表面的氧化还原反应,故选择性不高,因而在实际工作中更多使用的是离子选择性电极。

(二) 离子选择电极——膜电极

离子选择性电极是一种电化学传感器,又称膜电极,它是由对某种特定离子具有特殊选择性的敏感膜及其他辅助部件构成。与金属基电极不同,膜电极表面上没有电子得失,不发生电化学反应。这类电极基于敏感膜可以有选择性地让某种离子渗透,在膜的表面上发生离子交换,从而形成膜电位。

1. 离子选择性电极的分类、结构及响应机理

通常,各种离子选择性电极一般由电极管、敏感膜、内参比电极、内参比溶液四部分构成,其典型结构如图 9.5 和图 9.6 所示。将离子选择性敏感膜封装在玻璃或塑料管的底端,管内装有一定浓度的被响应离子的溶液作内参比溶液,插入一支银-氯化银丝作内参比电极,这样就构成了离子选择性电极。

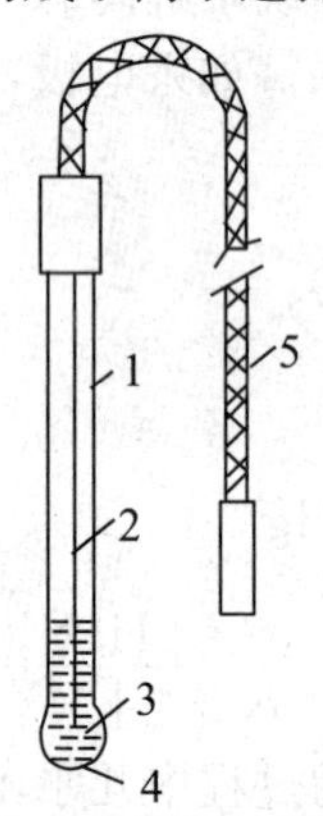

图 9.5　玻璃电极

1-玻璃管;2-内参比电极(Ag-AgCl);3-内参比溶液(0.1 mol·L^{-1} HCl);4-玻璃薄膜;5-外接导线

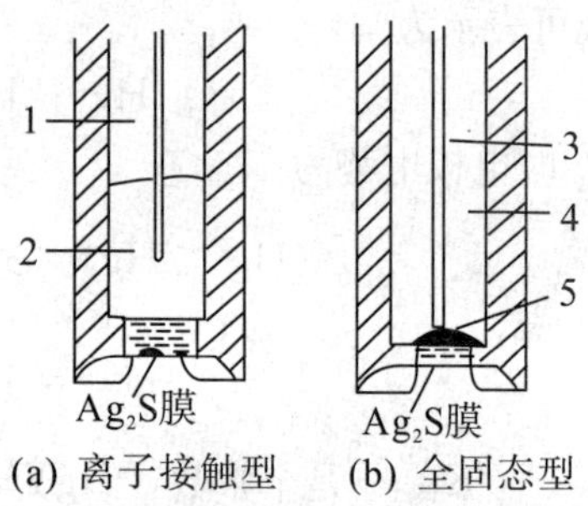

图 9.6　硫化银膜电极

1-内参比电极(Ag-AgCl);2-内参比溶液;3-屏蔽导线;4-环氧树脂填充剂;5-银接触点

各种类型的离子选择电极的响应机理虽各有其特点,但其膜电位产生的基本原因是相似的。在敏感膜与溶液两相间的界面上,由于离子扩散的结果形成双电层,产生相界电位。跨越敏感膜两侧的电位称为膜电位。离子选择性电极的膜电位与响应离子的浓度有关,其形式类似于能斯特方程的形式。

2. 玻璃膜电极

最早也是最广泛被应用的膜电极就是玻璃电极(也称 pH 玻璃电极)。它是具有 H^+ 专属性的典型离子选择性电极,可用作电位法测定溶液 pH 的指示电极。玻璃电极的构造如图 9.5 所示。下端部是由特殊成分的玻璃吹制而成的球状薄膜(由 SiO_2 基质中加入 Na_2O 和少量 CaO 烧结而成),膜的厚度为 50 μm 左右。玻璃管内装有 pH 一定(如 pH=7)的缓冲溶液(内参比溶液),其中插入一支 Ag/AgCl 电极作为内参比电极。

玻璃膜电极中内参比电极的电位是恒定的,与被测溶液的 pH 无关。玻璃膜电极之所以能测定溶液 pH,是由于玻璃膜产生的膜电位与待测溶液 pH 有关。

玻璃膜电极在使用前必须在水中浸泡 24 小时以上,使玻璃膜表面水化。浸泡时,由于玻璃的硅酸盐结构与 H^+ 的键合力远大于与 Na^+ 的键合力,玻璃表面会形成一层水合硅胶层。玻璃膜外表面的 Na^+ 与水中的 H^+ 发生交换反应:

$$H^+ + Na^+GI^-(固) \rightleftharpoons Na^+ + H^+GI^-(固)$$

式中,GI^- 表示玻璃相中不能迁移的硅酸基团。交换达平衡后,玻璃膜表面几乎全部由水合硅胶(HGI)组成。玻璃膜内表面也同样形成水合硅胶层。因此,在水中浸泡后的玻璃膜由三部分组成,即两个水化层和一个干玻璃层,如图 9.7 所示。

当浸泡好的玻璃电极浸入待测 pH 的溶液中,外侧水合硅胶层与溶液接触,由于水合硅胶层表面与溶液中 H^+ 的活度不同,形成活度差,在水合硅胶层与溶液界面之间就发生 H^+ 的迁移,H^+ 由活度大的一方向活度小的一方迁移,并建立平衡。结果破坏了胶—液两相界面原来正负电荷分布的均匀性,于是在两相界面形成双电层,从而产生电位差,形成相界电位 $\varphi_{外}$。同理,在玻璃膜内侧的水合硅胶层与内参比溶液界面间也存在相界电位 $\varphi_{内}$。显然,相界电位 $\varphi_{外}$ 及 $\varphi_{内}$ 的大小与两相间 H^+ 的活度有关,并服从能斯特方程。

25 ℃时,可表示为

$$\varphi_{外} = K_1 + 0.059\ \lg \frac{\alpha_1}{\alpha'_1} \qquad \varphi_{内} = K_2 + 0.059\ \lg \frac{\alpha_2}{\alpha'_2}$$

式中,α_1 和 α_2 分别表示外部试液和内参比溶液的 H^+ 活度;α'_1 和 α'_2 分别表示玻璃外、内侧水合硅胶层表面的 H^+ 活度;K_1 和 K_2 分别为由玻璃外、内膜表面性质决定的常数。

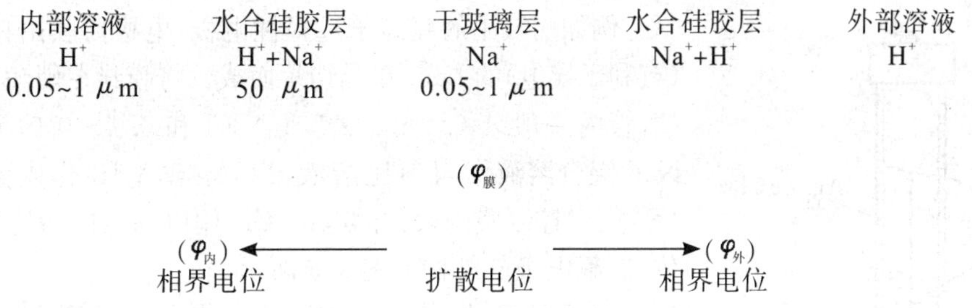

图 9.7　浸泡后的玻璃膜示意图

跨越玻璃膜两侧的电位差称为膜电位,膜电位的数值等于膜外侧水合硅胶层与试液的相界电位 $\varphi_{外}$ 与膜内侧水合硅胶层与内参比液的相界电位 $\varphi_{内}$ 之差。

因为玻璃内外膜表面性质基本相同,所以 $K_1 = K_2$。又因水合硅胶层表面的 Na^+ 都被 H^+ 取代,故 $\alpha'_1 = \alpha'_2$,因此玻璃膜内外侧之间的电位差为

$$\varphi_{膜} = \varphi_{外} - \varphi_{内} = 0.059\ \lg \frac{\alpha_1}{\alpha_2}$$

又因内参比溶液 H^+ 的活度 α_2 是一定值,故

$$\varphi_{膜} = K + 0.059\ \lg \alpha_1 = K - 0.059\ pH_{试}$$

可见,在一定温度下,玻璃电极的膜电位 $\varphi_{膜}$ 与试液的 pH 成线性关系,式中的 K 值由每支玻璃电极本身的性质所决定。

当 $\alpha_1=\alpha_2$ 时，$\varphi_{膜}$应为零，但实际并非如此，玻璃膜两侧仍存在很小的电位差。这种电位差称为不对称电位，它是由于薄膜内外两个表面的状况不同，如含钠量、张力以及外表面的机械和化学损伤等不同而产生的。玻璃膜电极经长时间浸泡，表面形成水合胶层，不对称电位可以达到最小而有一稳定值（为 1～30 mV），因此可以合并到公式的 K 值之中。也可用标准缓冲溶液来进行校正，即对电极电势进行定位来加以消除。

玻璃膜电极具有内参比电极，如 Ag - AgCl 电极，因此整个玻璃膜电极的电位，应是内参比电极电势与膜电位之和，即

$$\varphi_{玻璃}=\varphi(AgCl/Ag)+\varphi_{膜}$$

用玻璃膜电极，测定 pH 的优点是不受溶液中氧化剂或还原剂的影响，玻璃膜电极不易因杂质的作用而中毒，能在胶体溶液和有色溶液中应用。

玻璃膜电极不仅可用于溶液 pH 的测定，在适当改变玻璃膜的组成后，也可用于 Na^+、Ag^+、Li^+ 等离子活度的测定。

与玻璃电极类似，各种离子选择性电极的膜电位在一定条件下均遵守能斯特方程。

对阳离子有响应的电极，25 ℃时其膜电极电势为

$$\varphi_{膜}=K+\frac{2.303RT}{nF}\lg \alpha_{阳离子}$$

对阴离子有响应的电极，25 ℃时其膜电极电势为

$$\varphi_{膜}=K-\frac{2.303RT}{nF}\lg \alpha_{阴离子}$$

3. 晶体膜电极

这类电极的敏感膜一般都是由难溶盐经过加压或拉制成单晶、多晶或混晶制成的。

(1) 氟离子选择性电极

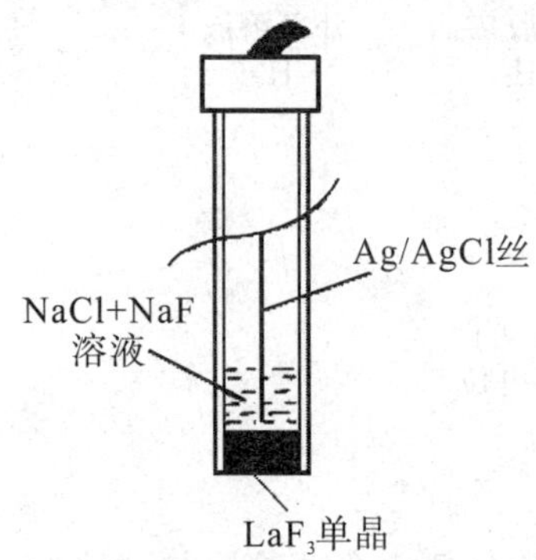

图 9.8 氟离子选择性电极

例如测氟用的氟离子选择性电极，电极薄膜由掺有 EuF_2（有利于导电）的 LaF_3 单晶切片而成。将膜封在硬塑料管的一端，管内一般装 0.1 mol·L^{-1} NaCl 和 0.1～0.01 mol·L^{-1} NaF 混合溶液作内参比溶液，以 Ag - AgCl 作内参比电极（F^- 用以控制膜内表面的电位，Cl^- 用以固定内参比溶液的电位）。氟电极的结构如图 9.8 所示。

由于 LaF_3 的晶格有空穴，在晶格上的氟离子可以移入晶格邻近的空穴而导电。当把氟离子选择电极浸入被测试液中时，试液中的氟离子向氟电极表面扩散进入晶格，形成双电层产生膜电位。同玻璃电极一样，对 F^- 响应的电极（阴离子选择电极），其膜电位与 F^- 活度之间的关系，遵守能斯特方程式。25 ℃时电极电势为

$$\varphi_{膜}=K-0.059\lg \alpha_{F^-}=K+0.059\,pF^-$$

该电极可以测定 1×10^{-6}～10^{-1} mol·L^{-1}的 F^-，电极的选择性好，使用前不需用水浸泡使它活化。

氟离子选择性电极的选择性较高，即使待测溶液中存在含量为 F^- 量 1 000 倍的 Cl^-、Br^-、I^-、SO_4^{2-}、NO_3^- 等离子，都不会造成明显干扰，但待测溶液的 pH 需控制在 5～7，如 pH 过低，一部分 F^- 形成 HF 或 HF_2^-，降低了 F^- 的活度；如 pH 过高，LaF_3 薄膜与 OH^- 发生交换，晶体表面形成 $La(OH)_3$ 而释放出 F^-，干扰测定。

此外，溶液中能与 F^- 生成稳定络合物或难溶化合物的离子（如 Al^{3+}、Ca^{2+}、Mg^{2+} 等）也有干扰，通常可以通过加掩蔽剂来消除干扰。

(2) 硫离子膜电极

用 Ag_2S 粉末压片也可以得到晶体膜电极，如图 9.6 所示。它既是银离子电极，也是硫离子电极。硫化银是一种低电阻的导体，膜内的 Ag^+ 是电荷的传递者。由于 Ag_2S 的溶度积很小，所以电极具有很高的选择性和灵敏度。Ag_2S 膜电极的膜电位：

25 ℃时，对银离子响应时可表示为

$$\varphi_{膜}=K+0.059\lg \alpha_{Ag^+}$$

25 ℃时，对硫离子响应时可表示为

$$\varphi_{膜}=K-\frac{0.059}{2}\lg \alpha_{S^{2-}}$$

此外，还有铜、铅或镉等重金属离子的硫化物与硫化银混合压片制得的晶体膜电极，它能分别响应这些二价阳离子。

4. 敏化电极

敏化离子选择性电极是由基本电极和基本电极外的敏化层组成，通过某种界面的敏化反应（气敏反应或酶敏反应），将试液中的被测物质转变为基本电极能响应的离子。电极的结构特点是在原电极上覆盖一层膜或物质，使得电极的选择性提高。

敏化电极主要包括气敏电极和酶电极，图 9.9 是一种敏化电极示意图。

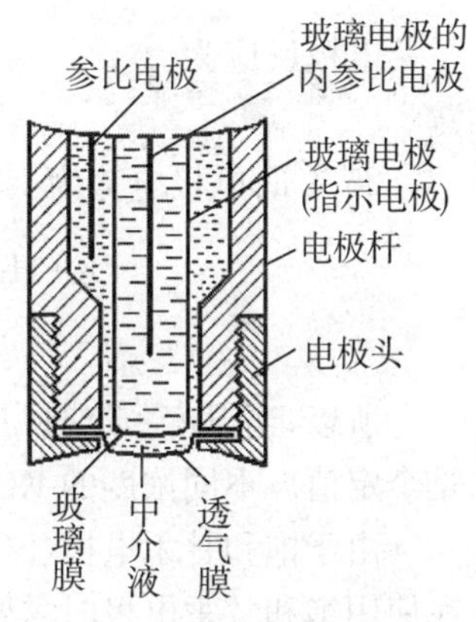

图 9.9　敏化电极

二、参比电极

参比电极是测量电池电动势、计算电极电势的基准，因此要求它的电极电势已知而且恒定。在测量过程中，即使有微小电流（约 10^{-8} A 或更小）通过，仍能保持不变，它与不同的测试溶液的液体接界电位差异很小，数值很低（1～2 mV），可以忽略不计，并且容易制作，使用寿命长。常用的参比电极有标准氢电极，甘汞电极，银-氯化银电极等。

（一）标准氢电极

标准氢电极（NHE）是将镀上一层铂黑的铂片，插入氢离子活度为 1 mol·L^{-1} 的溶液里，不断通入氢气，使其压力为 1.0133×10^5 Pa，铂黑吸附氢气形成氢电极。在上述条件下，规定它的电位为零，作为标准电极。

电极反应为

$$2H^++2e^-\rightleftharpoons H_2$$

25 ℃时电极电势为

$$\varphi=\frac{0.059}{2}\lg\frac{\alpha_{H^+}^2}{p_{H_2}/p^\ominus}$$

标准氢电极是最精确的参比电极，是参比电极的一级标准，它的电位值规定在任何温度下都是零伏。用标准氢电极与另一电极组成电池，测得的电池两极的电位差值即是另一电极的电极电势。

但是标准氢电极制作麻烦，氢气的净化、压力的控制等难于满足要求，而且铂黑容易中毒。因此直接用NHE作参比电极很不方便，实际工作中最常用的参比电极是甘汞电极。

（二）甘汞电极

甘汞电极是由金属(Hg)和甘汞(Hg_2Cl_2)及KCl溶液组成的电极，其结构如图9.10所示。内玻璃管中封接一根铂丝，铂丝插入纯汞中(厚度为0.5～1 cm)，下置一层甘汞(Hg_2Cl_2)和汞的糊状物，外玻璃管中装入KCl溶液，即构成甘汞电极。电极下端与待测溶液接触部分是熔结陶磁芯或玻璃砂芯等多孔性物质或是一毛细管通道。

甘汞电极可以写成

$$Hg, Hg_2Cl_2(s) \mid KCl$$

电极反应为

$$Hg_2Cl_2 + 2e^- \rightleftharpoons 2Hg + 2Cl^-$$

25 ℃时电极电势为

$$\varphi(Hg_2Cl_2/Hg) = \varphi^{\ominus}(Hg_2Cl_2/Hg) - \frac{0.059}{2}\lg\alpha_{Cl^-}^2$$
$$= \varphi^{\ominus}(Hg_2Cl_2/Hg) - 0.059\lg\alpha_{Cl^-}$$

所以，当温度一定时，甘汞电极的电极电势主要取决于α_{Cl^-}，当α_{Cl^-}一定时，其电极电势是个定值。不同浓度的KCl溶液，使甘汞电极的电势具有不同的恒定值，如表9.2所示。

由于饱和甘汞电极(SCE)使用方便、准确，易于控制溶液浓度，在实际工作中应用较广。在使用饱和甘汞电极时需要注意的几个问题：KCl溶液必须是饱和的，在甘汞电极的下部一定要有固体KCl存在，否则要补加KCl；内部电极必须浸泡在KCl饱和溶液中，且无气泡；使用时将橡皮帽去掉，不用时套上。

表9.2 25 ℃时甘汞电极的电极电势(相对于NHE)

名　称	KCl溶液的浓度	电极电势 φ/V
0.1 mol·L^{-1}甘汞电极	0.1 mol·L^{-1}	+0.336 5
标准甘汞电极(NCE)	1.0 mol·L^{-1}	+0.282 8
饱和甘汞电极(SCE)	饱和溶液	+0.243 8

另外需指出的是饱和甘汞电极在温度改变时常显示出滞后效应，当温度在80 ℃以上时变得不稳定，此时可以使用Ag－AgCl电极。

（三）银-氯化银电极

银-氯化银电极属于金属-金属难溶盐电极。将表面镀有氯化银层的金属银丝，浸入一定浓度的KCl溶液中，即构成银-氯化银电极，如图9.11所示。

具体原理如前所述。

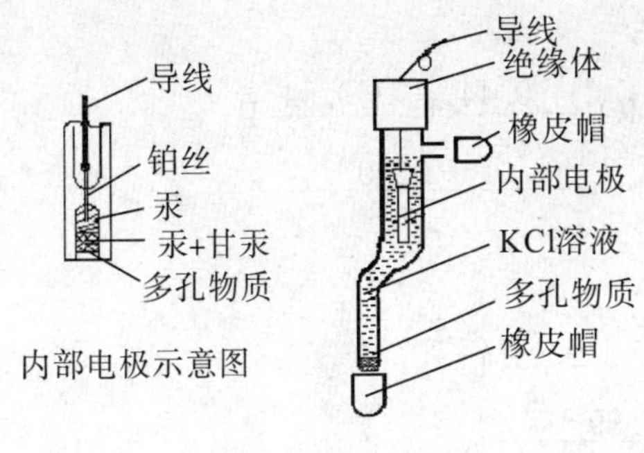

图 9.10　甘汞电极

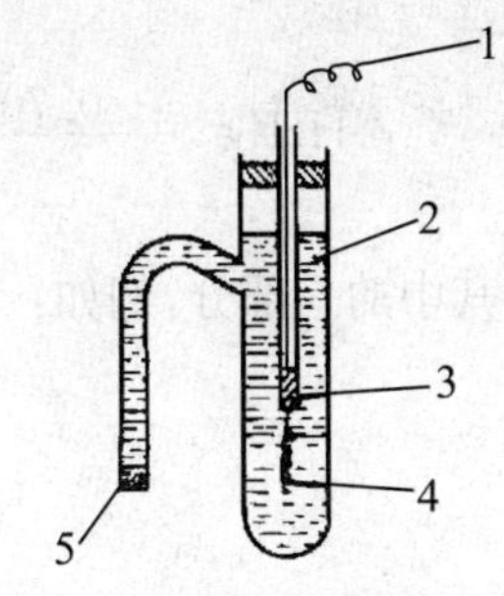

图 9.11　银-氯化银电极

1-导线；2-KCl 溶液；3-Hg；
4-镀 AgCl 的 Ag 丝；5-多孔物质

任务五　元素电势图及其应用

一、元素电势图

许多元素具有多种氧化态，因此就有一系列的氧化还原电对和一系列的标准电极电势值。如元素碘仅在酸性介质中就有：

$\varphi(H_5IO_3^-/IO_3^-)=1.644\ V$　　$\varphi(IO_3^-/HIO)=1.13\ V$

$\varphi(HIO/I_2)=1.45\ V$　　$\varphi(I_2/I^-)=0.54\ V$

$\varphi(IO_3^-/I_2)=1.19\ V$　　$\varphi(HIO/I^-)=0.99\ V$

从这些标准电极电势值看不出这一系列氧化还原电对间有什么关系，使用起来也相当不方便。

1952 年，拉蒂默（Latimer）提出将它们的标准电极电势以图解方式表示，这种图称为元素电势图或拉蒂默图。比较简单的元素电势图是把同一种元素的各种氧化态按照高低顺序排成横列。关于氧化态的高低顺序有两种书写方式：一种是从左至右，氧化态由高到低排列（氧化型在左边，还原型在右边）；另一种是从左到右，氧化态由低到高排列。两者的排列顺序恰好相反，所以使用时应加以注意。在两种氧化态之间若构成一个电对，就用一条直线把它们连接起来，并在上方标出这个电对所对应的标准电极电势。

根据溶液的 pH 不同，又可以分为两大类：$\varphi_A^\ominus$（A 表示酸性溶液）表示溶液的 pH=0；$\varphi_B^\ominus$（B 表示碱性溶液）表示溶液的 pH=14。书写某一元素的元素电势图时，既可以将全部氧化态列出，也可以根据需要列出其中的一部分。例如碘的元素电势图如下：

$$\varphi_A^\ominus/V$$

$$\overbrace{\qquad\qquad\qquad\qquad\qquad}^{+1.19}\ (IO_3^- \to I_2)$$

$$H_5IO_6 \xrightarrow{+1.7} IO_3^- \xrightarrow{+1.13} HIO \xrightarrow{+1.45} I_2 \xrightarrow{+0.54} I^-$$

$$\underbrace{\qquad\qquad\qquad\qquad}_{+0.99}\ (HIO \to I^-)$$

$$\varphi_B^\ominus/V$$

$$H_3IO_6^{2-}\xrightarrow{+0.70}IO_3^-\xrightarrow{+0.56}IO^-\xrightarrow{+0.44}I_2\xrightarrow{+0.54}I^-\quad (IO^-\xrightarrow{+0.99}I^-)$$

也可以列出其中的一部分，例如：

$$\varphi_A^\ominus/V$$

$$HIO\xrightarrow{+1.45}I_2\xrightarrow{+0.54}I^-\quad (HIO\xrightarrow{+0.99}I^-)$$

从元素电势图不仅可以全面地看出一种元素各氧化态之间的电极电势高低和相互关系，而且可以判断哪些氧化态在酸性或碱性溶液中能稳定存在。

二、元素电势图的应用

（一）判断元素处于不同氧化态时的氧化还原能力

某一电对的电极电势越大则氧化型物质的氧化能力越强，相应的还原型物质的还原性越弱，根据这一原理，由下列电势图：

$$Fe^{3+}\xrightarrow{+0.771}Fe^{2+}\xrightarrow{-0.440}Fe$$

可以知道，作为氧化剂，Fe^{3+} 的氧化能力大于 Fe^{2+}（$+0.771>-0.440$）；作为还原剂，Fe 的还原能力大于 Fe^{2+}（$-0.440<+0.771$）。而对于 Cu 元素，由其电势图：

$$Cu^{2+}\xrightarrow{+0.153}Cu^{+}\xrightarrow{+0.521}Cu$$

可知 Cu^+ 的氧化能力大于 Cu^{2+}（$+0.521>+0.153$），而 Cu 的还原能力小于 Cu^+（$+0.153<+0.521$）。

（二）判断歧化反应是否能够进行

由某元素不同氧化态的三种物质组成两个电对，按其氧化态由高到低排列如下：

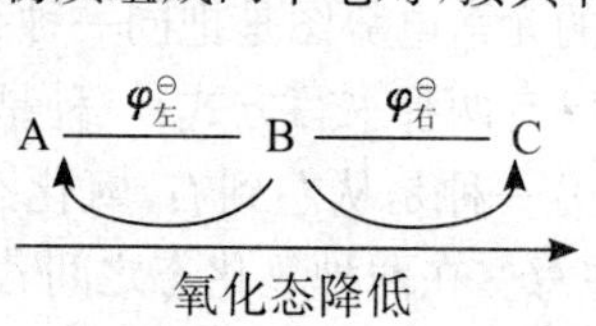

$$A\xrightarrow{\varphi_{左}^\ominus}B\xrightarrow{\varphi_{右}^\ominus}C$$

氧化态降低

假设 B 能发生歧化，那么这两个电对组成的电池电动势为：

$$E^\ominus=\varphi_{正}^\ominus-\varphi_{负}^\ominus$$

B 变成 C 是获得电子的过程，应是电池的正极；B 变成 A 是失去电子的过程，应是电池的负极，所以

$$E^\ominus=\varphi_{右}^\ominus-\varphi_{左}^\ominus>0$$

即

$$\varphi_{右}^\ominus>\varphi_{左}^\ominus$$

假设 B 不能发生歧化反应，同理可得

$$E^\ominus=\varphi_{右}^\ominus-\varphi_{左}^\ominus<0$$

即

$$\varphi_{右}^\ominus<\varphi_{左}^\ominus$$

根据以上原则，来看一看 Cu^+ 是否能够发生歧化反应。

有关的电势图为

$$\varphi_A^{\ominus}/V \quad Cu^{2+}\xrightarrow{+0.153}Cu^{+}\xrightarrow{+0.521}Cu$$

因为 $\varphi_{右}^{\ominus}>\varphi_{左}^{\ominus}$，所以在酸性溶液中，$Cu^{+}$ 离子不稳定，它将发生下列歧化反应：

$$2Cu^{+}=\!=\!=Cu+Cu^{2+}$$

又如铁的元素电势图：

$$\varphi_A^{\ominus}/V \quad Fe^{3+}\xrightarrow{+0.771}Fe^{2+}\xrightarrow{-0.440}Fe$$

因为 $\varphi_{右}^{\ominus}<\varphi_{左}^{\ominus}$，$Fe^{2+}$ 不能发生歧化反应。但是由于 $\varphi_{左}^{\ominus}>\varphi_{右}^{\ominus}$，$Fe^{3+}/Fe^{2+}$ 电对中的 Fe^{3+} 可氧化 Fe 生成 Fe^{2+}：

$$Fe^{3+}+Fe\rightleftharpoons 2Fe^{2+}$$

此即歧化反应的逆反应。

可将上面所讨论的内容推广为一般规律：在元素电势图 $A\xrightarrow{\varphi_{左}^{\ominus}}B\xrightarrow{\varphi_{右}^{\ominus}}C$ 中，若 $\varphi_{右}^{\ominus}>\varphi_{左}^{\ominus}$，物质 B 将自发地发生歧化反应，产物为 A 和 C。若 $\varphi_{右}^{\ominus}<\varphi_{左}^{\ominus}$，当溶液中有 A 和 C 存在时，将自发地发生歧化的逆反应，产物是 B。

思考与回答

1. 元素电势图的书写方式有哪几种？
2. 元素电势图有哪些用途？

阅 读 材 料

化学电源简介

一、化学电源的发展

化学电源也叫化学电池，是将物质化学反应产生的能量直接转换成电能的一种装置。

1859 年，普朗克(Pantle)试制成功化成式铅酸电池；1868 年勒克朗谢(Lelanche)研制成功以 NH_4Cl 为电解液的 $Zn-MnO_2$ 电池；1888 年加斯纳(Gassner)制出了 $Zn-MnO_2$ 干电池；1895 年琼格(Junger)发明 Cd－Ni 电池；1900 年爱迪生(Edison)创制了 Fe－Ni 蓄电池。20 世纪四、五十年代以后电池发展更加迅速，60 年代，"双子星座"和"阿波罗"飞船应用培根 H_2-O_2 燃料电池；70 年代，中东战争能源危机，燃料电池、钠硫电池、锂一硫化铁电池得到广泛发展；80 年代，贮氢材料的突破，人们制造了氢镍电池；90 年代，锂离子电池问世。

电池的发展必须能赶上电器用具的发展，因此高性能电池工业将是 21 世纪最有前景的产业。现在各种形状、各种规格、性能各异的电池在日常生活和生产的各个领域发挥着不可替代的作用。

二、化学电池的简介

1. 一级电池

此类电池在电池工作(放电)后，不能使电池恢复。典型的有锌锰干电池和锌汞电池。

如图 9.12 所示，锌锰干电池的外壳(锌)是负极，中间的碳棒是正极，在碳棒的周围是细密的石墨同去极化剂 MnO_2 的混合物，在混合物周围再装入以 NH_4Cl 溶液浸湿的 $ZnCl_2$，NH_4Cl 和淀粉或其他填充物(制成糊状物)。为了避免水的蒸发，干电池用蜡封好。干电池在使用时的电极反应为

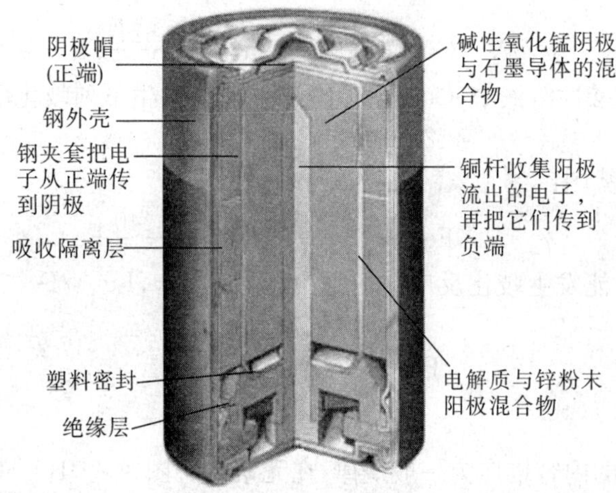

图 9.12　锌锰干电池

碳极(正极)：

$$2NH_4^+ + 2e^- \rightarrow 2NH_3 + H_2$$
$$H_2 + 2MnO_2 \rightarrow 2MnO(OH)$$

$$2NH_4^+ + 2MnO_2 + 2e^- \rightarrow 2NH_3 + 2MnO(OH)$$

锌极(负极)：

$$Zn \rightarrow Zn^{2+} + 2e^-$$

总反应：

$$Zn + 2MnO_2 + 2NH_4^+ \rightarrow 2MnO(OH) + 2NH_3 + Zn^{2+}$$

从反应式看出：加 MnO_2 是因为碳极上 NH_4^+ 离子获得电子产生 H_2，妨碍碳棒与 NH_4^+ 的接触，使电池的内阻增大，即产生“极化作用”。添加 MnO_2 就能与 H_2 反应生成 $MnO(OH)$。这样就能消除电极上氢气的集积现象，使电流畅通。所以 MnO_2 起到消除“极化”的作用，叫做去极剂。

锌锰干电池的电动势约为 1.5 V。

2. 二级电池

此类电池在电池工作(放电)后，可以通过直流电源充电使其再生。铅蓄电池是常见的酸性二级电池。

铅蓄电池的极板是用铅锑合金制成的栅状极片，正极的极片上填塞着 PbO_2，负极的极片上填塞着灰铅。这两组极片交替地排列在蓄电池中，并浸泡在 30% 的 H_2SO_4 (密度 1.2 kg · L^{-1})溶液中。

蓄电池放电时(即使用时)，正极上的 PbO_2 被还原为 Pb^{2+}，负极上的 Pb 被氧化成 Pb^{2+}。Pb^{2+} 离子与溶液中的 SO_4^{2-} 离子作用生成 $PbSO_4$ 沉积在正、负极片上，反应为

负极：　　$Pb(s) + SO_4^{2-} \rightleftharpoons PbSO_4(s) + 2e^-$

正极：　　$PbO_2(s) + 4H^+ + SO_4^{2-} + 2e^- \rightleftharpoons PbSO_4(s) + 2H_2O$

随着蓄电池放电，H_2SO_4 浓度逐渐降低，这是因为每 1 mol Pb 参加反应，要消耗 2 mol H_2SO_4，生成 2 mol H_2O。当溶液的密度降低到 1.05 kg · L^{-1} 时，蓄电池应该进行充电。

蓄电池进行充电时，外加电流使极片上的反应逆向进行：

阳极：$PbSO_4(s)+2H_2O \rightleftharpoons PbO_2(s)+4H^++SO_4^{2-}+2e^-$

阴极：$PbSO_4(s)+2e^- \rightleftharpoons Pb+SO_4^{2-}$

蓄电池经过充电后，恢复原状，可再次使用。

可见，充电（由化学能转变为电能）正是放电（由电能转变为化学能）的逆过程。

3. 燃料电池

燃料电池是利用氢气、天然气、甲醇等燃料与氧气或空气进行电化学反应时释放出来的化学能直接转化成电能的一类原电池。目前燃料电池的能量转化率可达近80%，约为火力发电的2倍，因为火力发电中放出的废热太多。目前氢氧燃料电池已应用于宇宙飞船和潜艇中。

如图9.13所示，在氢氧燃料电池中用多孔隔膜把电池分成三个部分。电池的中间部分装有75% KOH溶液，左侧通入燃料H_2，右侧通入氧化剂O_2。气体通过隔膜，缓慢扩散到KOH溶液中并发生下列反应：

正极反应：$\frac{1}{2}O_2(g)+H_2O(l)+2e^- \rightleftharpoons 2OH^-$

负极反应：$H_2(g)+2OH^- \rightleftharpoons 2H_2O(l)+2e^-$

总反应式：$H_2(g)+\frac{1}{2}O_2(g) \rightleftharpoons H_2O(l)$

燃料电池的突出优点是把化学能直接转变为电能而不经过热能这一中间形式，因此化学能的利用率很高而且减少了环境污染。

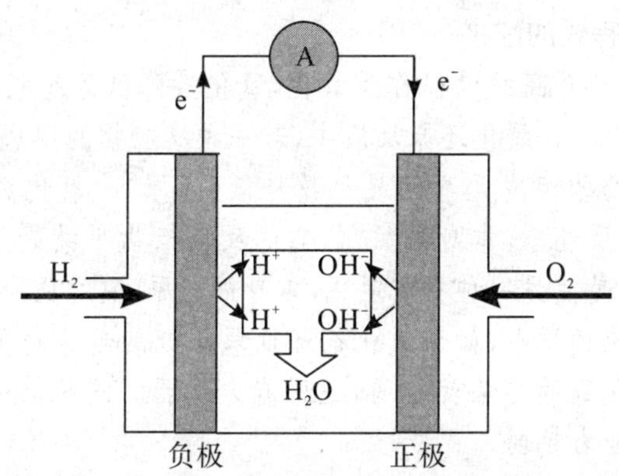

图9.13　氢氧燃料电池示意图

4. 锂离子电池

锂电池最早出现于1958年，20世纪70年代进入实用化。20世纪80年代趋向研究锂离子电池，以后就日益发展。现在，锂离子电池已开始向容量较大的动力电池发展。

锂电池充电时，正极中的锂原子电离成锂离子和电子。得到外部输入能量的锂离子，在电解液中向负极迁移，并且锂离子和电子在负极上复合成锂原子，重新形成的锂原子插入到石墨晶体的晶状层之间。放电时，插入到石墨晶体晶状层中的锂原子从石墨晶体内部向正极表面移动，并在负极表面电离成锂离子和电子。锂离子和电子分别通过电解质和负载流向正极，在正极表面复合成锂原子，然后插入到二氧化钴锂的晶状层中。从以上反应可知，在该电池中，锂永远以离子的形态出现，不会以金属的形态出现，所以这种电池叫做锂离子电池。

不难看出，在锂离子电池的充放电过程中，锂离子处于从正极→负极→正极的运动状态。

锂离子电池的性能主要取决于所用电池内部材料的结构和性能。这些电池内部材料包括负极材料、电解质、隔膜和正极材料等。其中正、负极材料的选择和质量直接决定锂离子电池的性能与价格。因此廉价、高性能的正、负极材料的研究一直是锂离子电池行业发展的重点。负极材料一般选用碳材料，目前的发展比较成熟。而正极材料的开发已经成为制约锂离子电池性能进一步提高、价格进一步降低的重要因素。在目前的商业化生产的锂离子电池中，正极材料的成本大约占整个电池成本的40%左右，正极材料价格的降低直接决定着锂离子电池价格的降低。

总之，锂离子电池的研究是一个涉及化学、物理、材料、能源、电子学等众多学科的交叉领域。随着电极材料结构与性能关系研究的深入，从分子水平上设计出来的各种规整结构或掺杂复合结构的正负极材料将有力地推动锂离子电池的研究和应用，锂离子电池将会是继镍镉、镍氢电池之后，在今后相当长一段时间内，市场前景最好、发展最快的一种电池。

（来源：http://wenku.baidu.com/view/6afc670ff12d2af90242e601.html）

项目小结

1. 氧化还原反应方程式的配平

在一个反应中，氧化数升高的过程称为氧化，氧化数降低的过程称为还原，反应中氧化过程和还原过程同时发生。在氧化还原反应中，若一种反应物的组成元素的氧化数升高（氧化），则必有另一种反应物的组成元素的氧化数降低（还原）。氧化数升高的物质叫做还原剂，还原剂是使另一种物质还原，本身被氧化，它的反应产物叫做氧化产物。氧化数降低的物质叫做氧化剂，氧化剂是使另一种物质氧化，本身被还原，它的反应产物叫做还原产物。

氧化还原电对在反应过程中，如果氧化剂降低氧化数的趋势越强，它的氧化能力越强，则其共轭还原剂升高氧化数的趋势就越弱，还原能力越弱。同理，还原剂的还原能力越强，则其共轭氧化剂的氧化能力越弱。

氧化还原反应方程式的配平方法有氧化数法、离子-电子法等。

2. 原电池

原电池是由两个半电池组成的；每个半电池包含一个氧化还原电对，由电极材料和电解质溶液组成，两个隔离的半电池通过盐桥连接起来。半电池所发生的反应称为半电池反应（简称半反应）或电极反应。

原电池装置可以用电池符号来表示。

原电池的正极与负极间的电势差就是原电池的电动势。

3. 电极电势及其应用

产生在金属和它的盐溶液之间的电势叫做金属的电极电势。产生在标准氢电极和硫酸溶液之间的电势，叫做氢的标准电极电势，即标准氢电极。

任何电对处于标准状态的电极电势，称为该电对的标准电极电势。

电极电势的大小不仅于电对的本性有关，而且还与浓度及温度有关。电对的电极电势与浓度及温度的关系可用能斯特方程式来表示。

利用电极电势的大小可以判断氧化剂和还原剂的相对强弱，判断氧化还原反应进行的方向，判断氧化还原反应进行的程度。

4. 电极的种类

常用的指示电极主要有金属-金属离子电极、金属-金属难溶盐电极、汞电极、惰性金属电极、玻璃电极及其他膜电极等。

常用的参比电极有标准氢电极、甘汞电极、银-氯化银电极等。

5. 元素电势图及其应用

比较简单的元素电势图是把同一种元素的各种氧化态按照高低顺序排成横列。

利用元素电势图可以判断元素处于不同氧化态时的氧化还原能力、判断歧化反应是否能够进行。

习　题

1. 配平下列氧化还原反应方程式。

(1) $AgNO_3 \rightarrow Ag + NO_2 + O_2$；

(2) $Cl_2 + KOH \rightarrow KCl + KClO_3 + H_2O$；

(3) $FeS_2 + O_2 \rightarrow Fe_2O_3 + SO_2$；

(4) $Cu^{2+} + I^- \rightarrow CuI + I_3^-$；

(5) $Zn + HNO_3$(稀)$\rightarrow Zn(NO_3)_2 + NH_4NO_3 + H_2O$；

(6) $KMnO_4 + H_2O_2 + H_2SO_4 \rightarrow MnSO_4 + K_2SO_4 + O_2\uparrow + H_2O$。

2. 把铝片和铁片分别放入 1 $mol \cdot L^{-1}$的铝盐和亚铁盐的溶液中，并组成一个原电池。

(1) 写出原电池的电池符号，指出正极和负极。

(2) 写出正极和负极的电极反应和电池反应。

(3) 哪种金属会溶解？

3. 现有下列物质：$KMnO_4$，$K_2Cr_2O_7$，$CuCl_2$，$FeCl_3$，I_2，Br_2，在一定条件下它们都能作为氧化剂，试根据标准电极电势表，把这些物质按氧化能力的大小排列顺序，并写出它们在酸性介质中的还原产物。

4. 现有下列物质：$FeCl_2$，$SnCl_2$，H_2，KI，Mg，Al，它们都能用做还原剂。试根据标准电极电势表，把这些物质按还原能力的大小排列顺序，并写出它们在酸性介质中的氧化产物。

5. 计算 298 K 下，Zn^{2+}的浓度为 0.100 $mol \cdot L^{-1}$时的$\varphi(Zn^{2+}/Zn)$值。已知$\varphi^{\ominus}(Zn^{2+}/Zn) = -0.7626$ V。

6. 计算 298 K 下 pH=5 时，MnO_4^-/Mn^{2+}的电极电势（其他条件同标准状态）。已知$[MnO_4^-]=[Mn^{2+}]=1.00\ mol \cdot L^{-1}$，$\varphi^{\ominus}(MnO_4^-/Mn^{2+})=1.507$ V。

7. 判断下列氧化还原反应的进行方向。已知$E^{\ominus}(Ag^+/Ag)=0.799$ V，$E^{\ominus}(Fe^{3+}/Fe^{2+})=0.771$ V。

$$Fe^{2+} + Ag^+ \rightarrow Fe^{3+} + Ag(s)$$

8. 判断 $2Fe^{3+}+2I^{-}$ ══ $2Fe^{2+}+I_2$ 在标准状态下和$[Fe^{3+}]=0.001\ mol\cdot L^{-1}$,$[I^{-}]=0.001\ mol\cdot L^{-1}$,$[Fe^{2+}]=1\ mol\cdot L^{-1}$时的反应方向。

9. 在含 $1\ mol\cdot L^{-1}Fe^{2+}$,$Cu^{2+}$的溶液中加入 Zn,哪种离子先被还原?何时第二种离子再被还原?

10. 就下面的电池反应,用电池符号表示之,并求出 298 K 时的 E。

(1) $\frac{1}{2}Cu(s)+\frac{1}{2}Cl_2(1.013\times10^5\ Pa)\rightleftharpoons\frac{1}{2}Cu^{2+}(1\ mol\cdot L^{-1})+Cl^{-}(1\ mol\cdot L^{-1})$;

(2) $Cu(s)+2H^{+}(0.01\ mol\cdot L^{-1})\rightleftharpoons Cu^{2+}(0.1\ mol\cdot L^{-1})+H_2(0.9\times1.013\times10^5\ Pa)$。

11. 某混合溶液中含有 Cl^{-}、Br^{-}、I^{-}三种离子,欲使 I^{-}氧化为 I_2,而 Cl^{-}、Br^{-}又不被氧化。下列哪种物质符合要求?

(1) $Fe_2(SO_4)_3$; (2) $KMnO_4$。

12. 已知溴在酸性介质中的元素电势图:

$$\varphi_A^{\ominus}/V \qquad BrO_3^{-}\xrightarrow{+1.50}HBrO\xrightarrow{+1.60}Br_2\xrightarrow{+1.065}Br^{-}$$

$$BrO_3^{-} \xrightarrow{1.44} Br^{-}$$

(1) 请问哪种物质氧化性最强?哪种物质还原性最强?

(2) 哪些物质可以发生歧化反应?写出歧化反应式。

项目十 配位反应

学习目标

(1) 掌握配位化合物的组成及其命名；

(2) 掌握配位化合物的价键理论、杂化轨道与配位化合物的空间构型、内轨型配合物与外轨型配合物的异同；

(3) 掌握配位平衡常数及其有关计算；

(4) 熟悉配位化合物的类型、空间结构和异构现象；

(5) 了解螯合物、配位化合物的重要性。

最早的配合物是偶然、孤立地发现的，它可以追溯到1693年发现的铜氨配合物，1704年发现的普鲁士蓝以及1760年发现的氯铂酸钾等。

配位化学作为化学学科的一个重要分支是从1793年法国化学家Tassaert无意中发现$CoCl \cdot 6NH_3$开始的。B. M. Tassaert是一位分析化学家，他在从事钴的质量分析的研究过程中，偶因NaOH用完而用$NH_3 \cdot H_2O$代替加入到$CoCl_2$(aq)中。他本想用NaOH沉淀Co^{2+}，再灼烧得到CoO，恒重后测定钴的含量。但结果发现加入过量氨水后，得不到$Co(OH)_2$沉淀，因而无法称重。次日又析出了橙黄色晶体，分析其组成为$CoCl \cdot 6NH_3$。

配位化学的近代研究始于两位精明的化学家：Alfred Werner和Sophus Mads Jogensen。他们不仅有精湛的实验技术，而且有厚实的理论基础。特别是从1891年开始，时年25岁在瑞世苏黎世大学学习的Werner提出了配合物理论：

① 提出主价和副价，相当于现代术语的氧化数和配位数；又指出了配合物有内界和外界。

② 在任何直接测定分子结构的实验方法发明之前很长一段时间，他对一些配合物指出了正确的几何构型。其方法是沿用有机化学家计算苯取代物的同分异构体数目来估准结构。

例 Werner认为$[Co(NH_3)_6]^{3+}$的构型及其异构体的关系如下：

化学式	平面六边形	三角棱柱	八面体	实验
$[Co(NH_3)_6]^{3+}$	3	3	2	2

近年来配位化学发展非常迅速，20世纪四五十年代的高纯物制备和稀土分离技术的发展，60年代的过渡金属有机化合物的合成，70年代分子生物学的兴起，目前的分子自组装——超分子化学，都与配合物化学有着密切的关系，配位化学家可以设计出许多高选择性的配位反应来合成有特殊性能的配合物，应用于工业、农业、科技等领域，促进各领域的发展。

任务一 配位化合物

一、配位化合物的定义

由中心原子(或离子)和配位体(分子或阴离子)以配位键相结合而形成的复杂离子或分子,通常称为配位单元。凡是含有配位单元的化合物都称作配位化合物,简称配合物。

例如:$[Co(NH_3)_6]^{3+}$,$[Cr(CN)_6]^{3-}$ 等复杂离子都含有配位键,所以它们都是配位离子。由它们组成的相应化合物如$[Co(NH_3)_6]Cl_3$,$K_3[Cr(CN)_6]$都是配位化合物。判断的关键在于是否含有配位单元。

二、配位化合物的组成

配合物由内界和外界组成。外界为简单离子,配合物可以无外界,但不可以无内界,例如:$Fe(CO)_5$,$Ni(CO)_4$ 和 $Pt(NH_3)_2Cl_2$。内界是由中心离子(或原子)和配位体组成,这些关系如图 10.1 所示。

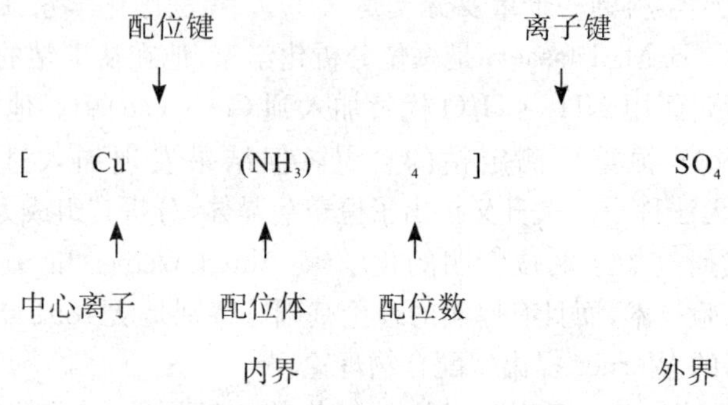

图 10.1 $[Cu(NH_3)_4]SO_4$ 组成图

(一) 中心离子(或原子)

中心离子(或原子)是提供适当的空轨道的离子(或原子),一般是金属离子,特别是过渡金属离子,如 Fe^{3+}、Cu^{2+}、Co^{2+}、Ni^{2+}、Ag^{+} 等;但也有电中性的原子为配合物的中心原子,如 $Ni(CO)_4$、$Fe(CO)_5$ 中的 Ni 和 Fe 都是电中性的原子。此外,少数高氧化态的非金属元素也能作为中心原子存在,如 SiF_6^{2-} 中的 Si(Ⅳ)及 PF_6^- 中的 P(Ⅴ)等。

(二) 配位体

配位体(简称配体)提供孤对电子对或 π 电子,主要是离子、离子团或中性分子,如 NH_3、Cl^-、CN^- 等。配位体中直接同中心原子配合的原子,叫做配位原子。如$[Cu(NH_3)_4]^{2+}$配离子中,NH_3 是配位体,其中 N 原于是配位原子。配位原子经常是含有孤电子对的原子。

(三)配位数

直接同中心离子(或原子)配合的配位原子的数目,叫做该中心离子(或原子)的配位数,一般中心离子的配位数为 2、4、6、8(较少见),如在$[Pt(NH_3)_6]Cl_4$中,配位数为 6,配位原子为 NH_3 分子中的 6 个氮原子。

影响配位数大小的因素主要有以下三个方面。

1. 中心离子

(1) 电荷:中心离子电荷越高,配位数越大。例如:

配离子	$[PtCl_4]^{2-}$	$[PtCl_6]^{2-}$
中心离子	Pt^{2+}	Pt^{4+}
配位数	4	6

(2) 半径:半径越大,其周围可容纳的配位体越多,配位数越大。例如:

配离子	$[AlF_6]^{3-}$	$[BF_4]^-$
中心离子	Al^{3+}	B^{3+}
半径	>	
配位数	6	4

但半径过大,中心离子对配位体的引力减弱,反而会使配位数减小。例如:

配离子	$[CdCl_6]^{4-}$	$[HgCl_4]^{2-}$
中心离子	Cd^{2+}	Hg^{2+}
半径	<	
配位数	6	4

(3) 离子的电子构型:离子的电子构型不同,配位数也不同。

2. 配位体

(1) 电荷:电荷越高,配位体间斥力增大,配位数越小。例如:

配离子	$[Zn(NH_3)_6]^{2+}$	$[Zn(OH)_4]^{2-}$
配位体	NH_3	OH^-
配位数	6	4

(2) 半径:半径越大,中心离子所能容纳配体数减少,配位数减少。例如:

配离子	$[AlF_6]^{3-}$	$[AlCl_4]^-$
配位体	F^-	Cl^-
配位数	6	4

(3) 外界条件:增大配体浓度或降低反应温度,有利于形成高配位数的配合物。

3. 配位离子的电荷

配位离子的电荷数等于中心离子和配位体电荷的代数和,等于外界离子的电荷。如表 10.1 所示。

表 10.1 配位化合物的组成

配合物	$[Cu(NH_3)_4]SO_4$	$K_3[Fe(CN)_6]$
形成体	Cu^{2+}	Fe^{3+}
配体	NH_3	CN^-
配位离子电荷	$+2+(0)\times4=+2$	$(+3)+(-1)\times6=-3$
外界	SO_4^{2-}	K^+
配位离子	$[Cu(NH_3)_4]^{2+}$	$[Fe(CN)_6]^{3-}$

三、配位化合物的命名

配合物与一般无机化合物的命名原则相同。若配合物的外界是一简单离子的酸根，便叫某化某；若外界酸根是一个复杂阴离子，便叫某酸某（反之，若外界为简单阳离子、内界为配阴离子的配合物也类似这种叫法）。

配合物的命名比一般无机化合物命名复杂之处在于配合物内界要按下列顺序依次命名：

(1) 含有配离子的配合物：阳离子在前，阴离子在后。

(2) 整个配位个体用方括号[ ]括起来。

(3) 配位个体：配体→合→中心离子或中心原子；阴离子→中性分子；无机配体→有机配体；同类配体以配位原子元素符号英文字母次序排列。

(4) 配位体间用"·"隔开，配位体的个数用一、二、三等写在配位体前面。

(5) 中心离子氧化数用罗马数字表示。

(6) 在配合物的命名中，有的原子团使用有机物官能团的名称。如：CO 羰基，OH 羟基，NO 亚硝基，NO_2(N 为配位原子)硝基，ONO－(O 为配位原子)亚硝酸根，SCN－(S 为配位原子)硫氰酸根，NCS－(N 为配位原子)异硫氰酸根。

下面是一些配合物命名实例：

$H[BF_4]$	四氟合硼(Ⅲ)酸
$H_3[AlF_6]$	六氟合铝(Ⅲ)酸
$[Zn(NH_3)_4](OH)_2$	氢氧化四氨合锌(Ⅱ)
$[Cr(OH)(H_2O)_5](OH)_2$	氢氧化一羟基·五水合铬(Ⅲ)
$K[Al(OH)_4]$	四羟基合铝(Ⅲ)酸钾
$[Co(NH_3)_5(H_2O)]Cl_3$	三氯化五氨·一水合钴(Ⅲ)
$[Pt(NH_3)_6][PtCl_4]$	四氯合铂(Ⅱ)酸六氨合铂(Ⅱ)
$[Co(NH_3)_3(H_2O)Cl_2]Cl$	一氯化二氯一水三氨合钴(Ⅲ)
$K[Co(NH_3)_2(NO_2)_4]$	四硝基二氨合钴(Ⅲ)酸钾
$[Ni(CO)_4]$	四羰基合镍
$[PtCl_2(NH_3)_2]$	二氯·二氨合铂(Ⅱ)

另外，带倍数词头的无机含氧酸根阴离子配体，命名时要用括号括起来，如：(三磷酸根)。有的无机含氧酸阴离子，即使不含倍数词头，但含有一个以上代酸原子，也要用括号

“(　)”。有些配体具有相同的化学式，但由于配位原子不同，而有不同的命名。另外，某些分子或基团，作配体后读法上有所改变。

例如下列配合物命名为：

$Na_3[Ag(S_2O_3)_2]$　二(硫代硫酸根)合银(Ⅰ)酸钠

$NH_4[Cr(NCS)_4(NH_3)_2]$　四(异硫氰酸根)·二氨合铬(Ⅲ)酸铵

对于一些常见的配合物，通常还用习惯名称。例如：

$[Ag(NH_3)_2]^+$　银氨配离子

$[Cu(NH_3)_4]^{2+}$　铜氨配离子

$K_3[Fe(CN)_6]$　铁氰化钾(赤血盐)

$K_4[Fe(CN)_6]$　亚铁氰化钾(黄血盐)

四、配位化合物的类型

配位化合物的范围极广，主要可以分为以下几类：

(一) 单核配合物

这类配合物是指一个中心离子或原子的周围排列着一定数量的配位体，也称为简单配合物。中心离子或原子与配位体之间通过配位键而形成带有电荷的配离子或中性配合分子。如$[Cu(NH_3)_4]SO_4$、$K_4[Fe(CN)_6]$等皆属于此类配合物。

(二) 螯合物

见任务四。

(三) 多核配合物

指在一个配合物中有两个或两个以上中心离子的化合物。它们通常由桥基相连，如：OH^-、NH_2^-、NO_2^- 这一类多电子原子都可以成桥。例如：

$$\left[(H_2O)_4Fe\begin{matrix}\overset{H}{O}\\ \nearrow\ \searrow\\ \nwarrow\ \swarrow\\ \underset{H}{O}\end{matrix}Fe(H_2O)_4\right]SO_4$$

硫酸二(μ-羟基)·二[四水合铁(Ⅱ)]

(四) 羰合物

以一氧化碳为配体的配合物称为羰基配合物(简称羰合物)。一氧化碳几乎可以和全部过渡金属形成稳定的配合物，如$Fe(CO)_5$、$Ni(CO)_4$、$Co_2(CO)_8$等。羰合物无论在结构还是性质上都是比较特殊的一类配合物。

除上述外，还有一些其他类型的配合物。

五、空间结构和异构现象

(一) 配合单元的空间结构

当配位体在中心原子周围配位时，为了减少配位体(尤其是阴离子配位体)之间的静电排斥作用(或成键电子对之间的斥力)，以达到能量上的稳定状态，配位体要尽量互相远离，因而在中心原子周围采取对称分布的状态。例如，配位数为 2 时，采用直线形；为 3 时，采取平面三角形；为 4 时，采取四面体或平面正方形；为 5 时，采取三角双锥或正方锥形；为 6 时，采取正八面体；为 7 时，采取五角双锥等空间结构。

配位数不同时，配合单元的空间结构不同，即使配位数相同，由于中心离子和配位体的种类以及相互作用的情况不同，而空间结构也可能不同。例如 $ZnCl_4^{2-}$ 为四面体，而 $PtCl_4^{2-}$ 则为平面正方形。

(二) 配合物的异构现象

凡是化学组成相同的若干配合物，因原子间的连接方式或空间排列方式的不同而引起的结构和性质不同的现象，称为配合物的同分异构现象。这些化合物称为同分异构体。

1. 化学结构异构现象

化学组成相同，原子间的连接方式不同而引起的异构现象，称为化学结构异构现象。例如：

$$[Co(NH_3)_5(NO_2)]^{2+} \quad 和 \quad [Co(NH_3)_5ONO]^{2+}$$

2. 立体异构现象

化学组成相同，配位体在中心原子周围因排列方式不同而引起的异构现象，称为立体异构现象。它包括顺反异构与旋光异构。

(1)顺反异构。平面正方形的$[MA_2B_2]$类型配合物可有顺式和反式两种异构体。例如，二氯・二氨合铂(Ⅱ)$[PtCl_2(NH_3)_2]$有下列两种异构体：

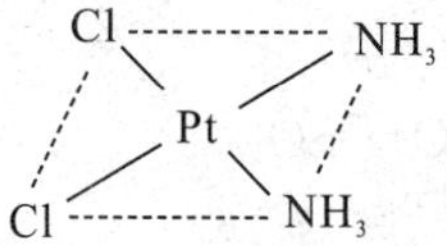

Cl　NH₃ / Pt / Cl　NH₃

顺式-二氯・二氨合铂(Ⅱ)

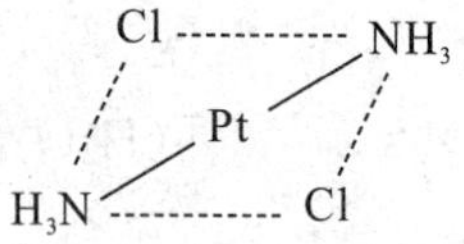

Cl　NH₃ / Pt / H₃N　Cl

反式-二氯・二氨合铂(Ⅱ)

顺式指同种配位体处于相邻位置，简称顺铂，是抗癌药物。反式指同种配位体处于对角位置，简称反铂，无药效。$[PtCl_2(NH_3)_2]$的顺反异构体都是平面正方形，两者的性质不同，顺式者为棕黄色，偶极矩$\mu>0$，溶解度(298 K)为 0.252 3 g/100 g 水，反式者为淡黄色，$\mu=0$，溶解度(298 K)更小，为 0.036 6 g/100 g 水，两者的化学反应性能也不相同。例如顺式者经过 Ag_2O 处理使其转变为顺式$[Pt(OH)_2(NH_3)_2]$后，由于两个氢氧根处相邻位置，故可被草酸根离子取代而成$[Pt(NH_3)_2C_2O_4]$。但反式者虽经 Ag_2O 处理使其转变为反式$[Pt(OH)_2(NH_3)_2]$，由于两个氢氧根处于对角位置，故与 $C_2O_4^{2-}$ 不起反应。过去正是利用化学反应性能的这种差别，反证了两者是平面正方形，而不是四面体结构。因为如果是四面体，就没有相邻与对角位置的差别，也就不能产生顺反异构体，因而不能产生与 $C_2O_4^{2-}$ 反应上的差别。

(2) 旋光异构。由于配位体在中心离子周围的不同排列而产生的立体异构现象中，除了顺反异构外，还包括旋光异构。比如人的两只手，互为镜像，各手指、手掌、手背的相互位置关系也一致，但不能重合。互为镜像的两个几何体可能重合，但只要能重合则是一种。若两者互为镜像但又不能重合，则互为旋光异构。旋光异构体的熔点相同，但光学性质不同，对普通的化学试剂和一般的物理检查都不能表现差异，但却有旋转偏振光的本领，这叫做旋光活性(或光学活性)。我们知道，光是由许多不同波长和振幅的电磁波组成(电场和磁场相互垂直)，即使单色光也仍然在许多不同平面上振动。在单一平面上振动的光，称为平面偏振光(简称偏振光)。旋光异构体的特点是当偏振光通过它们(或它们的溶液)时，偏振光的偏振面(和振动方向垂直的面)就会旋转一定的角度。

互为旋光异构体的两种物质，使偏振光偏转的方向不同。按一系列的规定，定义为左旋、右旋。不同的旋光异构体在生物体内的作用不同。

内界中配位体的种类越多，形成的立体异构体的数目也越多。在历史上曾利用是否生成异构体和异构体多少，以判断配合单元为某种几何结构。例如[$PtBrCl(NH_3)Py$]，若为四面体，则不应有异构体；若为平面正方形，则应有三种异构体。实验证明有异构体存在，由此可知它是平面正方形结构。虽然现在已能用 X 射线或其他方法更精确地测定配位化合物的空间结构，但作为一种辅助方法，此法仍具有一定的意义。

思考与回答

1. 以 $Pt(NH_3)_2Cl_2$ 为例，讲述配合物的组成。
2. 影响配位数大小的因素有哪些？
3. 配合物的命名有哪些原则？
4. 怎样理解配合物的空间结构和异构现象？

任务二 配位化合物的价键理论

1931 年，Pauling 在前人工作的基础上把杂化轨道理论应用于配合物研究，后经他人修正补充，形成了近代配合物价键理论。

一、价键理论的基本内容

中心离子(或原子)M 必须具有空轨道，以接纳配位体授予的孤电子对，形成 σ 配位共价键(M←L)，简称 σ 配键。例如在[$Co(NH_3)_6$]$^{3+}$ 中是 Co^{3+}(d^6)的空轨道接受 NH_3 分子中 N 原子提供的孤电子对形成 Co←NH_3 配位键，得到了稳定的六氨合钴配离子。

当配位体接近中心离子时，为了增加成键能力，中心离子(或原子)M 用能量相近的空轨道(如第一过渡系金属 3d，4s，4p，4d)杂化，配位体 L 的孤电子对填到中心离子(或原子)已杂化的空轨道中形成配离子。配离子的空间结构、配位数及稳定性等，主要决定于杂化轨道的数目和类型。

中心离子利用哪些空轨道进行杂化，这既和中心离子的电子层结构有关，又和配位体中配位原子的电负性有关。对过渡金属离子来说，原属内层的$(n-1)$d 轨道尚未填满，而外层的 ns，np，nd 是空轨道。它们有两种利用空轨道进行杂化的方式。

一种是配位原子的电负性很大，如卤素、氧等，不易给出孤电子对，它们对中心离子影响较小，使中心离子的结构不发生变化，仅用外层的空轨道 ns，np，nd 进行杂化生成能量相同、数目相等的杂化轨道与配位体结合。这类配合物叫做外轨型配合物。例如$[FeF_6]^{3-}$配离子中 Fe^{3+} 的电子层结构是：

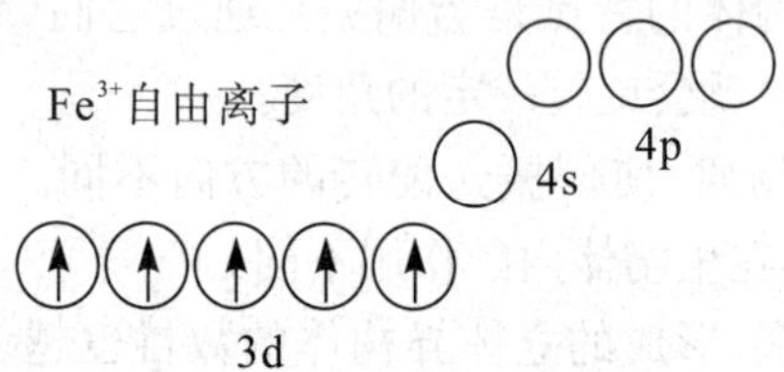

而 F^- 的电子层结构为 $2s^2 2p^6$，Fe^{3+} 可吸 6 个 F^-，每个 F^- 将各自的孤电子对填入到 Fe^{3+} 的 6 个空轨道内，形成 6 个配位键，如下图所示：

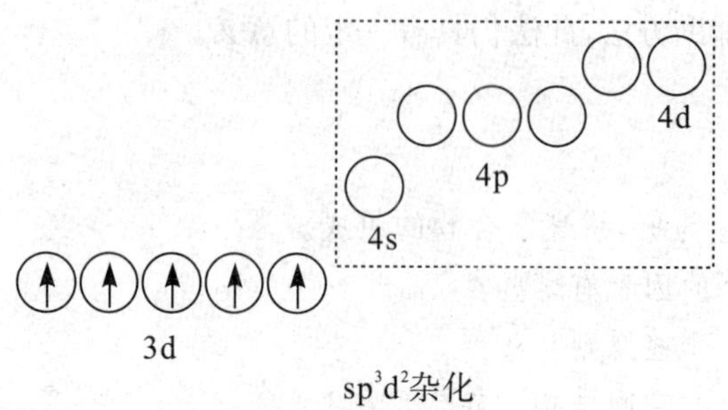

sp^3d^2杂化

虚线框中的 6 个 sp^3d^2 杂化的空轨道可以接受 6 个配位体提供的 6 对电子，形成八面体配合物。这类外轨型配合物的键能小，不稳定，在水中易解离。

另一种是配位原子的电负性较小，如碳(CN^-，以 C 配位)、氮($-NO_2$，以 N 配位)等，较易给出孤电子对，对中心离子的影响较大，使电子层结构发生变化。$(n-1)$d 轨道上的成单电子被强行配对，腾出内层能量较低的 d 轨道与 n 层的轨道杂化，形成能量相等、数目相同的杂化轨道来接受配位体的孤电子对，形成内轨型配合物。例如$[Fe(CN)_6]^{3-}$配离子中的 Fe^{3+} 离子在配位体 CN^- 离子的影响下，3d 轨道中的 5 个成单电子重排占据 3 个轨道，剩余 2 个空的 3d 轨道同外层的 4s，4p 轨道形成 d^2sp^3 杂化轨道而与 6 个 CN^- 成键，形成八面体配合物，即

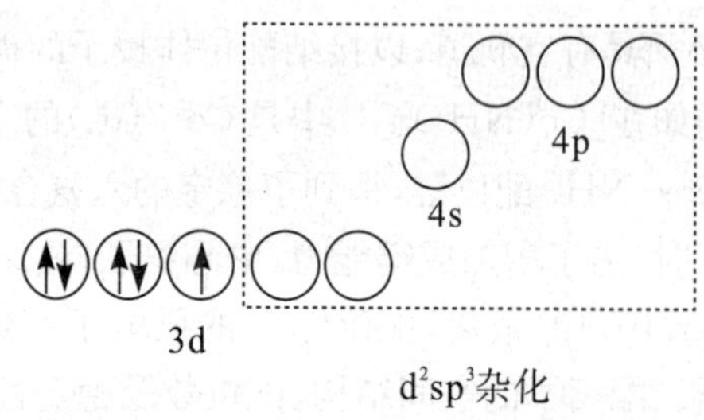

d^2sp^3杂化

这类内轨型配合物的键能大，稳定，在水中不易解离。

基于同样的理由，$[Ni(CN)_4]^{2-}$配离子中Ni^{2+}离子的8个子3d电子强行配对进入4个轨道，腾出1个空d轨道，形成dsp^2杂化轨道与4个CN^-离子成键形成内轨型配合物（平面正方形），即

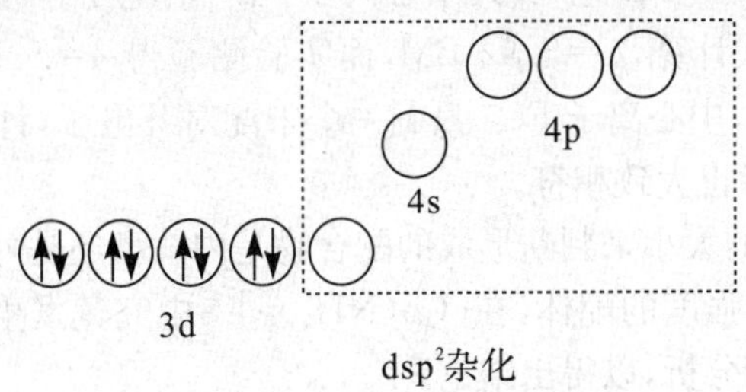

作为对比，在$[Zn(CN)_4]^{2-}$配离子中，因Zn^{2+}离子为$3d^{10}$结构，只能用外层空轨道所形成的sp^3杂化轨道来成键（四面体），因而它不如$[Ni(CN)_4]^{2-}$配离子稳定。

必须指出，形成内轨型配合物时，要违反洪特规则使原来的成单电子强行在同一d轨道中配对，在同一轨道中电子配对时所需要的能量，叫做成对能（用P表示）。形成内轨型配合物的条件是M与L之间成键放出的总能量在克服成对能后仍比形成外轨型配合物的总键能大。杂化轨道类型与配合单元空间结构的关系见表10.2。

表10.2　杂化轨道类型与配合物的空间构型的关系

配位数	杂化轨道	空间构型	实　例
2	sp	直线形	$[Ag(NH_3)_2]^+$
3	sp^2	平面三角形	$[HgI_3]^-$
4	sp^3	四面体	$[BF_3]^-$
	dsp^2或sp^2d	正方形	$[Ni(CN)_4]^-$、$[PdCl_4]^{2-}$
5	dsp^3或sp^3d	三角双锥	$Fe(CO)_5$、$[Ni(CN)_6]^{3-}$
	d^2sp^2	正方锥形	$[SbF_5]^{2-}$
6	d^2sp^3	正八面体	$[Fe(CN)_6]^{4-}$
	sp^3d^2		$[FeF_5]^{3-}$、$Co(NH_3)_6$

二、价键理论的实验根据

采用何种方法可以判断配合物是内轨型还是外轨型呢？主要区别是内轨型配合物中心离子成键d轨道单电子数减少，而外轨型配合物中心离子成键d轨道单电子数未变。

形成内轨型配合物时，由于中心离子的成单电子数一般会减少，比自由离子的磁矩相应降低，所以通常可由磁矩的降低来判断内轨型配合物的生成。

物质的永磁矩主要是电子的自旋造成的，此外还有轨道磁矩。永磁矩μ与原子或分子中未成对电子数n有如下近似关系：

$$\mu_s = \sqrt{n(n+2)}\mu_B$$

式中，μ_B 的单位是玻尔磁子(BM)，即

$$1\text{BM}=\frac{e\hbar}{2mc}$$

式中，m 是电子的质量，c 为真空中光速，$\hbar=h/2\pi$。物质磁矩的大小反映了原子或分子中未成对电子数目的多少。例如$[FeF_6]^{3-}$，其中心离子 Fe^{3+} 的电子排布与自由状态时相同，未成对的电子数是 5，按上式计算，$\mu=5.92$ BM，而实验测验得 $\mu=5.88$ BM，两者大致相等。$Fe(CN)_6{}^{3-}$ 为共价配合物，中心离子 Fe^{3+} 只剩一个未配对 d 电子，计算 μ 为 1.73 BM，实验测得 μ 等于 2.3 BM，两者也大致相符。

因此，我们可按磁矩的大小来判断形成的配合物是内轨型还是外轨型。

例如：NH_3 是个中等强度的配体，在$[Co(NH_3)_6]^{3+}$ 中究竟发生重排还是不发生重排，我们可以从磁矩实验进行分析，以得出结论。

实验测得 $\mu=0$ BM，推出 $n=0$，无单电子。

Co^{3+}，$3d^6$，若不重排，将有 4 个电子：(↑↓)(↑)(↑)(↑)(↑)

只有发生重排，才有 $n=0$：(↑↓)(↑↓)(↑↓)( )( )

故 NH_3 在此是强配体。杂化轨道是 d^2sp^3，正八面体，内轨型配合物。

实验测得$[FeF_6]^{3-}$ 的 $\mu=5.88$ BM，推出 $n=5$，F^- 不使 Fe^{3+} 的 d 电子重排，$[FeF_6]^{3-}$ 为外轨型配合物。所以磁矩是价键理论在实验上的依据。

三、价键理论的应用

（一）可以确定配合物的几何构型

sp^3 杂化—正四面体，dsp^2 杂化—平面正方形，sp^3d 或 sdp^3 杂化—三角双锥，d^4s—四方锥，sp^3d^2 或 d^2sp^3 杂化—正八面体。

（二）可以判断配合物的稳定性

同种中心体与配位数的配合物，内轨型的配合物的稳定性比外轨型的配合物稳定。例如：$Co(NH_3)_6^{3+}$ 稳定性大于 $Co(NH_3)_6^{2+}$ 的稳定性，而 $Co(CN)_6^{4-}$ 稳定性小于$Co(CN)_6^{3-}$ 的稳定性。

四、价键理论的局限性

(1) 只能解释配合物基态的性质，不能解释其激发态的性质，如配合物的颜色。

(2) 不能解释$Cu(NH_3)_4^{2+}$ 离子为什么是平面正方形几何构型而不是采取 dsp^2 杂化，因为 Cu^{2+} 电子构型为 $3d^9$，只有把一个 3d 电子激发到轨道上，Cu^{2+} 离子才能采取 dsp^2 杂化，一旦这样就不稳定，易被空气氧化，实际上在空气中很稳定，即 Cu^{2+} 离子的 dsp^2 杂化不成立，不能存在 3d 空轨道而保持 Cu^{2+} 不变。

(3) 不能解释第一过渡系+2 氧化态水合配离子$M(H_2O)_6^{2+}$ 与 d^x有如下关系：

$$d^0<d^1<d^2<d^3>d^4>d^5<d^6<d^7<d^8>d^9>d^{10}$$

Ca^{2+} Sc^{2+} Ti^{2+} V^{2+} Cr^{2+} Mn^{2+} Fe^{2+} Co^{2+} Ni^{2+} Cu^{2+} Zn^{2+}

(4) 不能解释非经典配合物的成键。$Fe(CO)_5$、$Co_2(CO)_8$ 都是稳定的配合物。然而，CO 的电离势要比 H_2O，NH_3 的电离势高，这意味着 CO 是弱的 σ 给予体，即 M←CO，σ 配键很弱。实际上羟基配合物是稳定性很高的配合物。

(5) 无法解释配离子的稳定性与中心离子电子构型之间的关系。

思考与回答

1. 简述配合物价键理论的主要内容。
2. 怎样用价键理论确定配合物的几何构型？
3. 如何判断配合物是内轨型还是外轨型？
4. 价键理论有哪些局限性？

任务三　配位化合物的解离平衡

含配离子的可溶性配合物在水中的解离有两种情况：一种发生在内界与外界之间——全部解离；另一种发生在配离子的中心离子与配体之间——部分解离（类似弱电解质）。现以 $Cu(NH_3)_4^{2+}$ 为例说明。

$$Cu^{2+}+4NH_3 \rightleftharpoons Cu(NH_3)_4^{2+}$$

根据化学平衡原理，上述反应的平衡常数表示式可写成：

$$K_{配合}=\frac{Cu(NH_3)_4^{2+}}{[Cu^{2+}][NH_3]^4}=K_{稳}$$

配合物生成反应的平衡常数，称为配合物的稳定常数，也叫形成常数。配合物的稳定常数是指在一定温度下，中心离子与配位体在溶液中达到配位平衡时，配离子浓度与未配位的金属离子浓度和配位体浓度的乘积之比。

配离子的稳定常数愈大，配离子在水溶液中愈不容易解离。当配离子在水溶液中解离达到平衡时，解离平衡常数称为配合物的不稳定常数（也叫解离常数），用 $K_{不稳}$ 表示。

所以同类配合物，若 $K_{稳}$ 越大，则配离子越稳定；反之则越不稳定。

实际上，配离子在溶液中的生成和解离与多元弱酸或多元弱碱相似，也是分级进行的。因此，配离子在溶液中实际上存在一系列配合（或解离）平衡，对应于这些平衡，也有一系列的平衡常数。如：

$$Cu^{2+}+NH_3 \rightleftharpoons Cu(NH_3)^{2+}$$

$$K_{稳1}=\frac{[Cu(NH_3)^{2+}]}{[Cu^{2+}][NH_3]}=2.0\times10^4$$

$$Cu(NH_3)^{2+}+NH_3 \rightleftharpoons Cu(NH_3)_2{}^{2+}$$

$$K_{稳2}=\frac{[Cu(NH_3)_2^{2+}]}{[Cu(NH_3)^{2+}][NH_3]}=4.7\times10^3$$

$$Cu(NH_3)_2^{2+}+NH_3 \rightleftharpoons Cu(NH_3)_3^{2+}$$

$$K_{稳3}=\frac{[Cu(NH_3)_3^{2+}]}{[Cu(NH_3)_2^{2+}][NH_3]}=1.1\times10^3$$

$$Cu(NH_3)_3^{2+} + NH_3 \rightleftharpoons Cu(NH_3)_4^{2+}$$

$$K_{稳4} = \frac{[Cu(NH_3)_4^{2+}]}{[Cu(NH_3)_3^{2+}][NH_3]} = 2.0 \times 10^2$$

总反应为

$$Cu^{2+} + 4NH_3 \rightleftharpoons Cu(NH_3)_4^{2+}$$

总反应的平衡常数称为“累积稳定常数”，即 $K_{稳}$。$K_{稳1}$、$K_{稳2}$、$K_{稳3}$、$K_{稳4}$ 称为分步稳定常数，也叫逐级稳定常数，即

$$K_{稳} = K_{稳1} K_{稳2} K_{稳3} K_{稳4} = 2.1 \times 10^{13}$$

对于 ML_n 型配合物，$K_{稳} = K_{稳1} K_{稳2} K_{稳3} \cdots K_{稳n}$ 一般是随配位数的增多而变小，这是由于当配位体数目增多时，配位体间的排斥作用增大导致其稳定性下降。

相反的过程，称为配合物(配离子)的逐级解离：

$$Cu(NH_3)_4^{2+} \rightleftharpoons Cu(NH_3)_3^{2+} + NH_3 \qquad K_{不稳1} = \frac{1}{K_{稳4}}$$

$$Cu(NH_3)_3^{2+} \rightleftharpoons Cu(NH_3)_2^{2+} + NH_3 \qquad K_{不稳2} = \frac{1}{K_{稳3}}$$

$$Cu(NH_3)_2^{2+} \rightleftharpoons Cu(NH_3)^{2+} + NH_3 \qquad K_{不稳3} = \frac{1}{K_{稳2}}$$

$$Cu(NH_3)^{2+} \rightleftharpoons Cu^{2+} + NH_3 \qquad K_{不稳4} = \frac{1}{K_{稳1}}$$

总的解离反应：

$$Cu(NH_3)_4^{2+} \rightleftharpoons Cu^{2+} + 4NH_3 \qquad K_{不稳} = \frac{1}{K_{稳}}$$

$K_{稳}$ 越大，表示生成的配合物越稳定。

例 1 比较在 0.10 mol·L^{-1} $Ag(NH_3)_2^+$ 溶液中含有 0.10 mol·L^{-1} 的氨水和在 0.10 mol·L^{-1} $Ag(CN)_2^-$ 溶液中含有 0.10 mol·L^{-1} 的 CN^- 离子时，溶液中 Ag^+ 离子浓度 ($K_{稳,Ag(NH_3)_2^+} = 1.6 \times 10^7$，$K_{稳,Ag(CN)_2^-} = 1.0 \times 10^{21}$) 的大小。

解 ① 先求 $Ag(NH_3)_2^+$ 和氨水的混合溶液中 Ag^+ 浓度 $[Ag^+]$。设 $[Ag^+] = x$，根据配位平衡，有如下关系：

$$\begin{array}{ccccc} Ag^+ & + & 2NH_3 & \rightleftharpoons & Ag(NH_3)_2^+ \\ x & & 0.10 + 2x & & 0.10 - x \end{array}$$

CN^- 过量时解离受到抑制，此时 $0.10 - x \approx 0.10$，$0.10 + 2x \approx 0.10$，有

$$K_{稳,Ag(NH_3)_2^+} = \frac{[Ag(NH_3)_2^+]}{[Ag^+][NH_3]^2} = \frac{0.10}{x \cdot 0.10^2} = \frac{1}{0.1x} = 1.6 \times 10^7$$

解得 $x = 6.3 \times 10^{-7}$ mol·L^{-1}，即 $[Ag^+] = 6.3 \times 10^{-7}$ mol·L^{-1}。

② 再求 $Ag(CN)_2^-$ 和 CN^- 的混合溶液中 Ag^+ 离子浓度 $[Ag^+]$。设 $[Ag^+] = y$，根据配位平衡，有如下关系：

$$\begin{array}{ccccc} Ag^+ & + & 2CN^- & \rightleftharpoons & Ag(CN)_2^- \\ y & & 0.10 + 2y & & 0.10 - y \end{array}$$

CN^- 过量时解离受到抑制，此时 $0.10 - y \approx 0.10$，$0.10 + 2y \approx 0.10$，有

$$K_{稳,Ag(CN)_2^-} = \frac{[Ag(CN)_2^-]}{Ag^+[CN^-]^2} = \frac{0.10}{y \cdot 0.10^2} = \frac{1}{0.1y} = 1.0 \times 10^{21}$$

解得 $y = 1.0 \times 10^{-20}$ mol·L^{-1}，即 $[Ag^+] = 1.0 \times 10^{-20}$ mol·L^{-1}。

计算结果表明，在水溶液中 $Ag(CN)_2^-$ 比 $Ag(NH_3)_2^+$ 离子更难解离，即 $Ag(CN)_2^-$ 更稳定。

例 2 在 1 L 含 1.0×10^{-3} mol $[Cu(NH_3)_4]^{2+}$ 和 1.0 mol 氨的溶液中，加入 1.0×10^{-3} mol NaOH，有无 $Cu(OH)_2$ 沉淀生成？已知 $[Cu(NH_3)_4]^{2+}$ 的 $K=2.09\times10^{13}$，$Cu(OH)_2$ 的 $K_{sp}=2.2\times10^{-20}$。

解 根据 $[Cu(NH_3)_4]^{2+}$ 的配位平衡，计算体系中的 $[Cu^{2+}]$：

$$Cu^{2+} \quad + \quad 4NH_3 \quad = \quad Cu(NH_3)_4^{2+}$$

平衡时浓度($mol\cdot L^{-1}$)： x 1.0 1.0×10^{-3}

$$K=\frac{[Cu(NH_3)_4^{2+}]}{[Cu^{2+}][NH_3]^4}=\frac{1.0\times10^{-3}}{x\cdot 1.0^4}=2.09\times10^{13}$$

解得 $x=4.78\times10^{-17}(mol\cdot L^{-1})=[Cu^{2+}]$。

加入 1.0×10^{-3} mol NaOH，溶液中 $[OH^-]=1.0\times10^{-3}\ mol\cdot L^{-1}$；而 $Cu(OH)_2$ 的 $K_{sp}=2.2\times10^{-20}$，所以在溶液中 $[Cu^{2+}][OH^-]^2=4.78\times10^{-17}\times(10^{-3})^2=4.78\times10^{-23}$，$4.78\times10^{-23}<K_{sp}Cu(OH)_2$，即没有 $Cu(OH)_2$ 沉淀生成。

例 3 在 298 K 时，1 L 4 $mol\cdot L^{-1}$ $NH_3(aq)$ 可否将 0.15 mol AgCl 完全溶解？

解 氨水中的配位溶解平衡为：

$$AgCl(s)+2NH_3=Ag(NH_3)_2^++Cl^-$$

平衡常数 $K=\dfrac{[Ag(NH_3)_2^+][Cl^-]}{[NH_3]^2}=\dfrac{[Ag(NH_3)_2^+][Cl^-][Ag^+]}{[NH_3]^2[Ag^+]}=K_{稳}\cdot K_{sp,AgCl}$，已知 $[Ag(NH_3)_2]^+$ 的 $K_{稳}$ 为 1.12×10^7，$K_{sp,AgCl}$ 为 1.77×10^{-10}，所以 $K=K_{稳}\cdot K_{sp,AgCl}=1.12\times10^7\times1.77\times10^{-10}=1.98\times10^{-3}$。

设 1 L 4 $mol\cdot L^{-1}$ $NH_3(aq)$ 能溶解 x mol 的 AgCl，则达到平衡时：

$$AgCl(s)+2NH_3=Ag(NH_3)_2^++Cl^-$$

$$4-2x \qquad x \qquad x$$

所以 $K=\dfrac{[Ag(NH_3)_2^+][Cl^-]}{[NH_3]^2}=\dfrac{x\cdot x}{(4-2x)^2}=1.98\times10^{-3}$，解得 $x=0.163$，即 1 L 4 $mol\cdot L^{-1}$ $NH_3(aq)$ 可使 0.163 mol AgCl 完全溶解。

思考与回答

1. 如何理解配位化合物的解离平衡？
2. 配位平衡有何用途？

任务四 螯合物

一、螯合物的概念

螯合物是由多齿配位体以两个或两个以上的配位原子同时和一个中心离子配合并形成具有环状结构的配合物。“螯”原意指螃蟹的钳，螯合物是具有稳定环状结构的配合物（内配合物）。

二、螯合物的形成条件

螯合物的形成条件包括以下几个方面：

(1) 中心离子必须具有空轨道，能接受配位体提供的孤对电子。

(2) 螯合剂必须含有两个或两个以上都能给出孤对电子的原子（配位原子），这样才能与中心离子配合成环状结构。

(3) 这两个能给出电子对的原子应该在它们之间相互隔着两个或三个其他原子，以便形成稳定的五元环或六元环。

例如乙二胺 $H_2N—CH_2—CH_2—NH_2$ 和 Cu^{2+} 形成的如下螯合物：

$$Cu^{2+} + 2\begin{matrix} H_2C—NH_2 \\ | \\ CH_2—NH_2 \end{matrix} \longrightarrow \left[\begin{matrix} & H_2 & & H_2 & \\ H_2C— & N & & N & —CH_2 \\ | & & \searrow Cu \swarrow & & | \\ CH_2— & N & \nearrow \quad \nwarrow & N & —CH_2 \\ & H_2 & & H_2 & \end{matrix}\right]^{2+}$$

乙二胺分子中的氨基（$—NH_2$）氮原子只能提供孤电子对以满足中心离子的配位数，而羧基的酸根离子（$[—COOH]^-$）既有羧氧（$—O^-$）可提供孤电子对与中心离子配位，又有负电荷可以中和中心离子的正电荷（也就是满足电价），可以生成中性分子"内配盐"。"内配盐"是电中性的，也可叫中性螯合物。

三、螯合效应

在中心离子相同、配位体相同的情况下，形成螯合物要比形成配合物稳定，在水中解离程度也更小。例如，$[Zn(en)_2]^{2+}$配离子要比相应的$[Cu(NH_3)_4]^{2+}$，$[Zn(NH_3)_4]^{2+}$配离子稳定得多。

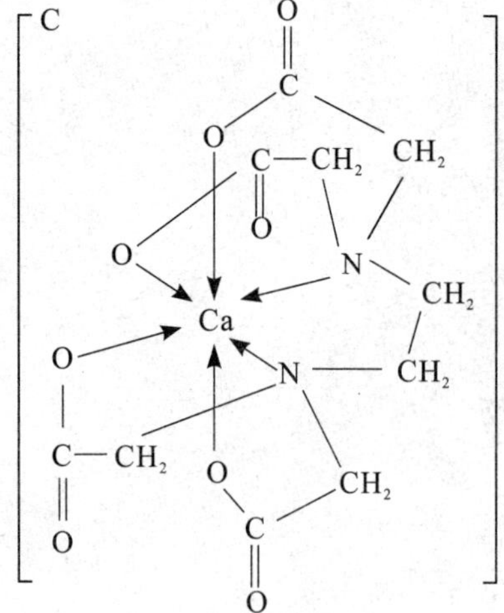

图 10.2　EDTA 与 Ca^{2+} 螯合物结构示意图

对于同一种配位原子，多价配位体与金属离子形成螯合物时，由于形成螯环，比单价配位体形成的配合物稳定性高。这种由于螯环的形成而使螯合物具有特殊稳定性的作用，叫螯合效应。

螯合物中所含的环越多其稳定性越高。如乙二胺四乙酸（EDTA）与中心离子形成的螯合物中，有五个环（如图 10.2 所示），稳定性很高。Ca^{2+} 为 Ⅱ A 族金属离子，与一般配位体不易形成配合物，或形成的配合物很不稳定，但 Ca^{2+} 与 EDTA 能形成很稳定的螯合物。该反应可用于测定水中 Ca^{2+} 的含量。

在螯合物中形成环的数目越多，稳定性越高。这是因为环的数目愈多，则动用的配位原子愈多，配合后与中心离子脱开的概率愈小，因而更稳定。

螯环的大小也是影响稳定性的一个重要因素。大多数情况下，五、六元环最稳定。由表10.3知，五元环具有最大的稳定性。因为此时的空间张力最小。

螯合物多具有特殊的颜色，难溶于水，易溶于有机溶剂。螯合物结构复杂，用途广泛，它常被用于金属离子的沉淀、溶剂萃取、比色定量分析等工作中。

表 10.3　Ca^{2+} 与四元羧酸 $(—OOCCH_2)_2N(CH_2)_nN(CH_2COO—)_2$ 配合物的 $\lg K_{稳}$ 与环的大小的关系

n	环的大小	$\lg K_{稳}$
2	5	10.7
3	6	7.1
4	7	5.1
5	8	4.6

思考与回答

1. 举例说明螯合物的形成条件。
2. 影响螯合物稳定性的因素有哪些？

任务五　配位化合物的重要性

配合物化学已成为当代化学的前沿领域之一，它的发展打破了传统的无机化学和有机化学之间的界限。配位化合物已渗透到自然科学的各个领域，新奇的特殊性能在实践和理论上都极为重要。

一、在无机化学方面的应用

（一）湿法冶金

可以用配合剂的溶液直接从矿石中把金属浸取出来，再用适当的还原剂还原成金属。例如早在20世纪40年代，有些国家已研究出NiS等矿石在加压下的氨溶液中浸取，随后在加压下用氢还原得镍粉，即

$$NiS+6NH_3(aq)\xrightarrow{加压}Ni(NH_3)_6^{2+}+S^{2-}$$

$$Ni(NH_3)_6^{2+}+H_2\xrightarrow{加压}Ni(粉)+2NH_4^++4NH_3$$

其他如Au的提取至今多是利用CN^-配合成$Au(CN)_2^-$，再以Zn还原成单质金，即

$$4Au+8CN^-+2H_2O+O_2=4Au(CN)_2^-+4OH^-$$

$$Zn+2Au(CN)_2^-=2Au+Zn(CN)_4^{2-}$$

（二）分离和提纯

由于制备高纯物质的需要，对于那些性质相近的稀有金属，常是利用生成配合物来扩大一些性质上的差别，从而达到分离、提纯的目的。例如 Zr^{4+} 与 Hf^{4+} 的离子半径几乎相等，性质非常相似。但在 0.125 mol·L^{-1} HF 中 K_2ZrF_6 与 K_2HfF_6 的溶解度分别为 1.86 g 和 3.74 g (20 ℃，100 g H_2O 中)，后者约为前者的 2 倍，可利用这种差别用分级结晶法制取无铪的锆。

采用羰基化精炼技术制备高纯金属，如高纯铁粉的制取：

$$\underset{(细粉)}{Fe} + 5CO \xrightarrow{200\ ℃} [Fe(CO)_5] \xrightarrow{200\sim250\ ℃} 5CO + \underset{(高纯)}{Fe}$$

二、在分析化学方面的应用

（一）离子鉴定

通过形成有色配离子，或生成难溶有色配合物检验离子。例如：

$$Cu^{2+} + 4NH_3 \longrightarrow [Cu(NH_3)_4]^{2+}(深蓝色)$$

$$Fe^{3+} + nSCN^- \longrightarrow [Fe(SCN)_n]^{3-n}(血红色)$$

（二）离子分离

如 Zn^{2+} 和 Al^{3+} 的分离：

Zn^{2+}、Al^{3+}

↓ 过量 $NH_3 \cdot H_2O$

$[Zn(NH_3)_4]^{2+}$ 无色　　$Al(OH)_3\downarrow$ 白色

（三）离子掩蔽

多种金属离子共同存在时，要测定其中某一金属离子，其他金属离子往往会与试剂发生同类反应而干扰测定。例如，Cu^{2+} 和 Fe^{3+} 离子都会氧化 I^- 成为 I_2。因此，在用 I^- 来测定 Cu^{2+} 时，共同存在的 Fe^{3+} 会产生干扰，如果加入 F^- 或 PO_4^{3-}，使之与 Fe^{3+} 配合生成稳定的 FeF_6^{3-} 或 $Fe(HPO_4)^+$ 就能防止 Fe^{3+} 的干扰。这种防止干扰的作用称为掩蔽作用。配合剂 NaF 和 H_3PO_4 称为掩蔽剂。

（四）有机沉淀剂

某些有机螯合剂能和金属离子在水中形成溶解度极小的内络盐沉淀，它具有相当大的分子量和固定的组成。少量的金属离子便可产生相当大量的沉淀，这种沉淀还有易于过滤和洗涤的优点，因此，利用有机沉淀剂可以大大提高质量分析的精确度。如 8-羟基喹啉能从热的 HAc - Ac^- 缓冲溶液中定量沉淀 Cu^{2+}、Ca^{2+}、Al^{3+}、Fe^{3+}、Ni^{2+}、Co^{2+}、Zn^{2+}、Mn^{2+} 等。

这样就可使上述离子同 Sr^{2+} 等离子分离出来。

（五）萃取分离

当金属离子与有机螯合剂形成内络盐时，一方面由于它不带电，另一方面又由于有机配位体在金属离子的外围且极性很小，具有疏水性。因而内络盐难溶于水，易溶于有机溶剂（如 $CHCl_3$、汽油等）。利用这一性质就可将某些金属离子从水溶液（水相）中萃取到有机溶剂（有机相）中，从而达到分离金属的目的。这一方法叫做萃取。萃取不仅是生产中分离稀有金属的一个重要手段，它在分析化学中也得到广泛应用。在水相与有机相之间存在着如下的平衡关系：

$$M^{n+} + H_nR(\text{螯合剂}) \rightleftharpoons MR(\text{螯合剂}) + nH^+$$

$$MR(\text{水相}) \rightleftharpoons MR(\text{有机相})$$

一定温度下，两相间的平衡常数 K_D 为

$$K_D = \frac{[MR]_{(\text{有})}}{[MR]_{(\text{水})}}$$

K_D 通常称为分配系数，它实际是螯合物在有机相和水相的溶解度的比值。一般地说，MR 的 $K_{\text{稳}}$ 越大，K_D 也越大，萃取效率越高。控制 pH，选择溶剂，利用不同金属离子的螯合物的 K_D 差别，就可以有效地将金属离子分离。例如在含有 Fe^{3+}、La^{3+}、Ca^{2+} 的水溶液中，用 $0.1\ mol \cdot L^{-1}$ 乙酰丙酮(acac)–苯萃取时，因螯合物 $M(acac)_3$ 的 $K_{\text{稳}}$ 按上述离子的顺序降低且差别较大，故 Fe^{3+} 优先进入有机相中，经几次操作，即可完全分离。

三、配合催化

长期以来，过渡金属被用作有机合成的催化剂。这种催化剂的作用可大致示意如下：

$$\underset{\text{催化剂}}{M} + \underset{\substack{\text{配合剂}\\(\text{反应物之一})}}{A} \rightleftharpoons \underset{\text{中间配合物}}{MA}$$

$$MA + \underset{\text{另一反应物}}{B} = \underset{\text{产物}}{AB} + M$$

反应物之一的 A 先和作为催化剂的过渡金属（离子或原子）配合成中间配合物 M∶A；M∶A 的形成使 A 分子内部的一些键有所削弱，但 M∶A 之间的键又不是太强（因太强时，就难和另一反应物 B 进行反应生成产物 AB 了），即 M∶A 的活化能较低，当它和另一反应物 B 物碰撞时，生成产物 AB，重新放出过镀金属 M。从开始到反应终了，M 没有化学变化，M 仅起了催化剂的作用以加速反应。

这种配合催化作用具有引人注目的优点。例如活性高，选择性能好（即只催化所希望的反应，而副反应产物少），反应条件温和（不需太高的温度和压力），中间体容易分离或测定，从而便于作深入的研究，促进有预见性的催化理论的发展。近年来在石油化学方面，应用配合催化的例子层出不穷。例如 C_2H_4 用 $PdCl_2$ 催化，在常温常压下，较易氧化成 CH_3CHO。其化学计量的循环反应式如下：

$$C_2H_4+PdCl_2+H_2O=CH_3CHO+Pd+2HCl \quad (1)$$

$$Pd+2CuCl_2=PdCl_2+2CuCl \quad (2)$$

$$+)\ 2CuCl+\frac{1}{2}O_2+2HCl=2CuCl_2+H_2O \quad (3)$$

$$C_2H_4+\frac{1}{2}O_2=CH_3CHO$$

其中，$CuCl_2$ 可认为是 $PdCl_2$ 的助催化剂。

四、在生物化学中的应用

金属配合物在生物化学中的应用非常广泛而且极为重要。许多酶(生物化学反应的高效专一的催化剂和调节剂)的作用与其结构中含有配位的金属离子有关。生物体中能量的转换、传递或电荷转移，化学键的形成或断裂以及伴随这些过程出现的能量变化和分配等，常与金属离子和有机体生成复杂的配合物所起的作用有关。例如，以 Mg^{2+} 为中心的大环配合物叶绿素能进行光合作用，将太阳能转换成化学能。能输送 O_2 的血红素是 Fe^{2+} 卟啉配合物，煤气中毒可能是 CO 与血红素中的 Fe^{2+} 生成更稳定的配合物，从而失去了输送 O_2 的功能。维生素 B_{12} 中的钴，它是抗恶性贫血因子，在它的结构里，连接钴的卟啉环中缺少一个碳桥，它又叫做钴啉。这些金属离子本身不能进行微妙的生物化学反应来充当炼丹家的作用，但把它们装饰到生物体内的四吡咯大环上，再加上一个精致的蛋白质外壳，它们就能创造化学家们羡慕的各种生化奇迹。至少有九十种酶及胰岛素中存在 Zn^{2+} 能固定空气中 N_2 的植物固氮酶是铁、钼的蛋白质配合物。

近年来随着仿生化学的发展，在固氮酶及光合作用的化学模拟方面，国内外均进行了大量研究并取得了一定的成绩。例如，从 1965 年第一个分子 N_2 的配合物 $[Ru(NH_3)_5N_2]X_2$ $(X=X^-, BF_4^-, PF_6^-, \cdots)$ 制出后，目前全世界已合成了数以百计的这类配合物，并提出了许多固氮酶的理论模型。虽然由于化学模拟的分子 N_2 配合物对 N_2 的活化还不够，距离实现常温常压合成氨的工业生产为期尚远，但已初现曙光。在太阳能利用方面也研制出了一些能光解水放出氢的配合物，如近几年来发现 $[Ru(BPy)_3]^{2+}$ 或类似的配合物在配合其他物质的催化剂体系中，在阳光照射下可以分解水放出氢。

五、在电镀工业中的应用

许多金属制件常用电镀法镀上一层既耐腐蚀又可增加美观的 Zn、Cu、Ni、Cr、Ag 等金属。在电镀时必须控制电镀液中的上述金属离子以很小的浓度，并使它在作为阴极的金属制件上源源不断地放电沉积，才能得到均匀、致密、光洁的镀层，配合物能较好地达到此要求。CN^- 可以与上述金属离子形成稳定性适度的配离子，所以，电镀工业中曾长期采用氰配合物电镀液。但是，由于含氰废电镀液有剧毒，容易污染环境、造成公害，近年来已逐步找到可代替氰化物作配位剂的焦磷酸盐、柠檬酸、氨三乙酸等，并已逐步建立无毒电镀新工艺。

除上述几个方面的应用外，其他尖端技术如激光材料、超导体、抗癌药的研究，工业生产如染色、鞣革、硬水软化、矿石浮选等方面，都离不开配位化学。

阅读材料

配位化学的发展

1. 配位化学的萌芽时期

国外文献上最早记载的配合物是我们熟悉的一种染料即普鲁士蓝。1704 年普鲁士染料厂的一位工人把兽皮或牛血和碳酸钠在铁锅中一起煮沸，得到一种蓝色的染料，后来经详细研究即为 $Fe_4[Fe(CN)_6]_3$。

但是，使用配合物作为染料在我国从周朝就开始了，比普鲁士蓝的发现早两千多年。《诗经》中有"缟衣茹藘(绛红色佩巾的代称)"、"茹藘在阪"这样的记载。"茹藘"就是茜草，当时用茜草的根和黏土或白矾制成牢度很好的红色染料，后来称为茜素染料，这就是存在于茜草根中的二(羟基)蒽醌和黏土(或白矾)中的铝和钙离子生成的红色配合物，这是最早的媒染染料。在长沙马王堆一号墓出土的深红色绢和长寿绣袍的底色，经鉴定有的是用这种染料染色的。栎树(橡树)、五倍子都含有焦棓酚单宁质，柿子、冬青叶等含有儿茶酚单宁质。单宁质直接用来染织物时呈淡黄色，但单宁的羟基和铁盐作用就生成黑色的配合物。古代平民的衣服都是黑色的，就是将单宁质染过的纺织品再用绿矾($FeSO_4 \cdot 7H_2O$)处理成为黑色。因此，《荀子·劝学篇》有"与之俱黑"的说法。

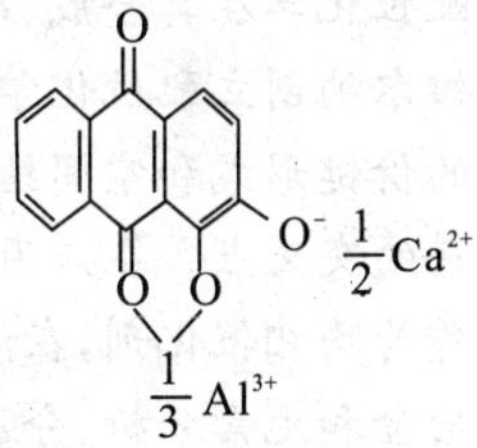

O
O⁻ $\frac{1}{2}$Ca^{2+}
O O
$\frac{1}{3}$ Al^{3+}

早在唐初出版的《新修本草》就记载了苏仿木，即苏木，是产于云南的小乔木，将它和绿矾一同处理，可供染色，现已初步鉴定其结构为它和 Fe^{2+} 生成的深青红色的配合物。

关于最早的配合物研究，是在 1798 年法国塔索尔特观察到亚钴盐在氯化铵和氨水溶液中转变为 $CoCl_3 \cdot 6NH_3$ 的实验。塔索尔特是个分析化学家，他研究在盐酸介质中如何用 NaOH 使 Co^{2+} 沉淀为 $Co(OH)_2$，再由 $Co(OH)_2$ 灼烧成 CoO 以测定钴的含量。他在用氨水代替 NaOH 时发现了橘黄色的晶体 $[Co(NH_3)_6]Cl_3$。

2. 配位化学的奠基时期

1893 年，瑞士苏黎世大学的维尔纳对配位化学做出了很大贡献。

他是 1913 年诺贝尔奖获得者、配位化学的奠基人，是第一个认识到金属离子可以通过不只一种"原子价"同其他分子或离子相结合以生成相当稳定的复杂物类，同时给出与配位化合物性质相符的结构概念的伟大科学家。维尔纳价键理论不仅正确地解释了实验事实，还提出了配位体的异构现象，为立体化学的发展开辟了新的领域。但维尔纳配位价键理论与当时流行的原子价理论有很大的出入，而且他原本的研究领域是有机化学，在无机化学方面尚未取得任何重要的实验工作，他所引用的实验数据都是别人的，故在理论提出后受到北欧国家和英国等国化学家的冷遇与抵制。但是维尔纳没有退缩，他用他后半生的全部精力致力于论证配位价键理论的实验工作。通过他与学生的有力验证，到 20 世纪初，配位价键理论逐渐为各国化学家所接受。此后，配位化学在世界范围内蓬勃发展。

1923 年，英国化学家西奇维克提出了有效原子序数(EAN)法则，是指中心原子的电子数和配体给予中心原子的电子数之和，即中心原子形成稳定配合物的 EAN 应等于紧跟它后面的惰性原子的序数，主要用于羰基及其他非经典配合物结构中。

3. 配位化学的蓬勃发展时期

配位化学是在无机化学的基础上发展起来的一门边缘学科。它所研究的主要对象为配位化合物(Coordination Compounds，简称配合物)。早期的配位化学集中研究以金属阳离子受体为中心(作为酸)和以含N、O、S、P等给体原子的配体(作为碱)而形成的所谓“维尔纳配合物”。在第二次世界大战期间，无机化学在围绕元素周期表中某些元素化合物的合成中得到发展。在工业上，美国实行原子核裂变曼哈顿工程基础上所发展的铀和超铀元素溶液配合物的研究；在学科上，1951年Panson和Miler对二茂铁的合成打破了传统无机和有机化合物的界限，从而开始了无机化学的复兴。

当代的配位化学沿着广度、深度和应用三个方向发展。在深度上，表现在有众多与配位化学有关的学者获得了诺贝尔奖，如Werner创建了配位化学，Ziegler和Natta的金属烯烃催化剂，Eigen的快速反应，Lipscomb的硼烷理论，Wnkinson和Fischer发展的有机金属化学，Hoffmann的等瓣理论，Taube研究配合物和固氮反应机理，Cram、Lehn和Pedersen在超分子化学方面的贡献，Marcus的电子传递过程，在以他们为代表的开创性成就的基础上，配位化学在其合成、结构、性质和理论的研究方面取得了一系列进展。在广度上，表现在自维尔纳创立配位化学以来，配位化学处于无机化学研究的主流，配位化合物还以其花样繁多的价键形式和空间结构处在化学理论发展中及其与其他学科的相互渗透中，而成为众多学科的交叉点。在应用上，结合生产实践，配合物的传统应用继续得到发展。例如金属簇合物作为均相催化剂，在能源开发中C1化学和烯烃等小分子的活化，螯合物稳定性差异在湿法冶金和元素分析、分离中的应用等。随着高新技术的日益发展，具有特殊物理、化学和生物化学功能的所谓功能配合物在国际上得到蓬勃发展。

4. 我国配位化学研究工作的发展

我国配位化学的研究在中华人民共和国成立前几乎属于空白。1949年后，随着国家经济建设的发展，仅在个别重点高等院校及科研单位开展了这方面的教学和科研工作，在20世纪60年代中期以前，主要工作集中在简单配合物的合成、性质、结构及其应用方面的研究，特别是溶液配合物的平衡理论、混合和多核配合物的稳定性、取代动力学、过渡金属配位催化以及稀土和W、Mo等我国丰产元素的分离提纯以及配位场理论的研究。除了个别方面的研究外，总体来说与国际水平差距还较大。

20世纪80年代后，在改革开放政策指引下，我国的配位化学取得了突飞猛进的发展。我国配位化学研究已步入国际先进行列，研究水平大为提高。特别在下列几个方面取得了重要进展：(1) 新型配合物、簇合物、有机金属化合物和生物无机配合物，尤其是配位超分子化合物的基础无机合成及其结构研究取得丰硕成果，丰富了配合物的内涵；(2) 开展了热力学、动力学和反应机理方面的研究，特别在溶液中离子萃取分离和均向催化等应用方面取得了成果；(3) 现代溶液结构的谱学研究及其分析方法以及配合物的结构和性质的基础研究水平大为提高；(4) 随着高新技术的发展，具有光、电、热、磁特性和生物功能配合物的研究正在取得进展。它的很多成果还包含在其他不同学科的研究和化学教学中。

我国配位化学的进展具有一系列特点。作为化学的重要分支领域之一的配位化学，在其学科本身发展的同时创造出更为奇妙的新材料，揭示出更多生命科学的奥妙。在研究对象上日益重视与材料科学和生命科学相结合，在从分子进而到材料合成的研究中更加重视功能体系的分子设计。金属离子在生物体系中的成键，除维生素B_{12}中的Co—C键以外，几乎都是以配位键形式结合。其功能体系组装是一个更为复杂的问题，这时要求将正确的物种放在正确的位置(在与动力学有关的问题中，还要按着正确的时间)才能发挥应有的功能。高效、经济和微量的组合化学的应用，将有助于分子合成和设计的实践。

从超分子之类的新观点研究分子的合成和组装，在我国日益受到重视。自20世纪60年代以来，现代金属有机化学实际是有机配体与金属离子形成的配合物。自20世纪70年代以来，生物无机化学实际是生物大分子与金属离子形成配合物，如卟啉环、光合作用、B_{12}、酶等。

(来源：http://202.207.160.42/jpkc/wujihuaxue/jiaoan/4.html)

项目小结

1. 配位化合物的基本概念

配位化合物的组成：内界和外界，内外界之间属于离子键，当然有的配合物无外界，如$Fe(CO)_4$。形成体与配位体：形成体主要是金属原子或金属离子，配位体主要是能提供孤电子对的原子或分子。配位数是配位原子数。

命名原则：遵循无机化合物的命名原则。如$[Cu(H_2O)_4]\cdot SO_4$命名为“硫酸四水合铜(Ⅱ)”。

配位化合物的类型：单核配合物、螯合物、多核配合物、羰合物等。

配位化合物的空间结构和异构现象：配位数不同时，配合单元的空间结构也不同。即使配位数相同，由于中心离子和配位体的种类以及相互作用的情况不同，空间结构也可能不同。

配位化合物的异构现象：化学结构异构现象和立体异构现象，立体异构现象包括顺反异构和旋光异构。

2. 配位化合物的价键理论

配位化合物中的化学键包括离子键、共价键、配位键。

杂化轨道与配位化合物的空间构型。

内轨型配合物与外轨型配合物的异同。内轨配合物是参与杂化的原子的次外层的电子参与杂化，形成化学键，外轨配合物是指原子的外层电子参与了杂化。内轨配合物能量低，稳定性高。

- 外轨型配离子——水中易电离
  - 配位数2　sp杂化　直线型
  - 配位数4　sp^3杂化　正四面体
  - 配位数6　sp^3d^2杂化　正八面体
- 内轨型配离子——水中难电离
  - 配位数4　dsp^2杂化　平面正方形
  - 配位数6　d^2sp^3杂化　正八面体

3. 配位平衡

配位平衡常数用K或β表示。K值越大，表示配离子越稳定。可以应用K来判断相同类型的配合物的稳定性强与弱，也可以进行溶液中某离子浓度的计算。

4. 螯合物及其稳定性

螯合物是具有稳定环状结构的配合物(内配合物)。螯环的形成使螯合物具有特殊稳定性。在螯合物中形成环的数目越多,稳定性越高。五元环具有最大的稳定性。

5. 配位化合物的重要性

在无机化学、分析化学、生物化学、配合催化、电镀等工业生产以及其他尖端技术等方面都离不开配位化合物。

习　　题

1. 判断题

(1) 含有配离子的配合物,其带异号电荷离子的内界和外界之间以离子键结合,在水中几乎完全解离成内界和外界。 (　　)

(2) 在 1.0 L 6.0 mol·L^{-1} 氨水溶液中溶解 0.10 mol $CuSO_4$ 固体,假定 Cu^{2+} 全部生成 $[Cu(NH_3)_4]^{2+}$,则平衡时 NH_3 的浓度至少为 5.6 mol·L^{-1}。 (　　)

(3) 在 M^{2+} 溶液中,加入含有 X^- 和 Y^- 的溶液,可生成 MX_2 沉淀和 $[MY_4]^{2-}$ 配离子。如果 K_{sp,MX_2} 和 $K_{稳,[MY_4]^{2-}}$ 越大,越有利于生成 $[MY_4]^{2-}$。 (　　)

(4) 金属离子 A^{3+}、B^{2+} 可分别形成 $[A(NH_3)_6]^{3+}$ 和 $[B(NH_3)_6]^{2+}$,它们的稳定常数依次为 4×10^5 和 2×10^{10},则相同浓度的 $[A(NH_3)_6]^{3+}$ 和 $[B(NH_3)_6]^{2+}$ 溶液中,A^{3+} 和 B^{2+} 的浓度关系是 $c_{(A^{3+})}>c_{(B^{2+})}$。 (　　)

(5) 在多数配位化合物中,内界的中心原子与配体之间的结合力总是比内界与外界之间的结合力强。因此配合物溶于水时较容易解离为内界和外界,而较难解离为中心离子(或原子)和配体。 (　　)

(6) 某配离子的逐级稳定常数分别为 $K_{稳1}$、$K_{稳2}$、$K_{稳3}$、$K_{稳4}$,则该配离子的不稳定常数为 $K_{不稳}=K_{稳1}\cdot K_{稳2}\cdot K_{稳3}\cdot K_{稳4}$。 (　　)

2. 选择题

(1) 下列配离子在水溶液中稳定性的 大小关系正确的是(　　)。

A. $[Zn(OH)_4]^{2-}$ ($\lg K_{稳}=17.66$)$>$$[Al(OH)_4]^-$ ($\lg K_{稳}=33.03$)

B. $[HgI_4]^{2-}$ ($\lg K_{稳}=29.83$)$>$$[PbI_4]^{2-}$ ($\lg K_{稳}=4.47$)

C. $[Cu(en)_2]^+$ ($\lg K_{稳}=10.8$)$>$$[Cu(en)_2]^{2+}$ ($\lg K_{稳}=20.0$)

D. $[Co(NH_3)_6]^{2+}$ ($\lg K_{稳}=5.14$)$>$$[CoY]^{2-}$ ($\lg K_{稳}=16.31$)

(2)在一定温度下,某配离子 ML_4 的逐级稳定常数为 $K_{稳1}$、$K_{稳2}$、$K_{稳3}$、$K_{稳4}$,逐级不稳定常数为 $K_{不稳1}$、$K_{不稳2}$、$K_{不稳3}$、$K_{不稳4}$。则下列关系式中错误的是(　　)。

A. $K_{稳1}\cdot K_{稳2}\cdot K_{稳3}\cdot K_{稳4}=[K_{不稳1}\cdot K_{不稳2}\cdot K_{不稳3}\cdot K_{不稳4}]^{-1}$

B. $K_{稳1}=[K_{不稳1}]^{-1}$

C. $K_{稳4}=[K_{不稳1}]^{-1}$

D. $K_{稳2}=[K_{不稳3}]^{-1}$

(3)下列叙述中错误的是(　　)。

A. 配合物必定是含有配离子的化合物

B. 配位键由配体提供孤对电子,形成体接受孤对电子而形成

C. 配合物的内界常比外界更不易解离

D. 配位键与共价键没有本质区别

(4)配合物$(NH_4)_3[SbCl_6]$的中心离子氧化值和配离子电荷分别是(　　)。

A. +2和−3　　B. +3和−3　　C. −3和+3　　D. −2和+3

(5) $[Co(SCN)_4]^{2-}$离子中钴的价态和配位数分别是(　　)。

A. −2,4　　B. +2,4　　C. +3,2　　D. +2,12

(6) 0.01 mol氯化铬$(CrCl_3 \cdot 6H_2O)$在水溶液中用过量$AgNO_3$处理,产生0.02 mol AgCl沉淀,此氯化铬最可能为(　　)。

A. $[Cr(H_2O)_6]Cl_3$　　B. $[Cr(H_2O)_5Cl]Cl_2 \cdot H_2O$

C. $[Cr(H_2O)_4Cl_2]Cl \cdot 2H_2O$　　D. $[Cr(H_2O)_3Cl_3] \cdot 3H_2O$

(7) 在$[Ru(NH_3)_4Br_2]^+$中,Ru的氧化数和配位数分别是(　　)。

A. +2和4　　B. +2和6　　C. +3和6　　D. +3和4

(8) 假定下列配合物浓度相同,其中导电性(摩尔电导)最大的是(　　)。

A. $[PtCl(NH_3)_5]Cl_3$　　B. $[Pt(NH_3)_6]Cl_4$

C. $K_2[PtCl_6]$　　D. $[PtCl_4(NH_3)_2]$

(9) 下列配合物中,属于螯合物的是(　　)。

A. $[Ni(en)_2]Cl_2$　　B. $K_2[PtCl_6]$

C. $(NH_4)[Cr(NH_3)_2(SCN)_4]$　　D. $Li[AlH_4]$

3. 填空题:

(1) 写出下列配合物的化学式:

六氟合铝(Ⅲ)酸____________________;

二氯化三乙二胺合镍(Ⅱ)____________________;

氯化二氯·四水合铬(Ⅲ)____________________;

六氰合铁(Ⅱ)酸铵____________________。

(2) 配位化合物$H[PtCl_3(NH_3)]$的中心离子是________,配位原子是________,配位数为________,它的系统命名的名称为____________________。

(3) 配合物$(NH_4)_2[FeF_5(H_2O)]$的系统命名为____________________,配离子的电荷是________,配位体是________,配位原子是________。中心离子的配位数是____________。

(4) 在水溶液中,Fe^{3+}易和$K_2C_2O_4$生成$K_2[Fe(C_2O_4)_3]$,此化合物应命名为____________________。

(5) 向六水合铬(Ⅲ)离子水溶液中逐滴加入氢氧化钠水溶液,生成四羟基·二水合铬(Ⅲ)酸离子的逐级反应方程式分别为:

① ____;

② ____;

③ ____;

④ ____。

4. 计算题:

(1) 固体$CrCl_3 \cdot 6H_2O$有三种水合异构体:$[Cr(H_2O)_6]Cl_3$,$[Cr(H_2O)_5Cl]Cl_2 \cdot H_2O$,$[Cr(H_2O)_4Cl_2]Cl \cdot 2H_2O$。若将一份含0.572 8 g $CrCl_3 \cdot 6H_2O$的溶液通过一支酸型阳离子

交换柱，然后用标准 NaOH 溶液滴定取代出的酸，消耗了 28.84 mL 的 0.149 1 $mol \cdot L^{-1}$ NaOH。试确定此 Cr(Ⅲ)配合物的正确化学式。(原子量：Cr 52.00，H 1.008，Cl 35.45，O 16.00)

(2)已知：(a) 某配合物的组成(质量分数)是 Cr 20.0%；NH_3 39.2%；Cl 40.8%。它的化学式量是 260.6(原子量：Cr 52.0；Cl 35.5；N 14.0；H 1.00)；(b) 25.0 mL 30.052 $mol \cdot L^{-1}$ 该溶液和 32.5 mL 30.121 $mol \cdot L^{-1}$ $AgNO_3$ 恰好完全沉淀；(c)往盛有该溶液的试管中加 NaOH，并加热，在试管口的湿 pH 试纸不变蓝。根据上述情况，回答下列问题：

① 判断该配合物的结构式；

② 写出此配合物的名称。

(3) 欲用 100 mL 氨水溶解 0.717 g AgCl(式量为 143.4)，求氨水的原始浓度至少为多少($mol \cdot L^{-1}$)？($K_{稳,Ag(NH_3)_2^+}=1.6\times10^{7}$，$K_{sp,AgCl}=1.8\times10^{-10}$)

(4) 100 mL 1 $mol \cdot L^{-1}$ NH_3 能溶解多少克固体 AgBr？($K_{稳,Ag(NH_3)_2^+}=1.6\times10^{7}$，$K_{sp,AgBr}=5\times10^{-13}$)

(5) 1.0 L 30.10 $mol \cdot L^{-1}$ $CuSO_4$ 溶液中加入 6.0 $mol \cdot L^{-1}$ 的 $NH_3 \cdot H_2O$ 1.0 L，求平衡时溶液中 Cu^{2+} 的浓度。($K_{稳}=2.09\times10^{13}$)

(6) 在 0.20 $mol \cdot L^{-1}$ $Ag(CN)_2^-$ 的溶液中，加入等体积 0.20 $mol \cdot L^{-1}$ 的 KI 溶液，问可否形成 AgI 沉淀？($K_{稳,Ag(CN)_2^-}=1.0\times1.0^{21}$，$K_{sp,AgI}=1.5\times10^{-16}$)

(7) 在 50 mL 0.10 $mol \cdot L^{-1}$ $AgNO_3$ 溶液中加入 30 mL 密度为 0.932 $g \cdot mL^{-1}$ 含 NH_3 18.24%(质量分数)的氨水，冲稀到 100 mL 后再加入 0.10 $mol \cdot L^{-1}$ KCl 溶液 10 mL，问有无 AgCl 沉淀析出？($K_{稳,Ag(NH_3)_2^+}=1.6\times10^{7}$，$K_{sp,AgCl}=1.8\times10^{-10}$)

模块四　元素与化合物性质

- 项目十一　氢、稀有气体
- 项目十二　金属元素
- 项目十三　非金属元素

项目十一　氢、稀有气体

学习目标

(1) 掌握氢原子的性质、成键特征、氢气以及氢化物的性质和用途；
(2) 了解氢能的利用；
(3) 了解稀有气体的原子结构、性质和用途。

任务一　氢

一、概述

(一) 氢在周期表中的位置

氢是周期系中第1号元素，其原子结构是所有元素中最简单的，核外只有1个电子。其价电子数目只有1个，失去1个电子形成H^+，与碱金属Na、K相似，把它划为第ⅠA族似乎无可非议。但氢原子也有类似卤素原子的性质，例如，可形成双原子的气态分子；与碱金属作用形成H^-，似乎也可放在第ⅦA族。因此，氢在周期表中的位置有两种表示方法，但通常把它放在第ⅠA族的位置上。

(二) 氢的同位素

同一种元素的原子具有不同的质量数，这些原子就叫同位素。质量数产生差异的原因是原子核中含有不同数目的中子。

氢有三种同位素：^1_1H(氕，符号H)，^2_1H(氘，符号D)和^3_1H(氚，符号T)。在它们的核中分别含有0、1、2个中子，它们的质量数分别为1、2、3。自然界中普通氢H同位素的丰度最大，原子百分比占99.98%；D占0.016%；T的存在量更是少之又少。

二、氢的物理性质和化学性质

(一) 物理性质

单质氢是由两个H原子以共价单键的形式结合而成的双原子分子，其键长为74 pm。

氢是已知的最轻的气体，无色无臭，几乎不溶于水(273 K时1 dm^3的水仅能溶解0.02 dm^3的氢)。氢比空气轻14.38倍，具有很大的扩散速度和很高的导热性。将氢冷却到20 K时，气态氢可被液化。液态氢可以把除氦以外的其他气体冷却并转变为固体。同温同压下，氢气的密度最小，常用来填充气球。

(二) 化学性质

(1) 常温下氢气不活泼。但在常温下能与单质氟在暗处迅速反应生成 HF,而与其他卤素或氧不发生反应。高温下,氢气是一个非常好的还原剂。

① 氢气能在空气中燃烧生成水,氢气燃烧时火焰温度可以达到 3 273 K 左右,工业上常利用此反应切割和焊接金属。

② 高温下,氢气还能同卤素、N_2 等非金属反应,生成共价型氢化物。大量的氢用于生产氨气。

③ 高温下,氢气与活泼金属反应,生成金属氢化物。例如:

$$H_2 + 2Na \rightarrow 2NaH$$

④ 高温下,氢气还能还原许多金属氧化物或金属卤化物为金属,例如:

$$H_2 + CuO \rightarrow Cu + H_2O$$

$$3H_2 + WO_3 \rightarrow W + 3H_2O$$

能被还原的金属是那些在电化学顺序中位置低于铁的金属。这类反应多用来制备纯金属。

(2) 在有机化学中,氢的重要反应是加氢反应和还原反应。这类反应广泛应用于将植物油通过加氢反应,由液体变为固体,生产人造黄油;也用于把硝基苯还原成苯胺(印染工业),把苯还原成环己烷(生产尼龙-66 的原料);氢同 CO 反应生成甲醇,等等。

(3) 氢分子虽然很稳定,但在高温下的电弧中,或进行低压放电,或在紫外线的照射下,氢分子能发生解离作用,得到原子氢。

$$H_2 \rightarrow 2H \quad \Delta H = 436\ \text{kJ} \cdot \text{mol}^{-1}$$

所得原子氢仅能存在半秒钟,随后便重新结合成分子氢,并放出大量的热。

三、氢的成键特征

氢原子的价电子层结构为 $1s^1$,电负性为 2.2,当氢原子同其他元素的原子化合时,可以形成离子键、共价键,甚至能形成特殊的键型。

(一) 离子键

当 H 与电负性很小的活泼金属(如 Na、K、Ca 等)形成氧化物时,H 获得 1 个电子形成氢负离子。这个离子因具有较大的半径(208 pm),仅存在于离子型氢化物的晶体中。

(二) 共价键

(1) 两个 H 原子能形成一个非极性的共价单键,如 H_2 分子。

(2) H 原子与非金属元素的原子化合时,形成极性共价键,例如 HCl 分子。键的极性随非金属元素原子的电负性增大而增强。

(三) 特殊的键型

(1) H 原子可以填充到许多过渡金属晶格的空隙中,形成一类非整比化合物,一般称之为金属型氢化物,例如 $ZrH_{1.30}$ 和 $LaH_{2.87}$ 等。

(2) 在硼氢化合物(例如乙硼烷 B_2H_6)和某些过渡金属配合物(例如 $H[Cr(CO)_5]_2$)中

均存在着氢桥键。

(3) 能形成氢键。在含有强极性键的共价氢化物中，近乎裸露的 H 原子核可以定向吸收邻近电负性高的原子(如 F、O、N 等)上的孤电子对而形成分子间或分子内氢键。例如在 HF 分子间存在着很强的氢键。

四、制备方法

(一) 实验室方法

(1) 化学法。常利用稀盐酸或稀硫酸与锌或铁等活泼金属作用制备氢气，需经纯化后才能得到纯净的氢气。

(2) 电解法。在电解法中，采用质量分数为 25%的 NaOH 或 KOH 溶液作为电解液，电解法制得的氢气比化学法制得的氢气纯。

(二) 工业生产方法

(1) 用碳来还原水蒸气制取氢气。

用赤热的炭与水蒸气在 1 273 K 的高温下反应生成 H_2 与 CO 的混合气体——俗称水煤气。

(2) 在天然气丰富的国家里，采用烃类裂解的方法(甲烷高温裂解)制取氢。其他如石脑油和柴油也可以用作氢原料。

(3) 水蒸气转换法制取氢得到水煤气。

(4) 在石油化学工业中，由烷烃制取烯烃反应的副产物即氢气。

(5) 盐型氢化物与水反应也可以制取氢气：$NaH+H_2O \longrightarrow NaOH+H_2\uparrow$。

(6) 用硅与碱反应制备氢气：$Si+2NaOH+H_2O \longrightarrow Na_2SiO_3+2H_2\uparrow$。

五、氢化物

氢与其他元素形成的二元化合物叫做氢化物。除稀有气体以外，大多数的元素都能与氢结合生成氢化物。依据元素电负性的不同，氢化物可以分为离子型氢化物、共价型氢化物、金属型或过渡型氢化物三大类。

(一) 离子型氢化物

离子型氢化物都是白色盐状晶体，常因含少量金属而显灰色。除 LiH 和 BaH_2 具有较高的熔点(LiH 965 K，BaH_2 1 473 K)外，其他氢化物均在熔化前就分解成单质。

离子型氢化物不溶于非水溶剂，但能溶解在熔融的碱金属卤化物中。离子型氢化物熔化时能导电，并在阳极上放出氢气，这一事实证明了离子型氢化物都含有负氢离子。

(1) 离子型氢化物都具有很高的反应活性，与水发生激烈的反应，放出氢气：

$$NaH+H_2O \longrightarrow NaOH+H_2\uparrow$$

利用这一特性，有时可用离子型氢化物如 CaH_2 除去水蒸气或溶剂中微量的水分。但水量较多时不能使用此法，因为这是一个放热反应，能使产生的氢气燃烧。这个反应的实质是：

$$H^+ + H^- \longrightarrow H_2 \uparrow$$

(2) 离子型氢化物都是强还原剂，尤其在高温之下可还原金属氯化物、氧化物和含氧酸盐：

$$TiCl_4 + 4NaH \longrightarrow Ti + 4NaCl + 2H_2 \uparrow$$

(二) 共价型氢化物

在周期表中，p 区元素的单质(稀有气体、铟、铊除外)与氢结合生成的氢化物属于共价型氢化物，亦称为分子型氢化物。

由于分子型氢化物共价键的极性差别较大，所以它们的化学性质比较复杂。例如单就与水的反应来说：

(1) C、Ge、Sn、P、As、Sb 等的氢化物不与水作用。

(2) Si、B 的氢化物与水作用时放出氢气：

$$SiH_4 + 4H_2O \longrightarrow H_4SiO_4 + 4H_2 \uparrow$$

(3) N 的氢化物 NH_3 在水中溶解并发生加合作用而使溶液显弱碱性。

(4) S、Se、Te、F 等的氢化物 H_2S、H_2Se、H_2Te、HF 等在水中除发生溶解作用外，还会发生弱的酸式电离而使溶液显弱酸性。

(5) Cl、Br、I 的氢化物在水中则发生强的酸式电离而使溶液显强酸性。

(三) 金属型或过渡型氢化物

d 区或过渡金属的钪族、钛族、钒族以及铬、镍、钯、镧系和锕系的所有元素，还有 s 区的 Be 和 Mg，与氢生成确定的二元氢化物，它们被称为过渡型氢化物。从组成上看，金属型氢化物有的是整比化合物，如 CrH_2、NiH，有的是非整比化合物，如 $VH_{0.56}$、$TaH_{0.76}$、$ZrH_{1.75}$等。

六、氢能源

氢气和电力一样，是一种二级能源，因为要取得氢气必须用一种来自一级能源如石油、煤炭、太阳能或原子能取得的能量，并把这种能量转化为电能，再用电解或其他方法分解水而产生氢气。

使用氢气作为气体燃料的最大优点是它不会造成污染，它唯一的燃烧产物是水，这对人和环境都无害。另外，氢气本身也无毒，可以用管道把它输送到千家万户，在充分注意安全使用的条件下，可以代替煤气或天然气作为民用和工业用的燃料气。

目前，有关氢能源研究的三大课题是氢气的发生、储存和利用。

(一) 氢气的发生

从能量的观点看，利用太阳能来光解水是最好的办法，太阳能取之不尽，而水用之不竭。但光解水的工作尚在研究中，现在还达不到生产性的规模。

(二) 氢气的储存

氢气是一种密度最低的气体。常温常压下，每升氢气不到 0.09 g。作为燃料，装载和运输都不方便。另外，它同空气接触容易引起爆炸，不够安全。怎样把氢气储存起来备用和运输，就成为氢能源利用的一项很重要的课题。

一种办法是在高压下使氢气连续冷冻和绝热膨胀，使之液化成为液态氢。由于液氢的沸点很低，常温下它的蒸汽压又很大，所以必须把它装在特制的高压容器里储存，这是利用液氢的一个很大的障碍。

另一种方法是使氢气与某些金属生成金属型氢化物的储氢方法。例如过渡金属与氢气在一定条件下作用，可以得到金属氢化物；在另一条件下，这类氢化物即会分解成相应的金属和氢气。这是一种金属或合金吸收氢和放出氢的可逆过程，因此叫做可逆储氢。这类金属或合金即称为储氢材料。近年来，人们研究的镧镍合金由于价格较便宜，在空气中稳定，储氢量大，因而被认为是一种很有希望的储氢材料。

（三）氢气作为能源的利用

氢气燃烧产生的化学能可以用作能源，氢还可以通过核聚变反应产生核能。氢可作为直接燃料用于火箭、燃氢汽车、燃氢飞机、电池等。

在这三大课题中，氢气的储存是中心研究课题，因为它同能量储存和能量回收的问题紧密相连。

思考与回答

1. 能与氢形成离子型氢化物的是(　　)。

　A. 活泼的非金属　　B. 大多数元素

　C. 不活泼金属　　D. 碱金属与碱土金属

2. 为什么说氢是很有希望的二级能源？其优点是什么？目前存在的困难是什么？

任务二　稀有气体

周期表中零族元素有氦、氖、氩、氪、氙和氡六种，且都是气体。

一、稀有气体的性质

稀有气体的化学性质是由它的原子结构所决定的。

除氦以外，稀有气体原子的最外电子层都是由充满的 ns 和 np 轨道组成的，它们都具有稳定的8电子构型，因此，稀有气体原子在一般条件下不容易得到或失去电子而形成化学键。其化学性质很不活泼，不仅很难与其他元素化合，而且自身也是以单原子分子的形式存在，原子之间仅存在着微弱的范德华力(主要是色散力)。

稀有气体的熔、沸点都很低，氦的沸点是所有单质中最低的。它们的蒸发热和在水中的溶解度都很小，这些性质随着原子序数的增加而逐渐升高。

稀有气体的原子半径都很大，在族中自上而下递增。应该注意的是，这些半径都是未成键的半径，应该仅把它们与其他元素的范德华半径进行对比，不能与共价或成键半径进行对比。

表 11.1　稀有气体的基本性质

性质＼名称	氦	氖	氩	氪	氙	氡
元素符号	He	Ne	Ar	Kr	Xe	Rn
原子序数	2	10	18	36	54	86
原子量	4.003	20.18	39.95	83.80	131.3	222.0
价电子层结构	$1s^2$	$2s^2p^6$	$3s^2p^6$	$4s^2p^6$	$5s^2p^6$	$6s^2p^6$
原子半径/pm	93	112	154	169	160	220
第一电离势/kJ·mol^{-1}	2372	2081	1521	1351	1170	1037
蒸发热/kJ·mol^{-1}	0.09	1.8	6.3	9.7	13.7	18.0
熔点/K	0.95	24.48	83.95	116.55	161.15	202.15
沸点/K	4.25	27.25	87.45	120.25	166.05	208.15
临界温度/K	5.25	44.45	153.15	2010.65	289.75	377.65
临界压强/Pa	2.29×10^5	27.25×10^5	48.94×10^5	55.01×10^5	58.36×10^5	63.23×10^5
在水中的溶解度/mL·L^{-1}	8.8	10.4	33.6	62.6	123	222
在大气中的丰度	5.2×10^{-6}	1.8×10^{-5}	9×10^{-3}	1.1×10^{-5}	8.7×10^{-8}	——

氦是所有气体中最难液化的，温度在 2.2 K 以上的液氦是一种正常液态，具有一般液体的通性。温度在 2.2 K 以下的液氦则是一种超流体，具有许多反常的性质。例如具有超导性、低黏滞性等。它的黏度变为氢气黏度的百分之一，并且这种液氦能沿着容器的内壁向上流动，再沿着容器的外壁慢慢流下来。这种现象对于研究和验证量子理论很有意义。

二、稀有气体的用途

稀有气体广泛应用到光学、冶金和医学等领域中。例如氦氖激光器、氩离子激光器等在国防和科研上有着广泛的用途。氖在放电管内放射出美丽的红光，加入一些汞蒸气后又发射出蓝光，所以，氖被广泛用来制造霓虹灯。氙在电场的激发下能放出强烈的白光，高压长弧氙灯俗有“人造小太阳”之称，用于电影摄影、舞台照明等。在冶金工业中，氩和氦的最大用途是为熔焊不锈钢等提供惰性气氛。氪、氙和氡还能用于医疗上，氙灯能放出紫外线，氪、氙的同位素还被用来测量脑血流量等。由于它不燃烧且比氢安全得多，所以，氦还被用来代替氢充填气象气球和飞船。由于氦的沸点低，还被用于超低温技术。

思考与回答

1. 试说明稀有气体的熔、沸点、密度等性质的变化趋势和原因。
2. 下列稀有气体中，沸点最高的是(　　)，最难液化的是(　　)。

A. 氪　　B. 氡　　C. 氦　　D. 氙

阅读材料

稀有气体发现史

周期表中零族元素有氦、氖、氩、氪、氙和氡一共六种，它们都是气体。六种稀有气体元素是在1894～1900年间陆续被发现的。发现稀有气体的主要功绩应归于英国化学家莱姆赛(Ramsay W,1852～1916)。下面我们按元素发现的先后顺序，分别简介这六种元素的发现经过。

一、氩 Ar

早在1785年，英国著名科学家卡文迪什(H. Cavendish 1731～1810)在研究空气组成时，发现一个奇怪的现象。当时人们已经知道空气中含有氮、氧、二氧化碳等，卡文迪什把空气中的这些成分除尽后，发现还残留少量气体，这个现象当时并没有引起化学家们应有的重视。谁也没有想到，就在这少量气体里竟藏着一个化学元素家族。

100多年后，英国物理学家瑞利(J. W. S. Rayleigh 1842～1919)在研究氮气时发现从氮的化合物中分离出来的氮气每升重1.250 8 g，而从空气中分离出来的氮气在相同情况下每升重1.257 2 g，这0.006 4 g的微小差别引起了瑞利的注意。他与化学家莱姆赛合作，把空气中的氮气和氧气除去，用光谱分析鉴定剩余气体，终于在1894年发现了氩。由于氩和许多试剂都不发生反应，极不活泼，故被命名为Argon，即“不活泼”之意。中译名为氩，化学符号为Ar。

二、氦 He

早在1868年，法国天文学家简森(P. J. C. Janssen 1824～1907)在观察日全食时，就曾在太阳光谱上观察到一条黄线*D*，这和早已知道的钠光谱的*D*1和*D*2两条线不相同。同时，英国天文学家洛克耶尔(J. N. Lockyer 1836～1920)也观测到这条黄线*D*。当时天文学家认为这条线只有太阳才有，并且还认为是一种金属元素。所以洛克耶尔把这个元素取名为Helium，这是由两个字拼起来的，Helio是希腊文太阳神的意思，后缀－ium是指金属元素而言，中译名为氦。

1895年，莱姆赛和另一位英国化学家特拉弗斯(M. W. Travers 1872～1961)合作，在用硫酸处理沥青铀矿时，产生一种不活泼的气体，用光谱鉴定为氦，证实了氦元素也是一种稀有气体，这种元素地球上也有，并且是非金属元素。

三、氪 Kr、氖 Ne、氙 Xe

由于氦和氩的性质非常相近，而且它们与周期系中已被发现的其他元素在性质上有很大差异，莱姆赛根据周期系的规律性，推测出氦和氩可能是另一族元素，在它们之间一定有一个性质和氦、氩相近的家族。果然，在1898年5月30日莱姆赛和特拉弗斯在大量液态空气蒸发后的残余物中，用光谱分析首先发现了比氩重的氪，他们把它命名为Krypton，即隐藏之意。氪隐藏于空气中多年才被发现。

1898年6月，莱姆赛和特拉弗斯在蒸发液态氩时收集了最先逸出的气体，用光谱分析发现了比氩轻的氖。他们把它命名为“neon”，源自希腊词“neos”，意为新，即从空气中发现的新气体，中译名为氖，也就是现在氖灯里的气体。

1898年7月12日，莱姆赛和特拉弗斯在分馏液态空气，制得了氪和氖后，又把氪反复地分次萃取,从其中又分出一种质量比氪更重的新气体,他们把它命名为"Xenon",源自希腊文"xenos",意为陌生人,即为人们所生疏的气体,因为它在空气中的含量极少,仅占总体积的一亿分之八。

四、氡 Rn

氡是一种具有天然放射性的稀有气体,它是镭、钍和锕这些放射性元素在蜕变过程中的产物,因此,只有这些元素发现后才有可能发现氡。

1899 年,英国物理学家欧文斯(R. B. Owens)和卢瑟福(E. Rutherford 1871~1937)在研究钍的放射性时发现钍射气,即^{220}Rn。1900 年,德国人道恩(Dorn F E)在研究镭的放射性时发现镭射气,即^{222}Rn。1902 年,德国人吉赛尔(F. O. Giesel 1852~1927)在锕的化合物中发现锕射气,即^{219}Rn。直到 1908 年,莱姆赛确定镭射气是一种新元素,和已发现的其他稀有气体一样,是一种化学惰性的稀有气体元素。其他两种射气,是它的同位素。1923 年国际化学会议上命名这种新元素为"radon",中文音译成"氡",化学符号为 Rn。

至此,氦、氖、氩、氪、氙、氡六种稀有气体作为一个家族全被发现了,它们占据了元素周期表零族的位置。这个位置相当特殊,在它前面是电负性最强的非金属元素,在它后面是电负性最小的金属活泼性最强的金属元素。由于这六种气体元素的化学惰性,很久以来,它们被称为"惰性气体"。

人类的认识是永无止境的,经过实践的检验,理论的相对真理性会得到发展和完善。1962 年,在加拿大工作的英国青年化学家巴特列特(N. Bartlett)首先合成出第一个惰性气体的化合物——六氟合铂酸氙 $Xe[PtF_6]$,动摇了长期禁锢的人们的思想。"惰性气体"也随之改名为"稀有气体"。

(来源:http://www.gaokao.com/e/20090826/4b8bce8eda8c9.shtml)

项 目 小 结

一、氢

(1) 氢在周期表中的位置有两种表示方法,但通常把它放在第ⅠA 族的位置上。氢有三种同位素:^1_1H(氕,符号 H),^2_1H(氘,符号 D)和^3_1H(氚,符号 T)。

(2) 氢是密度最小的气体,常温下不活泼。但在一定条件下能与氟、氧等物质反应。

(3) 氢原子的价电子层结构为 $1s^1$,当氢原子同其他元素的原子化合时,可以形成离子键、共价键,甚至能形成特殊的键型。

(4) 氢与其他元素形成的二元化合物叫做氢化物。除稀有气体以外,大多数的元素都能与氢结合生成氢化物。依据元素电负性的不同,氢化物可以分为离子型、共价型和金属型三大类。

(5) 氢是一种很有希望的二级能源,但目前用氢作为燃料,在装载和运输方面还不方便,不安全,所以具有一定的困难。但这些问题一旦解决,氢作为未来的能源是极有希望的。

二、稀有气体

(1) 周期表中零族元素有氦、氖、氩、氪、氙和氡六种,且都是气体,都具有稳定的 8 电子构型(除氦外)。因此,稀有气体原子在一般条件下不容易得到或失去电子而形成化学键,而且自身也是以单原子分子的形式存在。

(2) 稀有气体的熔、沸点都很低,而且随着原子序数的增加而逐渐升高。

(3) 随着科学技术的进步和发展,稀有气体的化合物越来越多地被人们发现,稀有气体的用途也越来越受到人们的重视。

习　题

1. 氢有哪三种同位素?写出重水的分子式。

2. 氢作为新能源有哪些优点?目前还存在哪些技术上的问题?

3. 写出工业制氢的三个主要化学反应方程式和实验室制氢的最简便方法。

4. 何为离子型氢化物?什么样的元素能形成离子型氢化物?怎样证明离子型氢化物内存在 H^- 离子?

5. 说出 BaH_2,SiH_4,NH_3,AsH_3,$PdH_{0.9}$,HI 的名称和分类,室温下各呈何种状态?哪种氢化物是电的良导体?

6. 稀有气体的第一个化合物是__________,是________于______年制备的。稀有气体能被液化,是由于________________,最难液化的稀有气体是______。

7. 稀有气体氙能与下列(　　)元素形成化合物。

A. F　　B. K　　C. Na　　D. Br

8. 氙的氟化物是很好的氧化剂,其原因是(　　)。

A. 氧化性强　　B. 还原后能得到氙　　C. 不污染反应体系　　D. 以上都是

项目十二　金属元素

学习目标

(1) 了解碱金属和碱土金属的通性；

(2) 掌握碱金属和碱土金属的氢化物及氧化物的性质和用途；

(3) 掌握碱金属和碱土金属的氢氧化物及其盐类的性质和用途；

(4) 了解过渡元素的通性，掌握几种常见过渡元素单质的物理化学性质及其用途；

(5) 掌握几种常见过渡元素化合物的制备、性质和用途。

在目前已经发现的109种元素中，金属元素85种(约占总数的4/5)。自然界中存在的金属种类繁多，金属及其化合物在工农业生产方面都起着非常重要的作用。

金属元素位于每个周期(第一周期除外)的前部，大约占整个周期表的4/5，即p区的一部分(左下角的10个元素)，s区(H除外)、d区、ds区和f区的全部，都是金属元素。金属常分为黑色金属和有色金属两大类。黑色金属包括铁、锰和铬以及它们的合金；有色金属是指铁、锰和铬以外的所有金属。

任务一　碱金属和碱土金属

碱金属和碱土金属是指周期表中s区的元素(氢除外)。

一、碱金属和碱土金属的基本性质(见表12.1和表12.2)

表12.1　碱金属元素的一些基本性质

性质	锂	钠	钾	铷	铯
符号	Li	Na	K	Rb	Cs
原子序数	3	11	19	37	55
原子量	6.941	22.99	39.10	85.47	132.9
价电子构型	$2s^1$	$3s^1$	$4s^1$	$5s^1$	$6s^1$
常见氧化态	+1	+1	+1	+1	+1
原子半径/pm	123	154	203	215	235
离子半径/pm	60	95	133	148	169
第一电离能/($kJ \cdot mol^{-1}$)	520	496	419	403	376
第二电离能/($kJ \cdot mol^{-1}$)	7 298	4 562	3 051	2 633	2 230
电负性	1.0	0.9	0.8	0.8	0.7
M^+水化能/($kJ \cdot mol^{-1}$)	519	406	322	293	264
标准电势 $\varphi^{\ominus}$/V	3.045	−2.710	−2.931	−2.925	−2.923

表 12.2 碱土金属元素的一些基本性质

性质	铍	镁	钙	锶	钡
符号	Be	Mg	Ca	Sr	Ba
原子序数	4	12	20	38	56
原子量	9.012	24.31	40.08	87.62	137.3
价电子构型	$2s^2$	$3s^2$	$4s^2$	$5s^2$	$6s^2$
常见氧化态	+2	+2	+2	+2	+2
原子半径/pm	89	136	174	191	198
离子半径/pm	31	65	99	113	135
第一电离能/($kJ \cdot mol^{-1}$)	900	738	590	550	503
第二电离能/($kJ \cdot mol^{-1}$)	1 757	1 451	1 145	1 064	965
第三电离能/($kJ \cdot mol^{-1}$)	14 849	7 733	4 912	4 230	
电负性	1.5	1.2	1.0	1.0	0.9
M^+水化能/($kJ \cdot mol^{-1}$)	2 494	1 921	1 577	1 443	1 305
标准电势 $\varphi^{\ominus}$/V	−1.85	−2.372	−2.868	−2.89	−2.91

由于碱金属和碱土金属的化学活泼性很强，因此在自然界均以化合态形式存在。钠、钾在地壳中分布很广，其丰度均为 2.5%。锂、铷、铯在自然界中的储量很小且分散，被列为稀有金属。碱土金属的重要矿物较多，其中铍亦为稀有金属。

二、碱金属和碱土金属的单质

(一) 单质的物理化学性质

碱金属和碱土金属单质除铍为钢灰色外，其他均有银白色光泽。碱金属具有密度小、硬度小、熔点低的特点，是典型的轻、软金属。碱金属还具有良好的导电性。碱土金属的熔点、沸点比碱金属高，硬度较大，导电性低于碱金属，规律性不及碱金属强。由于碱金属和碱土金属的核外电子数较少，原子半径较大，核对价电子的吸引力较小，因此碱金属和碱土金属的化学强性很强，表现在：

(1) 易与水反应，碱金属与水反应更剧烈，产生的氢气遇火燃烧；

(2) 易氧化，生成氧化物、过氧化物、超氧化物等；

(3) 与氢的反应，活泼的碱金属均能与氢在高温下直接化合，生成离子型氢化物，由于氢负离子有较大的半径(2.08)，容易变形，所以它仅能存在于干态的离子型氢化物晶体中，而不能成为水溶液中的水合离子。

钠能溶于液氨中生成蓝色溶液，该溶液具有导电性和顺磁性。在溶液中钠解离生成钠正离子和溶剂合电子：

$$Na(s)+(x+y)NH_3(l) \rightarrow Na(NH_3)_x^+ + (NH_3)_y^-$$

其中的溶剂合电子是一种很强的还原剂。

(二)铍的反常性质

Be 原子的价电子层结构为 $2s^2$，它的原子半径为 89 pm，Be 离子半径为 31 pm，Be 的电负性为 1.57。铍由于原子半径和离子半径特别小(不仅小于同族的其他元素，还小于碱金属元素)，电负性又相对较高(不仅高于碱金属元素，也高于同族其他各元素)，所以铍形成共价键的倾向比较显著，不像同族其他元素主要形成离子型化合物。因此铍常表现出不同于同族其他元素的反常性质。

(1) 铍由于表面易形成致密的保护膜而不与水作用，而同族其他金属镁、钙、锶、钡均易与水反应。

(2) 氢氧化铍是两性的，而同族其他元素的氢氧化物均是中强碱或强碱性的。

(3) 铍盐强烈地水解生成四面体型的离子$[Be(H_2O)_4]^{2+}$，键很强，这就削弱了 O—H 键，因此水合铍离子有失去质子的倾向：

$$[Be(H_2O)_4]^{2+} \rightarrow [Be(OH)(H_2O)_3]^{+} + H^{+}$$

因此铍盐在纯水中是酸性的。而同族其他元素(镁除外)的盐均没有水解作用。

(三) 镁与锂性质的相似性

镁与第ⅠA族的锂在周期表中呈对角线位置，呈现出对角线相似性。镁与锂性质上的相似性表现为以下几点：

(1) 镁与锂在过量的氧气中燃烧，不形成过氧化物，只生成正常的氧化物；

(2) 镁和锂的氢氧化物在加热时都可以分解为相应的氧化物；

(3) 镁和锂的碳酸盐均不稳定，热分解生成相应的氧化物和放出二氧化碳气体；

(4) 镁和锂的某些盐类如氟化物、碳酸盐、磷酸盐等及氢氧化物均难溶于水；

(5) 镁和锂的氧化物、卤化物共价性较强，能溶于有机溶剂中，如溶于乙醇；

(6) 镁离子和锂离子的水合能力均较强。

在周期表中某一元素的性质和它左上方或右下方的另一元素性质的相似性，称为对角线规则。这种相似性比较明显地表现在锂和镁、铍和铝、硼和硅三对元素之间。

(四) 单质的制备

(1) 熔盐电解法。由于碱金属和碱土金属的化学活泼性很强，所以一般用电解它们熔融化合物的方法制取。

(2) 热分解法。碱金属的某些化合物加热分解能生成碱金属。

(3) 热还原法。钾、铷、铯的沸点低易挥发，在高温下用焦炭、碳化物及活泼金属做还原剂还原它们的化合物，利用它们的挥发性分离。

三、碱金属和碱土金属的化合物

(一) 氧化物

1. 普通氧化物

碱金属在空气中燃烧时，只有锂生成普通氧化物 Li_2O，钠生成过氧化物 Na_2O_2，钾、铷、铯生成超氧化物 MO_2(M=K、Rb、Cs)。要制备除锂以外的其他碱金属的普通氧化物，必须用其他方法。

碱土金属在室温或加热时与氧化合，一般只生成普通氧化物 MO。但在实际生产中常从它们的碳酸盐或硝酸盐加热分解制备。

2. 过氧化物

过氧化物是含有过氧基(—O—O—)的化合物,除铍外,碱金属、碱土金属在一定条件下都能形成过氧化物。常见的是过氧化钠。

过氧化钠 Na_2O_2 呈强碱性,含有过氧离子,在碱性介质中过氧化钠是一种强氧化剂,常用作氧化分解矿石的熔剂。例如:

$$Cr_2O_3+3Na_2O_2 \xlongequal{} 2Na_2CrO_4+Na_2O$$

$$MnO_2+Na_2O_2 \xlongequal{} Na_2MnO_4$$

Na_2O_2 与水作用产生 H_2O_2,H_2O_2 立即分解放出氧气。所以过氧化钠常用作纺织品、麦秆、羽毛等的漂白剂和氧气发生剂。

在潮湿的空气中,过氧化钠能吸收二氧化碳气并放出氧气:

$$2Na_2O_2+2CO_2 \xlongequal{} 2Na_2CO_3+O_2\uparrow$$

因此过氧化钠广泛用于防毒面具、高空飞行和潜水艇中,吸收人们放出的二氧化碳气并供给氧气。

在酸性介质中,当遇到像高锰酸钾这样的强氧化剂时,过氧化钠就显示出还原性,过氧离子被氧化成氧气单质:

$$5O_2^{2-}+2MnO_4^-+16H^+ \longrightarrow 2Mn^{2+}+5O_2\uparrow+8H_2O$$

3. 超氧化物

超氧化钾 KO_2、超氧化铷 RbO_2 和超氧化铯 CsO_2 中都含有超氧离子,因为超氧离子中有一个未成对的电子,所以超氧化物有顺磁性并呈现出颜色。超氧化钾是橙黄色,超氧化铷是深棕色,超氧化铯是深黄色。

超氧化物都是强氧化剂,与水剧烈地反应放出氧气和过氧化氢:

$$2MO_2+2H_2O \xlongequal{} O_2\uparrow+H_2O_2+2MOH \quad (M=K、Rb、Cs)$$

超氧化物还能除去二氧化碳并再生出氧气,可以用于急救器、潜水和登山等方面。

$$4MO_2+2CO_2 \xlongequal{} 2M_2CO_3+3O_2 \quad (M=K、Rb、Cs)$$

4. 臭氧化物

钾、铷、铯的氢氧化物与臭氧反应,可得臭氧化物:

$$3KOH(s)+2O_3(g) \longrightarrow 2KO_3(s)+KOH+H_2O(l)+1/2O_2(g)$$

(二) 氢氧化物

碱金属溶于水生成相应的氢氧化物,它们最突出的化学性质是强碱性,对纤维和皮肤有强烈的腐蚀作用,所以称它们为苛性碱。它们都是白色晶状固体,具有较低的熔点。除 LiOH 在水中的溶解度(13 g/100 g 水)较小外,其余碱金属的氢氧化物都易溶于水,并放出大量的热。在空气中易吸湿潮解,所以固体 NaOH 是常用的干燥剂。它们还容易与空气中的二氧化碳作用生成碳酸盐,所以要密封保存。

碱土金属(除 BeO 和 MgO 外)溶于水生成相应的氢氧化物,$Be(OH)_2$ 为两性,$Mg(OH)_2$ 为中强碱,其他为强碱。

表 12.3 碱金属氢氧化物的某些性质

物质性质	LiOH	NaOH	KOH	RbOH	CsOH
水中溶解度 ($mol \cdot L^{-1}$)(293 K)	5.3	26.4	19.1	17.9	25.8
酸碱性	中强碱	强碱	强碱	强碱	强碱

表 12.4 碱土金属氢氧化物的某些性质

物质性质	$Be(OH)_2$	$Mg(OH)_2$	$Ca(OH)_2$	$Sr(OH)_2$	$Ba(OH)_2$
水中溶解度 ($mol \cdot L^{-1}$)(293 K)	8×10^{-6}	5×10^{-4}	1.8×10^{-2}	6.7×10^{-2}	2×10^{-1}
酸碱性	两性	中强碱	强碱	强碱	强碱

NaOH 和 KOH 是重要的化工基本原料，它们的水溶液和熔融物能与许多金属或非金属氧化物作用，在工业生产和科学研究上有很多重要用途。

（三）氢化物

碱金属和碱土金属中的 Ca、Sr、Ba 在高温下与 H_2 反应，生成离子型的氢化物。其中氢化钠、氢化锂最为常见。氢化钠 NaH 是一种强还原剂，常用于有机合成中。

LiH 非常活泼，是强还原剂。遇水发生激烈反应并放出大量的氢气。

$$LiH + H_2O = LiOH + H_2\uparrow$$

1 kg 氢化锂分解后可放出 2 800 L 氢气，氢化锂的确是名不虚传的“制造氢气的工厂”。第二次世界大战期间，美国飞行员备有轻便的氢气源——氢化锂，作应急之用。

（四）盐类

碱金属和碱土金属的常见盐类有卤化物、碳酸盐、硝酸盐、硫酸盐等。

1. 焰色反应

某些金属或它们的化合物在灼烧时，火焰会呈现出特殊的颜色，这就是焰色反应。

表 12.5 碱金属和部分碱土金属的焰色

离子	Li^+	Na^+	K^+	Rb^+	Cs^+	Ca^{2+}	Sr^{2+}	Ba^{2+}
焰色	红	黄	紫	紫红	紫红	紫红	洋红	黄绿
波长(nm)	670.8	589.6	404.7	629.8	459.3	616.2	707.0	553.6

2. 氯化镁

无水 $MgCl_2$ 的熔点 987 K，沸点 1 685 K。氯化镁通常含有 6 个分子的结晶水，为无色易潮解的六水合物 $MgCl_2 \cdot 6H_2O$，加热时即水解生成碱式氯化镁：

$$MgCl_2 \cdot 6H_2O = Mg(OH)Cl + HCl + 5H_2O$$

$MgCl_2$ 主要用作电解生产金属镁的原料，$MgCl_2$ 溶液与 MgO 混合而成坚硬耐磨的镁质水泥。

3. 碳酸钙 $CaCO_3$

$CaCO_3$ 是白色晶体或粉状固体，密度 2.729 3 $g \cdot cm^{-3}$，它是天然存在的石灰石、大理石和冰洲石的主要成分。它的化学性质主要表现在以下几个方面：

(1) $CaCO_3$ 加热到 1 098 K 左右开始分解，生成氧化钙和二氧化碳气体；

(2) 将二氧化碳通入石灰水，或 Na_2CO_3 溶液与石灰水反应，或碳酸钠溶液与氯化钙溶液反应，都可以得碳酸钙沉淀；

(3) $CaCO_3$ 不溶于水，但溶于含有二氧化碳的水中，生成碳酸氢钙 $Ca(HCO_3)_2$。

这种溶有碳酸氢钙的天然水称为暂时硬水，遇热时二氧化碳被驱出，又生成碳酸钙沉淀：

$$Ca(HCO_3)_2 = CaCO_3 \downarrow + CO_2 \uparrow + H_2O$$

石灰岩溶洞的形成就是这个道理，岩石中的碳酸钙被地下水（含有二氧化碳的水）溶解后再沉淀出来，就形成了钟乳石和石笋。

天然碳酸钙用于建筑材料，如作水泥、石灰、人造石等，还用于做陶瓷、玻璃等的原料。沉淀的碳酸钙用作医药上的解酸剂。

4. 离子型盐溶解度的一般规律

氯化镁、硝酸镁、硫酸镁、铬酸镁、氯酸镁、高氯酸镁、醋酸镁等易溶于水，而碳酸镁、磷酸镁、草酸镁等是难溶的。

思考与回答

1. 过氧化钠可用于潜艇和高空飞行中，用作 CO_2 吸收剂和供氧剂。写出其方程式，并配平。
2. 试述区别碳酸氢钠和碳酸钠的方法。
3. 镁和锂的性质有哪些相似之处？
4. 简述钟乳石的形成过程，并用方程式表示。
5. 碱土金属的离子型盐溶解度有什么规律？

任务二　过 渡 金 属

过渡元素是指从ⅠB 到ⅦB 和Ⅷ族元素，过渡元素包括大多数在经济上很重要的金属，如在自然界储量比较丰富的，且在工业上应用较广的铁、铜、锰、锌等，同时也包括比较稀少的铸币金属（金和银等）以及许多稀有金属。

一、过渡元素及其化合物

（一）过渡元素的通性

1. 过渡元素都是金属

过渡元素的最外电子层只有 1～2 个电子，易失去电子而显金属性，因此，它们都是金属，常称之为过渡金属。过渡元素的金属性一般比同周期的 p 区相应元素要强，但远弱于同周期的 s 区元素，同一周期内的过渡元素，从左到右由于原子电子层数不变而半径改变不大，金属性的减弱也显得极为缓慢。同一族的过渡元素，从上到下金属性不但不增强反而减弱。例如ⅦB 族的铬能从非氧化性酸中置换出氢，而钼在常温下与一般酸都不起作用，但能溶于浓硫酸或浓硝酸中，而钨与王水也不发生反应。

2. 过渡元素原子半径的递变规律

在周期表中，从左到右，随着原子序数的增加，原子半径缓慢地减小，直到铜族前后又稍有增大。与同周期主族元素原子半径从左到右明显地减小有所不同，到铜族前后，由于达到 18 电子层结构，使核对外层电子吸引力减小，所以原子半径又稍有增大，同族元素从上到下依次增大。但第 5、第 6 周期（ⅢB 族除外）由于镧系收缩的结果，致使原子半径十分接近。

3. 过渡元素常有多种可变的氧化数

过渡元素最显著的特征之一，是它们有多种可变的氧化数，见表 12.6。

表 12.6　第一过渡系元素的主要氧化数

元素	Sc	Ti	V	Cr	Mn	Fe	Co	Ni	Cu	Zn
		+2	+2	+2	$\underline{+2}$	$\underline{+2}$	$\underline{+2}$	$\underline{+3}$	+1	$\underline{+2}$
	$\underline{+3}$	+3	+3	$\underline{+3}$	+3	$\underline{+3}$	+3	+3	$\underline{+2}$	
氧化态		$\underline{+4}$	$\underline{+4}$		$\underline{+4}$					
			$\underline{+5}$							
				$\underline{+6}$	+6	+6				
					$\underline{+7}$					

注：有下划线的为比较稳定的氧化数。

过渡元素氧化数的变化规律是：同一周期从左到右氧化数首先升高，然后逐渐降低；同族从上到下高氧化数趋向稳定。

4. 过渡元素的化合物往往带有颜色

过渡元素化合物的颜色跟过渡金属离子的结构有关系，也跟所结合的阴离子种类以及晶体里是否有结晶水等因素有关。例如，氟化铜（CuF_2）是白色的；硫化铜（CuS）是黑色的；二氯化钴（$CoCl_2$）是蓝色的；六水合二氯化钴（$CoCl_2 \cdot 6H_2O$）是粉红色的；无水硫酸铜（$CuSO_4$）是白色的；五水合硫酸铜（$CuSO_4 \cdot 5H_2O$）是蓝色的。

过渡元素的离子在水溶液中往往有颜色，这些颜色是过渡金属水合离子的颜色，水合离子的颜色跟化合物晶体的颜色常常是一致的或相近的，有时也有所不同。例如，水合铜离子呈蓝色，跟五水合硫酸铜颜色一致，但跟无水硫酸铜的颜色就不一致了。一些过渡元素水合离子的颜色如表 12.7 所示。

表 12.7　第一过渡系低氧化态水合离子的颜色

离子	Sc^{3+}	Ti^{3+}	Ti^{4+}	V^{2+}	V^{3+}	Cr^{3+}	Mn^{2+}	Fe^{2+}	Fe^{3+}	Co^{2+}	Ni^{2+}	Cu^{2+}	Zn^{2+}
颜色	无	紫红	无	紫	绿	绿	肉色	浅绿	黄棕	粉红	绿	浅蓝	无

5. 过渡元素有形成配合物的倾向

过渡元素容易形成配合物。过渡元素的原子或金属离子大都有空的价电子轨道，可以接受配位体的孤对电子，所以它们具有很强的形成配合物的倾向。例如，容易形成氟配合物、氰配合物、草酸配合物等。

（二）常见的过渡元素及其化合物

1. 铁及其化合物

铁是比较活泼的金属，它能与氧等非金属及水作用：

$$3Fe+2O_2 \xrightarrow{燃烧} Fe_3O_4（黑色）$$

$$Fe+S \xrightarrow{\triangle} FeS（黑色）$$

$$3Fe+4H_2O（气）\xrightarrow{高温} Fe_3O_4+4H_2\uparrow$$

铁在冷的浓硝酸或浓硫酸中会发生“钝化”现象，碱与铁不起作用。

（1）铁的合金

铁的合金包括生铁、熟铁和钢。这三者的主要区别是其中含碳量的不同。

生铁的含碳量在1.7%～4.3%。生铁很脆，常常要把它转化成铸铁或钢。熟铁的含碳量0.03%～0.04%。钢的含碳量小于1.7%。根据化学成分可分为碳素钢和合金钢。碳素钢含碳0.04%～1.7%，又可分为低碳钢（含碳量<0.25%）、中碳钢（含碳量0.30%～0.60%）和高碳钢（含碳量约0.6%～1.7%）。合金钢是含有一定量合金元素的钢。常用的合金元素有铬、钼、钨、钒、钛、钽、镍、钴、锰等，种类很多，广泛地应用于各种领域。表12.8列出了部分常见的合金钢。

表12.8　常见的合金钢

种类	其他元素	性质	用途
高锰钢	Mn(11.0%～14.0%)	耐磨	制造碎石机齿板铁路道岔
镍钢	Ni(3.5%)	抗蚀，质坚有弹性	制造钢甲和海底电线等
铬钢	Cr(11.5%～13%)	硬而耐磨	模具
不锈钢	Cr(12%～14%)	不生锈	日用器皿及医疗器械等
高速钢	W(8.5～19%)，V(1.0～4.4%)	硬而耐磨	制造刀具、钻头钢条等
硅钢	Si(1.0%～4.8%)	强导磁性	制造变压器、电机铁芯
高硅铸铁	Si(14.25%～15.50%)	抗酸腐蚀	盛酸器、耐酸管子等

（2）铁的化合物

铁可以形成两大类化合物，其中铁的氧化数分别是+2和+3，Fe^{3+}比Fe^{2+}稳定。

① 氧化亚铁（FeO）：黑色粉末，溶于酸，不溶于水和碱。

② 氧化铁（Fe_2O_3）：红色或黑色无定形粉末，不溶于水，溶于盐酸。

③ 氢氧化铁 $Fe(OH)_3$：为棕色絮凝沉淀，不溶于水，溶于酸。

④ 氢氧化亚铁 $Fe(OH)_2$：在空气中不稳定，易被氧化成 $Fe(OH)_3$。

$$4Fe(OH)_2+O_2+2H_2O \longrightarrow 4Fe(OH)_3$$

⑤ 硫酸亚铁($FeSO_4 \cdot 7H_2O$):俗称绿矾,在空气中缓慢风化,并氧化成黄褐色。因此,$FeSO_4 \cdot 7H_2O$ 在分析化学中不能作为基准物质使用。为了防止 Fe^{2+} 被氧化,在配制 $FeSO_4$ 溶液时除应加足够浓度的酸以外,还应加一些单质铁(如铁钉),这样即使 Fe^{2+} 被氧化成 Fe^{3+},Fe^{3+} 也会被溶液中的单质铁还原:

$$2Fe^{3+} + Fe \longrightarrow 3Fe^{2+}$$

⑥ 氯化铁($FeCl_3$):棕黑色晶体或六角形薄片,共价化合物。在空气中极易吸收水分而潮解。在水中生成 $Fe(OH)_3$ 胶体,能吸附水中的悬浮杂质并使之凝聚沉降。所以自来水厂常用它作净水剂。

Fe^{3+} 在酸性溶液中是一种强氧化剂:

$$2Fe^{3+} + Sn^{2+} \longrightarrow 2Fe^{2+} + Sn^{4+}$$

$$Cu + 2Fe^{3+} \longrightarrow Cu^{2+} + 2Fe^{2+}$$

因此,在电子工业中可用 $FeCl_3$ 作铜板的腐蚀剂,以制造印刷线路板。$FeCl_3$ 也是建筑上常用的防水剂。

Fe^{2+} 具有还原性,能被氧化成 Fe^{3+};Fe^{3+} 具有氧化性,能被还原成 Fe^{2+}。所以只要选择适当的氧化剂或还原剂就可实现 Fe^{2+} 与 Fe^{3+} 的相互转化:

$$Fe^{2+} - e^- \underset{\text{还原剂}}{\overset{\text{氧化剂}}{\rightleftharpoons}} Fe^{3+}$$

2. 锰及其化合物

锰是银白色金属,性坚而脆,熔点 1 244 ℃。主要用于炼钢和制铜、铁、铝等合金。锰能形成多种化合物。在锰的化合物中比较重要的是二价锰的化合物、二氧化锰和高锰酸盐。

① 硫酸亚锰($MnSO_4 \cdot 4H_2O$):又称硫酸锰,淡红色细小晶体。Mn^{2+} 在碱性介质中不稳定,易被氧化,生成肉色的氢氧化锰(Ⅱ)$Mn(OH)_2$ 沉淀,放置在空气中,$Mn(OH)_2$ 即被氧化成暗棕色的氧氢氧化锰 $MnO(OH)_2$:

$$Mn^{2+} + 2OH^- \longrightarrow Mn(OH)_2 \downarrow$$

$$2Mn(OH)_2 + O_2 \longrightarrow 2MnO(OH)_2 \downarrow$$

Mn^{2+} 在酸性介质中较稳定,不易被氧化。故在酸性介质中要把 Mn^{2+} 氧化成 MnO_4^- 就要用强氧化剂(如 $S_2O_8^{2-}$、BiO_3^- 或 PbO_2)与之反应,反应后溶液从无色(Mn^{2+})变为紫红色:

$$2Mn^{2+} + 5BiO_3^- + 14H^+ \longrightarrow 2MnO_4^- + 5Bi^{3+} + 7H_2O$$

分析化学中常在酸性介质中加入 $NaBiO_3$,根据溶液是否呈紫红色,来鉴定 Mn^{2+}。

② 二氧化锰(MnO_2):黑色或棕黑色晶体,不溶于水和硝酸。

二氧化锰中的锰的氧化值为Ⅳ、处于中间价态,因此 MnO_2 即有氧化性又有还原性:

$$3MnO_2 + 6KOH + KClO_3 \longrightarrow 3K_2MnO_4 + KCl + 3H_2O$$

$$MnO_2 + 4HCl(\text{浓}) \xrightarrow{\triangle} MnCl_2 + Cl_2 \uparrow + 2H_2O$$

③ 锰酸钾(K_2MnO_4):深绿色晶体,主要用于制造高锰酸钾。K_2MnO_4 溶于水成绿色溶液,但放置在空气中不久就会变成紫色,这是由于 K_2MnO_4 在水中发生了歧化反应生成了 $KMnO_4$,同时生成了 MnO_2 的缘故。

$$3K_2MnO_4 + 2H_2O \rightleftharpoons 2KMnO_4 + MnO_2 + 4KOH$$

④ 高锰酸钾($KMnO_4$):俗名 PP 粉、灰锰氧,深紫色晶体。溶于水成紫红色溶液,遇乙醇即分解,用作消毒剂与氧化剂。$KMnO_4$ 水溶液不稳定,自然放置,会缓慢地分解。光对这种分解起催化作用,因此 $KMnO_4$ 溶液必须保存在棕色瓶中。

$KMnO_4$ 是强氧化剂，能将 SO_3^{2-}、I^-、H_2S、H_2O_2、$H_2C_2O_4$、Sn^{2+}、Fe^{2+} 等还原剂氧化，且在不同介质中 MnO_4^- 被还原的产物也不同。

在酸性介质中，MnO_4^- 被还原成 Mn^{2+}：

$$2MnO_4^- + 5SO_3^{2-} + 6H^+ \longrightarrow 2Mn^{2+} + 5SO_4^{2-} + 3H_2O$$

在中性、微碱性介质中，MnO_4^- 被还原成 MnO_2：

$$2MnO_4^- + 3SO_3^{2-} + H_2O \longrightarrow 2MnO_2 \downarrow + 3SO_4^{2-} + 2OH^-$$

在强碱性介质中，MnO_4^- 被还原成 MnO_4^{2-}：

$$2MnO_4^- + SO_3^{2-} + 2OH^- \longrightarrow 2MnO_4^{2-} + SO_4^{2-} + H_2O$$

综上所述，锰的化合物从某种氧化数转变为另一种氧化数时，总是和溶液的酸碱性以及与它反应的氧化剂或还原剂相对强弱等条件有关。

3. 锌及其化合物

锌是一种银白色的两性金属，所以锌的氧化物、氢氧化物也具有两性。

① 氧化锌（ZnO）：白色粉末，不溶于水，为两性氧化物：

$$ZnO + 2HCl \longrightarrow ZnCl_2 + H_2O$$

$$ZnO + 2NaOH \longrightarrow Na_2ZnO_2 + H_2O$$

商品氧化锌又称锌氧粉或锌白，是优良的白色颜料。它遇 H_2S 不变黑（因为 ZnS 也是白色），这一点优于铅白。它是橡胶制品的增强剂。ZnO 无毒，具有收敛性和一定的杀菌能力，大量用作医用橡皮软膏。ZnO 又是制备各种锌化合物的基本原料。

② 氢氧化锌[$Zn(OH)_2$]：白色粉末，不溶于水，为两性氢氧化物。

③ 氯化锌（$ZnCl_2$）：白色熔块，极易吸潮。在有机合成中常用作脱水剂，也可作催化剂。

④ 硫酸锌（$ZnSO_4 \cdot 7H_2O$）：是常见的锌盐，俗称皓矾。大量用于制备锌钡白（商品名"立德粉"），它由 $ZnSO_4$ 和 BaS 经复分解而得。实际上锌钡白是 $BaSO_4$ 和 ZnS 的混合物：

$$Zn^{2+} + SO_4^{2-} + Ba^{2+} + S^{2-} \longrightarrow ZnS \cdot BaSO_4 \downarrow$$

这种颜料覆盖性强，而且无毒，所以大量用于油漆工业。$ZnSO_4$ 还广泛用作木材防腐剂和媒染剂。

4. 铜及其化合物

纯铜是带红色光泽的金属，富有延展性和韧性，非常容易导电和传热。有水蒸气及二氧化碳时，铜的表面会生成一层绿色的碱式碳酸铜 $Cu_2(OH)_2CO_3$：

$$2Cu + O_2 + CO_2 + H_2O \longrightarrow Cu_2(OH)_2CO_3$$

铜不能与盐酸和稀硫酸作用，但铜很容易被硝酸及浓硫酸氧化而溶解：

$$Cu + 4HNO_3(浓) \longrightarrow Cu(NO_3)_2 + 2NO_2 \uparrow + 2H_2O$$

$$3Cu + 8HNO_3(稀) \longrightarrow 3Cu(NO_3)_2 + 2NO \uparrow + 4H_2O$$

$$Cu + 2H_2SO_4(浓) \longrightarrow CuSO_4 + SO_2 \uparrow + 2H_2O$$

① 氧化亚铜（Cu_2O）：暗红色固体，有毒。曾用作整流器的材料，还用作船舶底漆（可杀死低级海生动物）及农业上的杀虫剂。

Cu_2O 为碱性氧化物，能溶于稀 H_2SO_4，但立即歧化分解：

$$Cu_2O + H_2SO_4 \longrightarrow CuSO_4 + Cu + H_2O$$

② 氯化亚铜（CuCl）：是最重要的亚铜盐，它是有机合成的催化剂和还原剂；石油工业的脱硫剂和脱色剂；肥皂、脂肪等的凝聚剂；还用作杀虫剂和防腐剂。CuCl 能吸收 CO 而形成 $CuCl \cdot CO$，故在分析化学上作为 CO 的吸收剂等，应用颇广。

① 氧化铜(CuO)：黑色粉末，难溶于水。它是偏碱性氧化物，溶于稀酸：

$$CuO+2H^{+}\longrightarrow Cu^{2+}+H_2O$$

④ 氢氧化铜[$Cu(OH)_2$]：浅蓝色粉末，难溶于水。$Cu(OH)_2$ 稍有两性，易溶于酸，只溶于较浓的强碱，生成四羟基合铜(Ⅱ)配离子：

$$Cu(OH)_2+2OH^{-}\longrightarrow [Cu(OH)_4]^{2-}$$

$Cu(OH)_2$ 易溶于氨水，能生成深蓝色的四氨合铜(Ⅱ)配离子$[Cu(NH_3)_4]^{2+}$。

向 $CuSO_4$ 或其他可溶性铜盐的冷溶液中加入适量的 NaOH 或 KOH，即析出浅蓝色的 $Cu(OH)_2$ 沉淀：

$$CuSO_4+2NaOH\longrightarrow Cu(OH)_2\downarrow+Na_2SO_4$$

新沉淀出的 $Cu(OH)_2$ 极不稳定，稍受热(超过 30℃)即分解而变暗：

$$Cu(OH)_2\xrightarrow{\triangle}CuO+H_2O$$

⑤ 硫酸铜($CuSO_4\cdot 5H_2O$)：为蓝色结晶，又名胆矾或蓝矾。失水后形成白色粉末，即无水 $CuSO_4$，无水 $CuSO_4$ 又极易吸水而成为蓝色水合物。故无水 $CuSO_4$ 可用来检验有机物中微量的水分，也可作干燥剂、媒染剂、蓝色颜料、船舶油漆、电镀、杀菌及防腐剂。$CuSO_4$ 溶液有较强的杀菌能力，可防止水中藻类生长。它和石灰乳混合制得的“波尔多液”能消灭树木的害虫。与其他铜盐一样，$CuSO_4$ 有毒。

⑥氯化铜($CuCl_2\cdot 2H_2O$)：绿色晶体，在湿空气中潮解，在干燥空气中易风化。无水 $CuCl_2$ 为棕黄色固体，共价化合物。$CuCl_2$ 不但易溶于水，还易溶于乙醇、丙酮等有机溶剂。$CuCl_2$ 的浓溶液为黄绿色或绿色，稀溶液则为浅蓝色。

⑦ 碱式碳酸铜[$Cu_2(OH)_2CO_3$]：为孔雀绿色的无定形粉末，是有机合成的催化剂、种子杀虫剂、饲料中铜的添加剂，也可用作颜料、焰火等。

5. 银及其化合物

① 硝酸银($AgNO_3$)：是最重要的可溶性银盐。$AgNO_3$ 在干燥的空气中比较稳定，潮湿状态下见光易分解，并析出单质银而变黑：

$$2AgNO_3\xrightarrow{光}2Ag+2NO\uparrow+2O_2\uparrow$$

$AgNO_3$ 具有氧化性，遇微量有机物即被还原成单质银。皮肤或工作服沾上 $AgNO_3$ 后会逐渐变黑。它有一定的杀菌能力，对人体有灼烧作用。

② 氯化银(AgCl)：由 $AgNO_3$ 和盐酸(或其他可溶性氯化物)反应制得。银是贵重金属，合成时通常让 Cl^- 过量，使 AgCl 尽量沉淀完全。但需注意，AgCl 会溶解在过量的 Cl^- 中：

$$AgCl+Cl^{-}\longrightarrow [AgCl_2]^{-}$$

Cl^- 过量越多，AgCl 的溶解度越大。故 HCl 或氯化物的投入量不宜过多。

6. 汞及其化合物

汞在两千多年前曾引起我国古代炼丹家的兴趣，我国历史上著名的医药学家李时珍在他的《本草纲目》一书中，对汞做过这样的描述：“其状如水，似银，故名水银。”

下面来讨论汞的几种重要化合物。

① 氧化汞(HgO)：不溶于水，有毒，主要用作医药制剂、分析试剂、陶瓷颜料等，由它能制得多种其他汞盐。

② 氯化汞($HgCl_2$)：又称升汞，白色(略带灰色)针状结晶或颗粒粉末。内服 0.2～0.4 g 就能致命，但少量使用时有消毒作用。例如 1∶1 000 的稀溶液可用于消毒外科手术器械。

$HgCl_2$ 在酸性溶液中是较强的氧化剂。当与适量 $SnCl_2$ 作用时，生成白色丝状的 Hg_2Cl_2；$SnCl_2$ 过量时，Hg_2Cl_2 会进一步被还原成金属汞，沉淀变黑：

$$2HgCl_2 + Sn^{2+} + 4Cl^- \longrightarrow \underset{(白色)}{Hg_2Cl_2} \downarrow + [SnCl_6]^{2-}$$

$$Hg_2Cl_2 + Sn^{2+} + 4Cl^- \longrightarrow 2\underset{(黑色)}{Hg} \downarrow + [SnCl_6]^{2-}$$

分析化学上常用上述反应鉴定 Hg^{2+} 或 Sn^{2+}。

③ 氯化亚汞(Hg_2Cl_2)：又称甘汞，是微溶于水的白色粉末，无毒，味略甜。Hg_2Cl_2 可由固体 $HgCl_2$ 和金属 Hg 研磨而得(逆歧化反应)：

$$HgCl_2 + Hg \longrightarrow Hg_2Cl_2$$

Hg_2Cl_2 与氨水反应可生成氨基氯化汞和汞：

$$Hg_2Cl_2 + 2NH_3 \longrightarrow Hg(NH_2)Cl \downarrow + Hg \downarrow + NH_4Cl$$

白色的氨基氯化汞和黑色的金属汞微粒混在一起，使沉淀呈灰黑色。这个反应可用来鉴定 Hg_2^{2+} 的存在。

7. 铬及其化合物

铬是周期系ⅥB族第一种元素，主要矿物是铬铁矿($FeO \cdot Cr_2O_3$)，在我国主要分布在西北地区的青海、甘肃、宁夏等地。铬是人体必需的微量元素，但铬(Ⅵ)化合物有毒。

铬与铝相似，容易钝化。有钝化膜的铬在冷的 HNO_3、浓 H_2SO_4，甚至王水中皆不溶解。

铬的氧化物有 CrO，Cr_2O_3 和 CrO_3，对应水合物为 $Cr(OH)_2$，$Cr(OH)_3$ 和含氧酸 H_2CrO_4，$H_2Cr_2O_7$ 等。它们的氧化态从低到高，其碱性依次减弱，酸性依次增强。即

碱性增强 ←

CrO	Cr_2O_3	CrO_3
碱性	两性	酸性
$Cr(OH)_2$	$Cr(OH)_3$	H_2CrO_4，$H_2Cr_2O_7$
碱性	两性	酸性

→ 酸性增强

① 三氧化二铬(Cr_2O_3)：绿色晶体，不溶于水，有两性。Cr_2O_3 常用作媒染剂、有机合成的催化剂以及油漆的颜料(铬绿)，也是冶炼金属铬和制取铬盐的原料。

② 氢氧化铬[$Cr(OH)_3$]：在 Cr(Ⅲ)盐中加入氨水或 NaOH 溶液，即有灰蓝色的 $Cr(OH)_3$胶体析出：

$$Cr_2(SO_4)_3 + 6NaOH \longrightarrow 2Cr(OH)_3 \downarrow + 3Na_2SO_4$$

$Cr(OH)_3$ 具有明显的两性，向 $Cr(OH)_3$ 沉淀中加酸或碱都会溶解：

$$Cr(OH)_3 + 3HCl \longrightarrow CrCl_3 + 3H_2O$$

$$Cr(OH)_3 + NaOH \longrightarrow NaCrO_2 + 2H_2O$$

③ 三氧化铬(CrO_3)：暗红色的针状晶体，易潮解，有毒，超过熔点(195 ℃)即分解出 O_2。CrO_3 为强氧化剂，遇有机物易引起燃烧或爆炸。CrO_3 溶于碱生成铬酸盐：

$$CrO_3 + 2NaOH \longrightarrow Na_2CrO_4 + H_2O$$

因此，CrO_3 被称作铬(Ⅵ)酸的酐，简称铬酐。它遇水能形成铬(Ⅵ)的两种酸：H_2CrO_4 和其二聚体 $H_2Cr_2O_7$。CrO_4^{2-} 离子在溶液中存在下列电离平衡：

$$2\underset{黄色}{CrO_4^{2-}} + 2H^+ \underset{OH^-}{\overset{H^+}{\rightleftharpoons}} \underset{橙色}{Cr_2O_7^{2-}} + H_2O$$

所以当向 CrO_4^{2-} 的溶液中加酸时，溶液会从黄色变成橙色。

④ 三氯化铬($CrCl_3 \cdot 6H_2O$)：暗绿色晶体，易潮解，用作催化剂、媒染剂和防腐剂等。

⑤ 铬酸盐和重铬酸盐。与铬酸、重铬酸对应的是铬酸盐和重铬酸盐，它们的钠、钾、铵盐都是可溶的，其颜色与其酸根一致。铬酸盐和重铬酸盐的性质差异表现在以下两方面：

a. 氧化性

Cr(Ⅵ)盐只有在酸性时，或者说以 $Cr_2O_7^{2-}$ 的形式存在时，才表现出氧化性：

$$K_2Cr_2O_7 + 6FeSO_4 + 7H_2SO_4 \longrightarrow Cr_2(SO_4)_3 + 3Fe_2(SO_4)_3 + K_2SO_4 + 7H_2O$$

用 $K_2Cr_2O_7$ 的饱和溶液与浓硫酸等体积混合制得铬酸洗液，实验室中用于清洗玻璃器皿。洗液经过多次使用后，颜色会由 $Cr_2O_7^{2-}$ 的橙色变成 Cr^{3+} 的绿色。如果洗液全部变成暗绿色，说明 $Cr_2O_7^{2-}$ 已全部变成 Cr^{3+}，此时的洗液就没有洗涤效果了。

b. 溶解度

重铬酸盐大都易溶于水，而铬盐中除 K^+，Na^+，NH_4^+ 盐外，一般都难溶于水。当向重铬酸盐溶液中加入可溶性 Ba^{2+}，Pb^{2+} 或 Ag^+ 盐时，将促使 $Cr_2O_7^{2-}$ 朝 CrO_4^{2-} 方向转化，而生成相应的铬酸盐沉淀：

$$Cr_2O_7^{2-} + 2Ba^{2+} + H_2O \longrightarrow 2BaCrO_4\downarrow + 2H^+$$

$$Cr_2O_7^{2-} + 2Pb^{2+} + H_2O \longrightarrow 2PbCrO_4\downarrow + 2H^+$$

$$Cr_2O_7^{2-} + 4Ag^+ + H_2O \longrightarrow 2Ag_2CrO_4\downarrow + 2H^+$$

上述反应就是前面提到的可逆反应：$2CrO_4^{2-} + 2H^+ \rightleftharpoons Cr_2O_7^{2-} + H_2O$ 向左转化的结果。

铬酸盐中以铬酸钠(Na_2CrO_4)和铬酸钾(K_2CrO_4)最为常见，它们都是黄色结晶，前者易潮解。它们的水溶液都显碱性。重铬酸钠($Na_2Cr_2O_7$)和重铬酸钾($K_2Cr_2O_7$)都是橙红色晶体，前者同样易潮解。它们的水溶液都显酸性。$Na_2Cr_2O_7$ 和 $K_2Cr_2O_7$ 的商品名分别叫红矾钠和红矾钾，都是强氧化剂，在鞣革、电镀等工业中应用广泛。由于 $K_2Cr_2O_7$ 无吸湿性，又易用重结晶法提纯，故用它作分析化学中的基准试剂。

8. 镉及其化合物

镉是银白色金属，它的化学活泼性比锌差，所以镀镉材料比镀锌材料更耐腐蚀。镉能与氧、硫、卤素等非金属直接化合形成氧化值为+2的化合物。

在 Cd^{2+} 盐溶液中通入 H_2S 得 CdS：

$$Cd^{2+} + H_2S \longrightarrow CdS\downarrow + 2H^+$$

CdS 为黄色，俗称镉黄，用作颜料，纯品是制备荧光物质的重要基础。

思考与回答

1. 过渡元素全是 d 区元素吗？过渡元素有哪些通性？
2. 生铁、熟铁和钢在成分、性质和应用上有何不同？
3. 什么叫合金钢？举出四种合金钢，并叙述它们的性质和主要用途。
4. 铁是公认的生命必须微量元素，它在人体内通常是以哪种价态存在？
5. 酸碱度如何影响 CrO_4^{2-} 和 $Cr_2O_7^{2-}$ 之间的转化？这种转化有何实际意义？
6. 在蒸发 $CoCl_2$ 溶液时，在蒸发容器壁边有蓝色物质出现，当用水冲洗时，又变成粉红色，你知道是什么原因吗？

阅读材料

稀土金属及其用途

在自然界中有一类金属叫稀土金属，由于它们在结构方面非常相似，在光、电、磁等方面都具有独特的性质，因此在科研、科技、生产上有广泛的用途，被人们誉为新材料的宝库。

稀土元素包括原子序数57至71(从镧到镥，称为镧系元素)的15种元素，以及钪和钇，共有17种元素。稀土元素是18世纪沿用下来的名称，因为当时认为这些元素稀有，它们的氧化物既难溶于水又难熔化，外表很像"土"，因而称之为稀土元素。实际上，稀土金属并不稀少，它们在地壳中的含量比某些常见金属元素还要高。我国拥有得天独厚的稀土元素资源，在现已查明的世界稀土资源中，80%分布在我国，并且品种齐全。例如，内蒙古地区储藏有丰富的稀土矿石，是生产稀土金属的重要基地。近年来，我国有滥挖滥卖稀土金属走私到国外的现象，应该引起我们的高度警惕。

稀土金属在自然界常常共存于同种矿物中，分离和提取纯稀土金属往往非常困难。稀土金属有着广泛的用途，它可以单独使用，也可以以混合稀土的形式使用。在合金中加入适量的稀土金属或稀土金属的化合物，就能大大改善合金的性能，因而稀土元素又被称为冶金工业的维生素。例如，在钢中加入一些稀土元素，可以增加钢的塑性、韧性、耐磨性、耐热性、抗氧化性、抗腐蚀性等；又如，稀土金属可以用作引火合金、永磁材料、超导材料、发光材料、微量元素肥料，等等。因此，稀土金属除广泛应用在冶金、石油化工、玻璃陶瓷、荧光材料、电子材料、医药及农业等部门外，还逐渐深入到很多现代高科技领域，例如，军事上的很多防务体系都需要用到稀土材料——包括导弹、卫星和雷达系统，商用领域则包括混合电动发动机和电池、风力涡轮机、电脑硬盘、手机、照相机、节能电灯泡和光纤等。

(来源：http://www.zxxk.com/article/184860.html)

项目小结

一、碱金属和碱土金属

1. 单质的制备方法：(1) 熔盐电解法；(2) 热分解法；(3) 热还原法。

2. 碱金属与碱土金属的氧化物主要有：(1) 普通氧化物；(2) 过氧化物；(3) 超氧化物；(4) 臭氧化物。

3. 碱金属与碱土金属对应氧化物的水化物的碱性自上而下逐渐增强。

4. 大多碱金属和碱土金属与氢反应形成离子型氢化物，用于有机合成中。

5. 碱金属和碱土金属的常见盐类有卤化物、碳酸盐、硝酸盐、硫酸盐等。

6. 碱金属与碱土金属的离子型盐溶解度的一般规律：氯化镁、硝酸镁、硫酸镁、铬酸镁、氯酸镁、高氯酸镁、醋酸镁等易溶于水，而碳酸镁、磷酸镁、草酸镁等是难溶的。

二、部分过渡金属及其化合物

1. 铁及其化合物

(1) 铁合金:铁易与其他金属和非金属形成合金,应用广泛。

(2) Fe^{2+} 具有还原性,能被氧化成 Fe^{3+};Fe^{3+} 具有氧化性,能被还原成 Fe^{2+}。所以只要选择适当的氧化剂或还原剂就可实现 Fe^{2+} 与 Fe^{3+} 的相互转化。

(3) Fe^{3+} 的检验:加入 KCNS,溶液呈血红色;Fe^{2+} 的检验:加铁氰化钾,生成深蓝色沉淀。

2. 锰及其化合物

(1) 锰有多种氧化数,能形成多种化合物。与铁形成的合金是应用广泛的锰钢。

(2) 二氧化锰是常用的氧化剂。

(3) 锰酸钾性质不稳定,易歧化成高锰酸钾和二氧化锰。

(4) 高锰酸钾是常用的氧化剂,能与许多还原剂反应,还原产物因介质的酸碱性不同而不同:

在酸性介质中,MnO_4^- 被还原成 Mn^{2+}:

$$2MnO_4^- + 5SO_3^{2-} + 6H^+ \longrightarrow 2Mn^{2+} + 5SO_4^{2-} + 3H_2O$$

在中性、微碱性介质中,MnO_4^- 被还原成 MnO_2:

$$2MnO_4^- + 3SO_3^{2-} + H_2O \longrightarrow 2MnO_2\downarrow + 3SO_4^{2-} + 2OH^-$$

在强碱性介质中,MnO_4^- 被还原成 MnO_4^{2-}:

$$2MnO_4^- + SO_3^{2-} + 2OH^- \longrightarrow 2MnO_4^{2-} + SO_4^{2-} + H_2O$$

3. 铜锌及其化合物

(1) 铜是不活泼金属,与非氧化性酸、稀硫酸不反应,与氧化性酸 HNO_3 能反应。

(2) 锌是较活泼的金属,其氧化物和氢氧化物均是两性化合物。

4. 铬及其化合物

(1) 铬是最硬的金属,与铁组成的合金是著名的不锈钢。

(2) Cr_2O_3 是两性氧化物。

(3) 是强氧化剂、常用的分析试剂。CrO_4^{2-} 在溶液中存在下列电离平衡:

$$\underset{\text{黄色}}{2CrO_4^{2-}} + 2H^+ \underset{OH^-}{\overset{H^+}{\rightleftharpoons}} \underset{\text{橙色}}{Cr_2O_7^{2-}} + H_2O$$

所以当向 CrO_4^{2-} 的溶液中加酸时,溶液会从黄色变成橙色。

习　　题

1. 能否用纯粹的化学方法从碱金属的化合物中制得游离态的碱金属?如果能,请写出相应的反应方程式。

2. 室温时,在空气中保存金属 Li 和 K 时,会发生哪些反应?写出所有的反应方程式。

3. 金属钠应如何贮存?将钠放在液氮中情况如何?

4. 锂、钠、钾、铷、铯在过量氧气中燃烧,生成何种氧化物?各类氧化物与水反应情况如何?

5. 钙在空气中燃烧生成什么物质?产物与水反应有何现象发生?并以化学反应方程式说明。

6. 为什么不能用水,也不能用 CO_2 来扑灭镁的燃烧?提出一种扑灭镁燃烧的方法。

7. 试述区别碳酸氢钠和碳酸钠的方法。

8. 铍、镁化合物的什么性质可以用来区分：$Be(OH)_2$ 和 $Mg(OH)_2$；$BeCO_3$ 和 $MgCO_3$；BeF_2 和 MgF_2。

9. 以氢氧化钙为原料，如何制备下列各物质，分别用反应方程式表示。

(1) 漂白粉； (2) 氢氧化钠； (3) 氨； (4) 氢氧化镁。

10. 实验室中有5个试剂瓶，分别装有白色粉末状固体，它们可能是 $MgCO_3$、$BaCO_3$、无水 Na_2CO_3、无水 $CaCl_2$ 和无水 Na_2SO_4，试鉴别之(以反应方程式表示)，并简单说明。

11. Cr^{3+} 与 Al^{3+} 有何相似及相异之处？若有一含 Cr^{3+} 及 Al^{3+} 的溶液，你怎么样将它们分离？

12. 为什么氧化 CrO_2^- 只需 H_2O_2 或 Na_2O_2，而氧化 Cr^{3+} 则需强氧化剂？

13. 新生成的氢氧化物沉淀为什么会发生下列变化？

(1) $Mn(OH)_2$ 几乎是白色的，在空气中会变成暗褐色；

(2) 白色的 $Hg(OH)_2$ 立即变为黄色；

(3) 蓝色的 $Cu(OH)_2$ 加热时变黑。

14. 完成下列反应方程式，并配平：

(1) $Fe^{2+} + H_2O_2 + OH^- \longrightarrow$

(2) $MnO_4^- + H_2O_2 + H^+ \longrightarrow$

(3) $MnO_4^- + SO_3^{2-} + H^+ \longrightarrow$

(4) $Mn^{2+} + S_2O_8^{2-} + H_2O \longrightarrow$

(5) $CuS + HNO_3 \longrightarrow$

(6) $Cu + Fe^{3+} \longrightarrow$

(7) $Mn^{2+} + BiO_3^- + H^+ \longrightarrow$

(8) $MnO_4^- + SO_3^{2-} + H^+ \longrightarrow$

(9) $MnO_4^- + SO_3^{2-} + H_2O \longrightarrow$

(10) $MnO_4^- + SO_3^{2-} + OH^- \longrightarrow$

(11) $Cu + HNO_3$(浓)$\longrightarrow$

(12) $Cu + HNO_3$(稀)$\longrightarrow$

(13) $Hg_2Cl_2 + NH_3 \longrightarrow$

(14) $HgCl_2 + Sn^{2+} + Cl^- \longrightarrow$

(15) $Hg_2Cl_2 + Sn^{2+} + Cl^- \longrightarrow$

(16) $K_2Cr_2O_7 + FeSO_4 + H_2SO_4 \longrightarrow$

(17) $Cr_2O_7^{2-} + Ba^{2+} + H_2O \longrightarrow$

(18) $Mn^{2+} + PbO_2 + H^+ \longrightarrow$

15. 向铬酸钾的水溶液中通入 CO_2，会发生什么变化？说明反应原理。

16. 根据下述反应现象写出相应的化学反应方程式。

(1) 往 $Cr_2(SO_4)_3$ 溶液中滴加 NaOH 溶液，先析出葱绿色的絮状沉淀，后又溶解，此时加入溴水，溶液就由绿色变为黄色。用 H_2O_2 代替溴水，也得到同样结果。

(2) 当黄色的 $BaCrO_4$ 沉淀溶解在浓 HCl 中时得到一种绿色溶液。

(3) 在酸性介质中，用锌还原 $Cr_2O_7^{2-}$ 时，溶液颜色由橙变绿又变成蓝色，放置后又变回绿色。

(4) 把 H_2S 通入已用 H_2SO_4 酸化的 $K_2Cr_2O_7$ 溶液中时，溶液颜色由橙变绿，同时析出乳白色沉淀。

17. 化合物 A 是能溶于水的白色固体，将 A 加热时生成白色固体 B 和气体 C，C 能使 KI_3 稀溶液褪色，生成溶液 D，用 $BaCl_2$ 溶液处理 D 时，生成白色沉淀 E，沉淀 E 不溶于 H_2SO_4，固体 B 溶于热盐酸溶液中生成溶液 F，F 与过量的 NaOH 或氨水溶液作用不生成沉淀，但若与 NH_4HS 溶液反应时，生成白色沉淀 G，在空气中灼烧 G 变成 B 和 C，用盐酸酸化 A 时生成 F 和 C。试判断各字母所代表的物质。

18. 某亮黄色溶液 A，加入稀 H_2SO_4 转为橙色溶液 B，加入浓 HCl 又转为绿色溶液 C，同时放出能使淀粉-KI 试纸变色的气体 D。另外，绿色溶液 C 加入 NaOH 溶液即生成灰蓝色沉淀 E，经灼烧后 E 转为绿色固体 F。试判断 A,B,C,D,E,F 各是何物。

19. 某深绿色固体 A 可溶于水，其水溶液中通入 CO_2 即得棕黑色沉淀 B 和紫红色溶液 C。B 与浓 HCl 共热时放出黄绿色气体 D，溶液近乎无色，将此溶液和 C 的溶液混合，又得沉淀 B。将气体 D 通入溶液 A，则得 C。试判断 A 是哪种钾盐，写出有关的反应方程式。

项目十三　非金属元素

学习目标

(1) 了解非金属元素在周期表中的分布及价层电子结构的共同特点；

(2) 掌握几种典型的卤素和氧族元素单质及其化合物的性质、制备和用途；

(3) 掌握氮族、碳族、硼族主要元素的单质、常见化合物的制备、性质和用途。

已知的非金属元素共22种，21种位于周期表p区的右上方。除H和He外，其余的价层电子结构的共同特点是所增加的电子依次填充在np轨道上，从ⅢA～ⅦA族，对应为$ns^2np^{1\sim6}$。

在这些非金属中，常温下以固态存在的有硼、碳、硅、磷、砷、硫、硒、碲、碘等10种；以液态存在的只有溴；其余均为气态。

任务一　卤素和氧族元素

一、卤素单质及其化合物的性质

元素周期表中ⅦA族的氟、氯、溴、碘和砹通称为卤素(通常以X表示)。卤素单质的非金属性很强，表现出明显的氧化性，它们都容易形成盐。

(一) 卤素单质

卤素单质都是非极性分子，在固态时为分子晶体。由F_2到I_2，随着相对分子质量的增大，熔、沸点依次升高。常温下，氟、氯为气体，溴为液体，碘为紫黑色固体(易升华)。单质的颜色由F_2到I_2逐渐加深。所有的卤素都有刺激性气味，吸入较多的蒸气会导致中毒，甚至死亡。

卤素单质典型的化学性质是氧化性。随着原子序数的增加，氧化性逐渐减弱。F_2是最强的氧化剂。卤素的氧化性排序为：$F_2>Cl_2>Br_2>I_2$。

1. 与金属、非金属作用

F_2能与所有的金属，以及除了O_2和N_2以外的非金属直接化合，它与H_2在暗处也能发生爆炸。Cl_2能与多数金属和非金属直接化合，但有些反应需要加热。Br_2和I_2要在较高温度下才能与某些金属或非金属化合。

2. 与水、碱的反应

$$Cl_2+H_2O \rightleftharpoons HCl+HClO$$

$$2HClO \xrightarrow{光} 2HCl+O_2\uparrow$$

$$Br_2 + 2KOH \longrightarrow KBr + KBrO + H_2O$$

$$3I_2 + 6NaOH \longrightarrow 5NaI + NaIO_3 + 3H_2O$$

3. 卤素间的置换反应

卤素单质从 F_2 到 I_2 氧化性逐渐减弱，前面的卤素可以从卤化物中将后面(非金属性较弱)的卤素置换出来，例如：

$$Cl_2 + 2KBr \longrightarrow 2KCl + Br_2$$

$$Cl_2 + 2KI \longrightarrow 2KCl + I_2$$

这就是从晒盐后的苦卤生产溴，或由海藻灰提取碘的反应。

I_2 难溶于水，但易溶于含 I^- 的水溶液，这是因为生成了可溶性的 I_3^-：

$$I_2 + I^- \rightleftharpoons I_3^-$$

用途：氟在高科技领域中的应用日益广泛，在原子能工业中用以分离铀的同位素；生产具有高强度、耐热、抗腐蚀的"塑料王"，即聚四氟乙烯；含 C—F 键的全氟烃，被广泛用于炒锅、铲雪车铲的防粘涂层和人造血液；由 ZrF_4，BaF_2 和 NaF 组成的氟化物光导纤维，对光的透明度比现在使用的 SiO_2 为主的氧化物光导纤维高百余倍，可使原 200 多公里即需要增音的距离扩展到 2 万多公里，从而有望大大改善光纤通讯的质量。

氟里昂-12(CCl_2F_2)是最受关注的氟化物之一，长久以来大量用作制冷剂。由于它在大气层中分解出的氯能催化臭氧分解为氧，使臭氧层变薄并在南极地区上空出现"空洞"，原来被臭氧层吸收的太阳辐射的紫外线得以大量穿过大气层，导致皮肤癌大增，严重威胁人类生存。1985 年 3 月世界各国通过了关于保护臭氧层的"维也纳公约"，1987 年通过了减少氟氯烃类使用量的"蒙特利尔议定书"。这之后，各国都积极寻找氟里昂的代用品，且已经取得了一定的成果。

Cl_2 是廉价的强氧化剂及重要的化工原料，除用于合成盐酸外，还用于生产农药、医药和染料以及纺织品和纸张的漂白、自来水的消毒等。

溴和碘的用途不像氯那样广泛，但在精细化学品的生产中也有较多的应用。溴主要用于药物、染料、感光材料、汽车抗震添加剂、催泪剂的生产。碘是碘化物的原料，医药上常用于制备镇痛剂和消毒剂。"碘酒"一般是含碘 2%的酒精溶液。

(二) 卤化氢和氢卤酸

卤素与氢的化合物 HF、HCl、HBr、HI 合称卤化氢，以通式 HX 表示。卤化氢都是无色有刺激性气味的气体。卤化氢溶于水即成氢卤酸，它们都有广泛的用途，尤其是盐酸。除氢氟酸以外，其余氢卤酸都是强酸。氢卤酸还原性的强弱可由它们的卤素阴离子还原能力的顺序决定：

$$F^- < Cl^- < Br^- < I^-$$

例如：

$$2KMnO_4 + 16HCl \longrightarrow 2KCl + 2MnCl_2 + 5Cl_2\uparrow + 8H_2O$$

上述反应可用于实验室制取氯气。

氢氟酸的酸性和还原性虽然很弱，但对人的皮肤、骨骼有强烈的腐蚀性。它与 SiO_2 或玻璃发生反应生成气态 SiF_4，因此不可用玻璃瓶盛装氢氟酸(应盛于塑料容器中)：

$$SiO_2 + 4HF \longrightarrow SiF_4\uparrow + 2H_2O$$

利用氢氟酸的这一特性可在玻璃上刻蚀标记和花纹。

（三）氯的含氧酸及其盐

氟以外的卤素能形成多种含氧酸及其盐，其中的卤素都呈正氧化态。表 13.1 是卤素的几种含氧酸，本节着重讨论氯的含氧酸及其盐。

表 13.1 卤素的含氧酸

名称	卤素氧化值	氯	溴	碘
次卤酸	+1	$HClO$	$HBrO$	HIO
亚卤酸	+3	$HClO_2$	$HBrO_2$	——
卤酸	+5	$HClO_3$	$HBrO_3$	HIO_3
高卤酸	+7	$HClO_4$	$HBrO_4$	H_5IO_6，HIO_4

卤素含氧酸及其盐最突出的性质是氧化性。此外，歧化反应也很常见。

1. 次氯酸及其盐

将氯气通入水中即发生水解：

$$Cl_2+H_2O \rightleftharpoons HClO+HCl$$

Cl_2 歧化反应生成的次氯酸（HClO）是一种弱酸，且很不稳定，只能以稀溶液存在。

由于 HClO 比 Cl_2 有更强的氧化性，故氯水的漂白和杀菌能力比氯气更强。但 Cl_2 在水中的溶解度不大，而且溶解氯只有 30%左右水解，加之稳定性较差，运输、储存困难，因此氯水的实用价值不太大。如果将氯气通入冷的碱溶液中，则歧化反应进行得很彻底：

$$Cl_2+2NaOH \longrightarrow NaClO+NaCl+H_2O$$

生成的 NaClO 的稳定性远高于 HClO。工业上常以 NaClO 作漂白剂。

工业上，用氯气和消石灰作用制取漂白粉：

$$2Cl_2+3Ca(OH)_2+H_2O \xrightarrow{<40\ ℃} Ca(ClO)_2 \cdot 2H_2O+CaCl_2 \cdot Ca(OH)_2 \cdot H_2O$$

漂白粉是 $Ca(ClO)_2 \cdot 2H_2O$ 和 $CaCl_2 \cdot Ca(OH)_2 \cdot H_2O$ 的混合物，广泛应用于纺织漂染、造纸等工业中，也是常用的廉价消毒剂。因其易水解，且 CO_2 会使其分解，所以保存时不要暴露在空气中。使用时注意不要与易燃物（即还原剂）混合，否则可能引起爆炸；因为漂白粉有毒，不要吸入体内，否则会引起鼻喉疼痛，甚至中毒。

2. 亚氯酸及其盐

亚氯酸 $HClO_2$ 很不稳定，也只能在溶液中存在，亚氯酸盐比 $HClO_2$ 稳定得多。工业级 $NaClO_2$ 为白色结晶，热至 350 ℃仍不分解，它也是一种高效漂白剂及氧化剂，与有机物混合能发生爆炸，应密闭保存在阴凉处。

3. 氯酸及其盐

氯酸 $HClO_3$ 是强酸，其强度与 HCl 和 HNO_3 接近。$HClO_3$ 虽比 HClO 或 $HClO_2$ 稳定，但也只能在溶液中存在。$HClO_3$ 也是一种强氧化剂，但氧化能力不如 $HClO_2$ 和 HClO。

$KClO_3$ 是最重要的氯酸盐，为无色透明结晶，它比 $HClO_3$ 稳定。$KClO_3$ 在碱性或中性溶液中氧化作用很弱，在酸性溶液中则为强氧化剂。

在有催化剂（如 MnO_2，CuO）存在时，$KClO_3$ 热至 300 ℃左右就会放出氧：

$$2KClO_3 \xrightarrow[\text{催化剂}]{\triangle} 2KCl+3O_2\uparrow$$

故 $KClO_3$ 在高温时是很强的氧化剂，还须指出，$KClO_3$ 对热的稳定性虽然比较高，但与有机物或可燃物混合、受热，特别是受到撞击极易发生燃烧或爆炸。在工业上 $KClO_3$ 用于制造火柴、烟火及炸药等。$KClO_3$ 有毒，内服 2～3 g 就会致命。

4. 高氯酸及其盐

无水高氯酸 $HClO_4$ 为无色透明的发烟液体，是一种极强的氧化剂，木片、纸张与之接触即着火，遇有机物极易引起爆炸，并有极强的腐蚀性。储存和使用要格外小心。$HClO_4$ 与水能以任意比例混合，是无机酸中最强的酸。

高氯酸盐多为无色晶体，它们的溶解度颇为特殊。例如 K^+，Rb^+，Cs^+ 的硫酸盐、硝酸盐等都是可溶的，而这些离子的高氯酸盐却难溶。基于此，分析化学中用高氯酸定量测定 K^+，Rb^+，Cs^+。高氯酸盐的水溶液几乎没有氧化性，但固体盐在高温下能分解出氧，有强氧化性。由于它产生的氧气多，固体残渣(KCl)又少，与燃烧剂混合，可制成威力较大的炸药，因此制备、贮存、运输和使用时均应非常小心。

以上依次讨论了氯的 4 种含氧酸及其盐，现将它们的热稳定性、氧化性及酸性归纳如下：

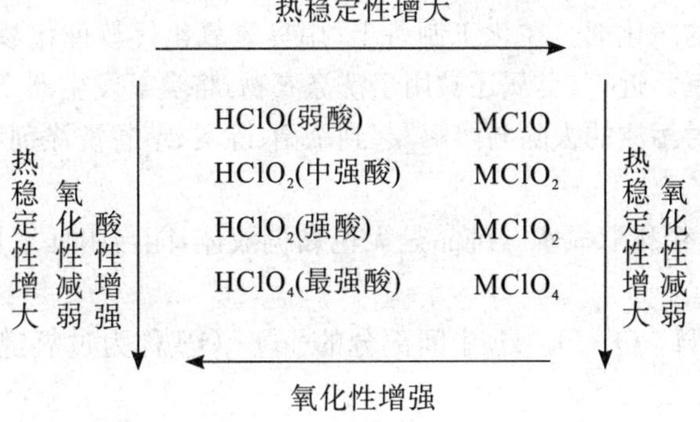

二、氧族元素及其化合物

周期表第ⅥA 族元素包括氧、硫、硒、碲、钋五种元素，称为氧族元素。随着原子序数的增加，本族元素的金属性逐渐增强，而非金属性依次减弱；氧化物的酸性依次递减，碱性则递增。氧族元素都有同素异形体，例如，氧有普通氧和臭氧两种单质；硫有斜方硫、单斜硫和弹性硫等。氧和硫的性质相似，都很活泼。下面着重讨论氧和硫及其化合物的性质。

(一) 氧及其化合物

1. 氧

氧是地壳中含量最多的元素，约占总质量的 48.6%；游离氧在空气中的体积分数约为 21%；它的化合物广泛分布于地壳岩石和江、河、湖、海中。氧有 ^{16}O、^{17}O、^{18}O 三种同位素，能形成 O_2 和 O_3 两种单质。

工业上制取氧气多用分离液态空气或电解水的方法，前者可以得到 95.5%的液氧，以 15 MPa 的压力压入钢瓶。实验室常用 $KClO_3$ 或 $KMnO_4$ 等含氧化合物的热分解法制备氧气。

O_2 是无色、无臭的气体。常温下，1 L 水中可溶解 49 mL 氧气，这是水生生物赖以生存的基础。近年来，水污染导致其在水中的含量降低，使浮游生物、鱼、虾等难以生存，这一现象已经引起了人们的极大关注。

氧的化学性质比较活泼。在适当条件下氧能与某些单质直接化合,也能将许多氢化物、硫化物或低价化合物氧化。

氧的用途广泛,主要用于助燃和呼吸。炼钢采用纯(富)氧吹炼;切割、焊接金属的氧炔焰温度可高达 3 000 ℃;液态氧、氢的剧烈燃烧可使火箭飞向太空;木屑、煤粉浸泡在液氧中制成的"液态炸药"使用方便,成本低廉;富氧空气在医疗急救、登山、高空飞行中普遍使用。可以说,没有氧气,就没有人类的生命活动,更没有社会的生产活动。

2. 臭氧

臭氧是浅蓝色气体,因为它有特殊的鱼腥臭味,故名臭氧。O_3 是 O_2 的同素异形体。空气中放电,例如雷击、闪电或电焊时,都会有部分氧气转变成臭氧,人们就能闻到它的臭味。离地面 20～40 km 的高空处,存在较多的臭氧,称为臭氧层。臭氧层可以吸收过多的太阳紫外线,减弱了它对地球生物的伤害。

O_3 是比 O_2 更强的氧化剂,在平常条件下,O_3 能氧化许多不活泼的单质,如 Hg,Ag,S 等,而 O_2 不能。基于臭氧的强氧化性,可用作纸浆、棉麻、油脂、面粉等的漂白剂,饮水的消毒剂以及废水、废气的净化剂。在化工制备上,用臭氧氧化代替催化氧化和高温氧化,能简化工艺流程,提高产率。近年,臭氧还被用于洗涤衣物,将臭氧发生器产生的 O_3 导入洗衣机的水桶,可以提高水对污渍的去除与溶解,起到杀菌、除臭、节省洗涤剂和减少污水作用。

3. 过氧化氢

过氧化氢 H_2O_2,俗称双氧水。纯品是无色黏稠液体,能与水任意比例混合。市售品有 30%和 3%两种规格。

H_2O_2 的结构是 H—O—O—H,中间部分的—O—O—称为过氧键。H_2O_2 的主要性质如下:

(1) 热稳定性差。H_2O_2 中过氧键—O—O—的键能较小,不稳定,可按下式分解(室温下不明显,150 ℃以上猛烈进行):

$$2H_2O_2 \longrightarrow 2H_2O+O_2$$

浓度大于 65%的 H_2O_2 和有机物接触时,容易发生爆炸。光照、加热或在碱性溶液中分解加速,故常用棕色瓶子储存,放置阴凉处。微量的 Mn^{2+},Cr^{3+},Fe^{3+},Fe^{2+},MnO_2 等对 H_2O_2 的分解有催化作用,所以 H_2O_2 的生产中需尽量防止这些重金属离子,特别是 Fe^{2+} 的污染。

(2) 弱酸性。H_2O_2 是极弱的酸:

$$H_2O_2+Ca(OH)_2 \longrightarrow CaO_2+2H_2O$$

$$H_2O_2+Ba(OH)_2 \longrightarrow BaO_2+2H_2O$$

在工业上,CaO_2 和 BaO_2 就利用上述反应制得,它们可以看成是 H_2O_2 的盐。

(3) 氧化性和还原性。H_2O_2 中氧的氧化值为-1,这种中间氧化态预示它既具有氧化性又具有还原性。其还原产物和氧化产物分别为 H_2O(或 OH^-)和 O_2,因此不会给介质带入杂质,是一种理想的氧化剂或还原剂。

以下反应 H_2O_2 作为氧化剂:

$$2I^-+H_2O_2+2H^+ \longrightarrow I_2+2H_2O$$

$$Sn^{2+}+H_2O_2+2H^+ \longrightarrow Sn^{4+}+2H_2O$$

$$2Fe^{2+}+H_2O_2+4OH^- \longrightarrow 2Fe(OH)_3$$

$$PbS(黑)+4H_2O_2 \longrightarrow PbSO_4(白)+4H_2O$$

后一反应能使黑色的 PbS 氧化成白色的 $PbSO_4$，使因还原而变黑的艺术品得以变白，常被用于修复早期的油画和壁画。

H_2O_2 的还原性较弱，只有遇到比它更强的氧化剂时才能表现出来。例如：

$$2MnO_4^- + 5H_2O_2 + 6H^+ \longrightarrow 2Mn^{2+} + 5O_2\uparrow + 8H_2O$$

$$MnO_2 + H_2O_2 + 2H^+ \longrightarrow Mn^{2+} + O_2\uparrow + 2H_2O$$

$$Cl_2 + H_2O_2 \longrightarrow 2HCl + O_2\uparrow$$

第一个反应可用来测定 H_2O_2 的含量；第二个反应用于清洁粘附有 MnO_2 污迹的器皿；最后一个反应用于除去残留氯。

H_2O_2 的主要用途是基于它的氧化性。3% H_2O_2 在医药上作消毒剂，在纺织上用作漂白剂和脱氯剂。在精细化工生产中，H_2O_2 无论作氧化剂或还原剂都很"干净"，因为它反应后的生成物不会留下杂质而污染介质。可用 H_2O_2 制造过硼酸盐或过碳酸盐，也可用于水的消毒。在近代高空技术中，纯 H_2O_2 曾被用作火箭燃料。

H_2O_2 浓溶液和蒸气对人体都有较强的刺激作用和烧蚀性。30% H_2O_2 接触皮肤时，会使皮肤变白并有刺痛感。H_2O_2 蒸气对眼睛黏膜有强烈的刺激作用。人体若接触浓的 H_2O_2，须立即用大量的水冲洗。

（二）硫及其化合物

周期系第ⅥA 族元素，氧居首位，其后还有硫(S)、硒(Se)、碲(Te)、钋(Po)。

S 原子的价层电子构型为 $3s^23p^4$，能形成−2，+2，+4，+6 等多种氧化值的化合物。硫在地壳中的含量只有 0.052%，居元素丰度第 16 位，但在自然界中的分布很广。它的矿物常以 3 种形态存在，即单质硫、硫化物和硫酸盐，其中以硫化物矿为主，已知有闪锌矿(ZnS)、方铅矿(PbS)、黄铁矿(FeS_2)、辉锑矿(Sb_2S_3)等数十种。硫酸盐矿有石膏($CaSO_4$)、天青石($SrSO_4$)、重晶石($BaSO_4$)等。单质硫的矿床则常蕴藏在火山附近。我国有大量硫化矿和硫酸盐矿，单质硫却不多。

1. 单质硫

硫的同素异形体常见的有 3 种：斜方硫(菱形硫)、单斜硫和弹性硫。天然硫即斜方硫，为柠檬黄色固体，它在 95.5 ℃以上逐渐转变为颜色较深的单斜硫。斜方硫和单斜硫都是分子晶体，故这两种硫的熔点都比较低。它们都不溶于水，而易溶于 CS_2 和 CCl_4 等有机溶剂。把热至约 200 ℃的熔融硫迅速倒入冷水中，得到棕黄色玻璃状弹性硫。弹性硫不溶于任何溶剂，在空气中可以缓慢地转为晶态硫，但需要大约 1 年的时间。

硫的化学性质与氧相比，氧化性较弱，但在一定的条件下也能与许多金属和非金属作用，形成硫化物。例如：

$$2Al + 3S \xrightarrow{\triangle} Al_2S_3$$

$$C + 2S \xrightarrow{\triangle} CS_2$$

硫还能与热的浓 H_2SO_4 和 HNO_3 反应(表现出还原性)：

$$S + 2H_2SO_4(浓) \xrightarrow{\triangle} 3SO_2\uparrow + 2H_2O$$

$$S + 2HNO_3 \xrightarrow{\triangle} H_2SO_4 + 2NO\uparrow$$

硫在碱性溶液中也可以发生歧化反应：

$$3S+6NaOH \xrightarrow{\triangle} 2Na_2S+Na_2SO_3+3H_2O$$

单质硫主要用来制备硫酸，在橡胶、造纸、漂染、农药等工业及烟火制造中也广泛应用。

2. 硫的氧化物和含氧酸

(1) 二氧化硫和亚硫酸

SO_2 是无色气体，有强烈的刺激性气味。容易液化，液化温度为 -10 ℃。液态 SO_2 用作制冷剂，能使系统的温度降至 -50 ℃。

SO_2 易溶于水，常温下 1 L 水能溶解 40 L SO_2，相当于 10% 的溶液。SO_2 溶于水生成不稳定的亚硫酸(H_2SO_3)，它只能在水溶液中存在，游离的 H_2SO_3 尚未制得。H_2SO_3 是二元中强酸，分两步解离：

第一步：$H_2SO_3 \rightleftharpoons H^+ + HSO_3^-$ $\quad K_1^{\ominus}=1.3\times10^{-2}$

第二步：$HSO_3^- \rightleftharpoons H^+ + SO_3^{2-}$ $\quad K_2^{\ominus}=6.1\times10^{-8}$

因此，它能形成正盐和酸式盐，如 Na_2SO_3 和 $NaHSO_3$。

SO_2 和 H_2SO_3 中 S 的氧化值为 +4，这是 S 的中间氧化态。它既有氧化性又有还原性，但以还原性为主。例如：SO_2 或 H_2SO_3 能将 MnO_4^-，Cl_2，Br_2 分别还原为 Mn^{2+}，Cl^- 和 Br^-。碱性或中性介质中，SO_3^{2-} 更易于氧化，其氧化产物一般都是 SO_4^{2-}：

$$2MnO_4^- +5SO_3^{2-} +6H^+ \longrightarrow 2Mn^{2+} +5SO_4^{2-} +3H_2O$$

$$Cl_2+SO_3^{2-}+H_2O \longrightarrow 2Cl^- +SO_4^{2-} +2H^+$$

后一反应在织物漂白工艺中，用作脱氯剂。

酸性介质中，与较强还原剂相遇时，SO_2 或 H_2SO_3 才能表现出氧化性，例如：

$$H_2SO_3+2H_2S \longrightarrow 3S\downarrow +3H_2O$$

SO_2 来自硫或黄铁矿(FeS_2)在空气中的燃烧，工业上主要用于生产 H_2SO_4，也是制备亚硫酸盐的基本原料，在漂染、消毒、制冷等方面有广泛应用。

SO_2 是有害气体，低浓度时主要危害上呼吸道，浓度高时会致人呼吸困难，甚至死亡。在大气中，SO_2 是严重的污染源，也是对农业、林业、建筑物等危害极大的“酸雨”($pH<5.6$ 的雨水)的主要根源。所以在环境保护中，治理含有 SO_2 的废气特别被人们关注。

(2) 三氧化硫和硫酸

① 三氧化硫。SO_2 和 O_2 在下述条件下制得 SO_3：

$$2SO_2+O_2 \underset{450\ ℃}{\overset{V_2O_5}{\rightleftharpoons}} 2SO_3$$

纯净的 SO_3 是易挥发的无色固体，熔点 16.8 ℃，沸点 44.8 ℃。它极易与水化合，生成 H_2SO_4，并放出大量的热：

$$SO_3+H_2O \rightarrow H_2SO_4 \qquad \Delta_r H_m^{\ominus}=-133\ kJ\cdot mol^{-1}$$

因此，SO_3 在潮湿的空气中易形成酸雾。SO_3 有强氧化性。

② 硫酸。纯浓硫酸是无色透明的油状液体，工业品因含杂质而发浑或呈浅黄色。市售 H_2SO_4 有含量为 92% 和 98% 两种规格，密度分别为 $1.82\ g\cdot cm^{-3}$ 和 $1.84\ g\cdot cm^{-3}$(常温)。

a. 吸水性、脱水性。浓 H_2SO_4 有强烈的吸水作用，同时放出大量的热。它不仅能吸收游离水，还能把有机物(如棉布、糖等)中的 H 和 O 按 H_2O 的组成脱去。因此，浓 H_2SO_4 能使有机物碳化。基于浓 H_2SO_4 的吸水性，可用作干燥剂。浓 H_2SO_4 稀释时会放出大量的热，配制 H_2SO_4 溶液时，需将浓 H_2SO_4 沿器壁徐徐注入水中，并不断轻轻搅拌。切不可反过来。浓 H_2SO_4 能严重灼伤皮肤，万一误溅，应先用软布或纸轻轻沾去，再用大量的水冲洗，最后用2%小苏打水或稀氨水浸泡片刻。

b. 氧化性。浓 H_2SO_4 属于中等强度的氧化剂，但在加热的条件下，几乎能氧化所有的金属和一些非金属。它的还原产物一般是 SO_2，若遇活泼金属，会析出S，甚至生成 H_2S。例如：

$$Cu+2H_2SO_4(浓)\longrightarrow CuSO_4+SO_2\uparrow+2H_2O$$

$$3Zn+4H_2SO_4(浓)\longrightarrow 3ZnSO_4+S+4H_2O$$

或

$$4Zn+5H_2SO_4(浓)\longrightarrow 4ZnSO_4+H_2S\uparrow+4H_2O$$

$$2P+5H_2SO_4(浓)\xrightarrow{\triangle}2H_3PO_4+5SO_2\uparrow+2H_2O$$

$$C+2H_2SO_4(浓)\xrightarrow{\triangle}CO_2\uparrow+2SO_2\uparrow+2H_2O$$

后一反应用在生产半导体器件的光刻工艺中。其作用是浓 H_2SO_4 能使光刻胶（对光敏感的高分子有机物）碳化，随即按上式除去碳。

但是，冷的浓 H_2SO_4 与活泼金属铁和铝并无作用。这是由于金属表面生成了致密的氧化物薄膜，保护了内部金属不继续与酸作用，这种状态称为“钝态”。所以常用铁（铝）罐车储运浓 H_2SO_4（浓度必须在92.5%以上）。

c. 酸性。H_2SO_4 是二元强酸，第一步完全解离，第二步解离并不完全，HSO_4^- 只相当于中强酸：

$$H_2SO_4\longrightarrow H^++HSO_4^-$$

$$HSO_4^-\rightleftharpoons H^++SO_4^{2-}\qquad K_2^{\ominus}=1.2\times10^{-2}$$

（三）硫的含氧酸盐

1. 硫酸盐

在硫的含氧酸盐中，以硫酸盐种类最多，常见的金属元素几乎都能形成硫酸盐，下面对其性质作一概述。

(1) 硫酸盐的溶解性。多数硫酸盐易溶于水，只有 $CaSO_4$，$SrSO_4$，$PbSO_4$，Ag_2SO_4 难溶或微溶。$BaSO_4$ 不仅难溶于水，也不溶于酸和王水。因此，Ba^{2+} 和 SO_4^{2-} 能生成稳定的白色沉淀：

$$Ba^{2+}+SO_4^{2-}\longrightarrow BaSO_4\downarrow$$

借此反应可以鉴定或分离 Ba^{2+} 或 SO_4^{2-}。

(2) 硫酸盐的热稳定性。一般地说，ⅠA和ⅡA族元素的硫酸盐对热很稳定，加热到1 000 ℃也不分解；过渡元素硫酸盐在高温下可以分解，例如：

$$CuSO_4\xrightarrow{760\ ℃}CuO+SO_3\uparrow$$

$(NH_4)_2SO_4$ 只需加热至100 ℃便可分解，甚至在常温下也能嗅到氨气的气味：

$$(NH_4)_2SO_4\xrightarrow{100\ ℃}NH_4HSO_4+NH_3\uparrow$$

(3) 硫酸盐的水合作用。许多硫酸盐从溶液中析出时都带有结晶水，例如 $CuSO_4\cdot5H_2O$，$ZnSO_4\cdot7H_2O$ 等。这类硫酸盐受热时会逐步失去结晶水，成为无水盐。制备水合硫酸盐通常是在室温下晾干，以免脱去结晶水。

(4) 硫酸复盐。硫酸盐的另一特征是容易形成复盐，例如 $K_2SO_4\cdot Al_2(SO_4)_3\cdot24H_2O$，$(NH_4)_2SO_4\cdot FeSO_4\cdot6H_2O$ 等，将两种硫酸盐按比例混合，即可得到硫酸复盐。

(5) 酸式硫酸盐。例如 $NaHSO_4$，$KHSO_4$ 等。它们都可溶于水，并呈酸性，市售“洁厕净”的主要成分即 $NaHSO_4$。

酸式硫酸盐受热可以生成焦硫酸盐：

$$2KHSO_4 \xrightarrow{\triangle} K_2S_2O_7 + H_2O$$

焦硫酸盐极易吸潮，遇水又水解成酸式硫酸盐（上式的逆过程），故须密闭保存。$K_2S_2O_7$ 用作分析试剂和助熔剂。例如，某些金属氧化物矿如 Al_2O_3，Cr_2O_3 等，它们既不溶于水，也不溶于酸、碱溶液，但可与 $K_2S_2O_7$ 共熔，生成可溶性硫酸盐：

$$Al_2O_3 + 3K_2S_2O_7 \longrightarrow Al_2(SO_4)_3 + 3K_2SO_4$$

$$Cr_2O_3 + 3K_2S_2O_7 \longrightarrow Cr_2(SO_4)_3 + 3K_2SO_4$$

2. 过硫酸盐

过硫酸盐的分子中含有过氧基—O—O—，可看成是过氧化氢 H—O—O—H 分子中的 H 被—SO_3H 基所取代的衍生物。过硫酸不稳定，常用的是它们的盐，如 $K_2S_2O_8$ 或 $(NH_4)_2S_2O_8$。过硫酸盐是强氧化剂，它能在 Ag^+ 催化下，将 Mn^{2+} 氧化成 MnO_4^-：

$$2Mn^{2+} + 5S_2O_8^{2-} + 8H_2O \xrightarrow{Ag^+} 2MnO_4^- + 10SO_4^{2-} + 16H^+$$

此反应在钢铁分析中用来测定锰的含量。

$K_2S_2O_8$ 和 $(NH_4)_2S_2O_8$ 都是实验室常用的氧化剂。在合成橡胶、树脂工业中作聚合引发剂；肥皂、油脂工业中作漂白剂；也用于染料的氧化及金属的刻饰等。它们与有机物混合易引起燃烧或爆炸，需密闭储存在阴凉通风处。

3. 硫的几种低氧化态含氧酸盐

所谓低氧化态是指含氧酸盐中硫的氧化值低于 6，如亚硫酸盐、连二亚硫酸盐和硫代硫酸盐等。这类化合物具有还原性，是工业上重要的还原剂。

亚硫酸钠（Na_2SO_3）：Na_2SO_3 水溶液很容易被氧化：

$$2Na_2SO_3 + O_2 \longrightarrow 2Na_2SO_4$$

所以在实际工作中使用的 Na_2SO_3 溶液，其有效成分几乎是逐日下降。如要求准确度高，须在使用前重新测定其含量。

在 Na_2SO_3 的悬浮液中通入 SO_2，即得焦亚硫酸钠（$Na_2S_2O_5$），也是工业上常用的还原剂。

硫代硫酸钠（$Na_2S_2O_3$）：在沸腾的 Na_2SO_3 碱性溶液中加入硫磺粉，按下式反应便得到 $Na_2S_2O_3$：

$$Na_2SO_3 + S \xrightarrow{\triangle} Na_2S_2O_3$$

$Na_2S_2O_3$ 在中性和碱性溶液中很稳定，在酸性溶液中由于生成不稳定的 $H_2S_2O_3$ 而分解：

$$S_2O_3^{2-} + 2H^+ \longrightarrow S\downarrow + SO_2\uparrow + H_2O$$

$Na_2S_2O_3$ 可以与 I_2 反应生成连四硫酸钠（$Na_2S_4O_6$）：

$$2Na_2S_2O_3 + I_2 \longrightarrow 2NaI + Na_2S_4O_6$$

它是定量测定碘的重要试剂，在分析化学上，用于碘量法测定。

（四）硫化氢和硫化物

1. 硫化氢

H_2S 是无色有臭鸡蛋气味的气体，当空气中含有十万分之一的 H_2S 时，就能明显地察觉这种臭味。H_2S 有毒，吸入后引起头痛、晕眩，具有麻醉神经中枢的作用，大量吸入会严重中毒，甚至死亡。工业生产场所规定空气中 H_2S 含量不得超过 0.01 mg · L^{-1}。

H_2S分子结构与H_2O相似，呈V型，也是一个极性分子，但其极化比H_2O弱，熔点和沸点都比水低得多。它不如水稳定，400 ℃就开始分解。

H_2S能溶于水，20 ℃时1体积水能溶解2.6体积的H_2S。完全干燥的H_2S气体是很稳定的，不易和空气中的O_2作用。其水溶液的稳定性却显著降低，在空气中很快析出游离的硫，而使溶液变浑：

$$2H_2S+O_2 \longrightarrow 2S\downarrow +2H_2O$$

所以工作中使用的H_2S溶液必须现用现配。

H_2S的水溶液称为氢硫酸，它是二元弱酸。室温下，H_2S饱和溶液的浓度为0.1 mol・L^{-1}。H_2S具有较强的还原性，S^{2-}常被氧化成单质S，但遇到强氧化剂时也可生成S^{+4}或S^{+6}的化合物。例如：

$$I_2+H_2S \longrightarrow S\downarrow +2HI$$

$$3H_2SO_4(浓)+H_2S \longrightarrow 4SO_2+4H_2O$$

$$4Cl_2+H_2S+4H_2O \longrightarrow H_2SO_4+8HCl$$

实验室制备少量H_2S时，常利用以下反应：

$$FeS+2HCl \longrightarrow FeCl_2+H_2S\uparrow$$

2. 硫化物

非金属硫化物在应用方面不很重要，这里只讨论金属硫化物。常见的金属硫化物不下20种，它们用途广泛。Na_2S在工业上称为硫化碱，价格比较便宜，常代替NaOH作为碱使用，也是生产硫化染料的重要原料。Ca，Sr，Ba，Zn，Cd等的硫化物，以及硒化物、氧化物，都是很好的发光材料（需要某些微量重金属离子作激活剂），广泛用于夜光仪表和黑白、彩色电视中。CdS和ZnS还作为换能器材料用在微波技术中。其他如BaS，CaS，PbS，CdS和HgS等在颜料、染料、农药、医药、焰火、橡胶及半导体工业等方面各有应用。

下面对硫化物的性质作一概述：

(1) 颜色。许多硫化物具有特殊的颜色（见表13.2）。

(2) 溶解性。金属硫化物的溶解情况差别很大，根据水溶、酸溶情况大致可以将它们分为三类，表13.2列出了常见金属硫化物的溶解性。

表13.2　金属硫化物的颜色和溶解性

溶于水的硫化物			不溶于水而溶于稀酸* 的硫化物			不溶于水和稀酸的硫化物		
化学式	颜色	$K_{sp}^{\ominus}$	化学式	颜色	$K_{sp}^{\ominus}$	化学式	颜色	$K_{sp}^{\ominus}$
Na_2S	白	—	MnS	肉红	2.5×10^{-10}	SnS_2	深棕	2.5×10^{-27}
K_2S	白	—	FeS	黑	6.3×10^{-18}	CdS	黄	8.0×10^{-27}
BaS	白	—	NiS(α)	黑	3.0×10^{-19}	PbS	黑	8.0×10^{-32}
			CoS(α)	黑	4.0×10^{-21}	** CuS	黑	6.3×10^{-36}
			ZnS	白	2.5×10^{-24}	Ag_2S	黑	6.3×10^{-50}
						HgS	黑	1.6×10^{-52}

* 稀酸是指0.3 mol・L^{-1} HCl

** 此处以下的硫化物，浓HCl也不溶

(3) 水解性。由于氢硫酸是弱酸，故所有硫化物都有不同程度的水解性。例如，Na_2S 的水解：

$$Na_2S + H_2O \rightleftharpoons NaHS + NaOH$$

据计算，0.1 $mol \cdot L^{-1}$ Na_2S 溶液中的水解度为 95%，此溶液的 pH 高达 13，超过相同浓度的 Na_2CO_3 溶液，这也是把 Na_2S 作为碱使用的原因。

Al_2S_3 遇水完全水解：

$$Al_2S_3 + 6H_2O \longrightarrow 2Al(OH)_3 + 3H_2S\uparrow$$

Cr_2S_3 的情况相同，因此，这类化合物只能用“干法”合成。

思考与回答

1. 简要说明卤素与水的作用有何不同。

2. 溴能从碘化物中置换出碘，碘又能从溴酸钾中置换出溴，这两个反应是否矛盾？为什么？

3. 试比较：

(1) 从 F 到 I，氢卤酸酸性强弱的递变情况；

(2) 从 Cl 到 I，氧化值为 +5 的卤酸酸性强弱的递变情况；

(3) 氧化值从 +1 到 +7 的氯的含氧酸酸性强弱的递变情况。

4. 简述工业上制取 F_2、Cl_2、Br_2、I_2 的主要原料和方法。

5. 比较 O_2 与 O_3 的性质。

6. 从安全的角度出发，浓 H_2SO_4 有哪些性质需要特别重视？

7. 简要回答下列问题：

(1) H_2S 水溶液为什么容易挥发？

(2) FeS 与酸作用制备 H_2S，试问 HCl，H_2SO_4，HNO_3 是否都可以作为酸使用？哪种最好？

任务二 氮族、碳族和硼族元素

一、氮族元素

周期系ⅤA 族元素包括氮、磷、砷、锑、铋五种元素，统称为氮族元素。本任务主要讨论氮和磷及其化合物。

(一) 氮及其化合物

1. 氮气

N_2 是无色、无臭的气体，主要存在于大气中。它虽然是典型的非金属元素，但在常温下化学性质极不活泼，远不如同周期的 F_2 和 O_2。此外，N_2 与金属不容易发生反应，即使像 Ca、Mg、Sr 和 Ba 这些活泼金属，也只有在加热下才能反应。例如：

$$3Mg + N_2 \xrightarrow{点燃} Mg_3N_2$$

N_2 是主要的工业气体之一。它除了大量用于化学工业(如合成氨)外,在电子、机械、钢铁(如氮化处理)、食品(防腐)工业等方面均有应用。基于 N_2 的稳定性,常用 N_2 作保护气体。

实验室制取 N_2 常用加热 $NaNO_2$ 和 NH_4Cl 的饱和溶液来进行:

$$NH_4Cl + NaNO_2 \longrightarrow NH_4NO_2 + NaCl$$

$$NH_4NO_2 \xrightarrow{\triangle} N_2\uparrow + 2H_2O$$

使空气中的氮气转化为可利用的氮的化合物,称为“固氮”。自然界的某些生物,如大豆、花生等豆科植物的“根瘤菌”,在常温、常压下有固定空气中氮的功能。据估算,世界化肥工业每年的固氮量,大约仅为生物固氮量的 1/40。目前,人们正在探索仿生物固氮的方法,我国科学家这方面的研究成果居世界前列。此法一旦成功,人类将受益无穷。

2. 氨与铵盐

(1) 氨

氨是氮的重要化合物,主要用于生产化肥,氨本身也是一种化肥。大量的氨还用来生产 HNO_3。

工业上制氨是由氮气和氢气在催化剂作用下直接合成:

$$N_2(g) + 3H_2(g) \rightleftharpoons 2NH_3(g) \qquad \Delta_r H_m^{\ominus} = -92\ kJ \cdot mol^{-1}$$

实验室需要少量的氨气时,常用碱分解铵盐制得:

$$2NH_4Cl + Ca(OH)_2 \longrightarrow CaCl_2 + 2NH_3\uparrow + 2H_2O$$

氨是无色、有臭味的气体。在常压下冷却到－33 ℃,或 25 ℃加压到 990 kPa,氨即凝聚为液体,称为液氨,储存在钢瓶中备用。但在使用液氨钢瓶时,减压阀不能用铜制品,因铜会迅速被氨腐蚀。液氨气化时,有很高的汽化热(23.35 $kJ \cdot mol^{-1}$),故氨可作制冷剂,但目前已经逐渐被取代。

NH_3 是极强的极性分子,极易溶于水,常温下 1 个体积水能溶解 700 个体积的 NH_3。氨溶于水时放热,在制备氨水时,需同时冷却以利吸收。氨溶于水后溶液体积显著增大,故氨水越浓,密度反而越小。市售氨水的密度约为 0.9 $g \cdot cm^{-3}$,含 NH_3 25%～28%。

氨的主要化学性质如下:

① 加合反应。NH_3 能与许多金属离子加合成氨合离子,例如:

$$Cu^{2+} + 4NH_3 \longrightarrow [Cu(NH_3)_4]^{2+}$$

$$Ag^+ + 2NH_3 \longrightarrow [Ag(NH_3)_2]^+$$

氨易溶于水而形成氨的水合物,同时氨的水合物还会发生部分解离而使氨水显弱碱性:

$$NH_3 + H_2O \rightleftharpoons NH_4^+ + OH^-$$

② 氧化反应。利用 NH_3 的催化氧化可生产 HNO_3;NH_3 在纯氧中燃烧生成 N_2:

$$4NH_3 + 3O_2 \xrightarrow{燃烧} 2N_2\uparrow + 6H_2O$$

氨在空气中的爆炸极限体积分数为 16%～27%,氨气爆炸事故也曾发生,因此要注意防止明火。

氨和氯或溴会发生强烈反应。用浓氨水检查氯气或液溴管道是否漏气,就是利用了氨的还原性。

③ 取代反应。NH_3 中的 H 可被活泼金属原子所取代。例如,氨和金属钠生成氨基钠

的反应(金属铁在液氨中催化)：

$$2NH_3+2Na \xrightarrow{Fe} 2NaNH_2+H_2\uparrow$$

(2) 铵盐

铵盐多是无色晶体,易溶于水,有热稳定性低、易水解的特征。

① 热稳定性。不少铵盐在常温或温度不高的情况下即可分解,其分解产物取决于对应酸的特点。对应的酸有挥发性时,分解生成 NH_3 和相应的挥发性酸：

$$NH_4Cl \xrightarrow{\triangle} NH_3\uparrow+HCl$$

$$NH_4HCO_3 \longrightarrow NH_3\uparrow+CO_2\uparrow+H_2O$$

对应的酸难挥发时,分解过程中只有 NH_3 挥发,而酸式盐或酸残留在容器中：

$$(NH_4)_2SO_4 \xrightarrow{100\ ℃} NH_3\uparrow+NH_4HSO_4$$

$$(NH_4)_3PO_4 \xrightarrow{\triangle} 3NH_3\uparrow+H_3PO_4$$

对应的酸有氧化性时,分解的同时,NH_4^+ 被氧化,生成 N_2,N_2O 等,例如：

$$NH_4NO_3 \xrightarrow{210\ ℃} N_2O\uparrow+2H_2O\uparrow$$

$$2NH_4NO_3 \xrightarrow{300\ ℃} 2N_2\uparrow+4H_2O\uparrow+O_2\uparrow\text{(爆炸)}$$

$$(NH_4)_2Cr_2O_7 \xrightarrow{150\ ℃} N_2\uparrow+4H_2O\uparrow+Cr_2O_3$$

对于后一类的铵盐,无论是制备、储存或运输,都要格外小心,避免高温、撞击,以防爆炸。

② 水解性。由于组成铵盐的碱($NH_3\cdot H_2O$)是弱碱,故铵盐在溶液中都有不同程度的水解作用：

$$NH_4^++H_2O \rightleftharpoons NH_3+H_3O^+$$

常见的铵盐有 NH_4NO_3,$(NH_4)_2SO_4$,NH_4HCO_3,NH_4Cl 等,它们都是化学肥料,而 NH_4NO_3 易发生爆炸;$(NH_4)_2SO_4$ 易使土壤板结;NH_4HCO_3 易挥发;NH_4Cl 易使土壤“盐碱化”。我国氮肥的主要品种有 NH_4HCO_3 和尿素,它们约占化肥总量的 80%,其余是磷肥和钾肥。

化肥的使用弥补了土壤肥力的不足,但大量使用并不等于都被作物吸收了,流失的氮、磷进入池塘、湖泊等,造成水体富营养化,使藻类与浮游生物迅速繁殖,致使水体中、下部供氧严重不足。在缺氧的情况下,有机物被细菌发生“厌氧分解”,产生 CH_4,NH_3,H_2S,PH_3 等,带来难闻的臭味,水体变得浑黑,导致鱼、虾死亡。有关江河、湖泊水质富营养化的污染问题,已经引起国内外环保专家的极大关注。

3. 硝酸和硝酸盐

(1) 硝酸

硝酸是工业上的“三酸”之一,在国民经济和国防工业中占有重要位置。

普通硝酸密度为 $1.39\sim1.42\ g\cdot cm^{-3}$,含 HNO_3 65%～68%。为无色透明液体,受热或光照就会分解：

$$4HNO_3 \xrightarrow{\text{热或光}} 4NO_2\uparrow+O_2\uparrow+2H_2O$$

因含有少量 NO_2 致使 HNO_3 有时呈浅黄色。

由于浓硝酸对金属铝有钝化作用,因此可用铝槽车运输。

① 硝酸的制备。

目前工业上制备 HNO_3 的主要方法是氨的催化氧化法：

$$4NH_3+5O_2 \xrightarrow{Pt-Rh} 4NO+6H_2O$$

$$2NO+O_2 \xrightarrow{800\ ℃} 2NO_2$$

$$3NO_2+H_2O \longrightarrow 2HNO_3+NO\uparrow$$

② 硝酸的化学性质。

a. 酸性。HNO_3 是强酸，具有强酸的一切性质，能与氢氧化物、碱性及两性氧化物发生中和反应；能从弱酸盐中置换出弱酸等。

b. 氧化性。由于 HNO_3 是强氧化剂，故能氧化多种金属和非金属，例如：

$$Cu+4HNO_3(浓) \longrightarrow Cu(NO_3)_2+2NO_2\uparrow+2H_2O$$

$$3Cu+8HNO_3(稀) \longrightarrow 3Cu(NO_3)_2+2NO\uparrow+4H_2O$$

$$3C+4HNO_3(浓) \xrightarrow{\triangle} 3CO_2\uparrow+4NO\uparrow+2H_2O$$

Au,Pt 等贵重金属不能被 HNO_3 溶解，只能溶于王水（1 体积的浓硝酸和 3 体积的浓盐酸的混合液）。

（2）硝酸盐

多数硝酸盐为无色晶体，易溶于水。固体硝酸盐在常温下比较稳定，受热能分解。无水硝酸盐受热分解一般有以下三种情况：

① 活泼金属（比 Mg 活泼的碱金属和碱土金属）分解时放出 O_2，并生成亚硝酸盐：

$$2KNO_3 \xrightarrow{\triangle} 2KNO_2+O_2\uparrow$$

② 活泼性较小的金属（在金属活动顺序表中处在 Mg 与 Hg 之间）的硝酸盐，分解时得到相应的氧化物、NO_2 和 O_2：

$$2Zn(NO_3)_2 \xrightarrow{\triangle} 2ZnO+4NO_2\uparrow+O_2\uparrow$$

③ 活泼性更小的金属（比 Hg 差）的硝酸盐，受热后会生成金属单质、NO_2 和 O_2：

$$2AgNO_3 \xrightarrow{\triangle} 2Ag+2NO_2\uparrow+O_2\uparrow$$

几乎所有的硝酸盐受热分解都有氧气放出，所以硝酸盐在高温下大都是供氧剂。它与可燃物混合时，容易引起自燃甚至爆炸。基于这种性质，硝酸盐可以用来制造焰火及黑火药，所以在储存、使用硝酸盐时一定要注意安全。

4. 亚硝酸与亚硝酸盐

亚硝酸（HNO_2）是一种较弱的酸，它只能以冷的稀溶液存在。HNO_2 虽不稳定，但它的盐却相当稳定。KNO_2 和 $NaNO_2$ 是两种常用的盐。这两种亚硝酸盐广泛用于偶氮染料、硝基化合物的制备，还用作媒染剂、漂白剂、金属热处理剂、电镀缓饰剂等，也是食品工业如鱼、肉加工的发色剂。必须注意，亚硝酸盐有毒，且是当今公认的强致癌物之一。曾有人误食含有 $NaNO_2$ 的食盐，引起中毒死亡事故。蔬菜中含有较多的硝酸盐，如果在较高温度下存放时间过久，在细菌和酶的作用下，硝酸盐会被还原成亚硝酸盐，因此隔夜的剩菜不吃为好。同样，腌制时间不太长的咸菜，各类鱼、肉罐头等都不宜吃得过多。

亚硝酸盐既有氧化性又有还原性，但在酸性溶液中 HNO_2 以氧化性为主。例如：

$$2I^-+2HNO_2+2H^+ \longrightarrow I_2+2NO\uparrow+2H_2O$$

$$Fe^{2+}+HNO_2+H^+ \longrightarrow Fe^{3+}+NO\uparrow+H_2O$$

前一反应能定量进行，可用来测定亚硝酸盐的含量。

当亚硝酸盐遇到了强氧化剂时，可被氧化成硝酸盐：

$$5KNO_2+2KMnO_4+3H_2SO_4 \longrightarrow 2MnSO_4+5KNO_3+K_2SO_4+3H_2O$$

$$KNO_2+Cl_2+H_2O \longrightarrow KNO_3+2HCl$$

必须指出，固体亚硝酸盐与有机物接触，易引起燃烧和爆炸。

（二）磷及其化合物

1. 单质磷

单质磷有多种同素异形体，常见的是白磷和红磷。白磷见光逐渐变黄，故又称黄磷。值得注意的是，二者虽是同一元素构成，但其性质差异很大。比如，红磷无毒，而白磷却剧毒。

单质磷的用途广泛，白磷主要用于制备纯度较高的 P_4O_{10}，H_3PO_4，PCl_3，$POCl_3$（三氯氧磷），P_4S_{10}（供制备火柴用）。少量用于生产红磷，军事上用它制作磷燃烧弹、烟幕弹等。红磷是生产安全火柴和有机磷的主要原料。

2. 磷的氧化物

常见磷的氧化物有六氧化四磷（P_4O_6）和十氧化四磷（P_4O_{10}），它们分别是磷在空气不足和充足情况下燃烧后的产物。

（1）六氧化四磷（P_4O_6）。有滑腻感，白色固体，有类似大蒜气味，能逐渐溶于冷水而生成亚磷酸，故又叫亚磷酸酐：

$$P_4O_6+6H_2O(冷) \longrightarrow 4H_3PO_3$$

在热水中则激烈地发生歧化反应，生成磷酸和膦（PH_3，大蒜味，剧毒）：

$$P_4O_6+6H_2O(热) \longrightarrow 3H_3PO_4+PH_3\uparrow$$

（2）十氧化四磷（P_4O_{10}）。白色雪花状晶体，即磷酸酐，工业上俗称无水磷酸，极易吸潮。它能侵蚀皮肤和黏膜，切勿与人体接触。P_4O_{10} 常用作半导体掺杂剂、脱水剂及干燥剂、有机合成缩合剂、表面活性剂等，也是制备高纯磷酸和制药工业的原料。P_4O_{10} 有很强的吸水性，是一种重要的干燥剂。

P_4O_{10} 还能从许多化合物中夺取化合态的水，例如：

$$P_4O_{10}+6H_2SO_4 \longrightarrow 4H_3PO_4+6SO_3\uparrow$$

$$P_4O_{10}+12HNO_3 \longrightarrow 4H_3PO_4+6N_2O_5\uparrow$$

3. 磷的含氧酸及其盐

（1）磷的含氧酸。磷有多种含氧酸，现在重点讨论 H_3PO_4 和 H_3PO_3。

① 磷酸（H_3PO_4）。H_3PO_4 无氧化性、无挥发性，属于中强酸。它的特点是 PO_4^{3-} 有较强的配位能力，能与许多金属离子形成可溶性配合物。例如，含有 Fe^{3+} 的溶液常呈黄色，加入 H_3PO_4 后黄色立即消失，这是因为生成了$[Fe(HPO_4)]^+$、$[Fe(HPO_4)_2]^-$ 等无色配离子的缘故。

H_3PO_4 是重要的无机酸，大量用于生产各种磷肥。此外，还用在电镀、塑料、有机合成（作催化剂）、食品（酸性调味剂）等工业。H_3PO_4 也是制备某些医药及磷酸盐的原料。

② 亚磷酸（H_3PO_3）。亚磷酸是二元中强酸，受热发生歧化反应，生成 H_3PO_4 和 PH_3：

$$4H_3PO_3 \xrightarrow{\triangle} 3H_3PO_4+PH_3\uparrow$$

H_3PO_3 具有相当强的还原性，放置时能逐渐被氧化成 H_3PO_4；在溶液中能将不活泼金属的离子还原为金属单质：

$$H_3PO_3 + CuSO_4 + H_2O \longrightarrow Cu\downarrow + H_3PO_4 + H_2SO_4$$

$$H_3PO_3 + HgCl_2 + H_2O \longrightarrow Hg\downarrow + H_3PO_4 + 2HCl$$

(2) 磷酸盐。H_3PO_4 有三种形式的盐：一种是正盐（如 Na_3PO_4），另两种是酸式盐（如 NaH_2PO_4 和 Na_2HPO_4）。磷酸盐在水中的溶解度差异很大，正盐和二取代酸式盐中除了 Na^+，K^+，NH_4^+ 盐外大多难溶于水。

可溶性的磷酸盐在溶液中有不同程度的水解作用，PO_4^{3-} 和其他多元弱酸根一样，分步水解，其中第一步水解是主要的。以 Na_3PO_4 为例：

$$PO_4^{3-} + H_2O \rightleftharpoons HPO_4^{2-} + OH^-$$

因此，Na_3PO_4 溶液有很强的碱性。

在工农业和日常生活中，磷酸盐有着广泛的用途。KH_2PO_4 是重要的磷钾肥，Na_3PO_4 常被用作锅炉除垢剂、金属防护剂、橡胶乳汁凝固剂、织物丝光增强剂，以及洗衣粉的添加剂。但由于生活中的含磷污水容易造成江、河等水体富营养化，因此，应大力加强推广使用无磷洗涤剂，这是减少磷污染的有效措施。

(3) 磷的氯化物。磷和氟、氯、溴、碘都能形成相应的化合物，并且大都有重要用途，这里只讨论两种氯化物。

① 三氯化磷（PCl_3）。无色透明液体，在空气中发烟，有刺激性，容易引起咽喉疼痛、支气管炎等。用作半导体掺杂源、有机合成的氯化剂和催化剂、光导纤维材料及医药工业原料等。

PCl_3 极易按下式水解：

$$PCl_3 + 3H_2O \longrightarrow H_3PO_3 + 3HCl$$

上述反应被用于制备 H_3PO_3。因此制备 PCl_3 时，一切原料、设备、容器都应干燥，以防水解。

② 五氯化磷（PCl_5）。白色或淡黄色结晶，易潮解，在空气中发烟，易分解为 PCl_3 和 Cl_2。有类似 PCl_3 的刺激性气味，有毒，有腐蚀性。用作氯化剂和催化剂、分析试剂，也用于医药、染料、化纤等工业。

二、碳、硅、硼及其化合物

碳和硅是周期表中ⅣA 族元素，硼是ⅢA 族元素，它们的单质及化合物应用都极为广泛。

（一）碳及其化合物

1. 碳

碳只占地壳总质量的 0.4%，然而它却是生命世界的栋梁之材。据统计，全世界已经发现的化合物种类达 2 000 万种，其中绝大多数是碳的化合物（不含碳的化合物不超过 10 万种，仅是它的百分之几）。动植物的机体就是由各种各样不同的含碳化合物组成的。

金刚石和石墨是人们熟知的碳的两种同素异形体，自然界有金刚石矿和石墨矿。由于金刚石的特殊性能和用途，人们很早就尝试用石墨作原料进行人造金刚石，终于在 1954 年获得成功。现在人造金刚石已经在许多领域代替了天然金刚石，弥补了天然金刚石储量与产量的不足。金刚石的硬度大，被大量用于切削和研磨材料；石墨由于导电性能好，又有化学惰性、耐高温，被广泛用作电极和高转速轴承的高温润滑剂，也用来作铅笔芯。活性炭是经过加工后的碳单质，因其表面积大，有很强的吸附能力，用作化工、制糖工业的脱色剂，以及气体和水的净化剂。

近年发展起来的碳纤维，密度小，强度高（抗拉强度和比强度分别是钢的4倍和12倍），抗腐蚀（长期在王水中使用也不被腐蚀），耐高、低温性能好（−180 ℃时仍很柔软；2 000 ℃仍可保持原有强度），线膨胀系数和导热系数均很小，导电性能优良（可与铜媲美），因而它在工业，特别是国防工业和科技研究中起着重要作用，也为宇航工业提供了优良材料。

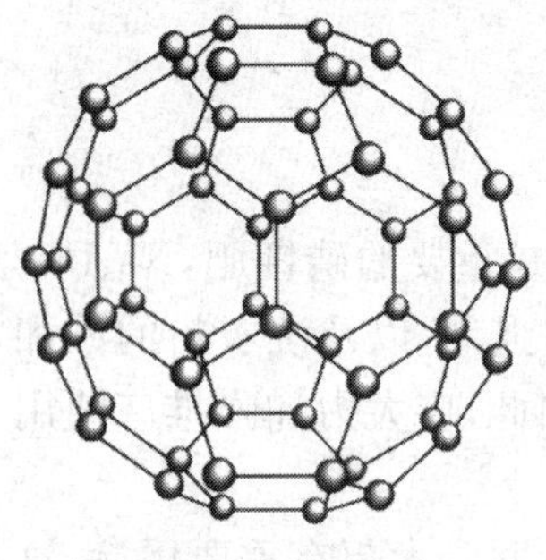

图13.1　C_{60}结构

碳的第三种同素异形体是20世纪80年代中期发现的C_n原子簇（$40<n<200$），其中C_{60}是最稳定的分子。它是由60个C原子构成的类似于足球的12个正五边形和20个正六边形组成的32面体，如图13.1所示。因为这类球形碳分子具有烯烃的某些特点，所以被称为球烯。20世纪90年代以来，球烯化学得到迅速发展，由于合成方法的改进，C_{60}与钾、铷、铯化合后得到的超导体已经展示出潜在的应用价值。C_{60}的发现成为碳化学研究新的里程碑。

2. 碳的氧化物

(1) 一氧化碳（CO）。CO是无色无臭的有毒气体。当空气中CO的体积分数达到0.1%时，就会引起中毒。它能和血液中的血红蛋白结合，破坏其输氧功能（CO与血红蛋白中Fe^{3+}的结合能力比O_2大210倍），使人的心、肺和脑组织受到严重损伤，甚至死亡。

CO是冶金工业的重要还原剂，如：

$$FeO+CO \xrightarrow{\triangle} Fe+CO_2$$

CO具有加合性，在一定条件下能与金属单质作用生成金属羰基化合物，如$Ni(CO)_4$，$Fe(CO)_5$等。20世纪30年代发展起来的羰基化学，至今方兴未艾，它们在有机催化和金属提纯等方面有重要意义。

(2) 二氧化碳（CO_2）。CO_2是无色无臭的气体，易液化，常温加压成液态，储存在钢瓶中。液态CO_2气化时能吸收大量的热量，可使部分CO_2被冷却为雪花状固体，俗称“干冰”，它是低温制冷剂，广泛应用于化学与食品工业。

CO_2能溶于水，饱和的CO_2水溶液pH为4左右。

实验室制取少量CO_2是将HCl和$CaCO_3$作用：

$$CaCO_3+2HCl \longrightarrow CaCl_2+CO_2\uparrow+H_2O$$

工业上生产CO_2是通过煅烧石灰石或发酵工业的副产品：

$$CaCO_3 \xrightarrow{\triangle} CaO+CO_2\uparrow$$

$$\underset{\text{(葡萄糖)}}{C_6H_{12}O_6} \xrightarrow{\text{发酵}} \underset{\text{(乙醇)}}{2C_2H_5OH}+2CO_2\uparrow$$

CO_2是重要的工业气体，大量用于制碱工业（Na_2CO_3，$NaHCO_3$），与NH_3作用还能生成尿素：

$$2NH_3+CO_2 \longrightarrow (NH_2)_2CO+H_2O$$

在制冷剂、灭火剂以及食品工业等方面也有应用。

大气中CO_2的含量并不多，约0.03%。它主要来自生物的呼吸、各种含碳燃料和有机物的燃烧及动植物的腐烂分解等。另一方面，又通过植物的光合作用与碳酸盐的形成而被消耗掉。所以大气中的 CO_2 含量基本恒定。CO_2 有吸收太阳光中红外线的功能，如同给地球罩上一层硕大无比的塑料薄膜，留下温暖的红外线使地球成为昼夜温差不大的温室，为生命的存在提供了生存环境。但是，近年来由于工业的迅速发展，向大气中排放了大量的 CO_2，破坏了生态平衡，产生了温室效应，导致全球气温逐渐上升。长此下去，后果会不堪设想。对此问题，科学家们已发出了紧急呼吁，限制各国，特别是发达国家 CO_2 的排放量。1997 年 12 月世界各国在日本京都召开会议，经过激烈讨论，通过了《京都议定书》，它规定工业化国家在 2008～2012 年将 CO_2 等 6 种温室气体的排放量在现有基础上削减 5.2%。

3. 碳酸盐

H_2CO_3 能形成正盐和酸式盐，它们的溶解性和热稳定性有显著差异。

(1) 溶解性。多数碳酸盐难溶于水，工农业上常用的 Na_2CO_3，K_2CO_3，$(NH_4)_2CO_3$ 易溶于水。就难溶的碳酸盐来说，其相应的酸式盐通常比正盐的溶解度大一些。

(2) 热稳定性。多数碳酸盐的热稳定性较差，分解产物通常是金属氧化物和 CO_2。

碳酸盐的热稳定性大致有如下规律：碳酸＜酸式碳酸盐＜碳酸盐，例如：

$$H_2CO_3 \xrightarrow{\text{常温}} H_2O + CO_2\uparrow$$

$$2NaHCO_3 \xrightarrow{150\ ℃} Na_2CO_3 + H_2O + CO_2\uparrow$$

$$Na_2CO_3 \xrightarrow{>1\,800\ ℃} Na_2O + CO_2\uparrow$$

对不同金属离子的碳酸盐，其热稳定性规律为：铵盐＜过渡金属盐＜碱土金属盐＜碱金属盐，例如：

$$(NH_4)_2CO_3 \xrightarrow{58\ ℃} 2NH_3\uparrow + H_2O + CO_2\uparrow$$

$$ZnCO_3 \xrightarrow{350\ ℃} ZnO + CO_2\uparrow$$

$$CaCO_3 \xrightarrow{910\ ℃} CaO + CO_2\uparrow$$

（二）硅及其化合物

硅化学性质不活泼，但自然界中没有游离态的硅，以二氧化硅、硅酸盐等形式存在。硅的还原性比碳强，而碳在高温下能从 SiO_2 中还原出硅：

$$SiO_2 + 2C \xrightarrow{\text{高温}} Si + 2CO\uparrow$$

非金属单质与强碱溶液反应一般不生成氢气，而硅可与强碱反应：

$$Si + 2NaOH + H_2O = Na_2SiO_3 + 2H_2\uparrow$$

非金属单质一般不与弱氧化性酸反应，而硅能与氢氟酸反应：

$$Si + 4HF = SiF_4\uparrow + 2H_2\uparrow$$

硅的氧化物有二氧化硅，是硅酸的酸酐，SiO_2 与水不反应，一般用可溶性硅酸盐跟酸作用来制备：

$$Na_2SiO_3 + 2HCl = H_2SiO_3\downarrow + 2NaCl$$

酸性氧化物一般不与酸反应，而 SiO_2 能与 HF 反应：

$$SiO_2 + 4HF = SiF_4\uparrow + 2H_2O$$

非金属氧化物一般是分子晶体，而二氧化硅是原子晶体。

硅的化合物主要有硅酸及硅酸盐。无机酸一般易溶于水，而硅酸和原硅酸难溶于水。强酸可以把弱酸从其盐溶液中制取出来，例如：

$$Na_2SiO_3 + CO_2 + 2H_2O = Na_2CO_3 + H_4SiO_4 \downarrow$$

而反应：

$$Na_2CO_3 + SiO_2 \xrightarrow{高温} Na_2SiO_3 + CO_2 \uparrow$$

也能进行。

硅酸钠的水溶液俗称水玻璃，但它和玻璃的化学成分不相同。硅酸钠也叫泡花碱，但它是盐不是碱。

（三）硼及其化合物

硼在自然界主要以含氧化合物形式存在，如硼酸（H_3BO_3）和硼砂（$Na_2B_4O_7 \cdot 10H_2O$）。硼在地壳中的丰度虽小，却有富集的矿床，西藏及青海地区有丰富的硼砂矿，为我国丰产元素。

1. 氧化硼和硼酸

三氧化二硼（B_2O_3）是白色固体，将硼酸加热到熔点以上即得 B_2O_3：

$$2H_3BO_3 \xrightarrow{\triangle} B_2O_3 + 3H_2O \uparrow$$

氧化硼用于制造抗化学腐蚀的玻璃和某些光学玻璃。熔融的 B_2O_3 能和许多金属氧化物作用，显示出各种特征颜色，如 $NiO \cdot B_2O_3$ 显绿色，它们常用于搪瓷、珐琅工业的彩绘装饰中。作为无机材料后起之秀的硼纤维，是具有多种优良性能的新型材料。

H_3BO_3 微溶于冷水，易溶于热水。它不是三元酸，而是一元弱酸。它在水中所表现出来的酸性并非硼酸本身解离出 H^+，而是由 B 原子接受 H_2O 所解离出来的 OH^-，形成配离子 $B(OH)_4^-$，从而使溶液中 H^+ 浓度增大的结果：

$$H_3B_3O_3 + H_2O \rightarrow \left[HO-\overset{\displaystyle OH \atop |}{\underset{| \atop \displaystyle OH}{B}} \leftarrow OH \right]^- + H^+$$

H_3BO_3 在医药上用作防腐剂、消毒剂，还大量用在玻璃、陶瓷和搪瓷工业中。

2. 硼砂

硼砂（$Na_2B_4O_7 \cdot 10H_2O$）又称四硼酸钠，是硼的含氧酸盐中最重要的一种，为白色透明晶体，易风化，易水解。

硼砂受热至 350～400 ℃时，脱水成为无水盐 $Na_2B_4O_7$；在 878 ℃时熔融，冷却后成为玻璃状体。Fe，Co，Ni，Mn 等金属氧化物能与其作用并显示出不同的颜色。如 $2NaBO_2 \cdot Co(BO_2)_2$ 为蓝色，$2NaBO_2 \cdot Mn(BO_2)_2$ 为绿色。分析化学上利用这一性质初步检验某些金属离子，叫硼砂珠试验。

硼砂主要用在玻璃和搪瓷工业。它在玻璃中可增加紫外线的透射率，提高玻璃的透明度和耐热性能。在搪瓷制品中，可使瓷釉不易脱落并使其具有光泽。由于硼砂能溶解金属氧化物，焊接金属时用它作助熔剂。硼砂还是医药上的防腐剂和消毒剂。此外，在实验室中常用硼砂作为标定酸浓度的基准物和配制缓冲溶液等。

思考与回答

1. 磷和氮在周期表中为ⅤA族的近邻元素，为什么它们单质的活泼性相差很大？

2. 分别说明存在于大气中的 O_2，SO_2，CO_2 对地球生物的影响。

3. 解释下列现象：

(1) CO_2 是气体，SiO_2 是固体；

(2) PCl_5 是固体，PCl_3 是液体；

(3) H_2O 是液体，而 H_2S 是气体；

(4) NaH_2PO_4 溶液呈酸性，而 Na_2HPO_4 溶液呈碱性。

4. O_2 的沸点是 −183 ℃，N_2 的沸点是 −195 ℃，分馏液态空气时首先气化的是 O_2，对吗？

5. SiO_2 是 H_4SiO_4 的酸酐，所以可以用 SiO_2 与 H_2O 作用制得硅酸，这种说法对吗？

6. H_3BO_3 之所以是一元酸是因为在水溶液中它只解离出一个 H^+，这种说法对吗？

阅读材料

生命元素

到目前为止，在已经发现的112种化学元素中，普遍认为生命必需的元素共有28种，包括氢、硼、碳、氮、氧、氟、钠、镁、硅、磷、硫、氯、钾、钙、钒、铬、锰、铁、钴、镍、铜、锌、砷、硒、溴、钼、锡和碘。

硼是某些绿色植物和藻类生长的必需元素，而哺乳动物并不需要硼，因此，人体必需元素实际上为27种。在28种生命必需的元素中，按体内含量的高低可分为宏量元素和微量元素。

一、宏量元素

宏量元素指含量占生物体总质量0.01%以上的元素。如碳、氢、氧、氮、磷、硫、氯、钾、钠、钙和镁，这些元素在人体中的含量均在0.030%～62.50%之间，这11种元素共占人体总质量的99.97%。

钠、钾　钠和钾在高等动物体内是按比例存在的。在人体中，钠约占总重的0.16%，其中80%分布于细胞外液，它的主要生理功能是维持细胞外液的渗透压和体液的酸碱平衡，并参与神经信息的传递过程。钾主要存在于细胞内部，在维持细胞内液渗透压上起着重要作用，钾也参与神经信息的传递。同时，它又是某些酶的激活剂。

镁、钙　在人体中镁的含量约为0.029%，它是许多酶的激活剂。镁对于DNA复制和蛋白质的生物合成是必不可少的。在绿色植物的光合作用以及糖类的代谢中，镁起着十分重要的作用。由镁激活的酶，至少可催化十多种生化反应，并且有相当高的特异性。

钙在人体中的含量约占2.0%，其中99%以钙盐的形式存在于骨骼和牙齿中，剩余1%左右分布于各种体液中。它主要存在于细胞外，参与血液凝结、激素释放、神经传导、肌肉收缩和乳汁分泌等重要生理过程。人体内钙和磷浓度的乘积基本维持定值。若人的肾功能代谢紊乱时，体内硫酸、磷酸等酸性代谢产物易产生滞留，从而与体液中的钙发生反应，破坏原有的骨钙与液钙的平衡，产生溶骨、骨质疏松等症。缺钙会引起人和动物发育不良，产生佝偻病。但钙过量也会产生体内组织钙沉积、结石等症。钙、镁过量会导致肾病的产生。

碳、氢 碳是构成生命的六大元素之一，但单质碳难以被动植物直接利用。碳通过各种途径转化为二氧化碳，被植物吸收后，在叶绿素和日光的作用下，便可与水化合形成碳水化合物以及其他有机物，这些物质直接或间接地被动物和人类利用后又转化为二氧化碳进入大气，这样周而复始，既为各种生物提供了养料，又维持了自然界中碳的相对平衡。

氢作为人和动、植物所必需的宏量元素，可与氧构成水；另外，它是构成生命体中一切有机物不可缺少的重要元素，许多与生、老、病、死有着密切关系的生物大分子，如蛋白质、脂肪、肽、多糖、核酸、激素和维生素的合成，都离不开氢的参与。

氮、磷 氮、磷也是动植物组织构成的最基本的成分。可以说，构成生命的本质是蛋白质，而氮是蛋白质构成最重要的元素，没有氮就不可能有生命。

磷是蛋白质、核酸以及骨骼的重要成分。磷在生物体内经过一系列生化过程转化为三磷酸腺苷(ATP)，ATP 是能量的主要来源。

氧、硫 氧在生物界起着十分重要的作用，从生命体的呼吸到有机物的氧化分解都需要氧的参与。

硫是构成动植物蛋白质不可缺少的重要元素。蛋白质中硫的含量约为 0.30%～2.50%，动物体中的硫大部分存在于毛发、软骨等组织中。

氯 氯是生命必需的宏量元素，在机体内氯离子除与钾、钠共同参加生理作用外，还是多种组织液的成分。它与胃液中的氢离子形成盐酸，可加速食物的消化，人体中的氯主要靠食盐补充，当氯化钠缺乏时就会出现胃酸减少、食欲减退、精神不振等现象。但氯化钠过量也会引起高血压等。

二、微量元素

微量元素是指占生物体总质量 0.010% 以下的元素。如铁、硅、锌、铜、溴、锡、锰等。微量元素在体内的含量虽小，但在生命活动过程中的作用是十分重要的。

近年来，微量元素与人体健康的关系越来越引起人们的重视，含有某些微量元素的食品也应运而生。几种特别重要的微量元素列于表 13.3。

表 13.3 人体必需的微量元素

微量元素	铁	锰	氟	铬	锌	铜	钴	钼	碘	硒
人体含量($\mu g \cdot g^{-1}$)	60	0.2	37	0.2	33	1.0	0.02	0.1	0.2	0.2
日需量(g)	0.013	0.003	0.003	0.000 5	0.013	0.005	0.000 3	0.000 2	0.000 1	0.000 01

另有两种可能必需的微量元素，为镍和砷，体内含量各为 0.1 $\mu g \cdot g^{-1}$。

铁 铁是一些酶的组成成分，它们在氧化还原中起着重要作用。铁是构成血红蛋白、肌红蛋白的必需成分，也是细胞色素酶、细胞色素氧化酶、过氧化酶等的活性部分。没有铁就不能合成血红蛋白，氧就无法输送，组织细胞就不能进行新陈代谢，生命就无法存活。铁缺少会导致缺铁性贫血、龋齿和身体无力。

锌 锌是一种与生命有关的元素，它在生命活动过程中起着转换物质和交换能量的“生命齿轮”作用。它是构成多种蛋白质所必需的元素，眼球的视觉部位含锌量高达 4%。锌离子是许多酶的辅基或酶的激活剂，维持维生素 A 的正常代谢功能及对黑暗环境的适应能力；

维持正常的味觉功能和食欲；维持机体的生长发育特别是对促进儿童的生长和智力发育具有重要的作用。锌缺少会引起贫血、高血压、食欲不振、味觉差、伤口不易愈合和早衰等。

铜　铜元素对人体也至关重要，它是生物系统中一种独特而极为有效的催化剂。铜是三十多种酶的活性成分，对人体的新陈代谢起着重要的调节作用。另外，铜对调节体内铁的吸收、血红蛋白的合成以及形成皮肤黑色素、影响结缔组织、弹性组织的结构和解毒作用都有关系。冠心病、低蛋白血症、贫血、心血管受损等均与缺铜有关。铜在人体内不易保留，需经常摄入和补充，茶叶中含有微量铜。

铬　铬是胰岛激素的辅因子，也是胃蛋白酶的重要组分，还经常与核糖核酸(RNA)共存。它的主要功能是调节血糖代谢，帮助维持体内所允许的正常葡萄糖含量，并和核酸脂类、胆固醇的合成以及氨基酸的利用有关。缺少铬会引起糖尿病、糖代谢异常、粥样动脉硬化和心血管病。

钴　钴是体内重要维生素 B_{12} 的组分，维生素 B_{12} 是形成血红细胞所必需成分。维生素 B_{12} 参与体内很多重要的生化反应，主要包括脱氧核糖核酸(DNA)和血红蛋白的合成，氨基酸的代谢和甲基的转移反应等。钴缺少会使巨红细胞贫血或引起心血管病。

锰　锰为一切生物所必需，是水解酶和呼吸酶的辅因子。没有含锰酶就不可能进行专一的代谢过程，如尿的形成。锰也是植物光合作用过程中光解水的反应中心。此外，锰还与骨骼的形成和维生素 C 的合成有关。缺少锰会造成软骨畸形、营养不良。

钼　钼是固氮酶和某些氧化还原酶的活性组分，参与氮分子的活化和黄嘌呤、硝酸盐以及亚硫酸盐的代谢，阻止致癌物亚硝胺的形成，抑制食管和肾对亚硝胺的吸收，从而防止食道癌和胃癌的发生。钼也是能量交换过程中所必需的元素。微量钼是眼色素的构成组分。在豆荚、卷心菜、大白菜中含钼较多，多吃这些菜，对眼睛有益。缺少钼会引起龋齿、肾结石和营养不良。

碘　碘在体内的唯一功能是参与合成甲状腺素。食物中长期缺碘，会导致人和动物一系列生化紊乱、生物功能异常和甲状腺肿大(大脖子病)。在严重缺碘区，常常发现地方性克汀病。克汀病一旦发生，不可逆转，使人终生智力低下、发育不良，甚至造成聋、哑、瘫痪等症。

长期饮用碘含量较高的食品，也会引起高碘甲状腺肿，该病主要是由于合成了较多甲状腺激素郁积在甲状腺泡腔中，形成了以胶质大滤泡为特征的高碘甲状腺肿。一次性接受大剂量碘也可引起急性碘中毒，其症状有恶心、呕吐、晕厥，突出的可导致血管神经性水肿等。

氟　氟对牙齿和骨骼的形成具有重要作用。氟被吸收后，通过吸附或离子交换等过程，在组织和牙齿中取代羟基磷灰石的羟基，使之转化为氟磷灰石，在牙齿的表面形成坚硬的保护层，使硬度增高、抗酸腐蚀性增强，从而抑制嗜酸菌的活性。缺氟时，牙釉中氟磷灰石减少，致密性减弱，易受口腔微生物和酸破坏，易发生龋齿。但体内氟过量时，也会影响钙、磷正常代谢，抑制多种酶的活性，影响牙齿釉棱晶的形成，使珐琅质呈现无定形或球形结构，出现斑点和色素沉着，使牙齿发黄。大气中氟含量过高，不仅会影响植物生长，还会污染环境，引起其他疾病。

硒　早在 1973 年世界卫生组织(WHO)就正式宣布了硒是人和动物所必需的微量元素。我国学者在世界上首次采用亚硒酸钠片大规模的用来预防“克山病”并取得了显著的效果。1984 年我国获得了国际生物无机化学协会颁发的 Schwarz 奖。与其他必需微量元素一样，硒的不足和过量都会使机体产生疾病。人体缺硒会导致肝病、克山病、心血管病、癌症和蛋白质营养不良症。过量的硒会引起中毒，症状有：头痛、头晕、烦躁、恶心、乏力、呼出的气体有蒜味，严重者发生肝脏损害、惊厥，以致呼吸衰竭等。

三、有害元素

有害元素是指存在于生物体内会阻碍生物机体正常代谢过程和影响生理功能的微量元素。生物体内除了上述必需的元素外，常常发现还有一些对机体有害且不是机体固有的元素，如Cd、Pb、Hg、Al、Be、Ga、In、Tl、As、Sb、Bi、Te等。人体内发现的元素目前有七十多种，远比生命必需的元素多得多，这是由于人类对自然环境施加的影响越来越大，环境污染问题变得十分突出。某些元素（如汞、铅、镉等）通过大气、水源和食物等途径侵入人体，在体内积累而成为人体中的有害元素。

铝　过去被认为是无毒害作用的元素。这些年来，多数研究认为铝是一种低毒、非必需的微量元素。动物体内的铝过高时，会影响细胞和组织内磷酸化过程。金属铝和不溶性铝的化合物，无论经何种方式进入体内，一般均不会引起明显的毒害。但可溶性铝的化合物进入体内后，具有一定的毒性，有机铝的毒性高于无机铝。烷基铝的毒性一般随其链的增长而增加。

正常人每天摄入的铝为10～100 mg，然而进入胃肠道的铝吸收率仅有0.10%，大部分随粪便排出体外，被吸收的铝主要分布于肝、肾、脾、脑和甲状腺等器官内。经呼吸道吸入的铝，则主要贮积在肺组织内。铝对中枢神经系统影响较大，老年性痴呆症是铝的毒性所致。长期摄入过量的铝会使胃酸及胃分泌物减少，胃蛋白酶的活性受到抑制。过量吸入含铝粉尘也会产生铝尘肺，引起许多疾病。

铅　铅存在于所有植物中，但它不是植物所必需的元素。大多数植物含铅0.5～3.0 $\mu g \cdot g^{-1}$。铅在植物体内的浓度分布顺序一般为根＞叶＞果，根部吸收铅的多少，不仅取决于土壤总铅的含量，而且还与可溶性铅的含量、铅的形态以及土壤条件有关。这些条件主要有土壤pH、温度、钙的可利用程度、重金属、磷酸盐及硅含量等。近年来的研究发现，公路两旁的土壤含铅量与汽车排放量有很大关系。铅在植物体内有蓄积能力，大剂量的铅也可对植物产生毒害作用。铅能减少植物根细胞的有丝分裂速度，这可能是阻碍植物生长的主要原因。高浓度的铅会影响植物的光合和蒸腾作用。

铅对人和动物具有一定的毒性，铅可与体内一系列蛋白质、酶和氨基酸中的官能团结合，干扰体内许多方面的生化和生理活动，从而引起中毒。

砷　虽有报道称砷对植物生长具有促进作用，但迄今为止还没有见到砷就是植物生长所必需元素的定论。相反，砷中毒对作物的危害已确证无疑。其特征主要表现在两方面：① 叶片脱落；② 根部发育受阻，甚至使作物死亡。

砷及其化合物（尤其是三价砷）过量会影响细胞正常代谢，导致细胞死亡，造成组织营养障碍而产生急性或慢性砷中毒。砷中毒最明显的特征是：消瘦、腹泻和四肢失灵。

锑　锑是人和动物的有毒元素。锑及其化合物经口服引起的中毒症状主要是腹痛、恶心、头晕（痛）、乏力、咳嗽，并可使肝肿大，大便带血、血压下降，锑对成人的致死剂量97.2 mg，儿童为48.6 mg。

镉　镉是人体的非必需元素，是一种毒性很大的重金属。镉的毒性是潜在性的，早期不易觉察。人体内镉的生物学半衰期为20～40年。即使饮用水中镉浓度低至0.1 $mg \cdot dm^{-3}$，也能在人体（特别是妇女）组织中积聚。镉对人体组织和器官的毒害是多方面的，且治疗极为困难。镉进入人体会慢慢积累在肾脏和骨骼中，取代骨中的钙，使骨骼严重软化；镉会引起胃脏功能失调，干扰人体和生物体内锌的酶系统，使锌镉比降低，从而导致血压升高。

（来源：http://baike.baidu.com/view/62738.htm）

项目小结

一、非金属氧化物

非金属氧化物
- 酸性氧化物：CO_2、SiO_2、SO_2、SO_3 等
- 不成盐氧化物：CO、NO、NO_2、H_2O 等
- SiO_2 的特性：不能与水生成相应的酸
- 高价氧化物：CO_2、SiO_2、SO_2、SO_3、N_2O_5、P_2O_5 等
- 低价氧化物：NO、CO、SO_2、NO_2
- 高价氧化物具有氧化性，但不一定是强氧化性
- 低价氧化物具有还原性，有的也有氧化性

二、非金属氢化物性质

氢化物
- 稳定性：与非金属性一致
  $HF>HCl>HBr>HI$
- 酸碱性
  - 酸性：HF、H_2S 为弱酸
    HCl、HBr、HI 为强酸
  - 碱性：NH_3 等
  - 中性：H_2O、CH_4、SiH_4 等
- 还原性：常温下 H_2S、HI 有较强还原性
  高温下 NH_3、CH_4 可体现还原性

三、氧化物对应水化物性质

氧化物对应水化物性质
- 酸性：最高价氧化物水化物酸性代表非金属性
  $HClO_4>H_2SO_4$
- 氧化性
  - 氧化性酸：HNO_3、浓 H_2SO_4、HClO
  - 非氧化性酸：H_2CO_3、H_2SiO_3、H_3PO_4、H_2SO_3
  - 酸的氧化性：H^+ 的氧化性
- 还原性：H_2SO_3

四、非金属元素的知识结构

1. 氯的知识结构：

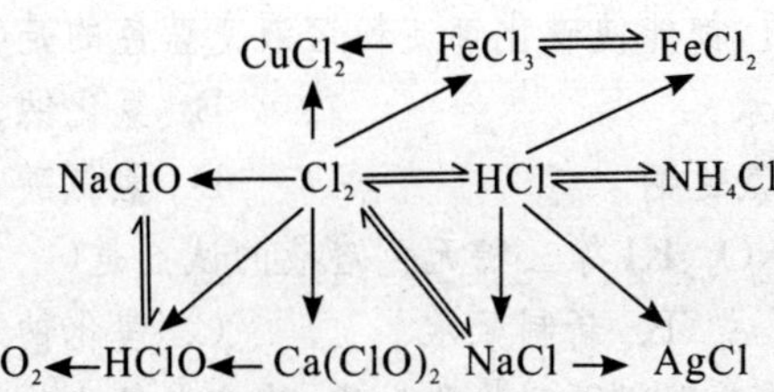

2. 硫的知识结构：

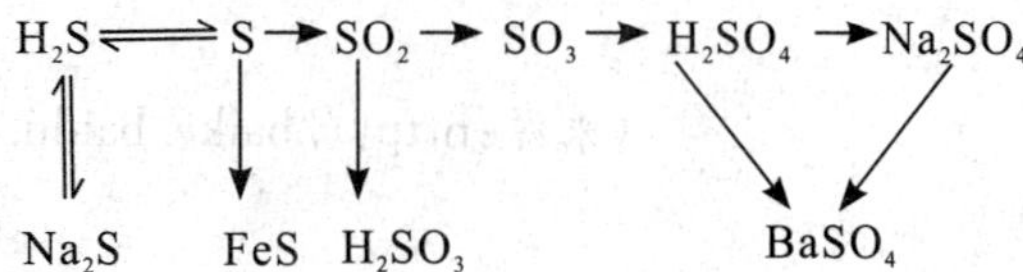

3. 氮的知识结构：

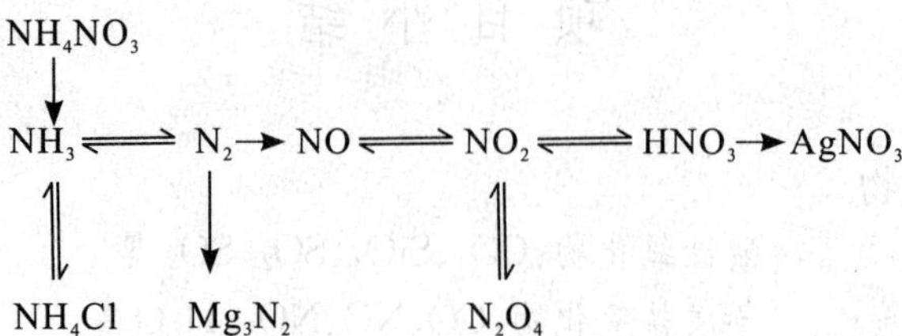

4. 碳的知识结构：

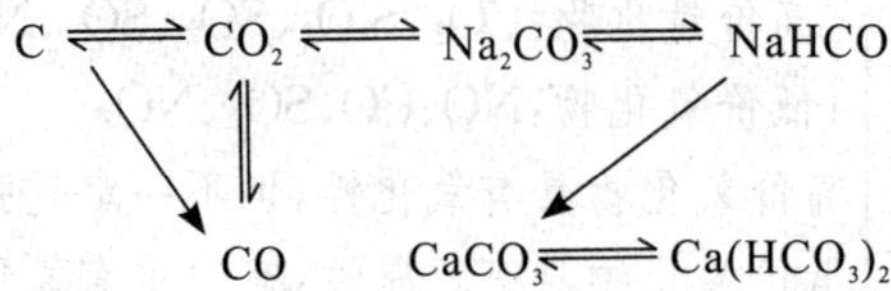

5. 硅的知识结构：

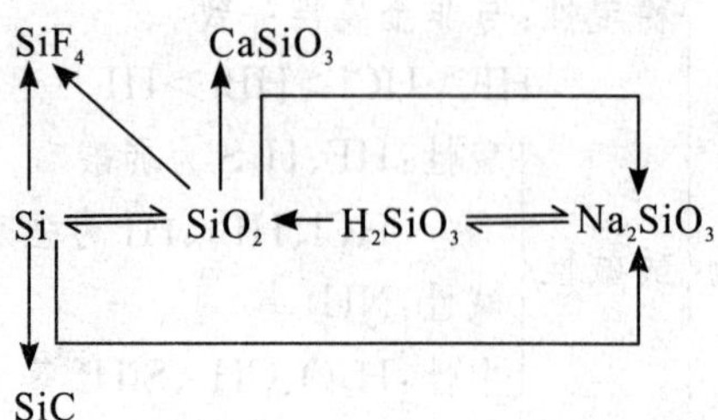

习　　题

1. 选择题

(1) 下列物质中，只含有氯分子的是(　　)。

A. 液氯　　B. 盐酸　　C. 氯水　　D. 漂白粉

(2) 卤族元素随着原子核电荷数的增加，下列叙述不正确的是(　　)。

A. 原子半径依次增大　　B. 元素的非金属性依次减弱

C. 单质的氧化性依次减弱　　D. 氢化物的稳定性依次增强

(3) 下列各组中的物质，都能使碘化钾淀粉溶液变蓝色的是(　　)。

A. 氯水、溴水、碘水　　B. 氯化钠、溴化钠、碘化钠

C. 氯气、氯化氢、氯化钠　　D. 氢氟酸、氢氯酸、氢碘酸

(4) 能鉴别 NaCl、$AgNO_3$、KI 等三种无色溶液的试剂是(　　)。

A. 稀硝酸　　B. 新制氯水　　C. 溴化钠溶液　　D. 淀粉溶液

(5) 足量的氯气或盐酸分别跟下列物质反应，均有二氯化物生成的是(　　)。

A. 红磷　　B. 铁丝　　C. 镁条　　D. 铝粉

(6) I^- 和 Cl_2 能够发生反应，说明 I^- 比 Cl^- 的(　　)。

A. 非金属性强　　B. 得电子能力强　　C. 氧化性强　　D. 还原性强

(7) 在下列反应中，单质只作氧化剂的是(　　)。

A. $2F_2+2H_2O=\!=\!=4HF+O_2\uparrow$

B. $2K+2H_2O=\!=\!=2KOH+H_2\uparrow$

C. $Cl_2+2NaOH=\!=\!=NaCl+NaClO+H_2O$

D. $H_2+CuO\xrightarrow{\triangle}H_2O+Cu$

(8) 下列存放试剂的方法不正确的是(　　)。

A. 氯气盛放在棕色玻璃瓶中，置于暗处

B. 液溴盛放在无色玻璃瓶中，加一些水，并密封置于低温处

C. 氢氟酸盛放在棕色玻璃瓶中，塞紧玻璃塞

D. 浓盐酸盛放在无色玻璃瓶中，塞紧玻璃塞

(9) 能用分液的方法来分离的一组混合物是(　　)。

A. 氯化银和水的悬浊液　　B. 酒精的水溶液

C. 四氯化碳和水的乳浊液　　D. 氯化钠和溴化镁的混合溶液

(10) 常温下，下列物质：

① $Si+H_2$；② $Si+HF$；③ $Si+NaOH$；④ $Si+F_2$；⑤ $Si+Cl_2$；⑥ $Si+O_2$；两者之间能发生化学反应的是(　　)。

A. ①、②、③　　B. ④、⑤、⑥　　C. ②、③、④　　D. 都能反应

(11) 能贮存在带磨口塞的玻璃试剂瓶中的试剂是(　　)。

A. KOH 溶液　　B. 液溴　　C. 硅酸钠溶液　　D. 氢氟酸

(12) 下列说法正确的是(　　)。

A. SiO_2 溶于水显酸性

B. CO_2 通入水玻璃可以得到原硅酸

C. 由 $SiO_2+Na_2CO_3\xrightarrow{\triangle}Na_2SiO_3+CO_2\uparrow$，可知硅酸的酸性比碳酸的酸性强

D. SiO_2 是酸性氧化物，不溶于任何酸

(13) 闪电时空气中有臭氧生成。下列说法中正确的是(　　)。

A. O_3 和 O_2 互为同位素　　B. O_2 比 O_3 稳定

C. 等体积 O_3 和 O_2 含有相同质子数　　D. O_3 与 O_2 的相互转化是物理变化

(14) 引起下列环境污染的原因不正确的是(　　)。

A. 重金属、农药和难分解有机物等会造成水体污染

B. 装饰材料中的甲醛、芳香烃及氡等会造成居室污染

C. SO_2、NO_2 或 CO_2 都会导致酸雨的形成

D. CO_2 和氟氯烃等物质的大量排放会造成温室效应的加剧

(15) 下列物质中，属于“城市空气质量日报”报道的污染物是(　　)。

A. N_2　　B. SO_2　　C. CO_2　　D. CO

2. 填空题

(1) 将 3.1 g 红磷在一定量的氯气中燃烧，全部转变为氯化物，其生成物的质量为

18.0 g,试判断生成物是________________,判断的依据是____________________。

(2)有 A、B、C、D、E 五瓶无色溶液,它们分别是 HCl、NaI、$CaCl_2$、$AgNO_3$ 和 Na_2CO_3 中的一种。把它们两两混合,发生如下反应:

① A+B→白色沉淀　　② A+C→白色沉淀

③ B+C→白色沉淀　　④ C+E→白色沉淀

⑤ C+D→黄色沉淀　　⑥ E+A→无色气体

由此推断:A 是________,B 是________,C 是________,

D 是________,E 是________。

(3) 下列物质中都含有杂质(括号内为杂质),试选用合适的试剂和分离方法除去杂质。填写下表:

含杂质的物质	除杂试剂	分离方法	反应的化学方程式
① Cl_2(HCl)			
② NaCl 固体(NaI)			
③ $NaNO_3$ 溶液(NaCl)			

(4) 给出下列碳酸盐的热稳定性顺序:

① $BeCO_3$、$MgCO_3$、$CaCO_3$、$SrCO_3$、$BaCO_3$

____。

② Na_2CO_3、$NaHCO_3$、H_2CO_3

____。

3. 完成下列反应方程式并配平。

(1) $Cl_2+H_2O \rightleftharpoons$

(2) $HClO \xrightarrow{光}$

(3) $I_2+NaOH \longrightarrow$

(4) $Br_2+ClO_3^- \longrightarrow$

(5) HCl(浓)$+MnO_2 \xrightarrow{光}$

(6) $I^-+MnO_2+H^+ \longrightarrow$

(7) $Br^-+BrO_3^-+H^+ \longrightarrow$

(8) $NaBr+H_2SO_4$(浓)$\longrightarrow$

(9) $P+H_2O+I_2 \longrightarrow$

(10) $NaOH+Cl_2 \xrightarrow{\triangle}$

(11) $KI+O_3+H_2O \longrightarrow$

(12) $I^-+H_2O_2+H^+ \longrightarrow$

(13) $Sn^{2+}+H_2O_2+H^+ \longrightarrow$

(14) $Fe^{2+}+H_2O_2+OH^- \longrightarrow$

(15) $PbS+H_2O_2 \longrightarrow$

(16) $MnO_4^-+H_2O_2+H^+ \longrightarrow$

(17) $MnO_2+H_2O_2+H^+ \longrightarrow$

(18) $Cl_2 + H_2O_2 \longrightarrow$

(19) $S + HNO_3 \xrightarrow{\triangle}$

(20) $S + NaOH \xrightarrow{\triangle}$

(21) $MnO_4^- + SO_3^{2-} + H^+ \longrightarrow$

(22) $Cl_2 + SO_3^{2-} + H_2O \longrightarrow$

(23) $H_2SO_3 + H_2S \longrightarrow$

(24) $Mn^{2+} + S_2O_8^{2-} + H_2O \xrightarrow{Ag^+}$

(25) $Na_2S_2O_3 + I_2 \longrightarrow$

(26) $I_2 + H_2S \longrightarrow$

(27) H_2SO_4(浓)$+ H_2S \longrightarrow$

(28) $Cl_2 + H_2S + H_2O \longrightarrow$

(29) $CuS + HNO_3 \longrightarrow$

(30) $Al_2S_3 + H_2O \longrightarrow$

(31) $NH_3 + O_2 \xrightarrow{燃烧}$

(32) $HNO_3 \xrightarrow{热或光}$

(33) $NH_3 + O_2 \xrightarrow{Pt-Rh}$

(34) $NO_2 + H_2O \longrightarrow$

(35) $Cu + HNO_3$(浓)$\longrightarrow$

(36) $Cu + HNO_3$(稀)$\longrightarrow$

(37) $KNO_3 \xrightarrow{\triangle}$

(38) $Zn(NO_3)_2 \xrightarrow{\triangle}$

(39) $AgNO_3 \xrightarrow{\triangle}$

(40) $Fe^{2+} + HNO_2 + H^+ \longrightarrow$

(41) $P_4O_{10} + H_2SO_4 \longrightarrow$

(42) $H_3PO_3 + CuSO_4 + H_2O \longrightarrow$

(43) $PCl_3 + H_2O \longrightarrow$

4. 试说明出现下列现象的原因。

(1) 有水玻璃的试剂瓶长期敞开瓶口，水玻璃变浑浊。

(2) CO_2 和 SiO_2 的组成相似，在常温、常压下 CO_2 为气体而 SiO_2 为固体。

5. 36%的盐酸，密度为 1.18 $g \cdot mL^{-1}$，其物质的量浓度是多少？

6. 用 38%，密度为 1.19 $g \cdot mL^{-1}$ 的盐酸 50 mL 与足量的 MnO_2 反应，若所用 HCl 80%被氧化成氯，问：

(1) 生成氯气的物质的量。

(2) 把这些氯气通入足量的 KI 溶液中去又能置换出多少克碘？

7. 一定量的 SO_2 与 H_2S 相互混合后，正好完全反应，把反应后的固体物质溶于 CS_2 中，CS_2 的质量增加了 0.96 g，试计算原来的 SO_2 和 H_2S 各多少克？

8. 往两个烧杯中分别倒入 50 g 18%的盐酸和 50 g 10%的盐酸，然后各加入 10 g 碳酸钙。通过计算说明,待反应完全后,烧杯中物质的质量是否相等?

9. 怎样实现下列物质的转化?写出有关反应式。

(1) $Si \xrightarrow{①} SiO_2 \xrightarrow{②} Na_2SiO_3 \xrightarrow{③} H_2SiO_3 \xrightarrow{④} SiO_2 \xrightarrow{⑤} Si$;

(2) $Na_2B_4O_7 \xrightarrow{①} H_3BO_3 \underset{③}{\overset{②}{\rightleftharpoons}} B_2O_3 \underset{⑤}{\overset{④}{\rightleftharpoons}} B$。

10. 有棕黑色粉末A,不溶于水。加入B溶液后加热产生气体C和溶液D;将气体C通入KI溶液得棕色溶液E。取少量溶液D以HNO_3酸化后与$NaBiO_3$粉末作用,得紫色溶液F;往F中滴加Na_2SO_3则紫色褪去;接着往该溶液中加入$BaCl_2$溶液,则生成难溶于酸的白色沉淀G。试推断A,B,C,D,E,F,G各为何物,写出相关的反应方程式。

11. 有两种白色晶体A和B,它们均为钠盐且溶于水。A的水溶液呈中性,B的水溶液呈碱性。A溶液与$FeCl_3$溶液作用呈棕褐色浑浊,与$AgNO_3$溶液作用出现黄色沉淀。晶体B与浓HCl反应产生黄绿色气体,该气体同冷NaOH溶液作用得到B的溶液。向A溶液中滴加B溶液时,溶液开始呈棕褐色,若继续滴加过量B溶液,则溶液棕褐色消失。请问A和B各为何物?写出上述有关的反应方程式。

模块五　物质的物理化学性质

- 项目十四　相平衡
- 项目十五　表面现象与胶体

项目十四　相　平　衡

学习目标

(1) 掌握单组分体系——水的相图的意义，明确水的三相点与冰点的区别；
(2) 掌握拉乌尔定律和亨利定律的表述方法和应用范围；
(3) 掌握理想液态混合物和理想液态稀溶液的含义和特征；
(4) 掌握二组分液态完全互溶系统的气—液平衡相图分析，掌握杠杆规则的应用；
(5) 了解恒沸系统的特点，掌握液态混合物的精馏操作原理；
(6) 掌握具有简单低共熔混合物系统相图的分析；
(7) 了解有化合物生成的凝聚系统相图；
(8) 了解步冷曲线绘制相图的方法。

在化工生产中常需对原料或产品进行分离和提纯，最常用的分离和提纯的方法是结晶、精馏、吸收和萃取等单元操作，相平衡原理是这些单元操作的理论基础。此外，金属或非金属材料的性能与其组成密切相关，所以研究多相系统的相平衡有重要的实际意义。我们最关心的是平衡相的组成、温度和压力间的函数关系，这种关系可以用一定的关系式来表示，但最普遍的是用相图来表示。

任务一　纯物质相平衡图

纯物质固、液、气三态之间的平衡关系可以用图表示，这种图称为纯物质平衡相图(简称相图)。它是由实验数据作出的。现以水为例进行讨论。

一、水的相平衡实验数据

水(H_2O)在中常压力下，可以呈气(水蒸气)、液(水)、固(冰)三种不同相态存在。通过实验测出这三种两相平衡的温度和压力的数据，如表 14.1 所示。若将它们画在 $p-T$ 图上，则可得到三条曲线。

二、水的相图

图 14.1 是根据表 14.1 实验结果所绘制的相图(示意图)。

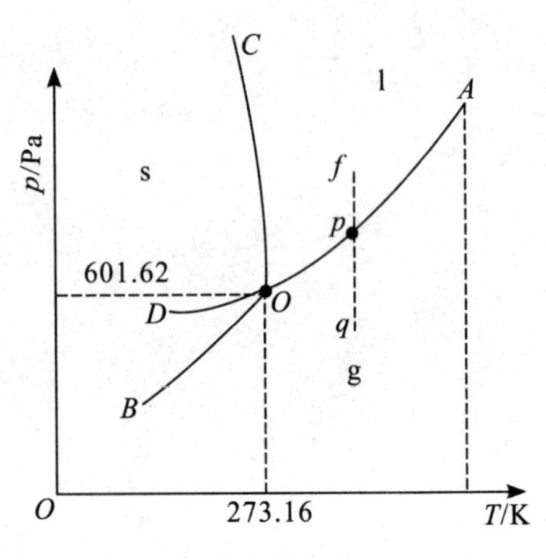

图 14.1　水的相图

(1) 在水、冰、水蒸气三个区域内(其相态分别用符号 l,s 和 g 表示),系统都是单相。在该区域内可以有限度地独立改变温度和压力,而不会引起相的改变。我们必须同时指定温度和压力这两个变量,然后系统的状态才能完全确定。

(2) 图 14.1 中三条实线是两个区域的交界线。在线上的任意点是两相平衡,指定了温度就不能再任意指定压力,压力应由系统自定,反之亦然。

OA 是水蒸气和水的平衡曲线,即水在不同温度下的蒸气压曲线。*OA* 线不能任意延长,它终止于临界点 A(647.4 K,2.21×10^{7} Pa),在临界点液体的密度与水蒸气的密度相等,液态和气态之间的界面消失。

表 14.1　水的相平衡数据

温度 t/℃	系统的饱和蒸气压 p/kPa		平衡压力 p/kPa
	水⇌水蒸气	冰⇌水蒸气	冰⇌水
−20	0.126	0.103	193.5×10^{3}
−10	0.287	0.260	110.4×10^{3}
0.01	0.610 62	0.610 62	0.610 62
20	2.338		
60	19.916		
99.65	100.00		
200	1 554.4		
300	8 590.3		
374.2	22 119.247		

OB 是冰和水蒸气两相的平衡线(即冰的升华曲线),*OB* 线在理论上可延长到绝对零度附近。

OC 线为冰和水的平衡线,*OC* 线不能无限向上延长,大约从 2.03×10^{8} Pa 开始,相图变得比较复杂,有不同结构的冰生成。

如从 A 点对 T 轴作垂线,则垂线以左与 *AO*,及从 O 点对 T 轴所作的垂线包围的区域叫做气液相区(意味着气体可以加压或降温液化为水),而在垂线以右的区域则叫做气相区,因为它高于临界温度,不可能用加压的办法使气体液化。

(3) *OD* 是 *OA* 的延长线,是水和水蒸气的介稳平衡线,代表过冷水的饱和蒸气压与温度的关系曲线。*OD* 线在 *OB* 线之上,它的蒸气压比同温度下处于稳定状态的冰的蒸气压大,因此过冷的水处于热力学不稳定状态,但是这种状态却能维持一段时间,即属于动力学上的稳定状态,所以被称为介稳状态。

(4) 对于任一分界线上的点,例如 p 点,可能有三种情况:

(a) 从 f 点起,在恒温下使压力降低,在无限趋近于 p 点之前,气相尚未生成,系统仍是一个液相。由于 p 点是液相区的一个边界点,若要维持液相,则只允许升高压力或降低温度。

(b) 当有气相出现,系统是气、液两相平衡,即当两相共存时,温度一定时相应地就有一定的饱和蒸气压。

(c) 当液体全部变为蒸气时,p 点成为气相区的边界点。若要维持气相则只允许降低压力或升高温度。在 p 点虽有上述三种情况，但由于通常我们只注意相的转变过程，所以常以第二种情况来代表边界线上的相变过程。

(5) O 点是三条线的交点，称为三相点，在该点三相共存。三相点的温度和压力皆由系统自定，而不能任意改变。三相点的温度为 273.16 K，压力为 610.62 Pa。必须指出，不要把水的三相点（指气、液、固三相平衡共存的系统点，见图 14.1 中的 O 点）与冰点相混淆。水的冰点是指在 101.325 kPa 下被空气所饱和了的水（已不是单组分系统）与冰呈平衡的温度，即 0 ℃；而三相点是纯水、冰及水气三相平衡的温度，即 0.01 ℃。在冰点，系统所受压力为 101.325 kPa，它是空气和水蒸气的总压力；而三相点时，系统的压力是 610.62 Pa，它是与冰、水平衡的水蒸气的压力，水的冰点比三相点低 0.01 K（根据压力对凝固点的影响以及溶液的凝固点下降的原理计算出两者共使水的冰点比三相点低 0.009 8 ℃，故国际规定水的三相点为 273.16 K，即 0.01 ℃）。

思考与回答

1. 压力升高，单组分体系的熔点和沸点分别发生怎样的变化？

2. 对于纯水，当水气、水与冰三项共存时，独立变化的物理量有几个？你对此是怎样理解的？

3. 由水气变成液态水是否一定要经过两相平衡态，是否还有其他途径？

4. 下列说法是否正确？

(1) 水的三相点即我们平时所说的冰点。

(2) 纯物质发生升华的必要条件是外压低于三相点的压强。

(3) 饱和蒸气压高的纯液体，沸点也就低，挥发能力强。

任务二 拉乌尔定律和亨利定律

一、拉乌尔定律

在一定温度下，当纯溶剂 A 的气液两相达到平衡时，对应的蒸气压力 p_A^* 称为 A 的饱和蒸气压。若在纯溶剂 A 中加入溶质 B，不论 B 是否挥发，溶剂的蒸气压必然降低。

1886 年，拉乌尔（Raoult F M）根据实验得出稀溶液中溶剂 A 的蒸气压 p_A 与溶液中 A 的摩尔分数 x_A 间的关系为

$$p_A = p_A^* x_A \tag{14.1a}$$

式中，p_A^* 为纯溶剂 A 在同样温度下的饱和蒸气压。上式说明：稀溶液中溶剂的蒸气压等于同温度下纯溶剂的饱和蒸气压与溶液中溶剂的摩尔分数的乘积。这就是拉乌尔定律。

若溶液中只有溶剂 A 和溶质 B 两个组分，由于 $x_A = 1 - x_B$，故拉乌尔定律也可写成：

$$p_A = p_A^*(1 - x_B) \tag{14.1b}$$

$$\Delta p_A = p_A^* x_B \tag{14.1c}$$

即稀溶液中溶剂的蒸气压下降值 Δp_A 与同温度下纯溶剂的饱和蒸气压 p_A^* 之比等于溶质的

摩尔分数 x_B，而与溶质的性质无关。

应当指出：若溶质不挥发，p_A 即为溶液的蒸气压；若溶质挥发，p_A 则为溶剂 A 在气相中的蒸气分压。

严格来讲，真正符合拉乌尔定律的液态混合物是不存在的，但对一般稀溶液中的溶剂，在一定浓度范围内，拉乌尔定律也近似成立。例如 20 ℃时的甘露蜜醇水溶液，当 x(甘露蜜醇)=0.015 8 时，仍符合拉乌尔定律。

二、亨利定律

1803 年，亨利(Henry W)在研究中发现，一定温度下气体在液体中的溶解度与该气体的平衡压力成正比。这一规律也同样适用于稀溶液中挥发性的溶质。亨利定律可表述为：在一定温度和平衡状态下，稀溶液中挥发性溶质(B)在气相中的分压力(p_B)与其在溶液中的组成成正比。若组成用摩尔分数表示，则亨利定律可表示为

$$p_B = k_{x,B}x_B \tag{14.2a}$$

式中，$k_{x,B}$为比例系数，称为亨利系数，其单位为 Pa。表 14.2 列出若干种气体在 25 ℃时，在水或苯中的亨利系数。

亨利定律中溶质的组成可采用不同的单位，则相应的亨利系数具有不同的单位。

$$p_B = k_{x,B}x_B = k_{c,B}c_B = k_{w,B}w_B \tag{14.2b}$$

当溶质的组成用物质的体积摩尔浓度 c_B 表示时，相应的亨利系数 $k_{c,B}$ 的单位为 $Pa \cdot mol^{-1} \cdot m^3$；当溶质的组成用质量分数 w_B 表示时，相应的亨利系数 $k_{w,B}$的单位为 Pa。

严格来说，真正符合亨利定律的液态混合物是不存在的。对一般稀溶液中的溶质，在一定浓度范围内，亨利定律也近似成立，但要求溶质在气液两相中分子的形式必须相同。

应当指出，亨利系数 k 值的大小，不仅与溶质、溶剂的本质及压力、浓度的单位有关，而且随着温度的升高而变大。当几种气体溶于同一溶剂且均达平衡，而且对每种气体皆形成稀溶液时，则其中任何一种气体都遵循亨利定律。

表 14.2 几种气体在水或苯中的亨利系数(25 ℃)

气 体	亨利系数 $k_x/10^6$ kPa	
	水为溶剂	苯为溶剂
H_2	7.12	0.367
N_2	8.68	0.239
O_2	4.40	
CO	5.79	0.163
CO_2	0.168	0.011 4
CH_4	4.18	0.056 9
C_2H_2	0.135	
C_2H_4	1.16	
C_2H_6	3.07	

三、拉乌尔定律及亨利定律的微观解释

当纯溶剂 A 中溶解了少量的溶质 B 时，一般说来，A－B 分子间的作用力与 A－A 或 B－B之间的作用力是不相等的。由于 B 的浓度很小，对每个 A 分子来说，其周围相邻的分子，绝大多数仍然是同类的 A 分子，故可认为，从稀溶液和从纯溶剂 A 中，每个 A 分子逸出液面进入气相所需克服的作用力是相等的。但是，在稀溶液的单位液面上有一部分面积被 B 分子所遮盖，使 A 分子占液面上总的分子分数从纯溶剂时的 1 下降至溶液的 x_A，致使单位液面上 A 的蒸发速度按比例下降，溶液中溶剂 A 的蒸气压力也相应地按比例下降，而且下降的分数$(p_A^* - p_A)/p_A^*$ 在数值上等于 x_B。

对每个 B 分子，它几乎完全被 A 分子所包围，其受力情况取决于 A－B 分子间的作用力。在稀溶液范围内，这种受力情况并不因 x_B 的变化而有多大的变化。因此，在溶液的单位表面上，溶质 B 的蒸发速率正比于 B 分子的浓度，在两相平衡时的单位表面上，B 分子的蒸发速率与凝结速率相等，故气相中 B 的平衡压力 p_B 正比于溶液中 B 的浓度。由于 A－B 间的作用力一般不同于纯液态 B 中 B－B 分子间的作用力，使得亨利系数 $k_{x,B}$不同于同温度下纯 B 液体的饱和蒸气压 p_B^*。

四、理想液态混合物与理想稀薄溶液

（一）理想液态混合物

若液态混合物中任一组分在全部浓度范围内皆符合拉乌尔定律，则该混合物称为理想液态混合物。

从微观上讲，形成理想液态混合物中的各组分(B、C…)应具备下列条件：① 各组分分子的大小和物理性质相近；② 形成混合物时分子的受力情况不发生变化，即 B－C 分子间的作用力、B－B分子间的作用力与 C－C 分子间的作用力三者相等。理想液态混合物是真实液态混合物的极限情况，在客观上是不存在的。但是某些混合物，如光学异构体：*d*－樟脑与 *l*－樟脑的混合物；结构异构体：*o*－二甲苯与 *p*－二甲苯等的混合物；紧邻同系物的混合物：苯和甲苯、甲醇和乙醇。这些混合物都可近似地视为理想液态混合物。

（二）理想稀薄溶液

在等温、等压下，溶剂和溶质分别服从拉乌尔定律和亨利定律的稀薄溶液称为理想稀薄溶液。在这种溶液中，溶质分子间距离很远，溶剂和溶质分子周围几乎全是溶剂分子。

理想稀薄溶液的定义与理想液态混合物的定义不同，后者不分溶剂和溶质，任意组分都遵守拉乌尔定律；而理想稀薄溶液则区分为溶剂和溶质，溶剂遵守拉乌尔定律，溶质却不遵守拉乌尔定律而遵守亨利定律。

理想稀薄溶液的特征也不同于理想液态混合物。微观上，理想稀薄溶液各组分分子体积并不相等，溶剂与溶质分子间的相互作用力与溶剂分子间的相互作用力及溶质分子间的相互作用力大不相同；宏观上，当溶剂与溶质混合成理想稀薄溶液时会有体积变化并产生吸热或放热现象。

例1 在97.11 ℃时，$p^*(H_2O)=91.3$ kPa，与x(乙醇)=0.011 95的水溶液成平衡的蒸气总压为101.325 kPa。试求在上述温度下，与x(乙醇)=0.02的水溶液成平衡的蒸气中水和乙醇的分压力各为若干？

解 题中两溶液均按乙醇(B)在水(A)中的稀溶液考虑，A符合拉乌尔定律，B符合亨利定律，即：

$$p_A=p_A^*x_A=p_A^*(1-x_B)=91.3(1-0.02)=89.474\ \text{kPa}$$

计算p_B应先求B的亨利系数：

$$p(\text{总})=p_A^*x'_A+k_{x,B}x'_B$$

$$k_{x,B}=\frac{p(\text{总})-p_A^*x'_A}{x'_B}=\frac{101.325-91.3(1-0.0119\,5)}{0.011\,95}=930.2\ \text{kPa}$$

$$p_B=k_{x,B}x_B=930.2\times0.02=18.60\ \text{kPa}$$

思考与回答

1. 拉乌尔定律和亨利定律的适用范围，两者存在哪些区别？
2. 理想液态混合物和理想气体的微观模型有何不同？
3. 理想稀薄溶液要"稀"到什么程度才算是理想稀薄溶液？

任务三 二组分液态完全互溶系统的气-液平衡相图

对于二组分系统，系统的状态可以由三个独立变量所决定，这三个变量通常采用温度、压力和组成。所以二组分系统的状态图要用具有三个坐标的立体图来表示。为了叙述方便，对于二组分系统，常常保持一个变量为常量，而得到立体图形的平面截面图。最常用的平面图有两种：恒温下的蒸气压-组成图，即$p-x_B$图；恒压下的沸点-组成图，即$T-x_B$图。

一、二组分理想液态混合物的气-液平衡

以A，B均能挥发的二组分理想液态混合物的液气平衡为例，如图14.2所示，平衡时有$p=p_A+p_B$。

（一）平衡气相的蒸气总压力与平衡液相组成的关系

由于两组分都遵守拉乌尔定律，故

$$p_A=p_A^*x_A,\ p_B=p_B^*x_B$$

则

$$p=p_A^*x_A+p_B^*x_B$$

又

$$x_A=1-x_B$$

故得

$$p=p_A^*+(p_B^*-p_A^*)x_B \tag{14.3}$$

式(14.3)即是二组分理想液态混合物平衡气相的蒸气总压力 p 与平衡液相组成 x_B 的关系。它是一个直线方程。当 T 一定时，设 $p_A^* < p_B^*$，则该关系可用图 14.3 表示。

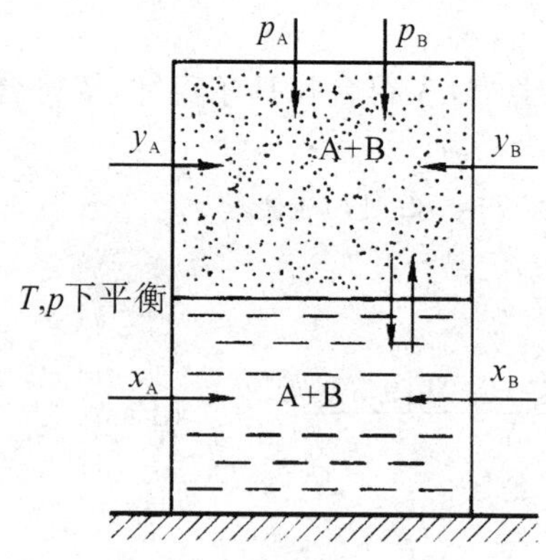

图 14.2　理想液态混合物的气液平衡

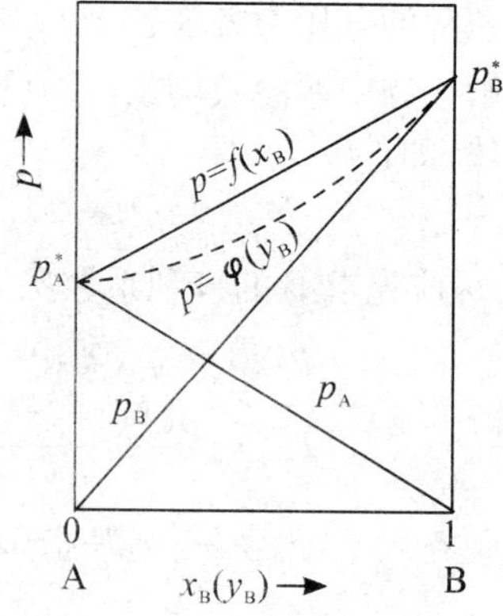

图 14.3　二组分理想液态混合物的蒸气压-组成图

（二）平衡气相组成与平衡液相组成的关系

根据分压力定义：$p_A = y_A p$，$p_B = y_B p$ 和拉乌尔定律：

$$p_A = p_A^* x_A，p_B = p_B^* x_B$$

得

$$\begin{cases} y_A = \dfrac{p_A}{p} = \dfrac{p_A^* x_A}{p} \\ y_B = \dfrac{p_B}{p} = \dfrac{p_B^* x_B}{p} \end{cases} \tag{14.4}$$

因

$$p_A^* < p < p_B^*$$

故

$$y_B > x_B，\quad y_A < x_A$$

这就表明，当理想液态混合物处于气液两相平衡时，两相的组成并不相同。系统中易挥发组分在平衡气相中的组成总是大于它在液相中的组成，而难挥发组分则相反。

（三）平衡气相的蒸气总压力与平衡气相组成的关系

由 $p = p_A^* + (p_B^* - p_A^*)x_B$ 并结合 $p_B^* x_B = y_B p$，得

$$p = \frac{p_A^* p_B^*}{p_B^* - (p_B^* - p_A^*) y_B} \tag{14.5}$$

由式(14.5)可知，p 与 y_B 的关系不是直线关系。表示在图 14.3 中，即 $p = \varphi(y_B)$ 所示的虚线。

例 2　甲苯(A)及苯(B)能形成理想液态混合物。已知在 90 ℃下 $p_A^* = 54.22$ kPa、$p_B^* = 136.12$ kPa，求在 90 ℃和 101.325 kPa 下甲苯和苯系统形成气液平衡时两相的组成。

解　由式(14.3)计算 90 ℃，101.325 kPa 下该理想液态混合物沸腾时的液相组成，即

$$p=p_A^*+(p_B^*-p_A^*)x_B$$

$$x_B=\frac{p-p_A^*}{p_B^*-p_A^*}=\frac{101.325-54.22}{136.12-54.22}=0.5752$$

$$y_B=\frac{p_B}{p}=\frac{p_B^* x_B}{p}=\frac{136.12\times 0.5752}{101.325}=0.7727$$

例 3 液体 A 和 B 可形成理想液态混合物。把组成为 $y_A=0.40$ 的蒸气混合物放入一带有活塞的气缸中进行等温压缩(温度为 T)。已知温度 T 时 p_A^* 和 p_B^* 分别为 40 530 Pa 和 121 590 Pa。

(ⅰ) 计算刚开始出现液相时的蒸气总压力;

(ⅱ) 求 A 和 B 的液态混合物在 101 325 Pa 下沸腾时液相的组成。

解 (ⅰ)刚开始凝结的气相组成仍为 $y_A=0.40, y_B=0.60$,而 $p_B=y_B p$,故

$$p=\frac{p_B}{y_B}=\frac{p_B^* x_B}{y_B},\quad p=p_A^*+(p_B^*-p_A^*)x_B$$

联立以上二式,代入 $y_B=0.60, p_A^*=40\ 530\ \text{Pa}, p_B^*=121\ 590\ \text{Pa}$,解得

$$x_B=0.333,\quad p=67\ 584\ \text{Pa}$$

(ⅱ) 由式 $p=p_A^*+(p_B^*-p_A^*)x_B$,得

$$101\ 325=40\ 530+(121\ 590-40\ 530)x_B$$

解得

$$x_B=0.750$$

二、二组分理想液态混合物的蒸气压-组成图

以甲苯 $C_6H_5CH_3$(A)-苯 C_6H_6(B)系统为例。取 A 和 B 以各种比例配成混合物,将盛有混合物的容器浸在恒温浴中,在恒定温度下达到相平衡后,测出混合物的蒸气总压力 p、液相组成 x_B 及气相组成 y_B。表 14.3 是在 79.70 ℃下,由实验测得的不同组成的混合物的蒸气压数据(包括纯 A 及 B 的蒸气压)。

表 14.3 甲苯(A)-苯(B)系统的蒸气压与液相组成及气相组成的部分数据(79.70 ℃)

液相组成 x_B	气相组成 y_B	蒸气总压力 p/kPa
0.000 0	0.000 0	38.46
0.116 1	0.253 0	45.53
0.338 3	0.566 7	59.07
0.545 1	0.757 4	71.66
0.732 7	0.878 2	83.31
0.918 9	0.967 2	94.85
1.000 0	1.000 0	99.82

用表 14.4 中的实验数据,以混合物的蒸气总压力 p 为纵坐标,以平衡组成(液相组成 x_B 和气相组成 y_B)为横坐标,绘制成蒸气压-组成图,即 $p-x_B(y_B)$图,见图14.4。图中的 p_A^*、p_B^* 分别为 79.70 ℃时纯甲苯及纯苯的饱和蒸气压。上面的连线 $p_A^*Lp_B^*$ 是混合物的蒸气总压力 p 随液相组成 x_B 变化的曲线,叫做液相线。下面的连线 $p_A^*Gp_B^*$ 是混合物的蒸气总压力 p 随气

相组成 y_B 变化的曲线,叫气相线。这两条线把图分成三块区域。在液相线以上,系统的压力高于相应组成混合物的饱和蒸气压,为液相区,用符号 l(A+B)来表示。在气相线以下,系统的压力低于相应组成的混合物的饱和蒸气压,为气相区,用符号 g(A+B)来表示。液相线和气相线之间则为气、液平衡共存区,用符号 l(A+B)⇌g(A+B)来表示。

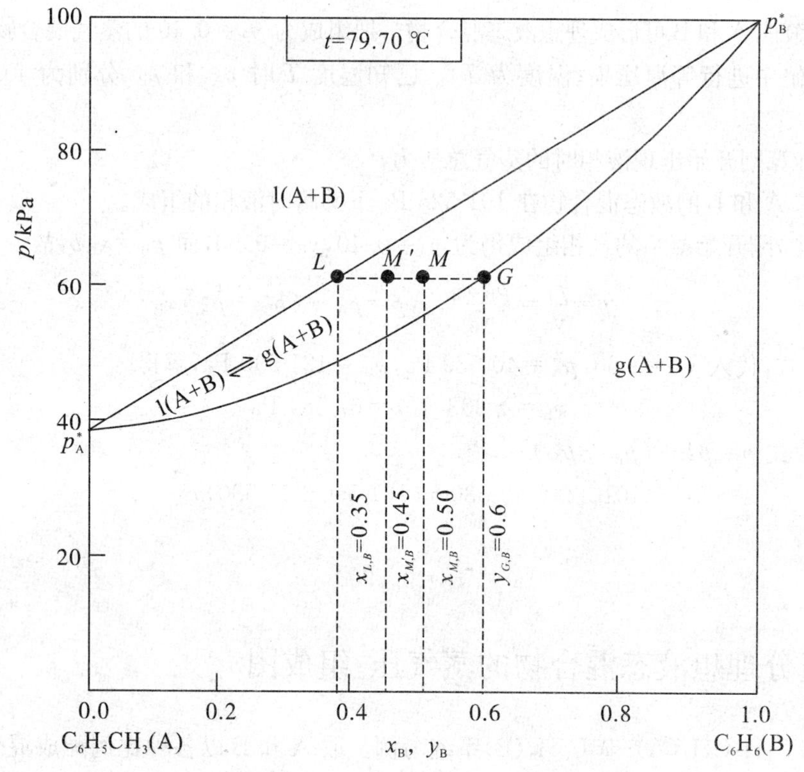

图 14.4　$C_6H_5CH_3$(A)-C_6H_6(B)系统的蒸气压-组成图

蒸气压—组成图中,每一个点有两个坐标,用来表示系统的压力和组成(温度一定)的点称为系统点;用来表示一个相的压力和组成(x_B 或 y_B,T 一定)的点称为相点。在气相区或液相区中的系统点亦即是相点。为了确定一个二组分系统在恒温下液相或气相的状态,还需要确定两个变量,即压力与组成;或者说,系统的压力与组成可在一定范围内变化,不致引起旧相消失或新相生成。

在液、气两相平衡区,表示系统的平衡态同时需要两个相点和一个系统点。平衡时,系统的压力及两相的组成是一定的,所以两个相点和系统点的连线必是与横坐标平行的线。因此,通过系统点作平行于横坐标水平线与液相线及气相线的交点即是两个相点。例如,由系统的压力和组成可在图 14.4 中标出系统点 M,其气、液两相的组成分别为 L 和 G 两点,L、G 两系统点分别称为液相点和气相点,LG 线称为定压连结线。所以在两相平衡区要区分系统点和相点的不同含义。在图中只要绘出系统点,从系统点在图中的位置即知该系统的总组成、温度、压力、平衡相的相数、各相的聚集态及相组成等。

例如,图 14.4 中的系统点 M,它的总组成 $x_{M,B}=0.50$,温度 $T=79.70$ ℃,压力 $p=600$ kPa,液相组成 $x_{L,B}=0.35$,气相组成 $y_{G,B}=0.60$。在同一连结线上的任何一个系统点,其总组成虽然不同,但相组成却是相同的,而其两相的量是不相同的。另一方面,在密闭容器中系统的压力改变时，系统的总组成不变，但在不同压力下两相平衡时，相的组成却随压力而变。例如，连结线 LG 上的点 M'，系统的组成 $x_{M',B}=0.45$，其气相与液相的组成仍为 G、L 两相点所指示的组成。

此外，我们从图 14.4 以看出，各种组成混合物的蒸气压的大小总是介于两纯组分蒸气压之间，对于这种类型的相图，在两相共存区的任何一个系统点其气相中易挥发组分 B 的含量均大于液相中该易挥发组分的含量，即 $y_B>x_B$。应用此图可研究改变压力后蒸气中两组分相对含量的变化规律。

三、二组分理想液态混合物的沸点温度-组成图

在恒定压力下表示二组分系统气液平衡时的温度与组成关系的相图，称为温度-组成图，即 $T-x_B(y_B)$图。通常，精馏是在定压下进行的，因此，从实用观点出发，温度-组成图更为人们所常用。

对理想液态混合物来说，若已知两个纯液体在不同温度下蒸气压的数据，则可通过计算得出其温度-组成图。

以甲苯 $C_6H_5CH_3$(A)-苯 C_6H_6(B)系统为例，在 $p=101.325$ kPa 下，纯甲苯和纯苯的沸点分别是 110.6 ℃和 80.11 ℃。将这两个值画在图 14.5 上，即 t_A 和 t_B 两点，甲苯-苯液态混合物的沸腾温度应介于两纯组分的沸点之间。如果我们有 80.11 ℃和 110.6 ℃之间两纯液体蒸气压的数据，就可以按照例 2 的方法逐个计算不同温度下气-液平衡时两相的组成，然后将不同温度下的气相点和液相点画在图 14.5 上，连接各液相点构成液相线，连接各气相点构成气相线。气相线在液相线的右上方，这是因为易挥发组分苯在气相中的相对含量大于它在液相中的。表示混合物的沸点与气相组成的关系，称为气相线。下边的曲线表示混合物的沸点与液相组成的关系，称为液相线。气相线以上为气相区，液相线以下为液相区。两线中间为气液两相平衡区，该区内任何系统点的平衡态为气液两相平衡共存，其相组成分别由液相线及气相线上的两个相应的液相点及气相点所指示的组成读出。例如，在 $p=101.325$ kPa，$t=95$ ℃时，系统总组成 $x_{M,B}=0.50$ 的系统点 M 为气液两相平衡，其相组成可通过 M 点作平行于横坐标的等温连结线与液相线及气相线的交点，即液相点 L 及气相点 G 读出($x_{L,B}=0.41$，$y_{G,B}=0.62$)，LG 线即为等温连结线。

将图 14.5 与图 14.4 相比较可发现，两图的气相区和液相区与气相线和液相线的上下位置恰好相反；同时看到 $t-x_B(y_B)$图中液相线是曲线而不是直线。此外，在 $p-x_B(y_B)$图上，当 t 一定时，对于 $p_A^*<p_B^*$ 的系统，$p_A^*<p<p_B^*$；而在 $t-x_B(y_B)$图上，当 p 一定时，对于 $t_A^*>t_B^*$ 的系统，$t_A^*>t>t_B^*$，这是因为沸点高的液体蒸气压小(难挥发)，沸点低的液体蒸气压大(易挥发)。所以，在 $t-x_B(y_B)$图中，在同一温度下，$y_B>x_B$，这正是以后讨论精馏分离的理论基础。

如图 14.5 所示，若将系统点为 m 的混合物等压加热升温至 L_1 点后开始沸腾起泡，所以 L_1 点又称为泡点，因而液相线又称为泡点线，产生的第一个气泡的气相组成为 G_1(严格说来，正好到 L_1 点时仍是液相，只有温度高一点点才会出现第一个气泡，第一个气泡的组成亦应在 G_1 左边一点点)。反之，若将系统点为 m_1 的混合物等压冷却至 G_2 点后开始冷凝，系统点 G_2 点又称为露点，而气相线又称为露点线，产生的第一个液珠的组成为 L_2，其对应的气相组成为 G_2。从 m 升温至 m_1 或从 m_1 冷却至 m，系统的总组成不变，但在两相平衡区时，两相的组成及两相的物质的量的比值将随温度的改变而改变。

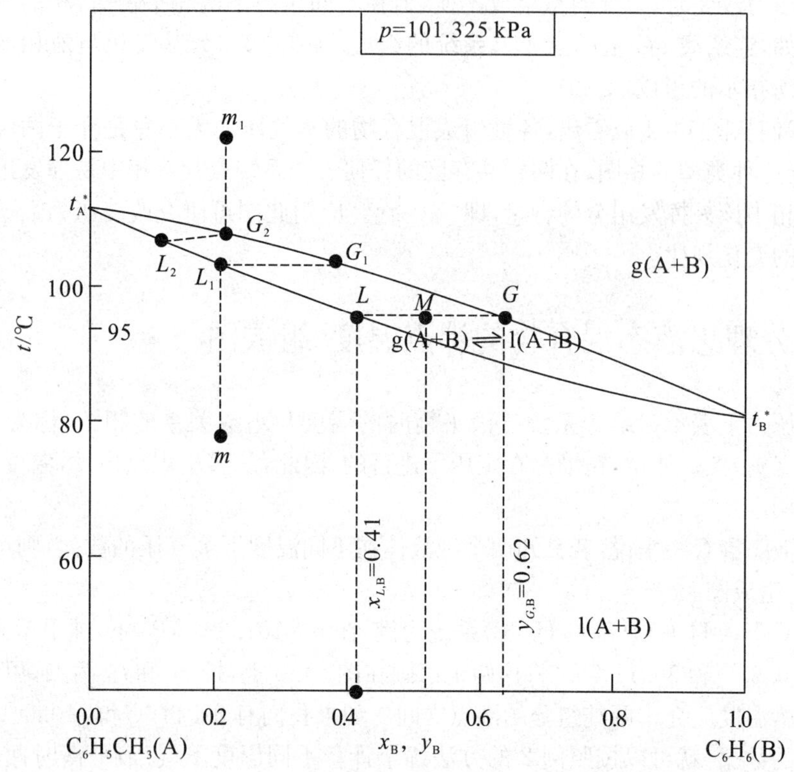

图 14.5 $C_6H_5CH_3$(A)-C_6H_6(B)系统的沸点-组成图

四、杠杆规则

以图 14.5 的系统为例。当系统点在两相区内的 M 点时，系统的总组成为 $x_{M,\mathrm{B}}$。平衡时气相点为 G，气相组成为 $y_{G,\mathrm{B}}$；液相点为 L，液相组成为 $x_{L,\mathrm{B}}$。以 n_G 和 n_L 分别代表气相和液相的物质的量，每个相的物质的量则等于该相中组分 A 和组分 B 的物质的量之和。现对组分 B 作物料平衡计算：

$$n_G y_{G,\mathrm{B}} + n_L x_{L,\mathrm{B}} = (n_G + n_L) x_{M,\mathrm{B}}$$

整理可得

$$\frac{n_L}{n_G} = \frac{y_{G,\mathrm{B}} - x_{M,\mathrm{B}}}{x_{M,\mathrm{B}} - x_{L,\mathrm{B}}} = \frac{\overline{MG}}{\overline{LM}} \tag{14.6}$$

或者

$$n_L \overline{LM} = n_G \overline{MG} \tag{14.7}$$

此关系式就是杠杆规则。

此规则表明：当组成以摩尔分数表示时，两相的物质的量反比于系统点到两个相点的线段的长度。对于一定温度、压力下的两相平衡系统来说，因为结线的两个端点（即两个相点）是固定的，故平衡时两相的组成固定不变，但当系统点在结线上不同位置时，两相的数量是不同的。在上述推导中，系统点、相点的组成用的是摩尔分数，在杠杆规则中两相的量均指的是物质的量；如果系统点、相点的组成用质量分数表示，则杠杆规则中两相的量就应当是质量。杠杆规则适用于任意两相平衡。

思考与回答

1. 下列说法是否正确：

(1) 真实液态混合物精馏时肯定不能同时得到两种纯组分。

(2) 双组分完全按不互溶液体混合物的沸点比任何一纯组分的沸点都要低。

2. 在相图上哪些区域能使用杠杆规则？在三相共存的平衡线上能否使用杠杆规则？

五、二组分真实液态混合物的气液平衡相图

可以认为是理想液态混合物的系统是极少的，绝大多数二组分完全互溶液态混合物是非理想的，我们称之为真实液态混合物。两者的差别在于，在一定温度下，理想混合物在全部组成范围内每一组分的蒸气分压均遵循拉乌尔定律，因而蒸气总压与组成(摩尔分数)成直线关系；真实混合物除了组分的摩尔分数接近于 1 的极小范围内该组分的蒸气分压近似地遵循拉乌尔定律外，其他组成液相中组分的蒸气分压均对该定律产生明显的偏差，因而蒸气总压与组成并不成直线关系。若组分的蒸气压大于按拉乌尔定律的计算值，则称为正偏差，反之，则称为负偏差。通常真实液态混合物中两种组分或均为正偏差，或均为负偏差。但在某些情况下也可能一个(或两个)组分在某一组成范围内为正偏差，而在另一范围内为负偏差。

(一) 蒸气压-液相组成图

根据蒸气总压对理想情况下的偏差程度，真实液态混合物可以分成四种类型。

1. 具有一般正偏差的系统

蒸气总压对理想情况为正偏差，但在全部组成范围内，混合物的蒸气总压均介于两个纯组分的饱和蒸气压之间。这类例子如苯-丙酮系统，见图 14.6。图中下面两条虚线为按拉乌尔定律计算的两个组分的蒸气分压值，最上面一条虚线为按拉乌尔定律计算的蒸气总压值；图中三条实线各为相应的实验值(下面三图中的虚线、实线意义与此相同)。

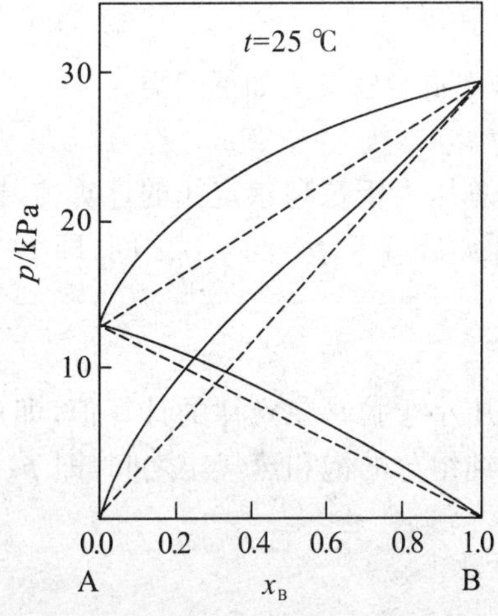

图 14.6　苯(A)-丙酮(B)系统的蒸气压与液相组成的关系(一般正偏差)

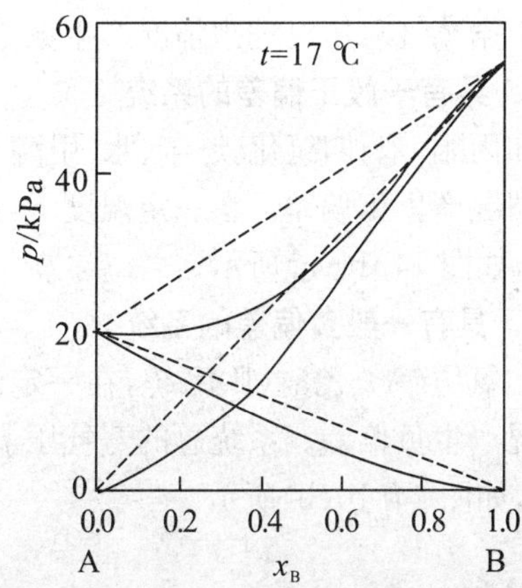

图 14.7　氯仿(A)-乙醚(B)系统的蒸气压与液相组成的关系(一般负偏差)

2. 具有一般负偏差的系统

蒸气总压对理想情况为负偏差,但在全部组成范围内,混合物的蒸气总压均介于两个纯组分的饱和蒸气压之间。这类例子如氯仿-乙醚系统,见图 14.7。

3. 具有最大正偏差的系统

蒸气总压对理想情况为正偏差,但在某一组成范围内,混合物的蒸气总压比易挥发组分的饱和蒸气压还大,因而蒸气总压出现最大值。这类例子如甲醇-氯仿系统,见图 14.8。

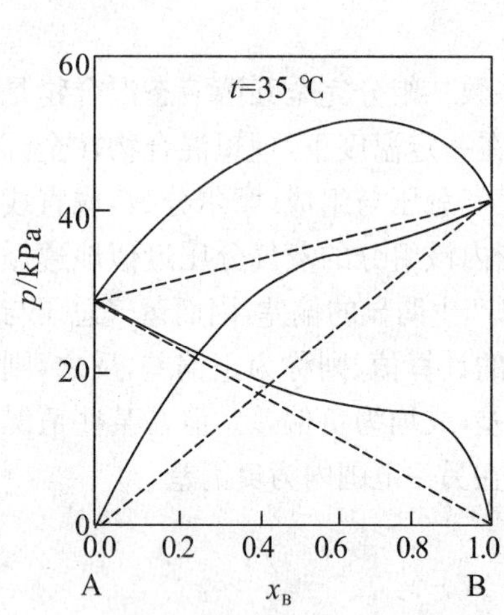

图 14.8 甲醇(A)-氯仿(B)系统的蒸气压与液相组成的关系(最大正偏差)

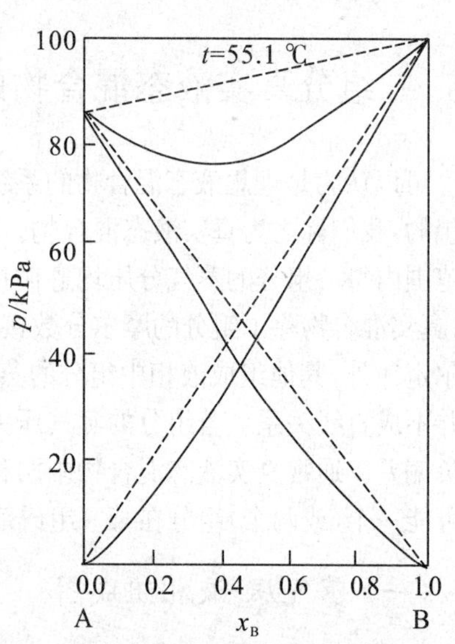

图 14.9 氯仿(A)-丙酮(B)系统的蒸气压与液相组成的关系(最大负偏差)

4. 具有最大负偏差的系统

蒸气总压对理想情况为负偏差,但在某一组成范围内,混合物的蒸气总压比不易挥发组分的饱和蒸气压还小,因而蒸气总压出现最小值,这类例子如氯仿-丙酮系统,见图 14.9。

(二) 压力-组成图

根据蒸气总压对理想情况产生偏差的程度,真实液态混合物分为如下四类。

1. 具有一般正偏差的系统

如丙酮-苯、四氯化碳-苯、水-甲醇等,它们的蒸气总压大于拉乌尔定律的计算值,即对理想情况产生正偏差。在一定温度下,系统的蒸气总压始终介于 p_A^* 与 p_B^* 之间,即 $p_A^* < p < p_B^*$,如图 14.10(a)所示。

2. 具有一般负偏差的系统

如氯仿(A)-乙醚(B)系统,在一定温度下,其蒸气压小于拉乌尔定律的计算值,即对理想情况产生负偏差。系统总的蒸气压 p 仍然是介于两纯组分的饱和蒸气压之间,即 $p_A^* < p < p_B^*$,如图 14.10(b)所示。

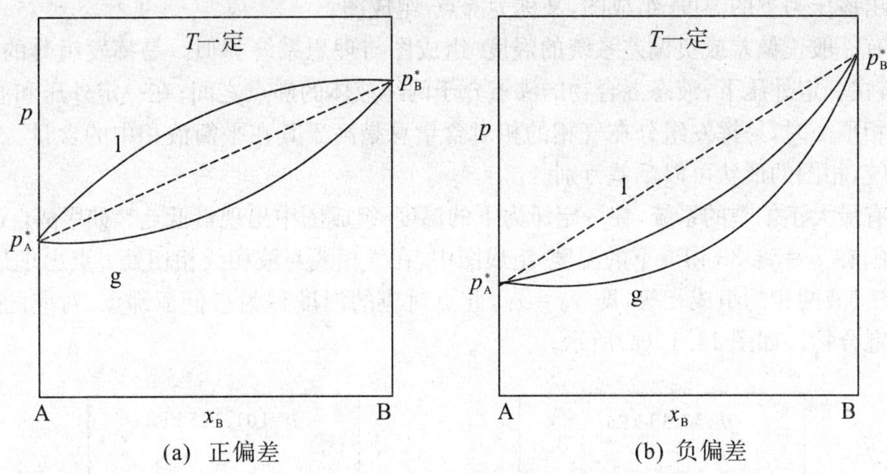

(a) 正偏差　　(b) 负偏差

图 14.10 具有一般偏差的真实液态混合物的 p-x_B 图

3. 具有最大正偏差的系统

如甲醇(A)-氯仿(B)系统，在一定温度下，蒸气总压对理想情况产生正偏差，但在某一浓度范围内，蒸气总压大于易挥发组分的饱和蒸气压，而且在总压线上出现最大值。如图 14.11(a)所示，在 c 点处总压出现最大值，气相线与液相线在 c 点相切。故在此点 $y_B = x_B$，即气相和液相的组成相等。

4. 具有最大负偏差的系统

如氯仿(A)-丙酮(B)系统，在一定温度下，蒸气总压对理想情况产生负偏差，在 c 点处总压出现最小值，而且 $y_B = x_B$，如图 14.11(b)所示。

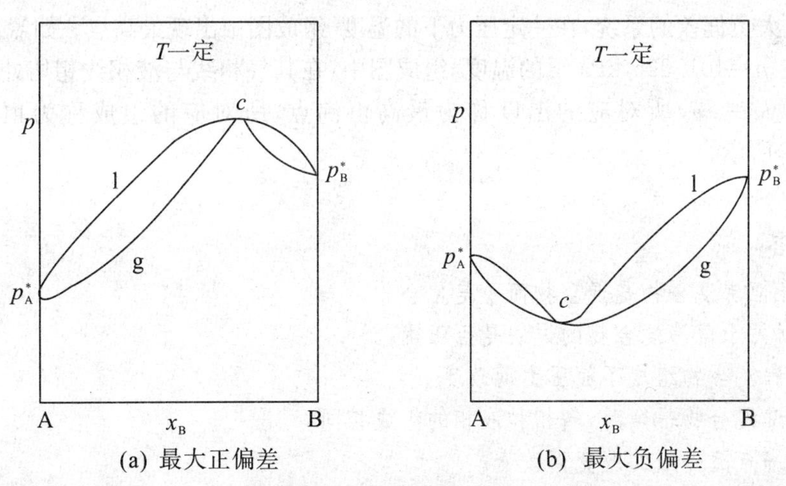

(a) 最大正偏差　　(b) 最大负偏差

图 14.11 具有最大正(或负)偏差液态混合物的 p-x_B 图

（三）温度-组成图

在一定外压下，由实验测定一系列不同组成液体的沸腾温度及平衡气-液两相的组成，即可绘出该压力下的温度-组成图，又称为沸点-组成图。

具有一般正偏差或负偏差系统的温度-组成图与理想系统类似。易挥发组分的沸点相对较低，在一定外压下，液态混合物的沸点介于两纯液体的沸点之间；在一定外压和温度下，气液两相平衡时，易挥发组分在气相的相对含量总是高于其在平衡液相中的含量。但是不同的系统，相图的形状可以千差万别。

具有最大正偏差的系统，在一定压力下的温度-组成图中出现最低点。如甲醇(A)-氯仿(B)系统，在 $p=53.33$ kPa 下的温度-组成图中，在气相线与液相线相切处 c 点出现最低点，此点的气、液两相的组成相等，即 $y_B=x_B$，此点对应的温度称为最低恒沸点，对应的组成称为恒沸混合物。如图 14.12(a)所示。

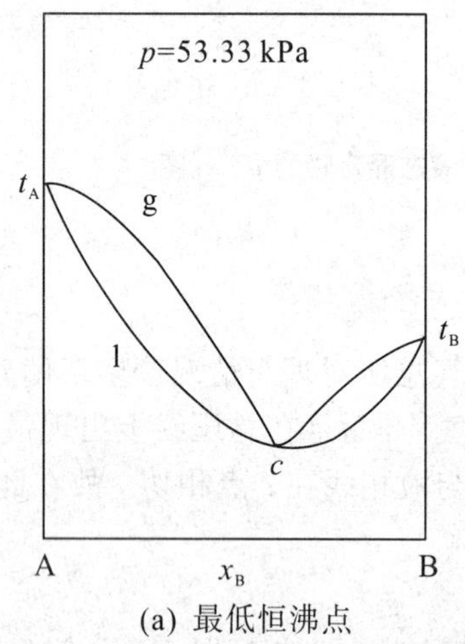

(a) 最低恒沸点

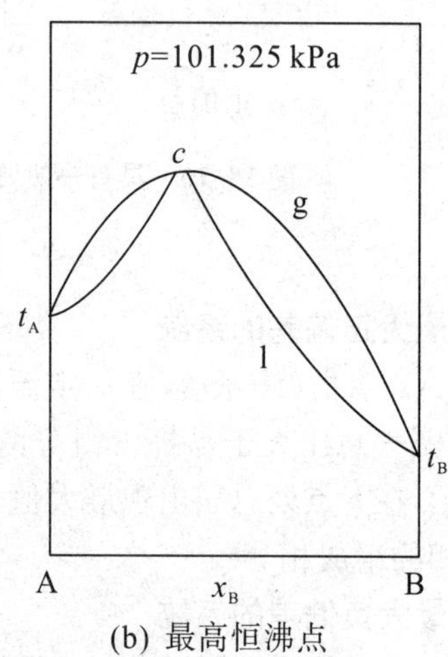

(b) 最高恒沸点

图 14.12　具有恒沸点的真实液态混合物的温度-组成图

具有最大负偏差的系统，在一定压力下的温度-组成图中出现最高点。如氯仿(A)-丙酮(B)系统，在 $p=101.325$ kPa 下的温度-组成图中，在其气相线与液相线相切处 c 点出现最高点，此点 $y_B=x_B$，所对应的温度称为最高恒沸点，所对应的组成称为恒沸组成，如图 14.12(b)所示。

思考与回答

1. 论证恒沸混合物是混合物而不是化合物。

2. 下列关于恒沸混合物的说法是否正确：

(1) 恒沸混合物组成不随压力而改变。

(2) 恒沸混合物平衡时，气相和液相的组成相同。

(3) 其沸点随外压的改变而改变。

(4) 对二组分气-液平衡系统，可用蒸馏或精馏的方法将两组分分离成纯组分的是完全互溶的两相双液系。

3. 具有最高沸点的 A 和 B 二组分体系，最高恒沸物为 C，最后的残留物是什么？为什么？

任务四 液态混合物的精馏

在化工生产中，常常需要将一液态混合物中的各组分分离，譬如原料的提纯、粗产品的精制等。对于溶质为非挥发性的系统，只要将溶剂蒸发就能使溶质结晶分离。而对于各组分都是挥发性物质的系统，通常采用精馏的方法。

一、二组分液态混合物的精馏

精馏操作（如图 14.13 所示）多在恒压下进行，故应用沸点-组成图讨论精馏原理。

如果混合物不存在最高恒沸点或最低恒沸点，它的 $t-x_B$ 图如图 14.14 所示。将系统点为 s_0 点的系统在恒压 p 下加热，达到气液两相平衡共存区内的 s_1 点时，温度为 a_1，部分气化而分为平衡的气液两相，液相点为 l_1，气相点为 g_1。由图可知，液相组成 x_1 小于原溶液组成 x_0。将气液两相（g_1 和 l_1）分开。再将 l_1 点所表示的液相加热，达到 s_2 点时温度为 a_2，部分气化而分为平衡的气液两相即 g_2 和 l_2。液相组成 x_2 小于 x_1。将 g_2 和 l_2 分开，再将 l_2 点的液相加热，达到 s_3 点时温度为 a_3，部分气化而分为平衡的气液两相 g_3 和 l_3，液相组成 x_3 小于 x_2。依此类推，最后可得 x_B 很小的液相，即可获得纯 A。将上述过程中所分出的蒸气 g_1（组成为 y_1）冷却到 s'_2点时，部分冷凝而分为平衡的气液两相 g'_2和 l'_2气相组成 y'_2大于 y_1。将 g'_2和 l'_2分开，再将蒸气 g'_2冷却，达到 s'_3点时，部分冷凝而分为平衡的气液两相 g'_3和 l'_3，气相的组成 y'_3大于 y'_2。依此类推，最后可以得到 y_B 很大的蒸气，即可获得纯B。

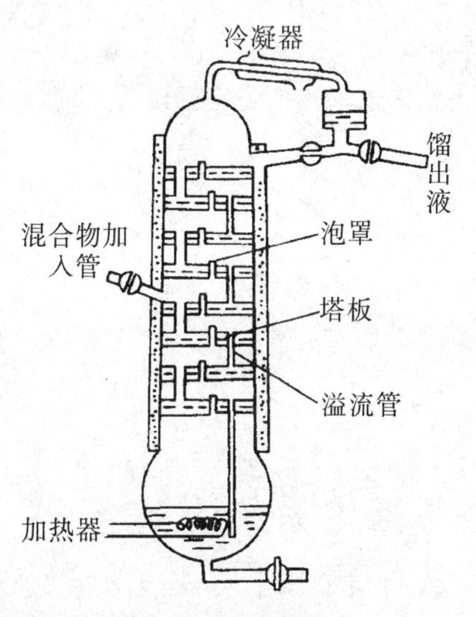

图 14.13 精馏塔示意图

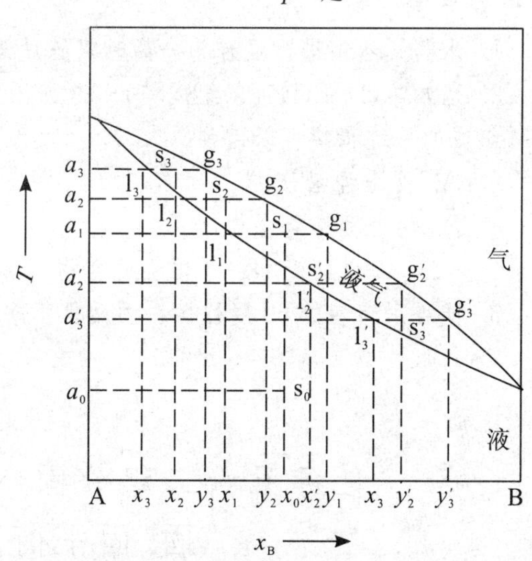

图 14.14 精馏原理的沸点一组成图

实际上，部分气化和部分冷凝可以同时进行。精馏就是多次同时进行部分气化和部分冷凝，使混合物达到分离的过程。

二、具有最高或最低恒沸点混合物的精馏

具有最高或最低恒沸点的二组分系统相图(如图 14.12)可以看作是以恒沸点为分界的两个简单相图的组合。若系统的组成在恒沸混合物组成以右,精馏结果可以得到纯 B 和恒沸混合物。因为当进行多次部分气化后,最终达到恒沸点时,液相组成和气相组成完全相同,欲用精馏方法进行分离是不可能的。若系统组成在恒沸混合物组成以左,精馏的结果,可以得到纯 A 和恒沸混合物。

乙醇-水混合物具有最低恒沸点,为 351.3 K,恒沸混合物中乙醇的质量百分数为 95.57%。因此将乙醇含量小于95.57%的混合物进行分馏时得不到纯乙醇。

对于具有恒沸点的系统,不可能通过一次精馏同时得到两种纯组分。如欲得到另两种纯组分,则需要另外设法使其越过恒沸点,其具体方法有多种。由于属于具体工艺问题,这里就不再讨论。

三、水蒸气蒸馏原理

利用共沸点低于每一种纯液体沸点这个原理,可以把不溶于水的高沸点的液体和水一起蒸馏,使两液体在略低于水的沸点下共沸,以保证高沸点液体不致因温度过高而分解,达到提纯的目的。馏出物经冷却成为该液体和水,由于两者不互溶,所以很容易分开。这种方法称为水蒸气蒸馏。对于高沸点易分解且不溶于水的有机物的提纯常采用此法。

思考与回答

1. 水蒸气蒸馏进行混合物分离时需满足哪些条件?

2. 已知 A(l)、B(l)可以组成其 $t-x(y)$ 图具有最大恒沸点的液态完全互溶的系统,则将某一组成的系统精馏可以得到(　　)。

A. 两个纯组分

B. 两个恒沸混合物

C. 一个纯组分和一个恒沸混合物

3. 能否用市售的60度烈性白酒反复蒸馏而得到纯乙醇?

任务五　二组分固态完全不互溶系统的固-固平衡及固-液平衡相图

对仅由液相和固相构成的凝聚系统而言,压力对相平衡系影响很小,通常不予考虑,因此,在常压下测定的凝聚系统温度-组成图均不注明压力。

一、具有简单的低共熔混合物系统的相图

（一）热分析法

热分析法是绘制相图常用的基本方法，其原理是根据系统在冷却过程中，温度随时间的变化情况来判断系统中是否发生了相变化。通常的做法是先将样品加热成液态，然后令其缓慢而均匀地冷却，记录冷却过程中系统温度随时间变化的数据，再以温度为纵坐标、时间为横坐标，绘制成温度-时间曲线，即步冷曲线，或称为冷却曲线。由若干条组成不同的系统的冷却曲线就可以绘制出熔点-组成图。

以 Bi(A)- Cd(B)二组分系统为例，将二组分以各种比例配成一系列组成不同的混合物，分别由实验测出它们的步冷曲线，如图 14.15(a)所示。

a 线是纯 Bi 的步冷曲线。最初冷却时的温度均匀下降，冷却至 273 ℃时，步冷曲线上出现 AA' 水平段，称为停歇点。这是因为有 Bi 从液态混合物中结晶出来，这时系统中有固相与液相两相平衡。与水平段对应的温度就是 Bi 的凝固点(即熔点)。在此温度下 Bi 全部凝固，系统成为单相(固体 Bi)后，温度才继续下降。

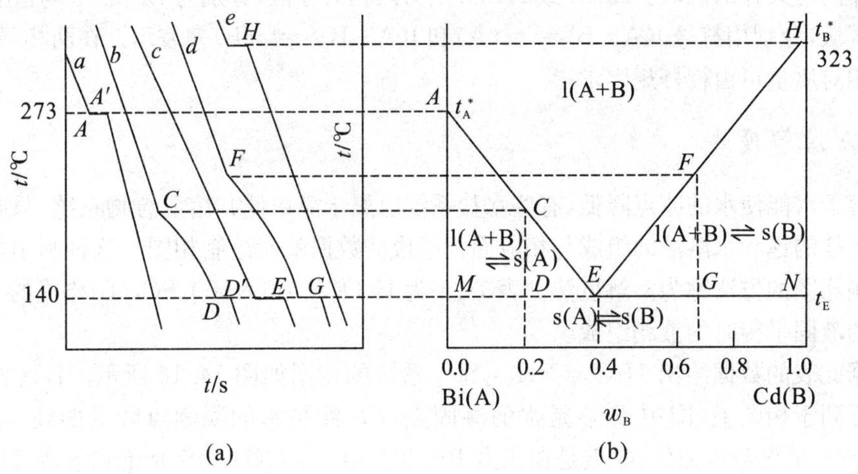

图 14.15 Bi(A)- Cd(B)系统的热分析曲线(a)及其熔点-组成图(b)

e 线是纯 Cd 的步冷曲线。同理，水平段 H 对应的温度 323 ℃是 Cd 的凝固点。

b 线是 Cd 的质量分数 $w_B=0.20$ 混合物的步冷曲线。到 C 点时出现转折，步冷曲线坡度变小，即温度下降得更慢了，该点称为转折点。这是由于从液态混合物中析出了纯 Bi 晶体，放出的相变热使冷却速度变慢，所以当从系统中不断析出纯 Bi 时，液态混合物组成发生变化(Bi 的质量分数减少，Cd 的质量分数增加)，凝固点也随之降低。继续冷却，当达到 D 点时，液态混合物对 Bi 和 Cd 都已成为饱和，Bi 和 Cd 同时结晶出来，而且温度保持不变(140 ℃)，在步冷曲线上出现 DD' 水平段。因为当二组分系统三相平衡时，系统的组成和温度都保持不变，一直至液态混合物完全凝固后温度才继续下降。故转折点 C 对应的温度是一种组分开始结晶的温度，水平段 DD' 对应的温度是二组分一起结晶的温度。

$w_B=0.70$ 的步冷曲线 d 和 b 线相似，都有一个转折点 F 和一个水平段 G，所不同的是在 F 点先析出的固体是 Cd。

c 线是 $w_B=0.40$ 的步冷曲线，它的形状与纯物质的很相似，没有转折点，只有一个水平段 E，这是因为当温度降至 140 ℃时，这个组成正好是两个组分都饱和的液态混合物组成，故 Bi 和 Cd 一起析出，在此以前并不先析出纯 Bi 或 Cd。将 $w_B=0.40$ 的固体混合物加热时，也在 140 ℃全部熔化。显然这种混合物的熔点最低，故此混合物叫低共熔混合物，它的熔点叫低共熔点。任何比例的 Bi－Cd 混合物都在此温度下开始熔化（当固态混合物加热时）或完全结晶（液态混合物冷却时）。

把上述五条步冷曲线中晶体开始析出的温度 A,C,E,F,H 以及全部凝固的温度 D,E,G 描绘于温度-组成图中，将它们分别连接起来，得到图 14.15(b) 的 Bi－Cd 系统液-固平衡相图。图中 A 及 H 分别为纯 Bi 及 Cd 的熔点。AEH 以上为液态混合物相区（单相），用符号 l(A＋B) 表示。AE 线代表纯固体 Bi 与液态混合物平衡时，混合物的组成与温度的关系曲线，即 Bi 的凝固点下降曲线，称为液相线，亦称结晶开始曲线。HE 线为纯固体 Cd 与液态混合物平衡时混合物的组成与温度的关系曲线，即 Cd 的凝固点下降曲线，亦称液相线或结晶开始曲线。E 点叫低共熔点（温度为 140 ℃，$w_B=0.40$）。通过 E 点的水平线 MEN 叫三相平衡线，系统点在此线上（两端点 M 和 N 除外），不论组成如何都呈三相平衡，它们是固态 Bi（相点 M）、固态 Cd（相点 N）及液态低共熔混合物（相点 E），在此温度以下为 Bi 和 Cd 两种固体同时共存的区域。AME 或 HEN 则为两相共存区，分别为 Bi 和 Cd 与液态混合物共存的区域，分别用符号 l(A＋B)$\rightleftharpoons$s(A) 和 l(A＋B)$\rightleftharpoons$s(B) 来表示。在两相平衡区内，两相的相对质量可由杠杆规则求得。

（二）溶解度法

盐溶于水能使水的冰点降低，有些水盐系统也属于简单低共熔混合物系统，只要根据不同温度下盐的饱和水溶液的组成与相应固相组成的数据就能绘制相图。这种利用盐的溶解度来绘制相图的方法称为溶解度法。表 14.4 为 H_2O(A) 和 $(NH_4)_2SO_4$(B) 构成的二组分水盐系统的液固平衡时的液相组成。

根据此表的数据绘出 H_2O－$(NH_4)_2SO_4$ 系统的相图如图 14.16 所示。各区域所代表的相态已列于相图上，图中 P 点是水的凝固点，PL 线是水的凝固点降低曲线。LQ 线是 $(NH_4)_2SO_4$ 的溶解度曲线，Q 点是在压力 101.325 kPa 下 $(NH_4)_2SO_4$ 饱和溶液可能存在的最高温度，如温度再高，液相将消失而成为水蒸气和固体 $(NH_4)_2SO_4$，但如增大外压，LQ 线还可向上延长。状态为 L 点的溶液在冷却时析出的低共熔混合物冰和固体 $(NH_4)_2SO_4$ 又称为低熔冰盐合晶。L 点所对应的温度即低共熔点，通过 L 点的 S_1S_2 水平线是三相线。

表 14.4　H_2O(A)-$(NH_4)_2SO_4$(B) 系统的液固平衡实验数据

t/℃	w_B	固相
		冰
0	0	冰
－11	0.286	冰$\rightleftharpoons$$(NH_4)_2SO_4$
－19.05	0.384	$(NH_4)_2SO_4$
0	0.411	$(NH_4)_2SO_4$
30	0.438	$(NH_4)_2SO_4$
70	0.479	$(NH_4)_2SO_4$
108.90(沸点)	0.518	$(NH_4)_2SO_4$

水-盐系统相图可应用于结晶法分离盐类。例如，欲自 $w_B=0.30$ 的 $(NH_4)_2SO_4$ 水溶液中获得 $(NH_4)_2SO_4$ 纯晶体，由图可知，单凭冷却是不可能的，因为冷却过程中将首先析出冰，冷却到 -19.05 ℃时，固体盐与冰同时析出，故应先将溶液蒸发浓缩，使溶液组成 $w_B>0.384$（图中 L 点所对应的组成），再将浓缩后的溶液冷却，并控制温度使其略高于 -19.05 ℃，则可获得纯 $(NH_4)_2SO_4$ 晶体。

二、生成相合熔点化合物系统的相图

某些二组分系统可以形成固态化合物，并能与液相平衡共存。图 14.17 是 Mg(A)-Si(B)系统在常压下的熔点-组成图。Mg(A)和 Si(B)可以形成化合物 Mg_2Si(C)。在此种情况下，固相 A，B 和 C 不互溶，图 14.17 所示的相图可以看作由两个简单低共熔系统的相图合并而成，一个是 A-C 系统，另一个是 C-B 系统。液相是 A 和 B 的均相混合物（或溶液）。根据液态混合物（或溶液）的组成，在冷却过程中，当温度降至低共熔点时，固态 A 和 C 或 B 和 C 同时析出。如果液态溶液的组成为 $w_B=0.365\,8$，则冷却后只有纯固态化合物 C 凝固出来，而且温度保持在 1 102 ℃不变，直至所有液态溶液完全凝固为止，所得步冷曲线的形状与单组分系统（纯物质）的步冷曲线形状一致。

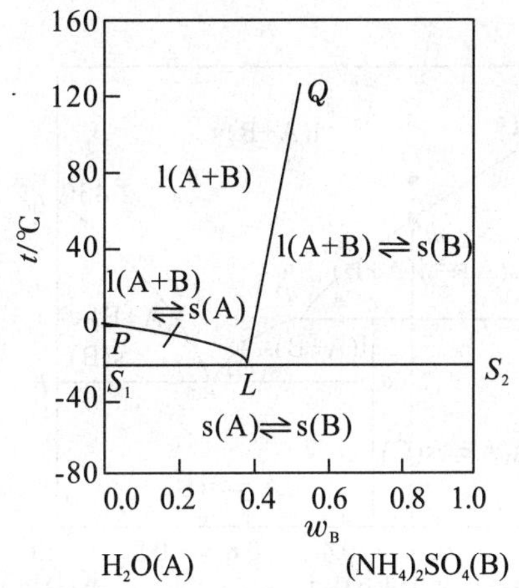

图 14.16　H_2O(A)和 $(NH_4)_2SO_4$(B)系统的液-固平衡相图

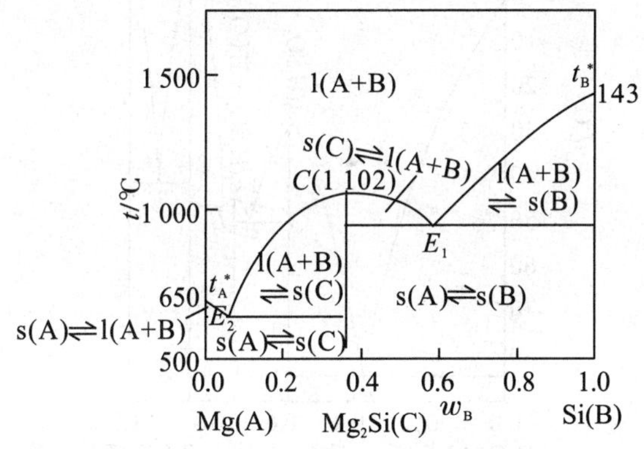

图 14.17　Mg(A)-Si(B)系统的熔点-组成图

某些二组分系统可以形成几种化合物。例如，水 H_2O(A)和硫酸 H_2SO_4(B)系统可以形成三种化合物，如图 14.18 所示，其中有四个简单低共熔系统的相图。通常 $w_B=0.98$ 的浓硫酸常用之于炸药工业、医药工业等，但是从图中可以看到 $w_B=0.98$ 的浓硫酸的结晶温度为 273.25 K，作为产品在冬季很容易冻结，输送管道也容易堵塞，无论运输和使用都会遇到困难，因此冬季常以 $w_B=0.925$ 的硫酸作为产品，这种酸的凝固点大约在 238.2 K。在一般的地区存放或运输都不至于冻结，但是从运输的费用看，运输浓硫酸比较经济。从图 14.18还可以看到，组成为 $w_B=0.90$ 的结晶温度对组成的变化影响较为显著。例如，当 $w_B=0.93$ 变为 $w_B=0.91$，则结晶温度将从 238.2 K 升到 255.9 K，如果 w_B 降到 0.89，则结晶温度升到 269 K，在冬季也是很容易有晶体析出的，所以在冬季不能用同一条输送管道来输

送不同组成的 H_2SO_4，以免因组成改变而引起管道堵塞。图 14.18 中各点的数据见表 14.5。

表 14.5　$H_2O(A)$-$H_2SO_4(B)$系统的实验数据

系统点	a	E_1	c_1	E_2	c_2	E_3	c_3	E_4	b
t/℃	0	−74.5	−25.8	−45.5	−39.65	−41.0	8.3	−37.85	10.45
w_B	0	0.380	0.576	0.683	0.730	0.750	0.843	0.933	1.00

三、生成不相合熔点化合物系统的相图

在某些情况下，固态化合物不能稳定地达到其熔点。当加热这种固态化合物时，在未达到其熔点之前它即分解成新的固相和组成不同于原来的固态化合物的液相，这种固态化合物称为不相合熔点化合物。属于这种情况的二组分系统有：$Na_2SO_4-H_2O$，$SiO_2-Al_2O_3$，CF_2-CaCl_2，Na－K 等。

Na(A)－K(B)系统的固液平衡熔点-组成图如图 14.19 所示。由 Na 和 K 生成的化合物 Na_2K 加热至温度 t_p 时，Na_2K 按下式分解：

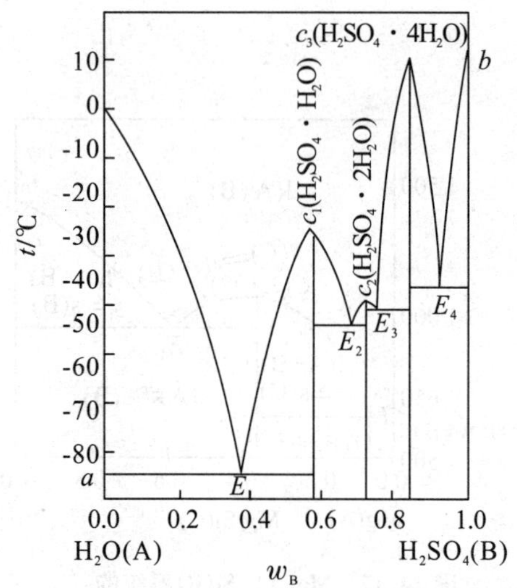

图 14.18　$H_2O(A)$-$H_2SO_4(B)$ 系统的液固平衡相图

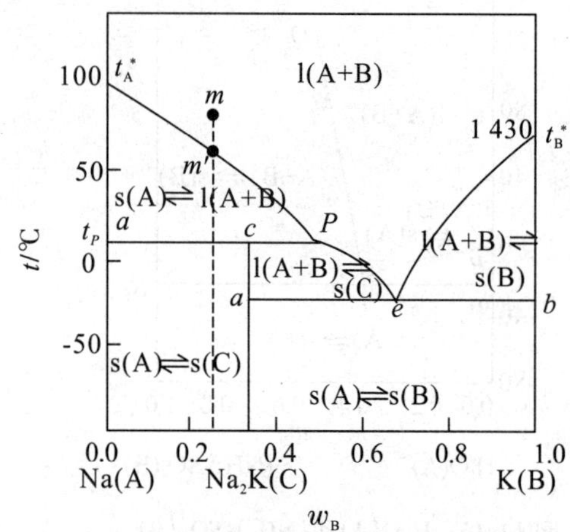

图 14.19　Na(A)－K(B)系统的熔点-组成图

$$Na_2K(s) \rightleftharpoons Na(s) + 熔体[l(Na+K)]$$

P 点称为转熔点，该点的温度 t_p 称为不相合熔点。这种分解过程称为转熔反应，因为在转熔反应中，三相平衡共存于一个系统中：固态 Na(相点 a)、固态化合物 Na_2K(相点 c)和液态混合物(相点 p)，这时温度和各相的组成都固定不变。当固态化合物 Na_2K 全部分解完后，系统变成两相，系统的温度才能变动(上升)。在转熔点以上，熔化物只与纯固态 Na 平衡共存。

如果冷却组成为 y 的均相熔化物 m，则到达 m 点时，纯固态 Na 开始从熔化物中析出，熔化物中 K 含量增加，熔化物的组成在继续冷却过程中沿 mp 曲线变化。当温度到达转熔点 t_p 时，固态 Na 与熔化物生成固态化合物 Na_2K，系统成为三相平衡系统，条件自由度为

零。当转熔反应完成后，系统成为含纯固态 Na 和固态化合物 Na_2K 的两相平衡系统，系统的温度才能继续下降。

思考与回答

1. 为什么具有 40% Cd 的 Bi - Cd 体系，其步冷曲线的性状与纯 Bi 及纯 Cd 的相同？
2. 怎样从 80% Cd 的 Bi - Cd 混合物中分离出 Cd 来？能否全部分离出来？
3. 分别解释低共熔混合物、相合熔点化合物和不相合熔点化合物。
4. A 和 B 可构成固熔体，在 A 中，若加入 B 可使 A 的熔点提高，则 B 在此固熔体中含量必(　　)B 在液相中的含量。

A. 大于　　　　B. 小于　　　　C. 等于　　　　D. 不能确定

阅读材料

超临界流体及其应用

纯净物质要根据温度和压力的不同，呈现出液体、气体、固体等状态的变化，如果通过提高温度和压力来观察状态的变化，那么会发现，如果达到特定的温度、压力，会出现液体与气体界面消失的现象，该点被称为临界点，超临界流体指的是处于临界点以上温度和压力区域下的流体，在临界点附近，会出现流体的密度、黏度、溶解度、热容量、介电常数等所有流体的物性发生急剧变化的现象。

超临界流体具有十分独特的物理化学性质，它的密度接近于液体，黏度接近于气体，扩散系数大、粘度小、介电常数大。分离效果较好，是很好的溶剂。

一、超临界流体的特性

超临界流体由于液体与气体分界消失，是即使提高压力也不液化的非凝聚性气体。超临界流体具有十分独特的物理化学性质，它的密度接近于液体，黏度接近于气体，扩散系数大、粘度小、介电常数大，扩散度接近于气体。另外，根据压力和温度的不同，这种物性会发生变化，因此，在提取、精制、反应等方面，越来越多地被用来作代替原有有机溶媒的新型溶媒使用，分离效果较好，是很好的溶剂。

例如，水的密度、离子、介电常数等以临界温度 37.4 ℃为分界，发生急剧的变化。特别是在常温状态下极性溶剂——水的介电常数到了临界点以上会急剧减小，超临界水的介电常数减小到与有机溶媒相同的水平。

由于这种特性，水在超临界状态便具有与有机溶媒相同的特性，变成了可以与有机物完全混合的状态，热容量值有较大变化，这也是临界点非常独特的特性之一。临界点的热容量值急剧上升，几乎达到了无限大，然后再减小，如果恰当地利用这种特性，将能够得到一种非常优秀的热媒体。

二、超临界流体技术的优点

超临界流体具有较高的扩散性，从而减小了传质阻力，这对多孔疏松的固态物质和细胞材料中的化合物的萃取特别有利，超临界流体对改变操作条件(如压力、温度)特别敏感，这就提供了操作上的灵活性和可调性。超临界流体可在低温下进行，对分离热敏性物料尤为有利，超临界流体具有低的化学活泼性和毒性。

三、超临界流体萃取技术

超临界流体技术有超临界流体萃取（Supercritical Fluid Extraction，SFE）、超临界水氧化技术、超临界流体干燥、超临界流体染色、超临界流体制备超细微粒、超临界流体色谱（Supercritical Fluid Chromat Ography）和超临界流体中的化学反应等，但以超临界流体萃取应用得最为广泛。很多物质都有超临界流体区，但由于 CO_2 的临界温度比较低(304.1 K)，临界压力也不高(7.38 MPa)，且无毒，无臭，无公害，所以在实际操作中常使用 CO_2 超临界流体。如用超临界 CO_2 从咖啡豆中除去咖啡因，从烟草中脱除尼古丁，从大豆或玉米胚芽中分离甘油酯，对花生油、棕榈油、大豆油脱臭等。又例如从红花中提取红花甙及红花醌甙（它们是治疗高血压和肝病的有效成分），从月见草中提取月见草油（它们对心血管病有良好的疗效）等。使用超临界技术的唯一缺点是涉及高压系统，大规模使用时其工艺过程和技术的要求高，设备费用也大。但由于它优点甚多，仍受到重视。

利用超临界流体进行萃取，将萃取原料装入萃取釜。采用二氧化碳为超临界溶剂。二氧化碳气体经热交换器冷凝成液体，用加压泵把压力提升到工艺过程所需的压力（应高于二氧化碳的临界压力），同时调节温度，使其成为超临界二氧化碳流体。二氧化碳流体作为溶剂从萃取釜底部进入，与被萃取物料充分接触，选择性溶解出所需的化学成分。含溶解萃取物的高压二氧化碳流体经节流阀降压到低于二氧化碳临界压力以下进入分离釜（又称解析釜），由于二氧化碳溶解度急剧下降而析出溶质，自动分离成溶质和二氧化碳气体两部分，前者为过程产品，定期从分离釜底部放出，后者为循环二氧化碳气体，经过热交换器冷凝成二氧化碳液体再循环使用。整个分离过程是利用二氧化碳流体在超临界状态下对有机物有特异增加的溶解度，而低于临界状态下对有机物基本不溶解的特性，将二氧化碳流体不断在萃取釜和分离釜间循环，从而有效地将需要分离提取的组分从原料中分离出来。

四、超临界萃取在中药和天然产物提取中的应用

研究表明，用超临界 CO_2($SC-CO_2$)作溶剂对药物、食品等的提取分离有以下独到的优点：① $SC-CO_2$的临界温度(31.1 ℃)接近室温，在温和条件下提取可防止热敏性物质的降解，使高沸点、低挥发度的物质远在其沸点之下萃取出来；② CO_2 的临界压力(7.38 MPa)处于中等压力，就目前工业水平其超临界状态一般易于达到；③ CO_2 无毒、无味、不燃、不腐蚀，萃取产品无溶剂残留，故能满足对药物、食品等溶剂残留控制质量指标，不造成对人体健康的危害和对环境的污染；④ 萃取速度快，效率高，能耗少，且操作参数易于控制，因而能使产品质量稳定；⑤ 超临界 CO_2 还具有抗氧化灭菌作用，有利于保证和提高产品质量。超临界 CO_2 萃取的上述优良特性，恰好是目前传统中药提取工艺难以解决的缺陷问题。中药提取常用方法有浸渍法、渗漉法、水煎煮法、回流提取法、连续回流提取法以及水蒸气蒸馏法等。采用上述方法得到的中草药提取液或提取物一般是混合物，需进一步除去杂质并进行精制，其中，水提醇沉法或醇提水沉法是目前应用较广泛的精制方法。上述传统中药的制剂方法存在明显的不足：一是经常大量使用易燃的有机溶剂；二是工艺繁杂、耗费时间长，从中药提取到净化分离与纯化需要 2～7 天；三是无论水煮、有机溶剂萃取或水蒸气蒸馏均由于较长时间的加热，易造成热敏性成分的降解和挥发成分的损失；四是残留在有效成分中的有机溶剂很难通过蒸发或干燥而彻底去除。其总体结果是影响中成药的质量和稳定性，新型的超临界流体萃取技术可在一定程度上克服中药制剂生产中的一些瓶颈问题。

五、萃取在药物分析中的应用

目前，分析型超临界萃取用于对生物样品的痕量超临界 CO_2 萃取在药物分析中的应用：药检样品的前处理正在逐步代替某些传统方法，该方法已发展成为一种常规方法，展示了诱人的应用前景。相对于其他传统制备技术，分析型 SFE 显示了快速、安全、经济及对环境无害的优越性。分析型 SFE 设备设计原理简单，一般不需要 SF 循环操作而将 SFE 一次性放空。笔者所在实验室采用超临界 CO_2 萃取对人参中六六六等农药残留量进行了检测与脱除研究，结果表明 SFE 方法萃取率高，使用溶剂少，分离步骤少，明显优于传统方法。超临界流体虽然有众多优点与应用，但目前技术条件不够完善，费用太高以至于超临界流体不能得到广泛应用，今后的工作应主要是创新和改进技术。

（来源：http://baike.baidu.com/view/782025.htm）

项 目 小 结

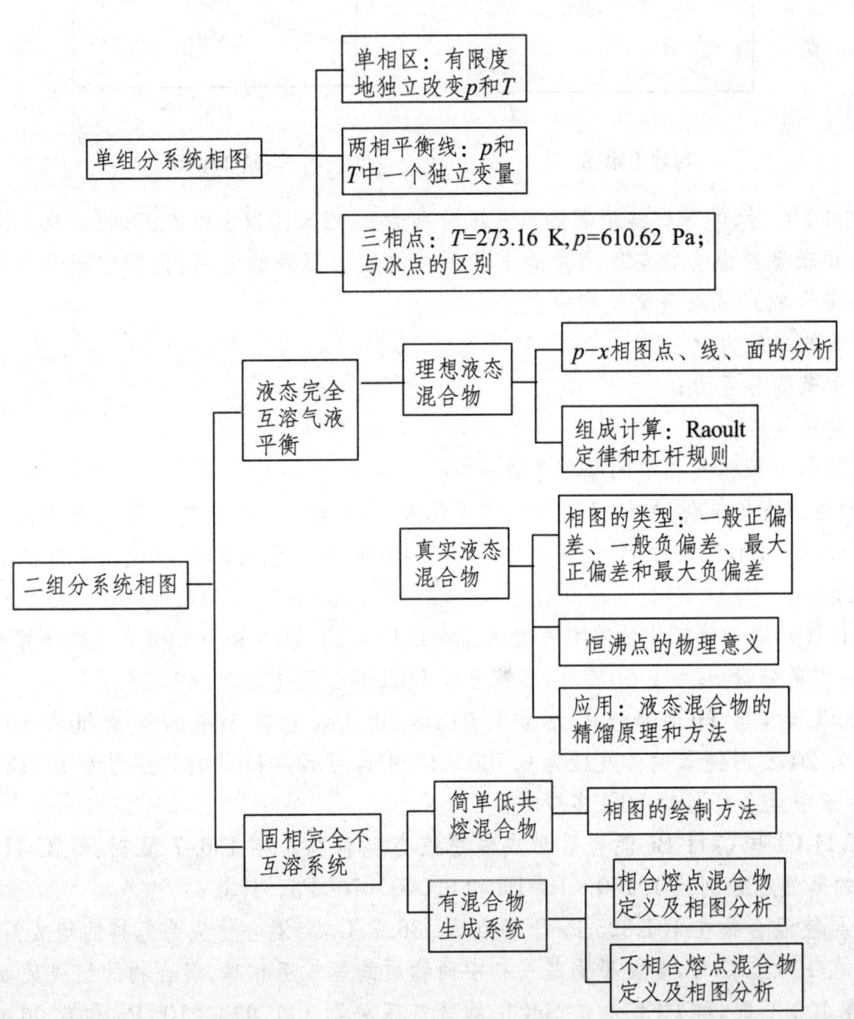

习 题

1. 水的相图如习题1附图所示,叙述点 K 代表的物系在等温降压过程中的状态和相的变化。

2. 单组分系统硫的相图示意如习题2附图所示,试分析图中各点、线、面的相平衡关系。

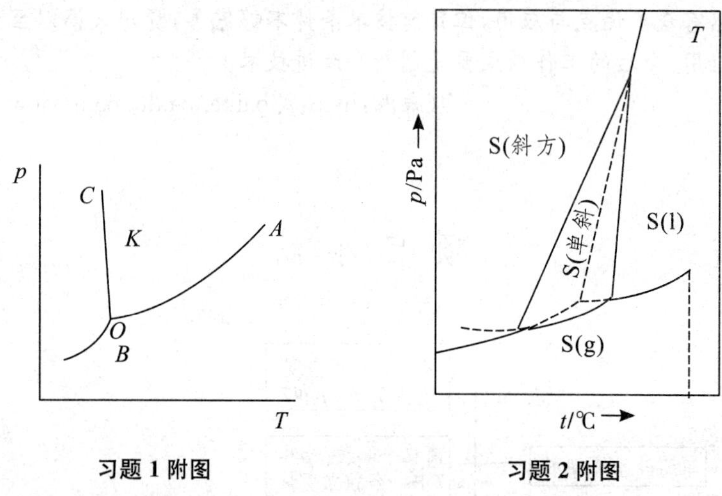

习题1附图　　习题2附图

3. 在20 ℃时,纯苯和纯甲苯的蒸气压分别为 9.92×10^{3} Pa 和 2.93×10^{3} Pa。一未知组成的苯和甲苯蒸气混合物与等质量的苯和甲苯的液态混合物呈平衡(假定苯与甲苯可形成理想液态混合物),试求平衡气相中:

(1) 苯的分压力;

(2) 甲苯的分压力;

(3) 总蒸气压;

(4) 苯和甲苯在气相中的摩尔分数。

4. 两种挥发性液体A和B混合形成理想液态混合物。某温度时溶液上面的蒸气总压力为 5.41×10^{4} Pa,气相中A的摩尔分数为0.45,液相中为0.65。求此温度时纯A和纯B的蒸气压。

5. HCl(g)溶于氯苯中的亨利系数 $k_{b,B}=4.44\times10^{4}\ Pa\cdot kg\cdot mol^{-1}$。试计算当溶液中HCl(g)的质量分数 $w_B=1.00\%$ 时,溶液上面HCl的分压力为多少?

6. 20 ℃时,当HCl的分压力为 1.013×10^{5} Pa,它在苯中的平衡组成 $x(HCl)$ 为0.042 5。若20 ℃时纯苯的蒸气压为 0.100×10^{5} Pa,问苯和HCl的总压力为 1.013×10^{5} Pa 时,100 g苯中至多可溶解HCl多少克?

7. C_6H_5Cl 和 C_6H_5Br 混合后形成理想液态混合物。在136.7 ℃时,纯 C_6H_5Cl 和纯 C_6H_5Br 的蒸气压分别为 1.150×10^{5} Pa 和 6.040×10^{4} Pa。计算:

(1) 要使混合物在101 325 Pa下沸点为136.7 ℃,则混合物应为怎样的组成?

(2) 在136.7 ℃时,要使平衡蒸气相中两物质的蒸气压相等,混合物的组成又如何?

8. 在100 ℃时,纯 CCl_4 和纯 $SnCl_4$ 的蒸气压分别为 1.933×10^{5} Pa 和 6.66×10^{4} Pa。这两种液体可组成理想液态混合物。假定以某种配比混合成的这种混合物,在外压为1.013

$\times 10^5$ Pa 的条件下,加热到 100 ℃时开始沸腾。计算:

(1) 该混合物的组成;

(2) 该混合物开始沸腾时的第一个气泡的组成。

9. C_6H_6(A)-$C_2H_4Cl_2$(B)的混合液可视为理想液态混合物。50 ℃时,$p_A^* = 3.57 \times 10^4$ Pa;$p_B^* = 3.15 \times 10^4$ Pa。试分别计算 50 ℃时 $x_A = 0.25, 0.50, 0.75$ 时的混合物的蒸气压及平衡气相组成。

10. 已知甲苯、苯在 90℃下纯液体的饱和蒸气压分别为 54.22 kPa 和 136.12 kPa。两者可形成理想液态混合物。取 0.200 kg 甲苯和 0.200 kg 苯置于带活塞的导热容器中,始态为一定压力下 90 ℃的液态混合物。在恒温 90 ℃下逐渐降低压力,问:

(1) 压力降到多少时,开始产生气相,此气相的组成如何?

(2) 压力降到多少时,液相开始消失,最后一滴液相的组成如何?

(3) 压力为 92.00 kPa 时,系统内气、液两相平衡,两相的组成如何?两相的物质的量各为多少?

11. 在 25 ℃时,丙醇(A)-水(B)系统气液两相平衡时,组分 B 的蒸气分压力、液相组成与总压力的关系如下:

x_B	0	0.100	0.200	0.400	0.600	0.800	0.950	0.980	1.000
p_B/kPa	0	1.08	1.79	2.65	2.89	2.91	3.09	3.13	3.17
p/kPa	2.90	3.67	4.16	4.72	4.78	4.72	4.53	3.80	3.17

(1) 画出压力-组成图(包括液相线及气相线)并指出发生何种偏差;

(2) 组成为 $x_B = 0.3$ 的系统在平衡压力 $p = 4.16$ kPa 下达到气液两相平衡,求平衡时气相组成 y_B 及液相组成 x_B;

(3) 上述系统 5 mol 在 $p = 4.16$ kPa 下达到平衡时,气相、液相的物质的量各为多少?气相中含丙醇和水各多少?

12. 在 101.325 kPa 下,9.0 kg 的水与 30.0 kg 的醋酸形成的液态混合物加热到 105 ℃时,达到气-液两相平衡。气相组成 y(醋酸)=0.417(摩尔分数),液相中 x(醋酸)=0.544(摩尔分数)。求气、液两相的质量各为多少?

13. 根据习题 13 附图回答下列问题:

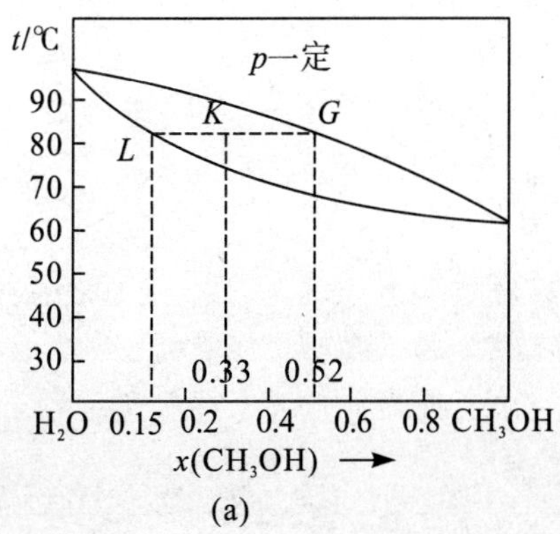

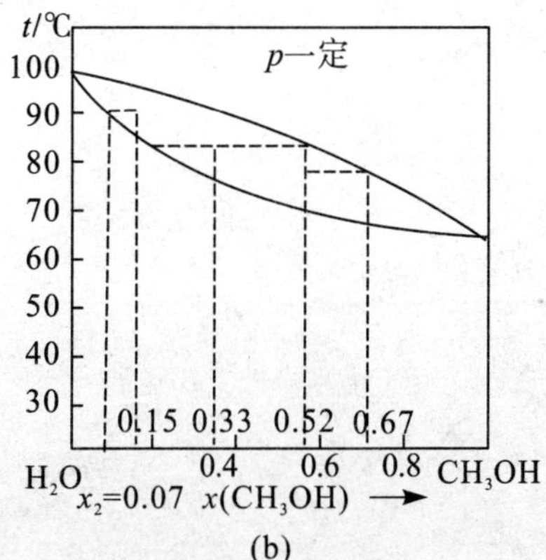

习题 13 附图

(1) 指出子图(a)中,K 点所代表的系统的总组成,平衡相数及平衡相的组成。

(2) 将组成 x(甲醇)=0.33 的甲醇水溶液进行一次简单蒸馏,加热到 85 ℃停止蒸馏,问馏出液的组成及残液的组成,馏出液的组成与液相比发生了什么变化?通过这样一次简单蒸馏是否能将甲醇与水分开?

(3) 将(2)所得的馏出液再重新加热到 78 ℃,所得的馏出液的组成如何?与(2)中所得的馏出液相比发生了什么变化?

(4)将(2)所得的残液再次加热到 91 ℃,所得的残液的组成又如何?与(2)中所得的残液相比发生了什么变化?欲将甲醇水溶液完全分离,要采取什么步骤?

项目十五　表面现象与胶体

学习目标

(1) 掌握表面张力和表面吉布斯函数的定义和关系，明确影响表面张力的各种因素；

(2) 掌握润湿角与润湿的关系，铺展系数和铺展的关系，理解杨氏方程；

(3) 掌握弯曲液面附加压力的拉普拉斯方程，理解毛细管现象；

(4) 了解表面活性物质的结构特征及其主要作用；

(5) 掌握兰格缪尔单分子层吸附理论和吸附等温式；

(6) 理解物理吸附和化学吸附的含义与区别；

(7) 了解固体在溶液中的双电子层结构；

(8) 了解溶胶的结构与性质。

表面现象是自然界中普遍存在的基本现象，在生产、科研与生活中能经常遇到。例如，在光滑玻璃上的微小汞滴会自动地呈球形；水在毛细管中会自动地上升；固体表面能自动地吸附其他物质；脱脂棉易于被水润湿；微小的液滴易于蒸发。这些在相界面上所发生的物理化学现象称为表面现象。产生表面现象的主要原因是处在表面层中的物质分子与系统内部的分子存在着力场上的差异。

对一定量的物质而言，分散度愈高，其表面积就愈大。通常用比表面积 A_V 来表示物质的分散度。其定义为：每单位体积或单位质量的物质所具有的表面积，即

$$A_V=\frac{A}{V} \quad 或 \quad A_m=\frac{A}{m}$$

例如，将一个体积为 10^{-6} m^3（即 1 cm^3）、边长为 10^{-2} m（即 1 cm）的立方体，分割成边长为 10^{-9} m 的小立方体时，其表面积可增加 1 000 万倍。

随着分散度的增加，系统总的表面积将愈来愈大，而高度分散的系统，往往产生明显的表面效应。物质与真空、与本身的饱和蒸气或与被其蒸气饱和了的空气相接触的面，称为表面。任意两相间的接触面，通称为界面。本项目所涉及的内容主要是在相界面上发生的现象，但习惯称为表面现象。

严格说来，任意两相之间的界面并非是几何平面，而是约有几个分子厚度的薄层，故将界面称为界面层更为确切。在特种显微镜下可观察到气-液界面是模糊不清的薄层，并非是光滑的平面。随着表面学科的深入研究，这一学科所涉及的内容愈来愈广泛，它的重要性愈来愈被人们所重视，在科研、生产中所起的作用也愈益明显。

胶体化学是物理化学的另一个重要分支。它研究的领域是化学、物理学、材料科学、生物化学等诸多学科的交叉与重叠，已成为这些学科的基础理论。胶体化学研究的主要对象也是高分散的多相系统。

本项目主要介绍有关表面现象、胶体化学的一些最重要的基本概念。

任务一 表面张力

一、表面张力、表面功及表面吉布斯函数

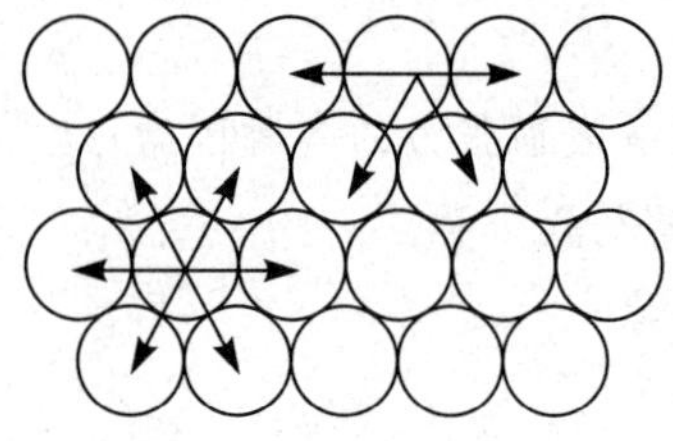

图 15.1 液体表面分子受力情况示意图

处在物质表面层中的分子与相内（又称为体相）的分子，二者所处的力场是不相同的。例如，某液体与其饱和蒸气相接触，在液体内部的任一分子皆被同类分子包围，平均看来，它与周围分子间的吸引力是球形对称的，各个相反方向上的力彼此可相互抵消，使合力为零。故在液体内部分子的运动，可视为无规则的热运动而不消耗系统的能量。然而，体相内的分子对表面层中分子的吸引力，远大于气体分子对它的吸引力，使表面层中的分子恒受到指向液体内部的拉力。此拉力垂直于液面而指向液体内部，它力图把表面层中的分子拉入液体内部而缩小表面积。因此，液体表面上如同存在着一层富于弹性的、绷紧了的橡皮膜。

例如，微小的液滴总是呈球形；肥皂泡要用力吹才可变大，否则一放气就会自动地缩小。又如，把一个系有细线圈的金属环浸入肥皂水中，然后取出，这时在金属环上形成液膜，此液膜如一张拉紧了的橡皮膜，细线则保持最初的偶然形状，如图 15.2(a)所示。若用烤热的针刺破线圈内的液膜，由于线圈上任一点内外两侧的作用力失去平衡，则立即弹开而呈圆形，如图 15.2(b)所示。所有这些现象皆显示出液面上处处都存在着一种使液面张紧的力，或称紧缩力。

（一）表面张力的定义

在与液面相切的方向上，垂直作用于单位长度线段上的紧缩力，称为表面张力，用 σ 表示，单位为 $N \cdot m^{-1}$。

对于平液面，表面张力的方向与液面平行，图 15.2(b)中箭头所指的方向即为 σ 的方向。对于弯曲的液面，σ 的方向应与液面相切。

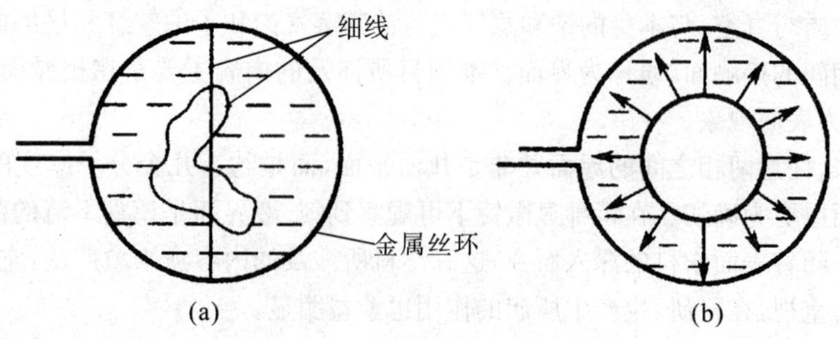

图 15.2 表面张力的作用

（二）比表面功与比表面吉布斯函数

由于表面张力的存在，要增大系统的表面积，就需克服此张力而对系统作功。如图 15.3 所示，在一金属框上装有可以左右滑动的金属丝，将金属固定后蘸上一层肥皂膜。这时若放松金属丝，由于表面张力的作用，金属丝就会自动地向左移动而缩小液膜之面积。设金属丝的长度为 l，作用于液膜单位长度上的紧缩力为表面张力 σ，则作用于金属丝上的总力 $F=2l\sigma$。乘以 2 是因为液膜有正反两个表面。

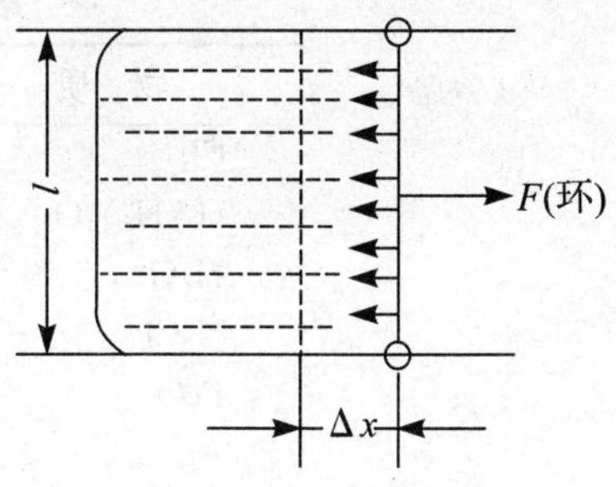

图 15.3　作表面功示意图

在一定温度、压力下，若使上述液膜的面积增大 $\mathrm{d}A$，则需反抗张力 F 使金属丝向右移动 $\mathrm{d}x$ 而作非体积功。忽略摩擦力时，可逆非体积功为

$$\delta W'_{\mathrm{r}} = F\mathrm{d}x = 2\sigma l\,\mathrm{d}x = \sigma\mathrm{d}A \tag{15.1}$$

式中，$\mathrm{d}A=2l\mathrm{d}x$ 为系统得到非体积功 $\delta W'_{\mathrm{r}}$ 后液膜增加的表面积。上式可改写为

$$\sigma = \frac{F}{2l} = \frac{\delta W'_{\mathrm{r}}}{\mathrm{d}A} \tag{15.2}$$

在恒温恒压下，可逆过程的非体积功等于此过程系统的吉布斯函数变。即

$$\delta W'_{r} = \mathrm{d}_{T,p}G = \sigma\mathrm{d}A \tag{15.3}$$

故恒温恒压下为

$$\sigma = \left(\frac{\mathrm{d}G}{\mathrm{d}A}\right)_{T,p,N} \tag{15.4}$$

式中，下标 T、p、N 表示系统的温度、压力及组成一定。

由式(15.2)及式(15.3)可知：表面张力 σ 为在液体表面上垂直作用在单位长度线段上的力；同时又等于增加液体单位表面积时系统所得到的可逆非体积功，此功称为比表面功；在恒温恒压下，σ 亦等于增加液体单位表面积时系统的吉布斯函数的增量，故 σ 又称为比表面吉布斯函数。

表面张力、比表面功和比表面吉布斯函数三者虽为不同的物理量，具有不同的物理意义，但三者数值相等。当考虑界面性质的热力学问题时，宜使用比表面吉布斯函数的概念；而在分析各种不同界面的相互作用或它们的平衡关系时，则利用表面张力就更方便与直观。

二、影响表面张力的因素

液态物质的表面张力，通常是指该液体与该物质的饱和蒸气或与空气相接触而言。一般来说，凡能影响液态物质物理化学性质的各种因素，对表面张力皆有影响，现分别说明如下。

（一）与物质的本性有关

不同种类的物质分子间的作用力往往千差万别，而表面张力的存在是分子间相互作用的必然结果，故分子间作用力愈大，表面张力也愈大。一般说来，极性液体，例如水，有较大的表面张力，而非极性液体的表面张力则较小。表 15.1 列出一些物质在实验温度下呈液态时的表面张力。高温下熔融状态的金属或金属氧化物往往具有很高的表面张力。

表 15.1 某些液态物质的表面张力

物　质	t/℃	$\sigma/10^{-3}\,N\cdot m^{-1}$
Cl_2	−30	25.56
$(C_2H_5)_2O$	25	26.43
H_2O	20	72.88
NaCl	803	113.8
FeO	1 427	582
Ag	1 100	878.5
Cu	1 083	1 300
Pt	1 773.5	1 800

(二) 与接触相的性质有关

在一定条件下,同一种物质与不同性质的其他物质接触时,表面层分子所处的力场不相同,故表面张力(确切说应称为界面张力)出现明显的差异。表 15.2 给出 20 ℃时水与不同的液相接触时界面张力的数据。表中 $\sigma_{w,g}$代表纯水的表面张力;$\sigma_{B,g}$代表纯液体 B 的表面张力。当水与另一种互不相溶的纯液体 B 共存时,经典表面化学认为两种液体之间只有一个界面,所以也只有一个界面张力,用 $\sigma_{w,B}$或 $\sigma_{B,w}$表示皆可。

表 15.2 20 ℃时水和不同液体接触时的界面张力

W	B	$\sigma_{w,g}/10^{-3}\,N\cdot m^{-1}$	$\sigma_{B,g}/10^{-3}\,N\cdot m^{-1}$	$\sigma_{w,B}/10^{-3}\,N\cdot m^{-1}$
水	苯	72.75	28.9	35.0
水	四氯化碳	72.75	26.8	45.0
水	正辛烷	72.75	21.8	50.8
水	正己烷	72.75	18.4	51.1
水	汞	72.75	470.0	375.0
水	辛醇	72.75	27.5	8.5
水	乙醚	72.75	17.0	10.7

(三) 温度的影响

同一种物质的表面张力因温度不同而异,当温度升高时物质的体积膨胀,分子间的距离增加,使分子间的吸引力减弱,所以当温度升高时,大多数物质的表面张力都是逐渐地减小(见表 15.3),在相当大的温度范围内,两者近似呈线性关系。例如 CCl_4 在 0～270 ℃的范围内,σ 与温度 t 的关系几乎是一条直线。当温度趋于临界温度时,任何物质的表面张力皆趋于零。

表 15.3　不同温度下液体表面张力 σ($\times10^{-3}$/ ($N\cdot m^{-1}$))

液体	0 ℃	20 ℃	40 ℃	60 ℃	80 ℃	100 ℃
水	75.64	72.75	69.56	66.18	62.61	58.85
乙醇	24.05	22.27	20.60	19.01	—	—
甲醇	24.5	22.6	20.9	—	—	15.7
四氯化碳	—	26.8	24.3	21.9	—	—
丙酮	26.2	23.7	21.2	18.6	16.2	—
甲苯	30.74	28.43	26.13	23.8l	21.53	19.39
苯	31.6	28.9	26.3	23.7	21.3	—

以上着重介绍了气-液界面的表面张力，实际上在所有的相界面上，如液-液、液-固、固-气、固-固等相界面上，也有表面张力或界面张力存在。

思考与回答

1. 表面分子受到的力是不平衡的，且方向垂直指向液体内部，而表面张力的方向却是与平液面平行，两者是否矛盾？

2. 为什么气泡、液滴、肥皂泡等等都呈圆形？为什么玻璃管口加热后会变得光滑并缩小(俗称圆口)？这些现象的本质是什么？

3. 已知 20 ℃时正辛醇的表面张力为 $21.8\times10^{-3}\ N\cdot m^{-1}$，若在 20 ℃、100 kPa 下使正辛醇的表面积在可逆的条件下增加 $4\times10^{-4}\ m^2$，则此过程系统的表面吉布斯函数变 ΔG(表)等于多少？

任务二　润湿现象

润湿是固体(或液体)表面上的气体被液体取代的过程。本任务主要讨论液体对固体表面润湿的情况。在一块水平放置的、光滑的固体表面上滴上一滴液体，可能出现如下三种情况：一是液滴在固体表面上迅速地展开，形成液膜平铺在固体表面上，这种现象称为铺展；二是液滴在固体表面上呈单面凸透镜形，这种现象表明液体能润湿固体，如图 15.4(a)所示；三是液滴呈扁球形，这种现象则表明液体不能润湿固体表面，如图 15.4(b)所示。液体对固体表面润湿的情况，可用润湿角或杨氏方程来表示。

图 15.4　接触角与各界面张力的关系

一、润湿角与杨氏方程

图 15.4 为过液滴的中心且垂直于固体表面的剖面图，图中 O 点为三个相界面投影的交点。固-液界面的水平线与过 O 点的气-液界面的切线之间的夹角 θ，称为接触角(或润湿角)。有三个力同时作用于 O 点处的液体上，这三个力实质上就是三个界面上的界面张力。σ_{s-g} 力图把液体分子拉向左方，以覆盖更多的气-固界面；σ_{s-l} 则力图把 O 点处的液体分子拉向右方，以缩小固－液界面；σ_{g-l} 力图把 O 点处的液体分子拉向液面的切线方向，以缩小气—液界面。在光滑的水平面上，当上述三种力处于平衡状态时，合力为零，液滴保持一定形状，并存在下列关系：

$$\sigma_{s-g} = \sigma_{s-l} + \sigma_{g-l}\cos\theta \tag{15.5}$$

$$\cos\theta = \frac{\sigma_{s-g} - \sigma_{s-l}}{\sigma_{g-l}} \tag{15.6}$$

1805 年杨氏(T. Young)曾导出上式，故称其为杨氏方程。在一定 T、p 下，由杨氏方程可知：

(1) 当 $\sigma_{s-l} > \sigma_{s-g}$ 时，$\cos\theta < 0$，$\theta > 90°$，液体对固体表面不润湿，θ 愈大，就愈不能润湿。当 θ 大到接近于 180°时，则称为完全不润湿。

(2) 当 $\sigma_{s-l} < \sigma_{s-g}$ 时，$\cos\theta > 0$，$\theta < 90°$，液体对固体表面润湿。θ 愈小，润湿的程度就愈高。当 θ 小到趋近于 0°时，例如 $\theta = 0.000\ 1°$ 时，液体几乎完全平铺在固体表面上，这种情况称为完全润湿。

二、铺展

铺展是液-固界面取代气-固界面(或液-液界面取代气-液界面)的同时，又使气-液界面扩大的过程。也就是说，一种液体完全平铺在固体表面上，或者是一种液体完全平铺在另一种互不相溶的液体表面上，皆称为铺展。我们只讨论液体在固体表面上的铺展。

由式(15.6)可知，当 $\theta = 0°$ 时，$\cos\theta = 1$，式(15.5)变为 $\sigma_{s-g} = \sigma_{s-l} + \sigma_{g-l}$，令

$$\varphi = \sigma_{s-g} - \sigma_{s-l} - \sigma_{g-l} \tag{15.7}$$

式中，φ 称为铺展系数。杨氏方程适用的范围是 $\varphi \leqslant 0$，铺展的条件是 $\varphi \geqslant 0$。

润湿与铺展在实践中得到了广泛的应用。例如棉布易被水润湿，不能防雨，经过憎水剂处理，可将 σ_{s-l} 增大到使 $\theta > 90°$，这时水滴在布上呈圆球形而易脱落。处理后的棉布可制成轻便、透气的雨衣。若在农药中加入适量的表面活性剂，药液在植物的叶茎上或虫体上能发生铺展，这将会大大提高农药的杀虫效果。

思考与回答

1. 说明润湿角与润湿程度的关系。

2. 已知 293 K 时，乙醚(a)-水(b)、乙醚(a)-水银(c)、水-水银(c)表面张力分别为 10.7 N·m^{-1}、379 N·m^{-1}、375 N·m^{-1}，若在乙醚与水银的表面上滴一滴清水，试计算该系统的接触角和铺张系数，并判断水能否润湿水银表面。

任务三　弯曲液面的附加压力与毛细现象

一、弯曲液面附加压力的产生

在一定的大气压下,平面液体所受的压力就等于大气的压力 p_g。而弯曲液面下的液体,不仅受到大气的压力 p_g,而且还受到弯曲液面所产生的附加压力 Δp 的作用。弯曲液面为什么会产生附加压力呢?可结合图 15.5 进行说明。其中(a)和(b)图皆为球形的弯曲液面,p_g 和 p_l 分别为大气压和弯曲液面内液体所承受的压力。在凸液面图(a)上任取一个小截面 ABC,截面周界线以外的液体对周界线有表面张力的作用。表面张力的作用点在周界线上,其方向垂直于周界线,而且与液滴的表面相切。周界线上表面张力的合力在截面垂直方向上的分量并不为零,对截面下的液体产生压力的作用,使弯曲液面下的液体所承受的压力 p_l 大于液面外大气的压力 p_g。弯曲液面内外的压力差,称为附加压力,即

$$\Delta p = p_{内} - p_{外} = p_l - p_g > 0 \tag{15.8}$$

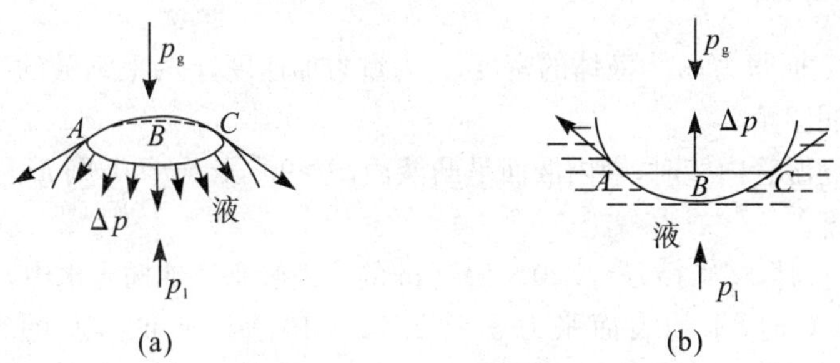

图 15.5　弯曲液面的附加压力

无论是凸液面还是凹液面,Δp 皆可由上式计算。对于凹液面,因 $p_l < p_g$,则 $\Delta p < 0$,所以Δp皆是指向液面曲率半径的中心,如图 15.5 中(a)和(b)所示的方向。

二、拉普拉斯(Laplace)方程

通过推导,弯曲液面的附加压力 Δp 与弯曲液面曲率半径 r 及表面张力 σ 之间的关系为

$$\Delta p = \frac{2\sigma}{r} \tag{15.9}$$

式(15.9)即为拉普拉斯方程。

对于在空气中的小气泡,因其内外有两个气-液界面,泡内气体所承受的附加压力应比按式(15.9)计算的结果加大一倍。

对于凸液面,习惯上取 $r > 0$,$\Delta p > 0$;对于凹液面,其曲率半径规定 $r < 0$,所以 $\Delta p < 0$,即附加压力的方向指向气体(曲率半径的中心)。

对于水平液面,因 $r \to \infty$,故其附加压力为零。表面张力的存在是弯曲液面产生附加压力的根本原因,而毛细管现象则是弯曲液面产生附加压力的必然结果。

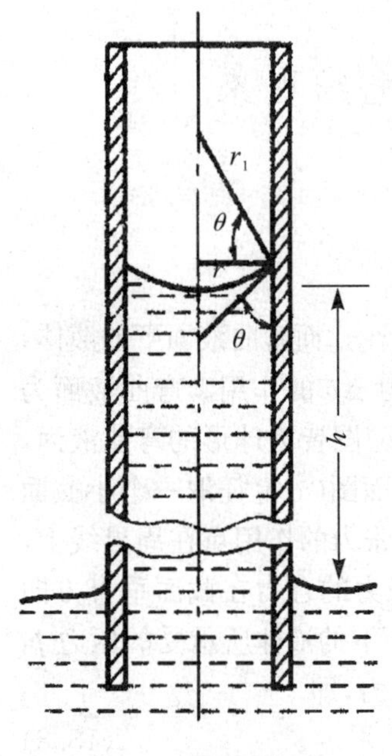

图 15.6 毛细管现象

三、毛细管现象

把一支半径一定的毛细管垂直地插入某液体中，该液体若能润湿管壁，管中的液面将呈凹形，即润湿角 $\theta<90°$，如图 15.6 所示。由于附加压力 Δp 指向大气，使凹液面下的液体所承受的压力小于壁外水平液面下的液体所承受的压力，或者说是弯曲液面下的液体受到向上的提升力。在这种情况下，液体将被压入管内，直至上升的液柱所产生的静压力与附加压力 Δp 在数值上相等时，才可达到力的平衡状态，即

$$\Delta p=\frac{2\sigma}{r_1}=\rho gh$$

其中 r_1 为液面的曲率半径。

从图 15.6 可以看出，$\cos\theta=r/r_1$。将此式与上式相结合，可得液体在毛细管中上升高度 h 的计算式：

$$h=\frac{2\sigma\cos\theta}{r\rho g} \tag{15.10}$$

式中，σ 为液体的表面张力；ρ 为液体的密度；g 为重力加速度；r 为毛细管的半径；θ 则为液体对毛细管内壁的润湿角。

当液体不能润湿管内壁时，管内液面呈凸液面，$\theta>90°$，$\cos\theta<0$，则 h 为负值，表示管内凸液面下降的深度。

例 4 在 20 ℃时，将半径 $r=1.20\times10^{-4}$ m 的毛细管垂直地插入水中，水对毛细管壁完全润湿。已知 20 ℃时，水的表面张力 $\sigma=72.75\times10^{-3}\ \text{N}\cdot\text{m}^{-1}$，水的密度 $\rho=1\times10^{3}\ \text{kg}\cdot\text{m}^{-3}$。试求水在上述毛细管内上升的高度。

解 $g=9.8\ \text{m}\cdot\text{s}^{-2}=9.8\ \text{N}\cdot\text{kg}^{-1}$。水对毛细管壁完全润湿时 $\theta=0°$，$\cos\theta=1$，故水在管内上升的高度由式(15.10)可知，即

$$h=\frac{2\sigma\cos\theta}{r\rho g}=\frac{2\times72.75\times10^{-3}}{1.20\times10^{-4}\times10^{3}\times9.8}=0.124(\text{m})$$

思考与回答

1. 在装有部分液体的毛细管中，当在一端加热时，问润湿性和不润湿性液体分别向毛细管的哪一端移动？

2. 两块光滑的玻璃在干燥的条件下叠放在一起，很容易上下分开。在两者之间放些水，水能润湿玻璃，若使其上下分开却很费劲，这是什么原因？

3. 将一毛细管端插入水中，水在毛细管中上升 5 cm，若将毛细管向下移动，留出 3 cm 在水面外，则(　　)。

A. 水不断从管口流出　　B. 毛细管管口液面变成凸液面

C. 毛细管管口液面变成凹液面　　D. 毛细管管口呈水平面

任务四　溶液表面的吸附现象

一、溶液表面的吸附现象

吸附现象可以发生在各种不同的相界面上，溶液表面对溶液中的溶质也可产生吸附作用，使其表面张力发生变化。以水溶液为例，在一定的温度下，在纯水中分别加入不同种类的溶质时，溶液的浓度对表面张力的影响可分为三种类型，如图 15.7 所示。

第Ⅰ种曲线表明，在水中逐渐加入某溶质时，溶液的表面张力随溶液浓度的增加稍有升高。就水溶液而言，属于此类型的溶质有无机盐类(如 NaCl)、不挥发性的酸(如 H_2SO_4)、碱(如 KOH)以及含有多个 OH^- 的有机化合物(如蔗糖)等物质。

第Ⅱ种曲线表明，在水中逐渐加入某溶质时，溶液的表面张力随溶液浓度的增加而降低。大部分低脂肪酸、醇、醛等有机化合物的水溶液有此性质。

第Ⅲ种曲线表明，在水中加入少量的某溶质时，却能使溶液的表面张力急剧下降。等至某一浓度后，溶液的表面张力几乎不随溶液浓度的增加而变化。属于此类的溶质有长碳链的脂肪酸盐(如肥皂——硬脂酸钠)、烷基苯磺酸盐(如洗衣粉——十二烷基苯磺酸钠)、烷基硫酸酯盐($ROSO_3Na$)等。第Ⅲ种类型的曲线有时出现虚线部分，这可能是由于某种杂质的存在而引起的。

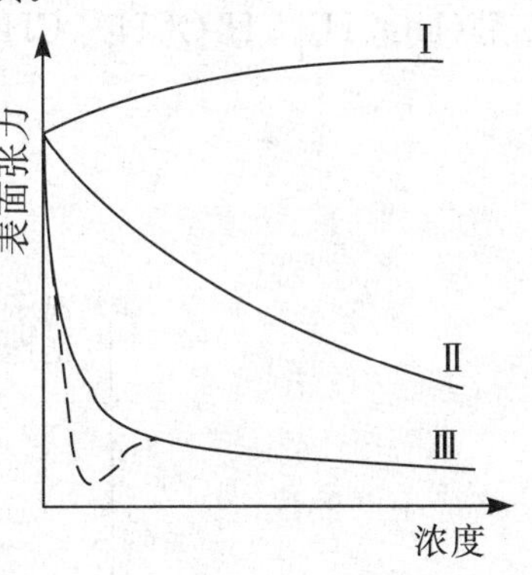

图 15.7　表面张力与浓度关系示意图

大量的实验事实表明，溶质在溶液表面层的浓度和溶液内部的浓度是不同的，就是说在溶液的表面发生了吸附作用。若溶质在表面层中的浓度大于它在溶液本体(内部)中的浓度，则为正吸附；反之，则为负吸附。

对于上述溶液表面的吸附现象，可用恒温、恒压下，溶液的表面吉布斯函数自动减少的趋势来说明。在一定的温度和压力下，由一定量的溶质和溶剂所形成的溶液，当溶液的表面积一定时，降低系统 ΔG 的唯一途径是尽可能地减小溶液的表面张力。如果溶剂中溶入溶质后表面张力下降，则溶质会从溶液本体中自动地富集到溶液表面，增大表面浓度，使溶液的表面张力(比表面吉布斯函数)降低得更多一些，这就是正吸附。但表面与本体的浓度差又必然引起溶质分子由表面向本体中的扩散，以使浓度均匀一致。当两种趋势达到平衡，则在表面上就形成了正吸附的平衡浓度。另一方面，若加入溶质会使溶液表面张力增加，则表面上的溶质会自动地离开表面进入本体，与均匀分布相比，这样也会降低比表面吉布斯函数，这就是负吸附。显然，浓差扩散又使表面上的溶质分子不能都进入本体，当达到平衡时，则在表面上形成负吸附的平衡浓度。

凡是能使溶液的表面张力升高的物质，皆称为表面惰性物质(如水中加入的 NaCl)。凡是能使溶液表面张力降低的物质，从广义来讲，皆可称之为表面活性物质。但习惯上只把那些溶入少量就能显著降低溶液表面张力的物质，称之为表面活性物质，或表面活性剂。

二、表面活性物质

（一）表面活性物质的分类

如图 15.8 所示，表面活性物质按化学结构分类，一般分为离子型和非离子型两大类。凡在水溶液中能解离为大小不等、电荷相反的两种离子的表面活性剂，称为离子型表面活性剂。离子型表面活性剂又可按其在水溶液中具有表面活性作用的离子所带电荷种类，分为阳离子型、阴离子型和两性型表面活性剂。如硬脂酸钠（肥皂）、烷基磺酸钠等为阴离子型表面活性剂；胺盐（$C_{18}H_{37}NH_3^+Cl^-$）为阳离子型表面活性剂；甜菜碱{$RN^+(CH_3)_2CH_2COO^-$}则称为两性表面活性剂（因在水溶液解离成正、负离子都具有表面活性作用）。

凡溶于水而不解离又明显具有表面活性作用的物质，称为非离子型表面活性剂，如聚乙二醇（$HOCH_2[CH_2OCH_2]_nCH_2OH$）属于非离子型表面活性剂。

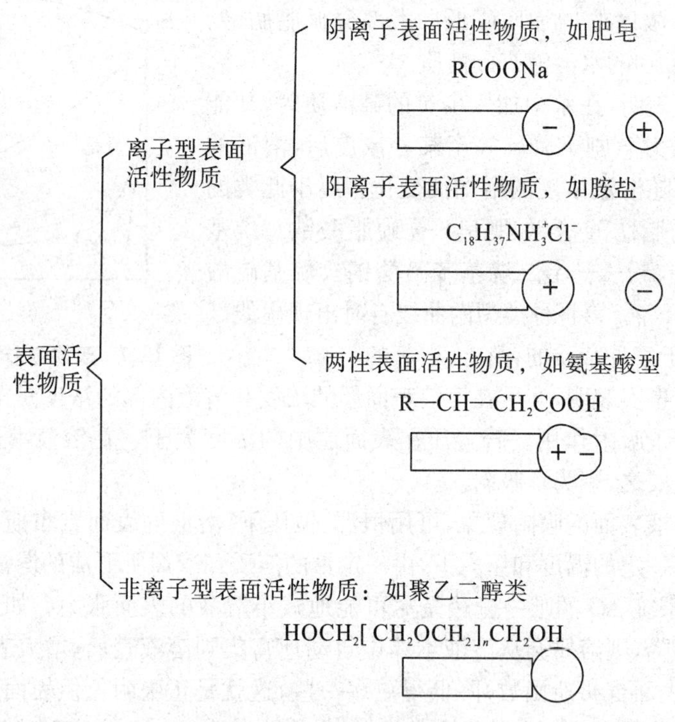

图 15.8　表面活性物质的分类

（二）表面活性物质的分子结构

表面活性物质的分子结构一般可分为两部分：一端是亲水（憎油）性的极性基团，如—OH、—$CONH_2$、—COONa 等；另一端为憎水（亲油）性基团，如长的碳链或环等。油酸钠的分子结构如图 15.9 所示。

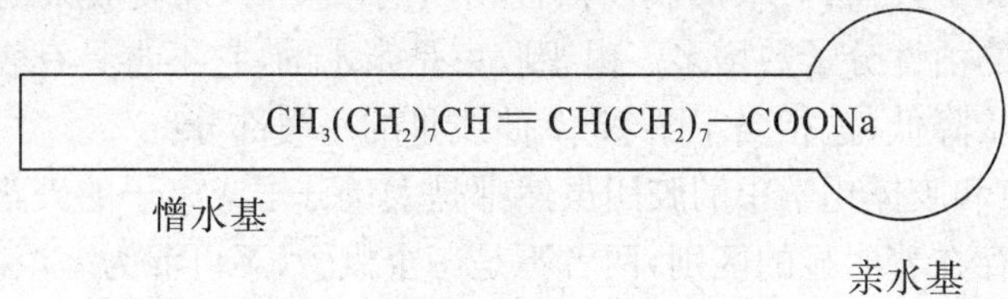

图 15.9　油酸钠分子模型示意图

三、表面活性剂的性质及其在体相与界面层的分布

前面已介绍表面活性剂分子结构，以及在水中加入少量就能明显降低溶液界面张力的性质。许多表面活性剂的浓度与溶液表面张力的关系，都具有类似图 15.7 中曲线Ⅲ所示的特征。为什么会出现这种情况？可借助表面活性物质的溶液本体及表面层中分布的示意图(图 15.10)进行解释。

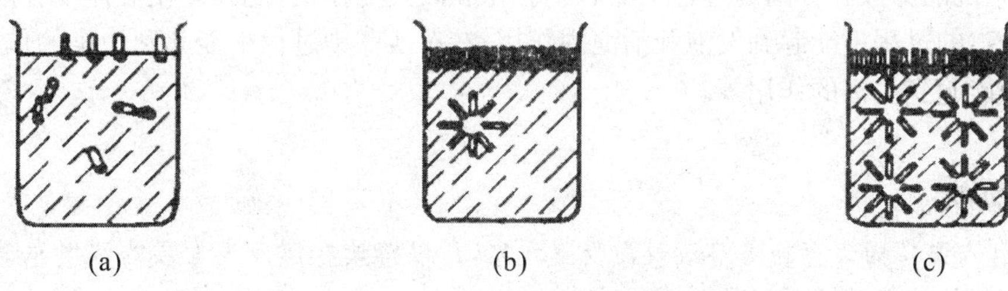

图 15.10　表面活性物质的分子在溶液本体及界面层分布示意图

(a) 稀溶液；(b) 开始形成胶束的溶液；(c) 大于临界胶束浓度的溶液

图 15.10(a)表示当表面活性物质的浓度很稀时，表面活性物质的分子在溶液本体和表面层中的分布情况。在这种情况下，若稍微增加表面活性物质的浓度，表面活性物质一部分分子将自动地聚集于表面层，使溶液和空气的接触面减小，溶液的表面张力急剧降低。表面活性物质的分子在表面层中不一定都是直立的，也可能是东倒西歪而使非极性的基团翘出水面；另一部分则分散在溶液中，有的以单分子的形式存在，有的则三三两两相互接触，憎水性的基团靠拢在一起，形成简单的聚集体。这相当于图 15.7 中曲线Ⅲ急剧下降的部分。

图 15.10(b)表示表面活性物质的浓度足够大且达到饱和状态时，液面上刚刚挤满一层定向排列的表面活性物质的分子，形成单分子膜。在溶液本体则形成具有一定形状的胶束，它是由几十个或几百个表面活性物质的分子，排列成憎水基团向里、亲水基团向外的多分子聚集体。胶束中许多表面活性物质分子的亲水性基团与水分子相接触；而非极性基则被包在胶束中，几乎完全脱离了与水分子的接触。因此，胶束在水溶液中可以比较稳定地存在，这相当于图 15.7 中曲线Ⅲ的转折处。胶束的形状可以是球状、棒状、层状或偏椭圆状，图 15.10中胶束为球状，我们把开始形成一定形状的胶束所需表面活性物质的最低浓度，称为临界胶束浓度，以 C. M. C. (Critical Micelle Concentration)表示。实验表明，C. M. C. 不是一个确定的数值，常表现为一个窄的浓度范围。例如离子型表面活性剂的 C. M. C. 一般在 $10^{-2}\sim10^{-3}$ mol·dm^{-3}之间。

图 15.10(c)是超过临界胶束浓度的情况。这时液面上早已形成紧密的、定向排列的单

分子膜，并达到饱和状态。若再增加表面活性物质的浓度，只能使胶束的个数增多，或者是使每个胶束所包含的活性分子数增多。由于胶束是亲水的，它不再具有表面活性，不能使溶液的表面张力进一步降低，这相当于图 15.7 曲线Ⅲ的平缓部分。

应当指出，胶束和胶体化学中的胶团虽然都是大量分子或离子的聚集体，但两者在结构和动电效应等方面存在着明显的区别，两者不是一个概念，不可混为一谈。

表面活性剂分子在溶液表面层的定向排列和在溶液本体中形成胶束，是表面活性剂分子的两个重要的特征。在临界胶束浓度这个窄小的浓度范围内，溶液的许多物理化学性质，如表面张力、渗透压、去污能力、蒸气压、电导率等，均发生明显的变化，在生产、科研和日常生活中得到广泛的应用。

四、表面活性剂的应用

表面活性物质的种类繁多，不同类型的表面活性物质具有不同的作用。总而言之，表面活性剂能改善液态物质对固体表面的润湿作用；在固体粒子的粉碎过程中能起到助磨作用；在油-水系统的分散和分离的过程中能起到乳化和破乳的作用；使气体在液体中分散和气体与液体分离的过程中能起到发泡和消泡的作用；在布匹印染过程中能起到匀染的作用；在洗涤过程中能起到去污的作用等。

思考与回答

1. 有人说："因为存在着溶液表面吸附现象，所以溶质在溶液表面层的浓度总是大于其在溶液本体的浓度。"这种说法对吗？为什么？

2. 表面活性剂分子结构有何特征？它在溶液本体及表面层如何分布？它有哪些方面的作用？

3. 试用杨氏方程说明表面活性剂为什么可以提高溶液对固体表面的润湿程度。

任务五　固体表面的吸附作用

固体表面一般都具有一定的吸附能力，这主要是因为固体表面层的分子恒受到指向内部的拉力，这种不平衡力场的存在导致表面吉布斯函数的产生。在温度、压力、固体的表面积和各种物质的量一定时，系统的吉布斯函数便可表示为

$$dG = A d\sigma \tag{15.11}$$

从式(15.11)可知，当固体表面从其周围的介质中吸附其他的物质粒子时，可降低固体的界面张力，使系统的 $dG < 0$，故吸附作用可以自动地进行。

在一定条件下，一种物质的分子、原子或离子能自动地粘附在固体表面上的现象，或者说，在任意两相之间的界面层中，某种物质的浓度可自动发生变化的现象，称为吸附。我们把具有吸附能力的物质称为吸附剂或基质；被吸附的物质称为吸附质。吸附的逆过程，即被吸附的物质脱离吸附层返回到介质中的过程，称为脱附(或解吸)。

吸附作用可以发生在任意两相之间的界面上。根据吸附作用力性质的不同，可将吸附

区分为物理吸附与化学吸附。

一、物理吸附

物理吸附的作用力是范德华力，它是一种较弱的、普遍存在于各分子间的相互作用力。因此，一种基质往往可以吸附多种气体，使物理吸附不具有选择性；吸附层既可以是单分子层，也可是多分子层吸附。在恒温、恒压下，1 mol 某气体在固体表面上吸附过程的焓变，称为该气体的摩尔吸附焓，或摩尔吸附热。物理吸附类似于气体在固体表面上的冷凝，大多数气体物理吸附过程的摩尔吸附焓在数值上小于 25 $kJ \cdot mol^{-1}$；此外，物理吸附的速率快，易达到吸附平衡，而且容易脱附。上述这些都是物理吸附的特征。

二、化学吸附

化学吸附的作用力是化学键力。化学吸附类似于化学反应，可以发生电子的转移、原子的重排、化学键的断裂及形成等微观过程，因此，化学吸附有明显的选择性，而且只能发生单分子层吸附。化学吸附的摩尔吸附焓在数值上约为 40～400 $kJ \cdot mol^{-1}$ 的范围。一般说来，化学吸附不易脱附，吸附与脱附的速率都较小，而且不易达到吸附平衡。这些都是化学吸附的特征。

化学吸附与物理吸附出现上述种种差别的主要原因是吸附作用力不同。通常在低温范围内物理吸附起主导作用，在高温下化学吸附起主导作用。一般情况下两种吸附可以相伴发生。

三、等温吸附理论

（一）等温吸附

对于一个指定的吸附系统，当吸附速率等于脱附速率时所对应的状态，称为吸附平衡。吸附达到平衡时的吸附量，简称为吸附量。吸附量的大小，一般可用每单位吸附剂表面上所吸附的吸附质的物质的量，或每单位质量吸附剂的表面上所吸附的吸附质的物质的量，或每单位质量的吸附剂所吸附的气体在标准状况（0 ℃，101.325 kPa）下的体积 V 来表示。吸附剂的表面积、质量分别用 A 和 m 来表示；吸附质的物质的量用 n 表示，则平衡吸附量 Γ 可表示为

$$\Gamma = n/A; \qquad \Gamma = n/m; \qquad \Gamma = V/m$$

气体在固体表面上的吸附量 Γ 与气体的平衡压力 p 及系统的温度 T 有关，可表示为

$$\Gamma = f(T, p)$$

上式中有三个变量，常固定其中一个变量，测定其中任意两个变量之间的关系。如在一定温度下，吸附量与平衡压力之间的关系曲线，称为吸附等温线，如图 15.11 所示。图中每条线皆为吸

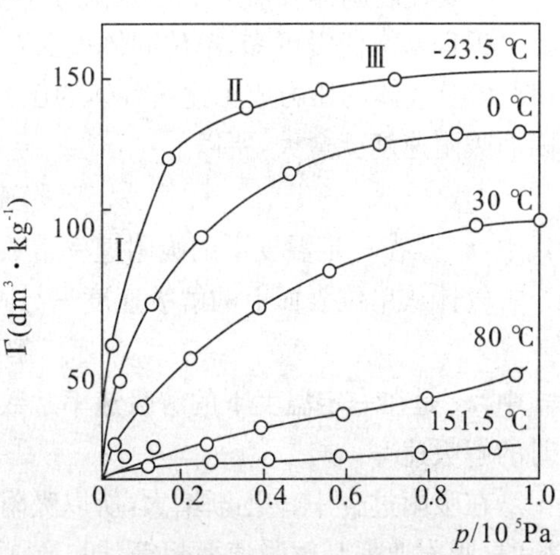

图 15.11　在不同温度下，NH_3 在木炭上的吸附等温线

附等温线。

（二）单分子层吸附理论

1916 年兰格缪尔根据大量的实验事实，从动力学的观点出发，提出固体对气体的吸附理论，一般称为单分子层吸附理论，该理论的基本假设如下：

① 单分子层吸附。由于固体表面上的原子力场是不饱和的，有剩余价力，也就是说固体表面有吸附力场存在。该力场的作用范围大约相当于分子直径的大小，即在$(2\sim3)\times10^{-10}$ m。气体分子只有碰撞到固体的空白表面上，进入此力场作用的范围内，才有可能被吸附。所以认为固体表面的吸附作用是单分子层吸附。

② 固体表面是均匀的，各处的吸附能力是相同的，吸附热是个常数，不随覆盖程度而变。

③ 被吸附在固体表面上的分子相互之间无作用力。

④ 吸附平衡是动态平衡。气体分子碰撞到固体的空白表面上，可以被吸附。但被吸附的分子不是静止不动的，仍在不停地运动着。若被吸附的分子所具有的能量足以克服固体表面对它的吸引力时，它可以重新回到气相空间，这种现象称为解吸（或脱附）。当吸附速度大于解吸速度时，吸附起主导作用，整个过程表现为气体的被吸附。但随着吸附量的逐渐增加，固体表面上未被气体分子覆盖的部分（空白面积）就愈来愈少，气体分子碰撞到空白面积上的可能性就必然减少，吸附速度逐渐降低。与此相反，随着固体表面被覆盖程度的增加，解吸速度却愈来愈大，当吸附速度与解吸速度相等时，从宏观上看，气体不再被吸附或解吸，但实际上吸附与解吸仍在不断地进行，只是二者速度相等而已，这时达到了吸附平衡，可表示为

$$\text{气体分子(空间)}\underset{\text{解吸}}{\overset{\text{吸附}}{\rightleftharpoons}}\text{气体分子(被吸附在固体表面上)}$$

设 θ 为任一瞬间固体表面被覆盖的分数，称为覆盖率，即

$$\theta=\frac{\text{已被吸附质覆盖的固体表面积}}{\text{固体总的表面积}}$$

$(1-\theta)$则代表固体表面上空白面积的分数。

根据基本假设可知，单位固体表面对气体的吸附速度应与固体表面上空白面积的分数$(1-\theta)$及气体的压力成正比。气体的压力愈大，碰撞到固体单位表面上的气体分子数愈多，因而吸附速度就愈大，所以

$$\text{吸附速率}=k_1(1-\theta)p$$

式中，k_1 是在一定温度下的吸附速率常数，相当于 $p=1,\theta=0$ 时的吸附速率。

气体从单位表面上的解吸速度只与固体表面的覆盖率 θ 成正比，即

$$\text{解吸速率}=k_2\theta$$

式中，k_2 是在一定温度下的解吸速率常数，相当于 $\theta=1$，即固体表面盖满一层吸附质的分子时的解吸速率。

在吸附过程中，θ 逐渐增大，所以吸附速率不断减小，解吸速率不断增大。当达到吸附平衡时，吸附速率与解吸速率相等，即

$$k_1(1-\theta)p=k_2\theta$$

上式整理可得

$$\theta=\frac{k_1 p}{k_2+k_1 p}$$

若令 $b=\frac{k_1}{k_2}$，则

$$\theta=\frac{bp}{1+bp} \tag{15.12}$$

式(15.12)即兰格缪尔吸附等温式。式中 b 是吸附作用的平衡常数，也称吸附系数，b 值的大小与吸附剂、吸附质的本性及温度有关。b 值愈大，表示固体表面对气体吸附的能力愈强。

如以 Γ 表示平衡压力为 p 时的吸附量，即 1 kg 吸附剂所吸附气体的摩尔数。以 Γ_∞ 表示饱和吸附量，即 1 kg 吸附剂的表面上，盖满一层吸附质的分子时，所能吸附的最大摩尔数，则

$$\theta=\frac{\Gamma}{\Gamma_\infty}$$

将上式代入式(15.12)可得

$$\Gamma=\Gamma_\infty\frac{bp}{1+bp} \tag{15.13}$$

在一定温度下，对于一定的吸附剂与吸附质来说，Γ_∞ 和 b 都是常数。若要利用上式进行定量的计算，必须知道 Γ_∞ 和 b 的数值。为了便于从实验数据计算 Γ_∞ 和 b，可将式(15.12)改写为

$$\frac{1}{\Gamma}=\frac{1}{\Gamma_\infty}+\frac{1}{\Gamma_\infty bp}$$

以 $\frac{1}{\Gamma}$ 对 $\frac{1}{p}$ 作图，应得一直线，直线的斜率为 $m=\frac{1}{\Gamma_\infty b}$，截距为 $\frac{1}{\Gamma_\infty}$，则 $b=\frac{\text{截距}}{\text{斜率}}$。

饱和吸附量 Γ_∞ 及每个吸附质分子的截面积 A_m 与吸附剂的比表面积 A_w 之间定量关系式为

$$A_w=\Gamma_\infty L A_m \tag{15.14}$$

式中，Γ_∞ 为每千克吸附剂在盖满单分子层时所吸附的吸附质的摩尔数($mol\cdot kg^{-1}$)；A_m 为每个吸附质分子的截面积(m^2)；L 为阿伏伽德罗常数，$6.022\ 05\times10^{23}\ mol^{-1}$；$A_w$ 为比表面积，即每千克吸附剂所具有的表面积，单位为($m^2\cdot kg^{-1}$)。可计算吸附剂的比表面积或吸附质分子的截面积。

兰格缪尔吸附等温式适用于化学吸附，能较好地表示典型的吸附等温线在低压、中压及高压部分的特点。当压力很低时，$bp\ll1$，式(5.11)可简化成为

$$\Gamma=\Gamma_\infty bp$$

表示在一定温度下，吸附量和气体的平衡压力成正比，它和等温线在低压时几乎是直线的事实相符。在高压部分 $bp\gg1$，公式简化成

$$\Gamma=\Gamma_\infty$$

表示吸附达到饱和后，饱和吸附量就不再随压力的变化而改变，这与等温线在高压时变成水平线的事实相符。但也有许多实验结果是不符合兰格缪尔吸附等温式的。

思考与回答

1. 什么叫吸附作用？物理吸附与化学吸附有何异同？两者的根本区别是什么？

2. 兰格缪尔等温吸附理论的要点(基本假设)是什么？

任务六　固体在溶液中的双电子层结构

很早以前人们就知道，以固体为吸附剂，可使糖液脱色；用明矾，可使混水变清。近年来，常常利用某些固体(金属)在电解质溶液中的特殊性能，制造出各种电池。所有这些现象的原理，都与固体在溶液中的表面吉布斯函数有关。

一、固液表面带电的原因

溶液中常含有各种离子。以水作为溶剂时，由于水分子本身的极性，对溶液中的离子有溶剂化作用，这一作用的实质是静电作用。对电解质而言，通常正离子较小(如 HCl，H_2SO_4，CH_3COOH 等)。以 HCl 为例，正、负离子在水中被溶剂化的程度是 $H^+ > Cl^-$。在 H^+ 周围有更多的水分子，根据离子的带电性，使水分子(极性分子以(+ −)表示其分子中不重合的电性中心)采取定向分布。固体放入溶液中会带电的原因可以由下列因素导致：

(一) 离子吸附

由于比表面能较高，固体力图吸附溶液中的离子而降低比表面能。一般负离子溶剂化能力小于正离子，因而负离子的溶剂化层较薄，使金属表面容易吸附负离子而带负电。然而，整个溶液仍必须是电中性的，故溶液中将留下过剩电量的相反符号离子(称为反离子)。当然，吸附也是一种竞争，那些能使固体的比表面能下降最多的离子首先被吸附。

(二) 离子溶解

排列在晶格中的金属原子，在极性溶剂中亦会发生溶剂化作用，若溶剂化力能够克服金属表面的晶格能，就可将金属离子拉入溶剂中形成溶剂化离子，把金属原子周围的自由电子留在尚未溶解下来的金属上，这就是金属电极形成的原理。

(三) 大分子电离

高分子化合物(固体)在水中也可产生电离(如蛋白质有—COOH，—NH_2 等基团)，致使固体表面带电。

二、双电层结构

溶液中固体表面带电后，正负电荷又是怎样排列的呢？历史上有许多科学家提出过模型，我们只介绍斯特恩(Stern)双电层模型，如图 15.12 所示。固体带电本来可正可负，现假设它带正电。根据静电力作用，将选择吸引溶液中的负离子，它紧紧被拉向固体表面，与此同时，由于负离子的溶剂化作用，部分携带的溶剂分子也被拉进吸附紧密层中。若固体在液体中相对移动，它也会携带此溶剂化层随之而动。另一方面，整个溶液仍然是电中性的，多余的反离子（现在是负离子），由于有序的静电吸引与无序的热运动矛盾双方统一的结果，将按照与表面距离的远近而扩散的排布，这就是固体表面扩散双电层结构的模型；由固体表面到紧密层，此处的表面电势已由固体表面电势 φ_0（相对于本体溶液电势为零而言）下降到 φ_δ（理论值）。当固体表面移动时，滑动层处的电势为 ξ（实验值），ξ 称为动电电势（ξ 与 φ_δ 相差甚微）。由紧密层到溶液体相（电势为零处）的这一层称为扩散层。紧密层与扩散层构成了固体表面的双电层。固体的动电电势 ξ 并非是固定不变的数值，它随溶液中带电离子的数量、性质而改变。若溶液中反离子浓度增加，将会使更多的反离子被挤进紧密层，ξ 电势就会下降。甚至还能由于溶液中加入电解质而产生特性吸附，使紧密层挤进与吸附相反电荷的离子，可使其表面带电电荷符号相反。动电电势 ξ 的数值对胶体稳定性有着至关重要的影响。

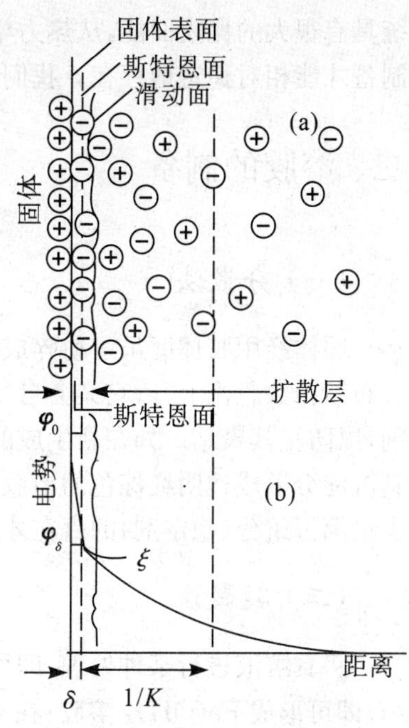

图 15.12　双电层结构示意图

思考与回答

1. 说明固液表面带电的原因。
2. 解释溶液中固体表面的双电子层模型。
3. 为什么输油管和运送有机液体的管道都要接地？

任务七　溶胶的制备、结构和性质

一、胶体分散系统的特征

单一相的物质或几种相的物质分散在其他相之中，称为分散系统。其中被分散者为分散质，连续相为分散介质（或分散媒），这一更广义的定义亦适合于溶液。溶液中的溶质是以分子大小为尺度（<1 nm），故溶液为均相分散系统，然而有许多粒子大小介于 1～100 nm 的非均相分散系统，由于大量相界面的存在，比表面能主宰它的主要特征，通常称为胶体分散系统。当分散质很大（>100 nm）时，这种分散系统称为粗分散系统。

由此可见，胶体分散系统的一个重要特征就是分散质的大小（直径为 1～100 nm）。其次，从形成系统的分散质与分散介质来看，它们实属两个不同的相态，即一相（分散质）高度分散在另一相（分散介质）之中。如气体（气相）中分散有小的颗粒尘埃（固相），或者是气体中分散有细小的水滴（液相）形成雾，这一类通称为气溶胶。又如液体中分散有固体微粒称为液溶胶。所以，具有很大界面的微不均相是胶体分散系统的又一个重要特征。换言之，系统具有很大的比表面能，从热力学上看是不稳定的，因此，它决定了胶体分散系统须经特殊制备才能相对稳定地存在。我们把高度分散的胶体系统叫溶胶。

二、溶胶的制备

（一）分散法

固体经用胶体磨虽可粉碎成 1～100 nm 之间的小颗粒，然而，随粉碎度的加大，比表面吉布斯函数急剧上升，它又会自发集结成大颗粒，因此在研磨的过程中必须加入一定的稳定剂，以防止其聚结。如在新生成的 $Fe(OH)_3$ 沉淀中加入少量 $FeCl_3$（稳定剂）稀溶液，即可使其沉淀分散成透明红棕色的溶胶。总之，这种制备法，除了分散相及分散介质外，必须要有少量第三组分（稳定剂）的存在才能使溶胶相对稳定。

（二）凝聚法

将真溶液进行某种处理，即可得到胶体分散度的溶胶。如将 $FeCl_3$ 稀溶液滴入沸水之中，即可形成 $Fe(OH)_3$ 溶胶；在 $AgNO_3$ 稀水溶液中滴加稀 KI 水溶液，并不停搅拌，即可形成 AgI 溶胶。这种由小分子聚集成胶体粒子的制备方法称为凝聚法。此处，第三组分（如 $FeCl_3$，KI）的存在仍是制备的必要条件。

为什么多相不均匀的高分散系统必须在第三组分存在下才能相对稳定呢？

三、胶团结构

高度分散的小固体颗粒在水介质中有极高的表面自由能，因此，它力图吸附一部分离子以降低它。吸附离子后使颗粒表面带电。带有相同电性的胶体粒子彼此有排斥性，这是增进溶胶稳定性的一个重要因素，请看 AgI 溶胶的胶团结构（图 15.13）：分散质由m 个 AgI 分子聚结而成，称为胶核，由于表面的强力吸附，将溶液中的 I^- 选择性地吸附在紧密层中。由于静电力作用，又会有部分 K^+（反离子）挤进紧密层，剩余的 K^+ 留在扩散层中，即胶体表面的双电层结构。胶团结构可以用简图（图 15.14）表示。在电场的作用下，带电胶粒会带动紧密层在分散介质中向某一极移动，如图 AgI 的胶粒带有负电性，这种带负电的溶胶称负溶胶。溶胶的正负性与制备过程有关。若 AgI 溶胶的制备刚好反过来，即将 KI 溶液滴入 $AgNO_3$ 溶液中，此时原溶液中 Ag^+ 是大量的，$(AgI)_m$ 将主要吸附 Ag^+，其胶团结构如图 15.15 所示。此胶粒将带正电，此时 AgI 溶胶成为正溶胶。

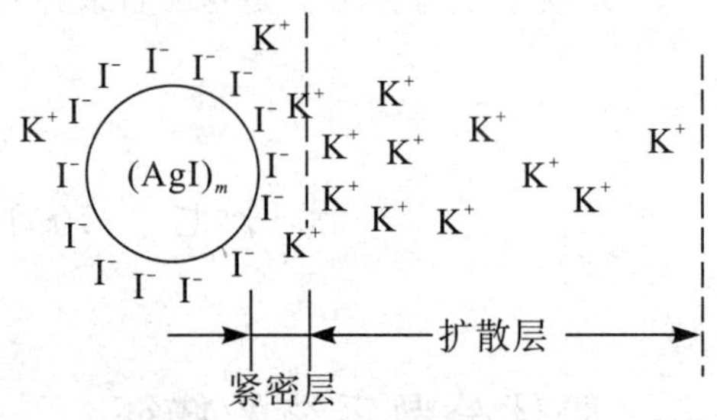

图 15.13 AgI 胶团的双电层

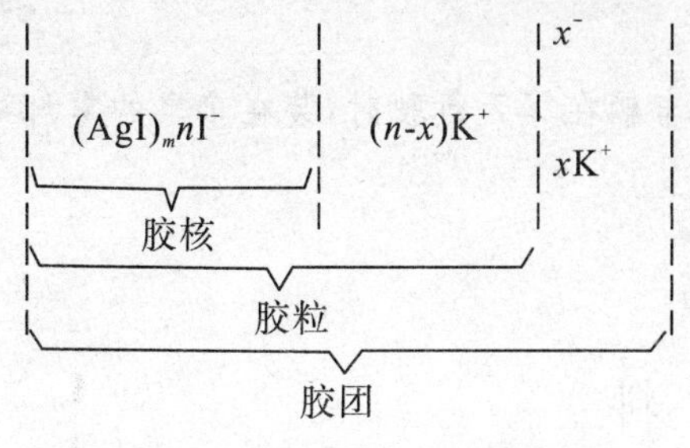

图 15.14　AgI 负溶胶的胶团结构

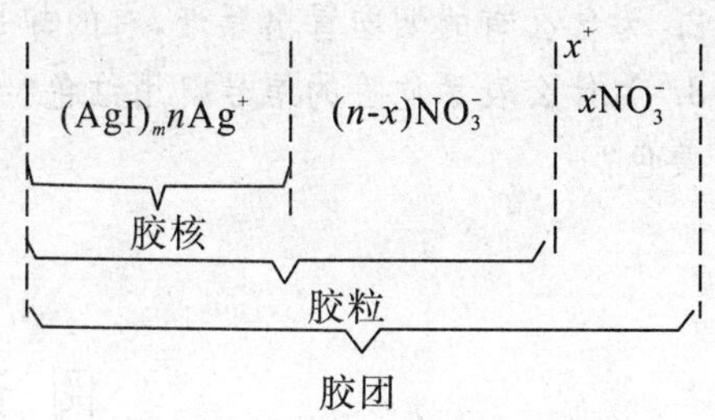

图 15.15　AgI 正溶胶的胶团结构

四、溶胶的性质

（一）稳定性

溶胶是在稳定剂存在时方有稳定性的系统，如果稳定剂是少量的电解质，那么，这类溶胶的稳定性将与紧密层的 φ_δ 电势有关，或者与从实验测得的滑动面上的 ξ 电势有关，当 ξ 电势变小或接近于零时，胶粒在热运动下一旦相碰，很容易结合而失去稳定性，导致沉淀。这种溶胶的被破坏叫做溶胶的聚沉。加入大量的电解质易使溶胶发生聚沉。一种解释是迫使反离子更多地被挤进紧密层，使 φ_δ（或 ξ）下降。同理，两种带相反电荷的溶胶混合在一起，也会使溶胶聚沉。

除了电解质可做稳定剂外，适量的高分子聚合体（如明胶等）也可以裹在胶核外而充当稳定剂的作用。如墨汁即是碳粒分散在水中，用胶作稳定剂。

（二）电学性质

由于胶粒带电，在外电场作用下会产生移动的现象：

电泳：胶粒在分散介质中的移动称为电泳。

电渗：用特殊仪器可以观察到在胶粒移动的同时，分散介质将向与胶粒移动相反的电极上移动，这种分散介质的移动称为电渗。

上述两种电动现象常常被应用到医学上用于分析各种蛋白质。工程上在挖掘湿土时，泥土易粘在挖土机上，可将电铲与负电极相连，使湿泥土中的水通过电渗而保持电铲不粘。

（三）光学性质

胶体粒子的分散度小于可见光的波长。当用可见光照射胶体溶液时，会发生光的散射。以一束白光照射一杯 $Fe(OH)_3$ 溶胶，从侧面可观察到所通过的光柱。溶胶的这一光散射现象称为丁达尔（Tyndall）效应。夜间或雾天常常是用红色灯做警示灯，因为红光属长波长光，散射少，通过得多，在很远处都能看到。

胶体与人们的生活接触甚广，但许多问题的解决尚依赖于实践。

思考与回答

1. 为什么明矾能使浑浊的水很快澄清？

2. 为什么有的烟囱冒出黑烟，有的却是青烟？

3. 为什么表示危险的信号灯用红色？为什么车辆在雾天行驶时，装在车尾的雾灯一般采用黄色？

阅读材料

表面活性剂在涂料中的应用

随着科学技术的进步，我们对表面活性剂的要求更高，使用条件更苛刻，传统类型的表面活性剂已经不能满足要求，合成新型高效的表面活性剂成为当前表面活性剂工业的主要任务。作为精细化工的主要分支，表面活性剂是指那些具有很强表面活性、能使液体的表面张力显著下降的物质。传统意义上的特殊表面活性剂主要是指表面活性剂中能够提供高性能和特种功能的表面活性剂。

到目前为止，我国在特殊表面活性剂方面的工作才刚刚起步，由于表面活性剂种类繁多，加上各种表面活性剂产品的存在形式千变万化，对特殊表面活性剂并没有一个确切的界定标准。但根据表面活性剂在水溶液中呈现的离子性，特殊表面活性剂可以大致划分为阴离子型表面活性剂、阳离子型表面活性剂、两性离子型表面活性剂以及非离子型表面活性剂。

表面活性剂作为助剂已经成为涂料中不可缺少的重要组成部分，加入极少量的表面活性剂就可以大幅提高涂料和涂膜的质量。表面活性剂可以在涂料加工过程中提高研磨效率，避免产生结皮，消除泡沫；在贮存过程中防止颜料凝聚和霉败；在施工过程中防止流挂；在涂膜过程中提高附着力；在成膜过程中增加光泽，防止浮色发花、缩孔；在应用过程中使涂层防霉、防污、防静电。涂料助剂应用水平的高低已成为衡量涂料质量好坏、科技含量高低的重要标志。传统型的表面活性剂通常具有一个亲水头基和疏水尾链，在涂料中已得到广泛应用，包括阴离子型表面活性剂，如脂肪酸、脂肪醇磺酸酯、烷基磺酸酯等；阳离子表面活性剂，如脂肪胺的盐和季铵盐等；非离子表面活性剂，如脂肪醇聚氧乙烯醚和烷基酚聚氧乙烯醚等；两性表面活性剂，如氨基酸和甜菜碱衍生物等；阴阳离子对型表面活性剂，如油基氨基油酸盐等。而传统类型的表面活性剂已经不能满足要求，新型表面活性剂在涂料中的应用也将进一步提高涂料的质量和性能。下面从分子结构的角度来介绍几种新型的表面活性剂。

一、低聚表面活性剂

所谓低聚表面活性剂是将两个或两个以上的同一或几乎同一表面活性剂单体，在其亲水头基或靠近亲水头基附近用联接基团通过化学键将这些两亲成分联接在一起。作为一种新型表面活性剂，低聚表面活性剂可以帮助人们实现从分子水平上调控有序聚集体，所以成为国际胶体科学与相关领域的研究热点。通过近20年对它们研究的日益深入，对其基本的物理化学性质有了大致的了解，该类型表面活性剂通常具有极高的表面活性。目前已经合成的低聚表面活性剂有二聚体、三聚体和四聚体等，其中最引人注目的是二聚体，二聚表面活性剂最早被合成于1971年，后因其结构上的特点而被形象地命名为Gemini(双子星之意)表面活性剂。Gemini表面活性剂的分子结构中有两个亲水基和两个亲油基，并通过联接基团连接起来。联接基团的存在，使得两个表面活性剂单体离子利用化学键紧密连接，其碳氢链间更容易产生强相互作用，既加强了碳氢链之间的疏水结合力，又减弱了离子头基间的排斥倾向。这就是 Gemini 表面活性剂和普通单链单头基表面活性剂相比较，一些性质更为优异的根本原因。实验结果表明，和离子头基连接相同碳原子数尾链的普通表面活性剂相比，降低表面张力的效率高 3 个数量级，临界胶束浓度低 2 个数量级，而且其胶束的聚集数、形态、流变性等性质与普通表面活性剂都有很大的不同。Gemini 型表面活性剂的基础研究已经比较完善，由于制造工艺和成本原因还没有大量进入市场，但是其表面活性方面的高效率和高效能正引起工业界相当的关注。

二、易生物降解的润湿分散剂

涂料中颜填料的分散先后使用过聚磷酸盐、硅酸盐、碳酸盐等无机分散剂传统小分子表面活性剂和聚羧酸盐、聚丙酸盐等高分子化合物。高分子化合物主要利用空间位阻使颜填料颗粒稳定效果好于小分子表面活性剂的静电排斥作用。研究表明在众多类型的高分子分散剂中效果最好、效率最高的是 AB 型嵌段高分子表面活性剂。从分子结构上看，AB 型嵌段高分子就是超大号的表面活性剂，A 嵌段和 B 嵌段分别类似于表面活性剂的亲水头基和疏水尾链。

三、美国 3M 公司的氟素表面活性剂

FC-4430 和 FC-4432 能够有效解决其他表面活性剂解决不了的问题——达到高性能、低毒性及环境可接受的最佳平衡，为优质涂料的生产提供了保障，为技术的创新提供了原材料。而且，添加量较低，只相当于其他表面活性剂的 1%～10%，成本可被控制在理想的范围内。氟是所有元素中电负性最大，而范德华原子半径又是除氢以外最小，并且原子极化率又最低的元素。氟原子形成的单键比碳原子与其他元素原子形成的单键键能都大，而键长较短。因此氟素表面活性剂的 F—C 链非常牢固，很难以共价键的均裂方式断裂分解。另外，在同类化合物中氟碳的离子型异裂解离反应所需能量也是最大的。因此氟素表面活性剂受到高热、强化学试剂刺激时，仍具有很高的活性。在试验 3M 的氟素表面活性剂时，我们惊讶地发现，它给涂料带来的双重效应和最终实际，正是业界专家多年来冥想的效果（如优良的附着，真实的流平，逼真的色彩，环境的友好）。

表面活性剂的广泛应用，大大地推动了工业的发展。随着科技水平的不断提高，人们对涂料的安全、质量和品种多样化的需求不断提高，表面活性剂在涂料工业中的应用将会得到更大的发展。

（来源：http://wenku.baidu.com/view/e5058449e518964bcf847ce9.html）

项 目 小 结

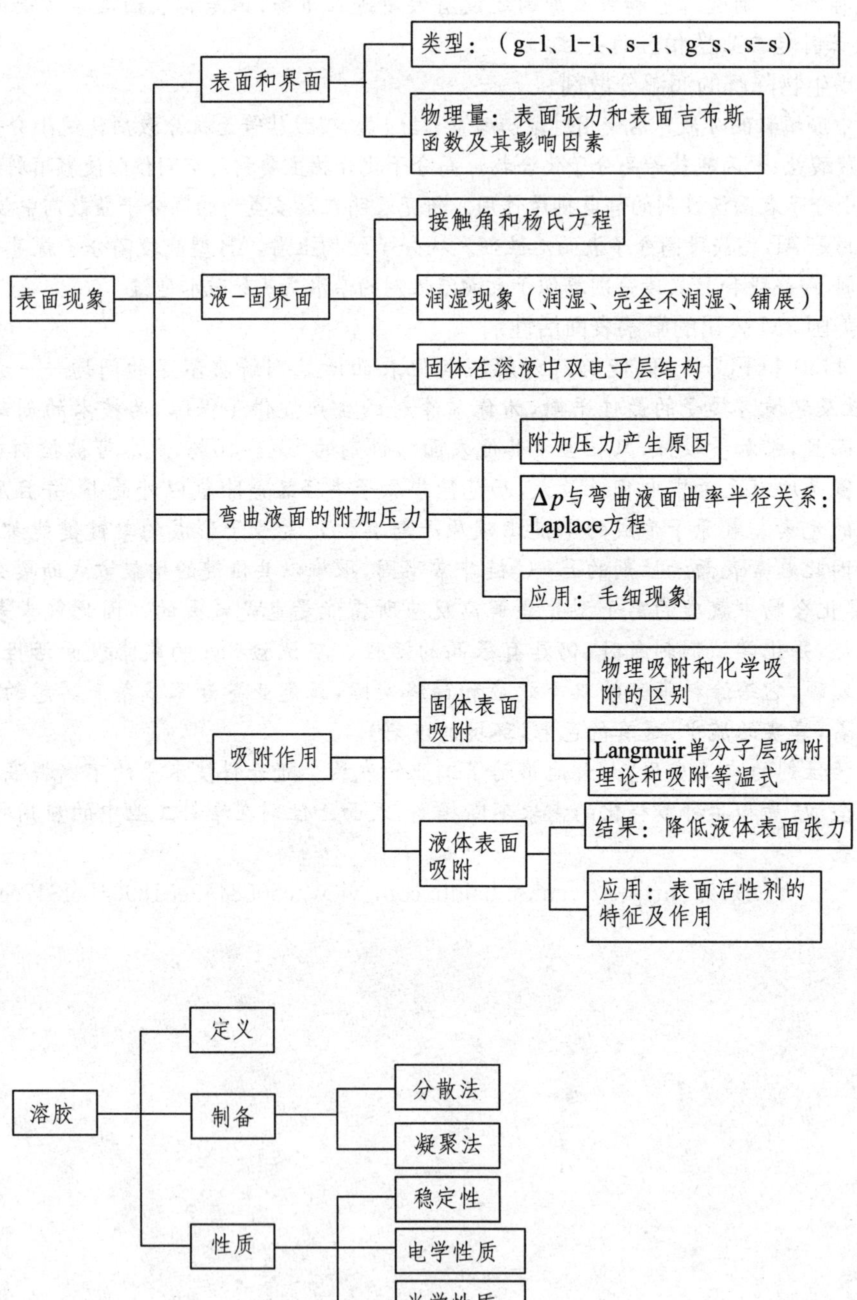

溶胶
- 定义
- 制备
  - 分散法
  - 凝聚法
- 性质
  - 稳定性
  - 电学性质
  - 光学性质

习　题

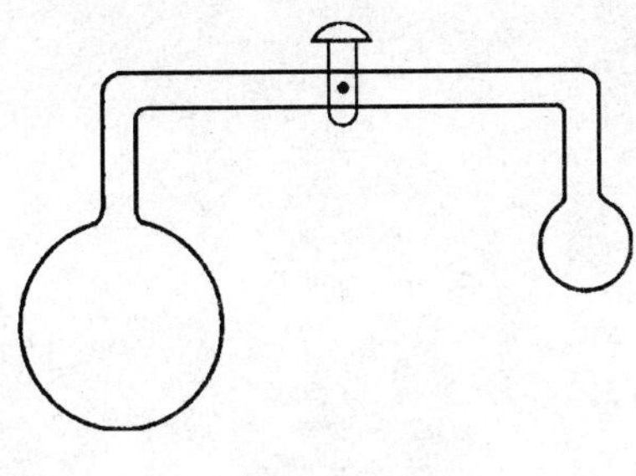
习题1附图

1. 如习题1附图所示，在三通活塞的两端涂上肥皂液，关断右端通路，在左端吹一个大泡；然后关闭左端，在右端吹一个小泡；最后让左右两端相通，试问接通后两气泡的大小有何变化？到何时可达到平衡？说明变化的原因及平衡时两泡的曲率半径的比值。

2. 系统的吉布斯函数的数值越低，系统就越稳定。物体总有降低本身比表面吉布斯函数的趋势。请说明纯液体、溶液和固体是如何降低其比表面吉布斯函数的。

3. 为什么当把矿泉水小心注入干燥杯子时，水面会高出杯面？为什么井水比河水有较大的表面张力？

4. 在298 K，101.325 kPa下，将直径为1×10^{-6} m的毛细管插入水中，问需在管内加多大压力才能防止水面上升？若不加额外的压力，让水面上升，达平衡后管内液面上升多高？(已知该温度下，水的表面张力为0.072 $N\cdot m^{-1}$，体积质量为1 000 $kg\cdot m^{-3}$，设接触角为0°，重力加速度$g=9.80\ m\cdot s^{-2}$。)

5. 将内径为1×10^{-4} m的毛细管插入水银中，管内液面将下降多少？(已知在该温度下水银的表面张力为0.48 $N\cdot m^{-1}$，体积质量为1.35×10^{4} $kg\cdot m^{-3}$，重力加速度$g=9.80\ m\cdot s^{-2}$，设接触角为180°。)

6. 已知在273.15 K时，用活性炭吸附$CHCl_3$，其饱和吸附量为93.8 $dm^3\cdot kg^{-1}$。若$CHCl_3$的分压力为13.375 kPa，其平衡吸附量为82.5 $dm^3\cdot kg^{-1}$。求：

(1) 兰格缪尔吸附等温式中的b值；

(2) $CHCl_3$的分压力为6.667 2 kPa时的平衡吸附量。

7. 一滴油酸在20 ℃时，落在洁净的水面上，已知相关的界面张力数据为$\sigma_{水}=75\times10^{-3}$ $N\cdot m^{-1}$，$\sigma_{油酸}=32\times10^{-3}$ $N\cdot m^{-1}$，$\sigma_{油酸-水}=12\times10^{-3}$ $N\cdot m^{-1}$，当油酸与水相互饱和后，$\sigma_{油酸'}=\sigma_{油酸}$，$\sigma_{水'}=40\times10^{-3}$ $N\cdot m^{-1}$。据此推测油酸在水面上开始与终了的形状。如果把水滴在油酸表面上它的形状又是如何？

附　　录

- 附录一　标准热力学数据(298.15 K,100 kPa)
- 附录二　解离常数(298.15 K)
- 附录三　溶度积常数(298.15 K)

附录一　标准热力学数据(298.15 K,100 kPa)

物　质	$\Delta_f H_m^\ominus$/kJ·mol^{-1}	$\Delta_f G_m^\ominus$/kJ·mol^{-1}	$S_m^\ominus$/J·mol^{-1}·K^{-1}
Ag(s)	0	0	42.55
AgCl(s)	−127.068	−109.789	96.2
AgBr(s)	−100.37	−96.90	107.1
AgI(s)	−61.84	−66.19	115.5
Ag_2O(s)	−31.0	−11.2	121.3
Al(s)	0	0	28.33
Al_2O_3(α,刚玉)	−1675.7	−1582.3	50.92
Br_2(l)	0	0	152.231
Br_2(g)	30.907	3.110	245.463
HBr(g)	−36.4	−53.45	198.695
CaF_2(s)	−1219.6	−1167.3	68.87
$CaCl_2$(s)	−795.8	−748.1	104.6
CaO(s)	−635.09	−604.03	39.75
$CaCO_3$(方解石)	−1206.92	−1128.79	92.9
$Ca(OH)_2$(s)	−986.09	−898.49	83.39
C(石墨)	0	0	5.740
C(金刚石)	1.895	2.900	2.377
CO(g)	−110.525	−137.168	197.674
CO_2(g)	−393.51	−394.359	213.74
Cl_2(g)	0	0	223.066
HCl(g)	−92.307	−95.299	186.908
Cu(s)	0	0	33.150
CuO(s)	−157.3	−129.7	42.63
Cu_2O(s)	−168.6	−146.0	93.14
CuS(s)	−53.1	−53.6	66.5
Cu_2S(s)	−79.5	−86.2	120.9
F_2(g)	0	0	202.78
HF(g)	−271.79	−273.2	173.779

续表

物　质	$\Delta_f H_m^\ominus$/kJ·mol^{-1}	$\Delta_f G_m^\ominus$/kJ·mol^{-1}	$S_m^\ominus$/J·mol^{-1}·K^{-1}
Fe(s)	0	0	27.28
$FeCl_2$(s)	−341.79	−302.30	117.95
$FeCl_3$(s)	−399.49	−334.00	142.3
Fe_2O_3(赤铁矿)	−824.2	−742.2	87.40
Fe_3O_4(磁铁矿)	−1118.4	−1015.4	146.4
FeS(s)	−100.0	−100.4	60.29
$FeSO_4$(s)	−928.4	−820.8	107.5
H_2(g)	0	0	130.684
H_2O(l)	−285.830	−237.129	69.91
H_2O(g)	−241.818	−228.572	188.825
H_2O_2(l)	−187.78	−120.35	109.6
HgO(红,斜方晶形)	−90.83	−58.539	70.29
I_2(s)	0	0	116.135
I_2(g)	62.438	19.327	260.69
HI(g)	26.48	1.70	206.594
MnO_2(s)	−520.03	−465.14	53.05
NaOH(s)	−425.609	−379.494	64.455
Na_2SO_4(s)	−1387.08	−1270.16	149.58
Na_2CO_3(s)	−1130.68	−1044.44	134.98
NaHCO(s)	−950.81	−851.0	101.7
N_2(g)	0	0	191.61
N_2O(g)	82.05	104.20	219.85
NO(g)	90.25	86.55	210.761
NO_2(g)	33.18	51.31	240.06
NH_3(g)	−46.11	−16.45	192.45
N_2H_4(g)	50.63	149.34	121.21
HNO_3(l)	−174.10	−80.71	155.60
NH_4NO_3(s)	−365.56	−183.87	151.08
NH_4Cl(s)	−314.43	−202.87	94.6
NH_4HS(s)	−156.9	−50.5	97.5
O_2(g)	0	0	205.138
O_3(g)	142.7	163.2	238.93

续表

物　质	$\Delta_f H_m^{\ominus}$/kJ·mol^{-1}	$\Delta_f G_m^{\ominus}$/kJ·mol^{-1}	$S_m^{\ominus}$/J·mol^{-1}·K^{-1}
P(白磷)	0	0	41.09
P(红磷)	−17.6	−121	22.80
PCl_3(g)	−287.0	−267.8	311.78
PCl_5(g)	−374.9	−305.0	364.58
H_2S(g)	−20.63	−33.56	205.79
SO_2(g)	−296.830	−300.194	248.22
SO_3(g)	−395.72	−371.06	256.76
Si(s)	0	0	18.83
$SiCl_4$(l)	−687.0	−619.84	239.7
$SiCl_4$(g)	−657.01	−616.98	330.73
SiF_4(g)	−1614.94	−1572.65	282.49
SiO_2(石英)	−910.94	−856.64	41.84
SiO_2(无定形)	−903.49	−850.70	46.9
Sn(s,白)	0	0	51.55
Sn(s,灰)	−2.09	0.13	44.14
SnO_2(s)	−580.7	−519.6	52.3
Zn(s)	0	0	41.63
$ZnCl_2$(s)	−415.05	−396.398	111.46
ZnO(s)	−348.28	−318.30	43.64
$Zn(OH)_2$(s,β)	−641.91	−553.52	81.2
CH_4(g)	−74.81	−50.72	186.264
C_2H_6(g)	−84.68	−32.82	229.60
C_2H_2(g)	226.73	209.20	200.94
CH_3COOH(l)	−484.5	−389.9	159.8
C_2H_5OH(l)	−277.69	−174.78	160.7

附录二　解离常数(298.15 K)

物　质	pK_i	K_i
H_3AsO_4	2.223	$K_{a(1)}=6.0\times10^{-3}$
	6.760	$K_{a(2)}=1.7\times10^{-7}$
	11.29	$K_{a(3)}=5.1\times10^{-12}$
$HAsO_2$	9.28	5.2×10^{-10}
H_3BO_3	9.236	$K_{a(1)}=5.8\times10^{-10}$
H_2CO_3	6.352	$K_{a(1)}=4.5\times10^{-7}$
	10.329	$K_{a(1)}=4.7\times10^{-11}$
HCN	9.21	6.2×10^{-10}
HF	3.20	6.3×10^{-4}
$HClO_4$	−1.6	39.8
$HClO_2$	1.94	1.1×10^{-2}
HClO	7.534	2.9×10^{-8}
HBrO	8.55	2.8×10^{-9}
HIO	10.5	3.2×10^{-11}
HIO_3	0.804	1.6×10^{-1}
HIO_4	1.64	2.3×10^{-2}
H_2O_2	11.64	$K_{a(1)}=2.3\times10^{-12}$
H_2SO_4	1.99	$K_{a(2)}=1.0\times10^{-2}$
H_2SO_3	1.89	$K_{a(1)}=1.3\times10^{-2}$
	7.205	$K_{a(2)}=6.2\times10^{-8}$
H_2SeO_4	1.66	$K_{a(2)}=2.2\times10^{-2}$
H_2CrO_4	0.74	$K_{a(1)}=1.8\times10^{-1}$
	6.488	$K_{a(2)}=3.3\times10^{-7}$
HNO_2	3.14	7.2×10^{-4}
H_2S	6.97	$K_{a(1)}=1.1\times10^{-7}$
	12.90	$K_{a(2)}=1.3\times10^{-13}$
H_3PO_4	2.148	$K_{a(1)}=7.1\times10^{-3}$
	7.198	$K_{a(2)}=6.3\times10^{-8}$

续表

物　质	pK_i	K_i
	12.32	$K_{a(3)}=4.8\times10^{-13}$
H_2PHO_3	1.43	$K_{a(1)}=3.7\times10^{-2}$
	6.68	$K_{a(2)}=2.1\times10^{-7}$
$H_4P_2O_7$	0.91	$K_{a(1)}=1.2\times10^{-1}$
	2.10	$K_{a(2)}=7.9\times10^{-3}$
	6.70	$K_{a(3)}=2.0\times10^{-7}$
	9.35	$K_{a(4)}=4.5\times10^{-10}$
H_4SiO_4	9.60	$K_{a(1)}=2.5\times10^{-10}$
	11.8	$K_{a(2)}=1.6\times10^{-12}$
	(12)	$K_{a(3)}=1.0\times10^{-12}$
HOAc	4.75	1.8×10^{-5}
HCOOH	3.75	1.8×10^{-5}
HSCN	−1.8	63
$NH_3\cdot H_2O$	(4.75)	$K_b=1.8\times10^{-5}$

附录三 溶度积常数(298.15 K)

难溶电解质	$K_{sp}^{\ominus}$	难溶电解质	$K_{sp}^{\ominus}$
$AgCl$	1.77×10^{-10}	As_2S_3	2.1×10^{-22}
$AgBr$	5.35×10^{-13}	BaF_2	1.84×10^{-7}
AgI	8.52×10^{-17}	$Ba(OH)_2\cdot 8H_2O$	2.55×10^{-4}
$AgOH$	2.0×10^{-8}	$BaSO_4$	1.08×10^{-10}
Ag_2SO_4	1.2×10^{-5}	$BaSO_3$	5.0×10^{-10}
Ag_2SO_3	1.5×10^{-14}	$BaCO_3$	2.58×10^{-9}
Ag_2S	6.3×10^{-50}	BaC_2O_4	1.6×10^{-7}
Ag_2CO_3	8.46×10^{-12}	$BaCrO_4$	1.17×10^{-10}
$Ag_2C_2O_4$	5.40×10^{-12}	$Ba_3(PO_4)_2$	3.4×10^{-23}
Ag_2CrO_4	1.12×10^{-12}	$Be(OH)_2$	6.92×10^{-22}
$Ag_2Cr_2O_7$	2.0×10^{-7}	$Bi(OH)_3$	6.0×10^{-31}
Ag_3PO_4	8.89×10^{-17}	$BiOCl$	1.8×10^{-31}
$Al(OH)_3$	1.3×10^{-33}	$BiO(NO_3)$	2.82×10^{-3}
Bi_2S_3	1×10^{-97}	Hg_2S	1.0×10^{-47}
$CaSO_4$	4.93×10^{-5}	HgS(红)	4.0×10^{-53}
$CaSO_3\cdot\frac{1}{2}H_2O$	3.1×10^{-7}	HgS(黑)	1.6×10^{-52}
		$K_2[PtCl_6]$	7.4×10^{-6}
$CaCO_3$	2.8×10^{-9}	$Mg(OH)_2$	5.61×10^{-12}
$Ca(OH)_2$	5.5×10^{-6}	$MgCO_3$	6.82×10^{-6}
CaF_2	5.2×10^{-9}	$Mn(OH)_2$	1.9×10^{-13}
$CaC_2O_4\cdot H_2O$	2.32×10^{-9}	MnS(无定形)	2.5×10^{-10}
$Ca_3(PO_4)_2$	2.07×10^{-29}	MnS(结晶)	2.5×10^{-13}
$Cd(OH)_2$	7.2×10^{-15}	$MnCO_3$	2.34×10^{-11}
CdS	8.0×10^{-27}	$Ni(OH)_2$(新析出)	5.5×10^{-16}
$Cr(OH)_3$	6.3×10^{-31}	$NiCO_3$	1.42×10^{-7}
$Co(OH)_2$	5.92×10^{-15}	$\alpha-NiS$	3.2×10^{-19}
$Co(OH)_3$	1.6×10^{-44}	$Pb(OH)_2$	1.43×10^{-15}
$CoCO_3$	1.4×10^{-13}	$Pb(OH)_4$	3.2×10^{-66}
$\alpha-CoS$	4.0×10^{-21}	PbF_2	3.8×10^{-8}
$\beta-CoS$	2.0×10^{-25}	$PbCl_2$	1.70×10^{-5}

续表

难溶电解质	$K_{sp}^{\ominus}$	难溶电解质	$K_{sp}^{\ominus}$
$Cu(OH)$	1×10^{-14}	$PbBr_2$	6.60×10^{-6}
$Cu(OH)_2$	2.2×10^{-20}	PbI_2	9.8×10^{-9}
$CuCl$	6.27×10^{-9}	$PbSO_4$	2.53×10^{-8}
$CuBr$	1.77×10^{-10}	$PbCO_3$	7.4×10^{-14}
CuI	1.27×10^{-12}	$PbCrO_4$	2.8×10^{-13}
Cu_2S	2.5×10^{-48}	PbS	8.0×10^{-28}
CuS	6.3×10^{-36}	$Sn(OH)_2$	5.45×10^{-28}
$CuCO_3$	1.4×10^{-10}	$Sn(OH)_4$	1.0×10^{-56}
$Fe(OH)_2$	4.87×10^{-17}	SnS	1.0×10^{-25}
$Fe(OH)_3$	2.79×10^{-39}	$SrCO_3$	5.60×10^{-10}
$FeCO_3$	3.13×10^{-11}	$SrCrO_4$	2.2×10^{-5}
FeS	6.3×10^{-18}	$Zn(OH)_2$	3.0×10^{-17}
$Hg(OH)_2$	3.0×10^{-26}	$ZnCO_3$	1.46×10^{-10}
Hg_2Cl_2	1.43×10^{-18}	$\alpha-ZnS$	1.6×10^{-24}
Hg_2Br_2	6.4×10^{-23}	$\beta-ZnS$	2.5×10^{-22}
Hg_2I_2	5.2×10^{-29}	$CsClO_4$	3.95×10^{-3}
Hg_2CO_3	3.6×10^{-17}	$Au(OH)_3$	5.5×10^{-46}
$HgBr_2$	6.2×10^{-20}	$La(OH)_3$	2.0×10^{-19}
HgI_2	2.8×10^{-29}	LiF	1.84×10^{-3}

参考文献

[1] 吴英绵.基础化学[M].北京:高等教育出版社,2006.

[2] 魏祖期.基础化学[M].北京:人民卫生出版社,2001.

[3] 司文会.无机及分析化学[M].北京:科学出版社,2009.

[4] 北京师范大学,华中师范大学,南京师范大学.无机化学[M].4版.北京:高等教育出版社,2002.

[5] 傅献彩,沈文霞,姚天扬.物理化学[M].4版.北京:高等教育出版社,1990.

[6] 徐英岚.无机与分析化学[M].2版.北京:中国农业出版社,2006.

[7] 赵士铎.普通化学[M].北京:中国农业大学出版社,2000.

[8] 杨苑臣,夏百根.普通化学[M].北京:中国农业出版社,2002.

[9] 王正烈.物理化学[M].北京:化学工业出版社,2001.

[10] 武汉大学.无机化学[M].3版.北京:高等教育出版社,1994.

[11] 崔执应.水分析化学[M].北京:北京大学出版社,2006.

[12] 高职高专化学教材编写组.分析化学[M].2版.北京:高等教育出版社,2000.

[13] 华中师范学院.分析化学[M].北京:高等教育出版社,1981.

[14] 郭小仪.无机化学[M].北京:化学工业出版社,2011.

[15] 张威.仪器分析[M].北京:化学工业出版社,2011.

[16] 胡英.物理化学[M].4版.北京:高等教育出版社,1999.

[17] 李吕焯.物理化学[M].2版.北京:高等教育出版社,1994.

[18] Levine I N.物理化学[M].褚德萤,李芝芬,张玉芬,译.北京:北京大学出版社,1987.

[19] 赵墓愚.相图的应用及其进展:相图的边界理论[M].长春:吉林科学技术出版社,1988.

[20] Patkins,Paula J D.物理化学[M].影印版.北京:高等教育出版社,2006.

[21] 刘光启,马连湘,刘杰.化学化工物性数据手册:无机卷[M].北京:化学工业出版社,2002.

[22] 印永嘉,奚正楷,李大珍.物理化学简明教程[M].北京:高等教育出版社,1992.

[23] 朱砂瑶,赵振国.界面化学基础[M].北京:化学工业出版社,1996.

[24] Adamson A W.表面的物理化学:上册[M].顾惕人,译.北京:科学出版社,1984.

[25] 郑忠编.胶体科学导论[M].北京:高等教育出版社,1989.

[26] 周祖康,顾惕人,马季铭.胶体化学基础[M].北京:北京大学出版社,1987.

[27] Adamson A W.表面的物理化学:下册[M].顾惕人,译.北京:科学出版社,1985.